Leitfäden und Monographien
der Informatik

Kolla/Molitor/Osthof
Einführung in den VLSI-Entwurf

Leitfäden und Monographien der Informatik

Herausgegeben von

Prof. Dr. Hans-Jürgen Appelrath, Oldenburg
Prof. Dr. Volker Claus, Oldenburg
Prof. Dr. Günter Hotz, Saarbrücken
Prof. Dr. Klaus Waldschmidt, Frankfurt

Die Leitfäden und Monographien behandeln Themen aus der Theoretischen, Praktischen und Technischen Informatik entsprechend dem aktuellen Stand der Wissenschaft. Besonderer Wert wird auf eine systematische und fundierte Darstellung des jeweiligen Gebietes gelegt. Die Bücher dieser Reihe sind einerseits als Grundlage und Ergänzung zu Vorlesungen der Informatik und andererseits als Standardwerke für die selbständige Einarbeitung in umfassende Themenbereiche der Informatik konzipiert. Sie sprechen vorwiegend Studierende und Lehrende in Informatik-Studiengängen an Hochschulen an, dienen aber auch in Wirtschaft, Industrie und Verwaltung tätigen Informatikern zur Fortbildung im Zuge der fortschreitenden Wissenschaft.

Einführung in den VLSI-Entwurf

Von Dr. rer. nat. Reiner Kolla
Dr. rer. nat. Paul Molitor
Dipl. Inform. Hans Georg Osthof
Universität des Saarlandes, Saarbrücken

Mit zahlreichen Abbildungen und Beispielen

B. G. Teubner Stuttgart 1989

Dr. rer. nat. Reiner Kolla

Geboren 1957 in Differten (Saarland). Studium der Informatik und Elektrotechnik an der Universität des Saarlandes (1978 bis 1982), Promotion 1987 an der Universität des Saarlandes.

Dr. rer. nat. Paul Molitor

Geboren 1959 in Luxemburg. Studium der Informatik und Mathematik an der Universität des Saarlandes (1978 bis 1982), Promotion 1986 an der Universität des Saarlandes.

Dipl. Inform. Hans Georg Osthof

Geboren 1959 in Saarbrücken (Saarland). Studium der Informatik und Wirtschaftswissenschaften an der Universität des Saarlandes (1979 bis 1984).

Die drei Autoren sind seit 1982 beziehungsweise seit 1984 wissenschaftliche Mitarbeiter in dem an die Universität des Saarlandes und an die Universität Kaiserslautern angegliederten Sonderforschungsbereich 124 *VLSI-Entwurfsmethoden und Parallelität* der Deutschen Forschungsgemeinschaft.

CIP-Titelaufnahme der Deutschen Bibliothek

Kolla, Reiner:
Einführung in den VLSI-Entwurf: mit zahlreichen
Abbildungen und Beispielen / von Reiner Kolla; Paul Molitor;
Hans Georg Osthof. – Stuttgart: Teubner, 1989
  (Leitfäden und Monographien der Informatik)
  ISBN 978-3-519-02273-2   ISBN 978-3-322-93087-3 (eBook)
  DOI 10.1007/978-3-322-93087-3
NE: Molitor, Paul:; Osthof, Hans Georg:

Gesamtherstellung: Zechnersche Buchdruckerei GmbH, Speyer
Umschlaggestaltung: M. Koch, Reutlingen

Zum Geleit

Dieses Buch ist in gewissem Sinne eine Summe der im Teilprojekt B1 des Sonderforschungsbereiches 124 *VLSI-Entwurfsmethoden und Parallelität* in den ersten sechs Jahren seines Bestehens erarbeiteten Resultate. Nicht darin enthalten sind die Konzepte, die die Implementierungen des Entwurfssystems leiteten. Hierbei mußte einiges Lehrgeld gezahlt werden. Die Größe der heute zur Verfügung stehenden Hauptspeicher von Rechenmaschinen macht die aus Effizienzgründen vorgenommene Datenkompression überflüssig. Für den weiteren Ausbau muß eine flexible, aber dennoch hinreichend effizient handhabbare Datenstruktur erarbeitet werden. Eine zu dem VENUS-System von Siemens erarbeitete Schnittstelle, die es erlaubt, in unserem System definierte parametrisierte Entwürfe an VENUS zu übergeben, ist aus verschiedenen Gründen noch unbefriedigend. Diese Bemerkungen genügen wohl, um anzudeuten, daß die oben erwähnte Summe in gewissem Sinne auch nur die Spitze eines Eisberges ist, da die so aufwendigen, viel Fleiß und Witz erforderlichen Implementierungsarbeiten in dem Buch nicht sichtbar werden.

Die Arbeiten im Projekt B1 haben vielfältigen Nutzen aus den SFB-internen Diskussionen gezogen. Die Zusammenarbeit mit der Firma Siemens und den am E.I.S.-Projekt beteiligten Kollegen sowie die Kooperation in dem vom BMFT geförderten Verbundprojekt TESUS über Prüfen und Testen mit den Partnern Nixdorf und Siemens und den Hochschulen Hannover, Karlsruhe und Paderborn haben Arbeiten angeregt, die auch in diesem Buch ihren Niederschlag gefunden haben. Es ist nicht möglich, den erforderlichen Dank in allen Fällen namentlich abzustatten. Dank gebührt vor allem der Deutschen Forschungsgemeinschaft und ihren Gutachtern, sowie den Kollegen Kurt Mehlhorn, Thomas Lengauer, Wolfgang Rülling und Gerhard Zimmermann aus dem SFB 124. Wir haben für finanzielle Hilfen und Rat Heinz Schwärtzel und Egon Hörbst von der Firma Siemens, für die Zusammenarbeit im TESUS Projekt den Kollegen Joachim Mucha, Winfried Görke und Franz Rammig zu danken.

Möge sich das Buch den vielfältigen Hilfen und den Mühen der Verfasser entsprechend nützlich erweisen.

Saarbrücken, im Juli 1989   Günter Hotz

Vorwort

Die Problematik beim Schreiben eines Buches über *VLSI Entwurf* und *VLSI Systeme* besteht in der großen Vielfalt dieses Themas. Will man eine mehr oder weniger vollständige Übersicht über dieses Gebiet geben, so artet dies in ein "kommentiertes Literaturverzeichnis" aus, es sei denn man schreibt ein mehrbändiges Werk. Die detaillierte Abhandlung über ein Einzelthema aus dem Bereich des VLSI Entwurfes, wie zum Beispiel über die technologischen Grundlagen, über Spezifikation, Analyse oder Synthese höchstintegrierter Schaltungen, oder über Prüfen und Testen, ist Stoff genug für ein in sich geschlossenes Buch.

Nichtsdestotrotz ist das Ziel dieses Buches, eine Einführung in das Gebiet *VLSI Entwurf* und *VLSI Systeme* zu geben. Zum Erreichen dieses Ziels haben wir einen Mittelweg gewählt. Zu fast allen Einzelthemen gehen wir detailliert auf Fragen ein, die exemplarischen Charakter haben. Übersichten verbinden diese Beispiele und Einzelthemen zu einem Ganzen. Die detaillierte Ausarbeitung einiger Teilaspekte soll hierbei dem Leser die Probleme beim VLSI Entwurf näherbringen und ihm einen Eindruck der beim VLSI Entwurf verwendeten (oder zu verwendenden) Methoden vermitteln.

Natürlich spielen in diesem Zusammenhang die von uns im Sonderforschungsbereich 124 *VLSI-Entwurfsmethoden und Parallelität* erzielten Ergebnisse und gemachten Erfahrungen eine herausragende Rolle. So werden auch neue Forschungsergebnisse vorgestellt, die bisher noch nicht veröffentlicht sind, wie zum Beispiel die automatische Dimensionierung der Spannungsversorgung, Teile des lokalen Plazierens und Verdrahtens sowie die hierarchischen Verfahren zur Schichtzuweisung in den Kapiteln 7 und 8.

Der Weg vom Problem zum funktionsfähigen höchstintegrierten Schaltkreis teilt sich in zwei schwierige Teilaufgaben auf, nämlich die des Lösens der Entwurfsaufgabe, d.h. die der Spezifikation einer Schaltung mit dem gewünschten Ein-/Ausgabeverhalten, und die der Umsetzung dieser Spezifikation in eine physikalische Realisierung. Mehr und mehr erfordern Entwurfsaufgaben sehr spezielle Kenntnisse aus dem betrachteten Anwendungsgebiet, so daß der Entwerfer meistens nicht sowohl mit dem Anwendungsgebiet als auch mit den Gegebenheiten der benutzten Technologie vertraut sein kann. Man versucht daher, Entwurfssysteme auf relativ hohen, dem Anwender vertrauten, Abstraktionsebenen anzubieten.

Dabei wird das zu lösende Restproblem, die (automatische) Abbildung des Entwurfes von der hohen Abstraktionsebene in ein funktionsfähiges Layout, umso schwieriger, je höher die Abstraktionsebene ist.

Diese Zweiteilung der Gesamtaufgabe in das eigentliche Lösen der Entwurfsaufgabe und in die Umsetzung einer Schaltkreisbeschreibung auf (relativ) hoher Abstraktionsebene in eine physikalische Realisierung spiegelt sich im Aufbau dieses Buches wider. Der erste Teil des Buches beschäftigt sich mit der Frage nach einer systematischen Vorgehensweise beim Lösen einer Entwurfsaufgabe und betrachtet die dabei nützlichen Abstraktionsebenen. Der zweite Teil des Buches ist dem anderen großen Problemkreis des VLSI Entwurfs gewidmet, dem der rechnergestützten Analyse und Synthese. Bei der Schaltkreisanalyse beschränken wir uns auf eine kurze Übersicht ausgewählter Fragestellungen, wie sie sich beim VLSI Entwurf stellen, und verweisen auf Probleme und Methoden, die bei ihrer rechnergestützten Bearbeitung auftreten. Die Aufgaben, die bei der Synthese anfallen, stellen wir exemplarisch am Beispiel der *logisch topologischen* Netze vor. Besonderes Interesse schenken wir dem Aspekt der Regularität und der Hierarchie, deren Ausnutzung bei der Synthese und Analyse wirklich großer Schaltkreise zwingend ist.

Das Buch richtet sich so an zwei Lesergruppen. Zum einen soll es einem Ingenieur einer beliebigen Fachrichtung als Einführung in den Entwurf höchstintegrierter Schaltungen dienen, so daß er in die Lage versetzt wird, für sein Anwendungsgebiet spezifische VLSI Schaltkreise zu entwerfen. Zum anderen soll das Buch demjenigen eine übersichtliche Einführung geben, der sich in die Funktionsweise von CAD Systemen zum VLSI Entwurf einarbeiten will. In dem "anwendungsspezifischen Teil" werden, nachdem in Kapitel 1 eine kurze Einführung in die MOS Technologie gegeben wurde, die verschiedenen Entwurfsebenen und die dazugehörigen Verhaltensmodelle in Kapitel 2 diskutiert. Insbesondere geht Kapitel 2 auf die heute am häufigsten angewendeten Entwurfsstile, den Gatearray- und den Standardzellenentwurf, ein. Kapitel 3 beschäftigt sich dann speziell mit hierarchischen Beschreibungen regulärer Schaltungsteile, während Kapitel 4 eine Möglichkeit zur Spezifikation "unregelmäßiger" Schaltungsteile vorstellt. Der "CAD Teil" behandelt Problemkreise der rechnergestützten Synthese und Analyse (Kapitel 5, 6 und 7). Kapitel 8 schließlich beschäftigt sich mit der Ausnutzung hierarchischer Beschreibungen bei der Schaltkreissynthese.

Wir haben uns bemüht, die Kapitel so aufzubauen, daß es dem Leser möglich sein sollte, ein "kleines" CAD Entwurfssystem für höchstintegrierte Schaltungen selbst zu implementieren. Hierbei haben wir uns an dem im Rahmen des durch die Deutsche Forschungsgemeinschaft geförderten Sonderforschungsbereiches 124 *VLSI-Entwurfsmethoden und Parallelität* Teilprojekt B1 gebauten Entwurfssystem, dem CADIC System, orientiert, das zur Erprobung spezieller Fragen im Bereich des VLSI Entwurfes implementiert wurde. Kern der in diesem Projekt angestellten Überlegungen ist ein Kalkül mit Netzen, der die boolesche Algebra um Elemente geometrischer Natur erweitert (ohne technologieabhängige Details zu berühren), so daß es möglich ist, in Berechnungen Logik und Geometrie zugleich zu erfassen. Regularität und Hierarchie ergeben sich in natürlicher Weise aus dieser Abstraktionsebene. Das in der Programmiersprache COMSKEE ([Mes84]) geschriebene Entwurfssystem umfaßt ungefähr 60.000 Programmtextzeilen und ist unter SIEMENS/BS2000 und VAX/UNIX verfügbar.

Das vorliegende Buch geht aus einer sehr engen Zusammenarbeit aller Mitarbeiter des Teilprojektes B1 des Sonderforschungsbereiches 124 *VLSI-Entwurfsmethoden und Parallelität* hervor. An dieser Stelle ist es uns ein besonderes Anliegen, all diesen Leuten zu danken. Besonders danken wir Herrn Professor Dr. Günter Hotz, auf dessen Initiative hin dieses Buch entstand. Herr Dr. habil. Bernd Becker betreute bei der Entwicklung des CADIC Systems wichtige Arbeiten. Die Diskussionen mit ihm und Herrn Professor Hotz haben uns sehr geholfen. Nicht zu vergessen sind die vielen Studenten, die im Rahmen von Fortgeschrittenenpraktika und Diplomarbeiten viel Engagement bewiesen haben.

Frau Dipl. Inform. Ursula Becker, Frau Dipl. Inform. Ursula Fissgus und Herr Dipl. Inform. Manfred Ries leisteten große programmiertechnische Unterstützung während der Implementierungsarbeiten des CADIC Systems.

Den vielen Korrekturlesern aus Kollegen-, Studenten- und Familienkreis, insbesondere Frau Dipl. Inform. Ursula Fissgus, Herrn Dipl. Inform. Elmar Schömer und Herrn Dipl. Inform. Wolfgang Vogelgesang, möchten wir ein besonderes Dankeschön aussprechen. Schließlich wollen wir noch dem Teubner-Verlag, insbesondere Herrn Dr. Peter Spuhler, für die angenehme Zusammenarbeit danken.

Saarbrücken, im Juli 1989

Reiner Kolla
Paul Molitor
Hans Georg Osthof

Inhaltsverzeichnis

Einleitung

Während gestern digitale Systeme auf Halbleiterbasis noch einen ganzen Schrank ausgefüllt haben, kann man heute Systeme mit gleicher Leistungsfähigkeit auf einer Platine unterbringen. Morgen wird man durch den stark wachsenden technischen Fortschritt bei der Höchstintegration diese Systeme auf einem einzelnen Chip integrieren können. Mit gleichbleibendem Materialaufwand können also immer komplexere Aufgaben gelöst werden. Die sich hieraus ergebenden Konsequenzen, besonders im menschlichen und sozialen Bereich, sind momentan noch nicht absehbar. In der Arbeitswelt werden integrierte Schaltungen, besonders Mikroprozessoren, mehr und mehr Regel- und Steuerprozesse übernehmen. Sie werden überall dort eingesetzt werden, wo das Ein/Ausgabeverhalten wohldefiniert ist. Hierdurch ändern sich die Anforderungen an den im Beruf stehenden Menschen. Routinearbeiten werden von der Maschine übernommen. Der Mensch muß lernen diese Maschinen, insbesondere integrierte Schaltungen, zu bauen, zu programmieren und zu bedienen.

Die Erfindung des Transistors und ihre Folgen

Der Startschuß zu dieser "zweiten industriellen Revolution" wurde 1946/47 mit der Erfindung des Transistors durch William Shockley gegeben. Die Massenproduktion von integrierten Schaltungen (IC), d.h. von Schaltungen mit mehreren elektronischen Komponenten in einem einzigen Gehäuse, erfolgte erstmals in den frühen sechziger Jahren. Von da an schritt die Entwicklung zügig voran. Nachdem 1964 der erste Chip, auf dem ein ganzes Gatter untergebracht war, auf den Markt kam, konnte man 1968 ein Register als integrierte Schaltung kaufen. Man spricht in diesem Zusammenhang von SSI-Technologie (small scale integration), bei der man 2 bis 10 Transistoren auf einen Chip bringen konnte, und von MSI-Technologie (medium scale integration), die bis zu 100 Transistoren pro Chip verarbeiten konnte.[1] In der Zwischenzeit ging der Weg über die LSI-Technologie

---

[1] Die oben angegebenen Zahlen sind keine festen Grenzen, so daß es leicht möglich ist, daß andere Quellen von diesen Zahlen leicht abweichen. Die hier angegebenen Daten sowie einige hier gemachten Aussagen sind aus [Zak84] entnommen.

(large scale integration), die mit einer möglichen Integration von 20.000 Transistoren pro Chip 1971/72 den Mikroprozessor mit sich brachte, bis hin zu VLSI (very large scale integration), bei der über 100.000 Transistoren möglich sind. Die Technologie bewegt sich nun mit riesigen Schritten auf SLSI (super large scale integration) oder ULSI (ultra large scale integration) zu.

Mit der Erfindung des Mikroprozessors war eine erste Form von Datenverarbeitungskapazität zu minimalen Kosten und minimalem Platzbedarf verfügbar. Dies veränderte und verändert noch heute die Arbeitswelt. Die traditionelle Elektronik wird mehr und mehr von Mikroprozessoren ersetzt, die neben dem Vorteil der geringen Kosten (geringerer Anschaffungspreis, reduzierte Leistungsaufnahme) auch den Vorteil der Programmierbarkeit besitzen. Bei geringen Änderungen einer Anwendung braucht man nun nicht mehr zum Lötkolben zu greifen, sondern muß nur das entsprechende Programm korrekt abändern, was schnellere Entwicklungszeiten beim Systembau zur Folge hat. Infolgedessen muß also ein Systementwickler heute nicht nur sein Spezialgebiet kennen, sondern muß auch in der Programmierung von Mikroprozessoren bewandert sein.

Die Universalität der Mikroprozessoren kann sich aber auch zum Nachteil kehren. Zum einen sind sie für Anwendungen, bei denen es auf extrem schnelle Reaktionszeiten der Schaltung ankommt, nicht geeignet. Um die eigentliche Berechnung auszuführen, müssen sie bei jedem Schritt den auszuführenden Befehl aus dem Speicher lesen, diesen Befehl interpretieren und erst dann kann der Befehl ausgeführt werden. Diese Schritte laufen alle in einem festen Raster ab, das durch den Maschinenzyklus vorgegeben ist. Zum anderen gibt es keinen sicheren Schutz gegen Raubkopien der Software und Nachbau eines Systems.

Wünschenswert sind in diesen Fällen nichtprogrammierbare integrierte Schaltungen, in denen das gewünschte Ein/Ausgabeverhalten fest verdrahtet ist. Hierdurch können natürlicherweise höhere Laufzeiten erreicht werden. Der Nachbau wird wesentlich aufwendiger, da es sich nun nicht mehr um Software, die in irgendwelchen Speicherbausteinen abgespeichert und auf Standardchips ausführbar ist, sondern um den Chip selbst, d.h. um die nackte Geometrie der Schaltung, handelt. Die oben angedeuteten Nachteile des Mikroprozessors werden also durch solche Spezialchips weitgehend aufgehoben. Um zu verstehen, wieso solche Schaltungen in den siebziger Jahren und in den frühen achtziger Jahren nicht gebaut wurden, obwohl der Wunsch nach ihrem Einsatz vorhanden war, muß man sich die Faktoren, die die Preisfestsetzung bestimmen, näher betrachten.

Der Preis setzt sich im wesentlichen aus den Herstellungskosten und den Entwurfskosten zusammen.

- Die Herstellungskosten werden durch die Maskenherstellungskosten (s. z.B. [MC80,WE85]) und die Ausbeute, d.h. durch den Prozentsatz der funktionsfähigen Chips eines Fabrikationsprozesses bestimmt. Probleme bei der Ausbeute können von vielen Ursachen herrühren, wie zum Beispiel ungenaue Maskenjustierung, Verschmutzungen oder Maskendefekte.

Neue Techniken und Methoden, wie zum Beispiel solche, bei denen bei der eigentlichen Herstellung vorgefertigte Grundstrukturen nur noch durch Aufdampfen zweier Metallagen miteinander elektrisch verbunden werden, konnten in den letzten Jahren die Herstellungskosten wesentlich senken. (Näheres findet man in Kapitel 2.)

- Die Entwurfskosten eines integrierten Schaltkreises kann man durch den Arbeitsaufwand abschätzen, den Mensch und Maschine aufwenden müssen, um eine Problemstellung in die vom Fabrikationsprozeß benötigten Daten umzusetzen. Dabei ist nicht nur darauf zu achten, daß die konstruierte Schaltung das gewünschte Ein/Ausgabeverhalten mit den entsprechenden Reaktionszeiten hat, sondern auch effizient in Bezug auf die Fläche ist. Es gibt hier eine direkte Kopplung zu den Herstellungskosten. Der Flächenbedarf hat direkten Einfluß auf die Ausbeute, da die Wahrscheinlichkeit eines Fabrikationsfehlers auf einem Chip umso größer ist, je größer die verbrauchte Fläche ist. (Nach den heutigen Erfahrungen nimmt die Ausbeute exponentiell mit wachsender Chipfläche ab [Zak84].)

Um die Entwurfskosten zu verringern, beziehungsweise um überhaupt den Entwurf höchstintegrierter Schaltungen zu ermöglichen, wurde in den letzten Jahren damit begonnen, neben der Erforschung neuer Herstellungstechniken, die Entwicklung von Entwurfswerkzeugen intensiv voranzutreiben. Ziel ist es, effiziente Entwurfssysteme auf relativ hohen Abstraktionsebenen anzubieten, so daß ein Anwender, ein Systementwickler zum Beispiel, der über die speziellen Kenntnisse aus dem betrachteten Anwendungsgebiet verfügt, in die Lage versetzt wird, anwendungsbezogene integrierte Schaltungen zu entwerfen, ohne mit den Gegebenheiten der benutzten Technologie vertraut zu sein. Die von ihm erstellte Schaltungsbeschreibung wird automatisch in ein effizientes Layout umgesetzt. In dieser Weise werden die Entwurfskosten erheblich gesenkt. Es gibt hier Analogien zu dem Softwaresektor, wo die Einführung der höheren, anwendungsorientierten Programmiersprachen und Programmierumgebungen die Softwareerstellungskosten wesentlich verringert und die Erstellung komplexer Systeme überhaupt ermöglicht hat. Die Programmierung ist keine "schwarze Kunst" mehr, die nur von einigen wenigen hochqualifizierten Fachkräften beherrscht wird. Sie gehört heute zu den Grundkenntnissen fast eines jeden Menschen, der einen höheren technischen Beruf ausübt.

Zusammenfassend ist zu erwarten, daß in Zukunft Systementwickler gefragt sind, die nicht nur ausgezeichnete Kenntnisse in ihrem Spezialgebiet und in der Mikroprozessorprogrammierung haben, sondern auch im Entwurf höchstintegrierter Schaltungen, sofern geeignete CAD-Werkzeuge zur Verfügung stehen.

Wieso systematisches Entwerfen ?

N. Wirth beginnt sein Buch *Systematisches Programmieren* [Wir83] mit einem Zitat von C.F. Gauß aus einem Brief an Schumacher vom 15.5.1843. Das Zitat lautet wie folgt:

> *Überhaupt verhält es sich mit allen solchen Kalküls so, daß man durch sie nichts leisten kann, was nicht auch ohne sie zu leisten wäre; der Vorteil ist aber der, daß wenn ein solcher Kalkül dem innersten Wesen vielfach vorkommender Bedürfnisse korrespondiert, jeder ... die dahin gehörigen Aufgaben lösen, ja selbst in so verwickelten Fällen gleichsam mechanisch lösen kann, wo ohne eine solche Hilfe auch das Genie ohnmächtig wird. So ist es mit der Erfindung der Buchstabenrechnung überhaupt, so mit der Differentialrechnung gewesen, ...*

Auf die Frage, wieso systematisches Entwerfen (oder auch systematisches Programmieren) nicht nur sinnvoll, sondern auch notwendig ist, kann man wohl keine bessere Antwort als dieses Zitat geben.

Blättert man weiter in dem Buch von N. Wirth, so kommt man zu einem Kapitel, wo über die Unzulänglichkeiten diskutiert wird, die zur Entwicklung sogenannter höherer Programmiersprachen führten. Unter anderem wird angeführt

> *... Der sogenannte Maschinencode enthielt sehr wenig Redundanz, auf Grund deren ein Fehler hätte entdeckt werden können. Daher waren selbst kleine Schreibfehler nur sehr schwer zu entdecken, obwohl sie ... verheerende Folgen haben konnten... Die Darstellung eines Vorganges als unstrukturierte, lineare, monotone Sequenz von Befehlen ist eine für den Menschen ungeeignete Form, komplizierte Prozesse zu beschreiben und zu überblicken...*

Ersetzt man in dieser Aussage *Maschinencode* durch *Beschreibungssprache für Maskendaten*, so bleibt die Aussage wahr und man erhält das Argument, das die Entwicklung "höherer Entwurfssprachen" fordert. Die zentrale Frage, die sich daran anschließt, ist, wie die ideale Abstraktionsebene aussieht, oder genauer formuliert, wie für den Entwerfer in seiner Spezifikation die unterste ihm sichtbare Beschreibungsebene aussieht, von der aus ein korrektes Layout automatisch erzeugt wird.

Die Disziplin *Systematisches Entwerfen* verfolgt zwei Ziele. Zum einen sollen dem Entwerfer Techniken und Methoden an die Hand gegeben werden, mit denen er große Schaltungen spezifizieren kann, ohne dabei die Übersicht über seinen Entwurf zu verlieren. Dazu gehört insbesondere, daß Fehler ihm sehr früh angezeigt werden. Die übliche Methode *Trial&Fail* ist beim Entwurf höchstintegrierter Schaltungen aus wirtschaftlichen Gründen nicht mehr durchführbar. Eine Schaltung versuchsweise zu entwerfen und zu bauen ist einfach zu teuer. Zum anderen wird versucht, den Entwerfer zu zwingen, gut testbare Schaltungen zu entwerfen, d.h. Schaltungen bei denen man schnell und zuverlässig entscheiden kann, ob ein Exemplar durch Unvollkommenheiten im Fertigungsprozeß fehlerhaft ist.

Beide Aspekte werden im ersten Teil des Buches diskutiert. In Kapitel 4 wird eine Möglichkeit besprochen, Schaltungen für Prozeßsteuerungen systematisch zu entwerfen. Es wird gezeigt, daß eine solche Schaltung fast unabhängig von der realisierten Steuerlogik leicht testbar ist. In Kapitel 3 stellen wir ein Kalkül vor, mit dem man regelmäßige Schaltungen, also Schaltungen, die aus vielen gleichen Teilen aufgebaut sind, bequem und übersichtlich beschreiben kann. Prinzipien, die aus dem Bereich des Entwurfs komplexer Softwaresysteme bekannt sind, wie Modularität und Parametrisierbarkeit, findet man hier wieder. In dem Kalkül wird nicht nur das logische Verhalten der Schaltung beschrieben, sondern er trägt auch den geometrischen Eigenschaften der Leitungsführung Rechnung, deren Fläche gegenüber der Fläche logischer Bausteine bei integrierten Schaltungen nicht mehr zu vernachlässigen ist. Hierbei berührt er jedoch keine technologieabhängigen Details. Dies erleichtert die Umsetzung der formalen Spezifikation einer Schaltung in ein effizientes Layout, ohne daß der Mehraufwand des Entwerfers wesentlich größer wird, da er neben der logischen Struktur eines Schaltkreises oft auch eine vage Vorstellung einer günstigen planaren Anordnung desselben entwerfen kann. Die Testbarkeitsfrage solcher regelmäßigen Schaltungen wird in dem Buch von B. Becker [Bec89] ausführlich behandelt, so daß wir an dieser Stelle lediglich darauf verweisen.

Rechnergestützter Entwurf

Ist die formale Spezifikation einer Schaltung fertiggestellt, so muß in einem ersten Schritt überprüft werden, ob die formale Semantik dieser Spezifikation dem gewünschten (intuitiven) Verhalten entspricht. Ist dies der Fall, so wird die Spezifikation Schritt für Schritt in die vom Fertigungsprozeß benötigten Daten umgesetzt, wobei darauf geachtet wird, daß das konstruierte Layout effizient ist, effizient in Bezug auf die Reaktionszeiten der Schaltung, auf die belegte Fläche, auf den Leistungsverbrauch und so weiter. Geht man davon aus, daß jeder dieser Schritte korrekt abläuft, so würde eine korrekte Spezifikation der Schaltung korrekte Fertigungsdaten bedingen (*correctness by construction*). Bei dieser Umsetzung kann man aber leider meist nicht alle Aspekte des Verhaltens und der Geometrie im Auge behalten beziehungsweise deren Korrektheit garantieren. Daher müssen nach gewissen Syntheseschritten Analysen (z.B. Überprüfung von Laufzeiten, Entwurfsregeln und Testbarkeit, Schätzung der Leistungsaufnahme) durchgeführt werden, die Fehleinschätzungen und Fehlentwicklungen ausschließen sollen.

Ziel der CAD-Systeme zum Entwurf höchstintegrierter Schaltungen ist es, neben der bequemen und übersichtlichen Spezifikation der gewünschten Schaltung, Werkzeuge zur Schaltkreisanalyse und Schaltkreissynthese bereitzustellen. Sol-

che Werkzeuge werden in den Kapiteln 5, 6 und 7 diskutiert. Kapitel 5 gibt
eine kurze Übersicht ausgewählter Fragestellungen der Schaltkreisanalyse und
verweist auf Probleme und Methoden, die bei ihrer rechnergestützten Bearbeitung auftreten. Das 6. Kapitel beschäftigt sich mit Synthesewerkzeugen, die in
den heute kommerziell verfügbaren Semi-Custom Systemen zur Realisierung von
Schaltkreisen durch Gatearrays, Standardzellen, Makrozellen und Sea-of-Gates
eingesetzt werden. Kapitel 7 stellt dann ausführlich die Schaltkreissynthese an
dem Beispielsystem CADIC [BHK*87b] vor.

Regularität und Hierarchie

Regularität und Hierarchie sind bei VLSI Schaltkreisen wichtige Eigenschaften,
die nicht nur Übersicht verschaffen, sondern auch platzeffiziente Darstellungen
(im Rechner) und den Einsatz effizienter hierarchischer Algorithmen ermöglichen,
ohne die man in Zukunft wegen der beim Entwurf wirklich großer Schaltungen
auftretenden großen Datenmengen nicht mehr auskommen wird.

Während Kapitel 3 auf die Ausnutzung der Hierarchie und Regularität bei der
Spezifikation regulärer Schaltungen eingeht, diskutieren wir ausführlich im Kapitel 8 am Beispiel der Schichtzuweisung Vorgehensweisen und Vorteile der Ausnutzung von Hierarchie und Regularität bei Synthesewerkzeugen.

Kapitel 1

MOS Basiszellen

Im Bereich des VLSI Schaltungsentwurfs spielt die *MOS* (*Metal Oxide Semiconductor*) Technologie eine herausragende Rolle, da sie heute den höchsten Grad der Integration in der Halbleitertechnik erreicht. Der Hauptgrund hierfür ist, daß man im Gegensatz zu der "klassischen" Schaltungstechnik nur noch ein einziges Bauelement, den MOS-Transistor, der durch einen einfachen Aufbau gekennzeichnet ist, kennt. Insbesondere diese Einfachheit eröffnet die Möglichkeit, MOS-Transistoren dicht zu packen.

Neben der MOS Technologie gibt es noch weitere Halbleitertechnologien. An erster Stelle ist hier die Bipolartechnik, die sich durch eine extrem schnelle Verarbeitungsgeschwindigkeit auszeichnet, zu nennen. Nachteil dieser Technologie gegenüber der MOS-Technologie ist ihr wesentlich kleinerer Integrationsgrad (Anzahl Transistoren pro Fläche). Diese große Diskrepanz bei der möglichen Integrationsdichte resultiert daraus, daß der Sättigungsstrom beim MOS-Transistor proportional zu dem Breite/Länge-Verhältnis des Transistorkanals und beim Bipolartransistor proportional zu der Transistorfläche ist. Im Gegensatz zum MOS-Transistor kann man also den Bipolartransistor nicht beliebig verkleinern, ohne Einbußen im Sättigungsstrom hinzunehmen. (Bei dem heutigen Stand der Technologien benötigt ein MOS-Transistor um den Faktor 100 weniger Fläche als ein bipolarer Transistor.) Da Entwicklungsergebnisse ([HNS86]) darauf hoffen lassen, daß man auch in der MOS-Technologie bessere Schaltzeiten erreichen kann, so daß der Geschwindigkeitsvorsprung der Bipolartechnik teilweise verloren geht, scheint sich die MOS-Technologie auch weiterhin als die führende Halbleitertechnologie zu behaupten.

Wir wollen in diesem Kapitel eine kleine Übersicht über den Aufbau von MOS Basiszellen geben. Die Wirkungsweise der Grundschaltungen erklären wir durch ein einfaches, stark idealisiertes Schaltermodell. Diese grobe Idealisierung reicht aus, um einen Eindruck zu erhalten, wie man von Gattern zu Masken, d.h. von der abstrakten Beschreibung eines Schaltkreises auf Gatterebene (s. Kapitel 2)

zu den Daten, die man für die physikalische Fertigung der Schaltung benötigt,
kommt. Weiterführende Darstellungen dieses Themenbereiches findet der Leser
in [Hor87,DG85,MC80,WE85], wo weitere Techniken, wie zum Beispiel die Bipolartechnik, diskutiert werden. Zum Verständnis des vorliegenden Buches reicht
jedoch die hier vorgestellte idealisierte Sicht aus, da die meisten Schaltungen nur
bis auf Gatterebene beschrieben werden, und wenig über analoge Aspekte und
Laufzeiten gesprochen wird.

1.1   MOS-Transistoren

Die MOS Technologie stellt zwei Arten von Feldeffekttransistoren zur Verfügung,
den *p-Kanal Transistor* und den *n-Kanal Transistor*.

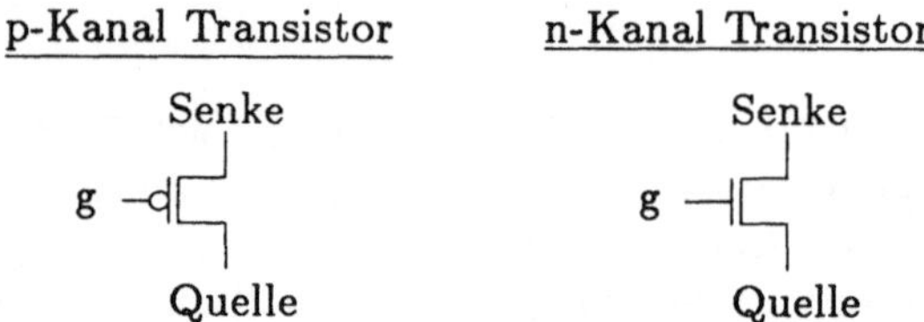

Solche Transistoren kann man sich als Ventile vorstellen [WE85]. Die Leitung g
(gate) regelt die Leitfähigkeit zwischen der Quelle und der Senke. Ist die Spannung zwischen Gate und Quelle groß, dann ist die Leitfähigkeit beim n-Kanal
Transistor groß und beim p-Kanal Transistor fast 0. Ist dagegen die Spannung
zwischen Gate und Quelle klein, d.h. stark negativ, so ist die Leitfähigkeit beim
n-Kanal Transistor fast 0 und beim p-Kanal Transistor groß.[1]

1.1.1   Physikalische Realisierung eines Transistors

Transistoren werden auf Siliziumscheiben hergestellt. Silizium ist ein kristalliner
4-wertiger Halbleiter, dessen Leitfähigkeit verändert werden kann, indem man
Fremdatome einbaut. Baut man 3-wertige Fremdatome ein, so entstehen Fehlstellen, *Löcher* ; das Silizium ist *p-dotiert*. Baut man 5-wertige Fremdatome ein,
so entstehen Überschußstellen, *freie Elektronen*; das Silizium ist *n-dotiert*.

Beim n-Kanal Transistor geht man von einem schwach p-dotierten Siliziumstück
aus. In die Oberflächenschicht dieses Kristalls werden zwei stark n-dotierte Zonen
eindiffundiert.

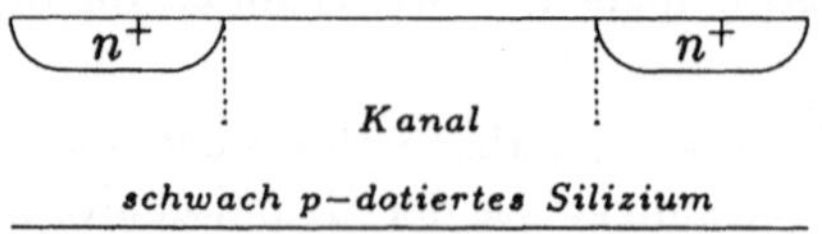

---

[1]Bleibt man bei dem Transistor/Ventil-Vergleich, so bedeutet große Leitfähigkeit, daß das
Ventil offen ist und kleine Leitfähigkeit, daß das Ventil geschlossen ist.

Auf das p-dotierte Silizium wird dann oberhalb des Kanals ein SiO_2-Isolator aufgetragen und eine polymere Siliziumschicht aufgedampft. Früher wurde anstelle dieser nichtkristallinen Siliziumschicht, die eine bessere Leitfähigkeit als das kristalline Silizium hat, eine Metallschicht aufgedampft. Dieser Aufbau Metall-Oxid-Semiconductor gab der Technologie den Namen MOS.

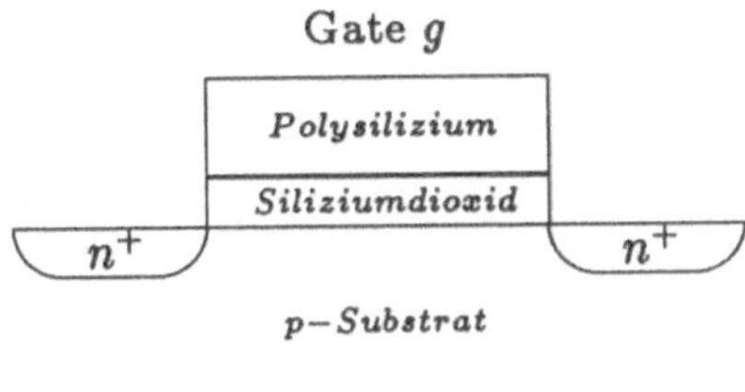

Legt man nun eine hinreichend große Spannung zwischen dem Gate g und den beiden n-Diffusionsgebieten an, so wird durch Influenz der Bereich unter dem Gate mit Elektronen aus dem p-Substrat angereichert. Übersteigt die Spannung zwischen dem Gate und dem n-Diffusionsgebiet mit dem niedrigeren angelegten Potential, das Quelle der Ladungsträger ist und demnach auch *Quelle* oder *Source* genannt wird, eine gewisse Schwellenspannung ΔV ([WE85]), so kehren sich die Eigenschaften des p-dotierten Materials zu Eigenschaften eines n-dotierten Materials um. Es entsteht ein leitfähiger Kanal von der Quelle zu dem anderen n-Diffusionsgebiet, das *Senke* oder *Drain* genannt wird, d.h. Elektronen fließen von der Quelle zur Senke, falls die Spannung zwischen der Senke und der Quelle grösser als 0 ist. Der entstehende Strom I_{ds} von der Senke zur Quelle ist um so größer, je größer die Spannung V_{gs} zwischen Gate und Quelle ist und je größer die Spannung V_{ds} zwischen Senke und Quelle ist. In Abbildung 1.1 ist diese Abhängigkeit zwischen I_{ds} einerseits und V_{gs} und V_{ds} andererseits bildlich dargestellt. Der Widerstand R des n-Kanal Transistors ist im linearen Bereich (fast) konstant und ist im wesentlichen nur abhängig von der Dimension des Transistorkanals, d.h. proportional zu $\frac{l}{b}$, wobei l die Länge des Kanals, d.h. der Abstand zwischen den Diffusionsgebieten, ist, und b die Breite des Kanals bezeichnet. Im Sättigungsbereich hingegen nimmt der Strom I_{ds} nicht mehr wesentlich mit V_{ds} zu.

Der p-Kanal Transistor ist dual zu dem n-Kanal Transistor aufgebaut. Anstelle des p-dotierten Substrats besitzt der p-Kanal Transistor ein n-dotiertes; die Diffusionsgebiete sind nicht n-dotiert, sondern p-dotiert. Die Ladungsträger sind nicht die Elektronen, sondern die Fehlstellen. Der Transistor ist leitend, falls die Spannung V_{gs} zwischen dem Gate und der Source kleiner als eine gewisse Schwellenspannung $-\Delta V$ ist. Da, wie schon erwähnt, beim p-Kanal Transistor die Fehlstellen die Ladungsträger sind, ist die Source nicht das p-dotierte Diffusionsgebiet mit dem niedrigeren, sondern mit dem höheren Potential.

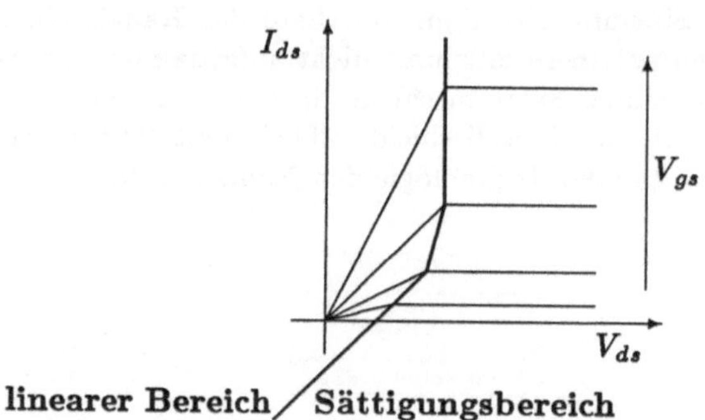

Abbildung 1.1: *Idealisierte Kennlinie eines n-Kanal Transistors.*

1.1.2   Leitfähigkeit der MOS Transistoren

Wir wollen auf die Leitfähigkeit der MOS Transistoren im leitenden Zustand näher eingehen. Sei hierzu **H** beziehungsweise **L** die maximale beziehungsweise die minimale Spannung (bzgl. eines Bezugspunktes), die an einem Punkt anliegen kann. (*Sprechweise*: Liegt an einem Punkt p die Spannung $V_p \approx H$ bzw. $V_p \approx L$ an, so sagen wir, daß an diesem Punkt der logische Wert 1 bzw. 0 anliegt.)

Leitfähigkeit des n-Kanal Transistors

Ist der n-Kanal Transistor leitend, so gilt nach dem vorhin Gesagten, daß die Spannung V_{gs} zwischen Gate und Source größer sein muß als die Schwellenspannung ΔV. Liegt also zum Beispiel am Gate und an der Senke die Spannung H an, so leitet der Transistor bis zu dem Zeitpunkt, wo die Spannung an der Quelle $H-\Delta V$ ist. Ab dann sperrt der Transistor. Wir wollen dies an einem dynamischen Speicher (s. Abbildung 1.2), der aus einem Kondensator, der über einen n-Kanal Transistor geladen und entladen werden kann, aufgebaut ist, näher erläutern (vgl. [WE85]).

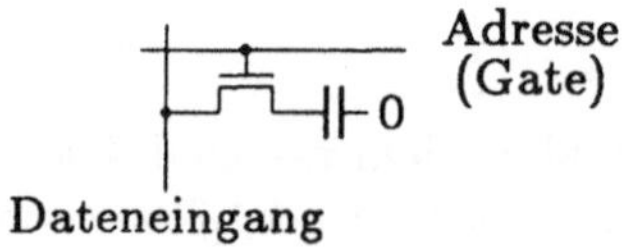

Abbildung 1.2: *Realisierung eines dynamischen Speichers*

Will man in den Speicher den Wert 1 schreiben, so muß man den Kondensator über den n-Kanal Transistor laden. Man legt also an das Gate und an den

Eingang der Schaltung jeweils die Spannung H an. Der n-Kanal Transistor leitet dann solange bis am Kondensator die Spannung $H-\Delta V$ anliegt. Ab dann sperrt der Transistor und der Kondensator lädt sich nur noch sehr langsam über den hohen Sperrwiderstand weiter auf. Ist der Kondensator aufgeladen und legt man an den Eingang der Schaltung die Spannung L und an das Gate die Spannung H an (d.h. will man den Wert 0 in das Speicherelement schreiben), so entlädt sich der Kondensator über den Transistor. Da in diesem Fall der Transistor unabhängig von der Spannung am Kondensator im leitenden Zustand bleibt, fällt die Spannung am Kondensator (sehr schnell) auf den Wert L ab, d.h. der Kondensator entlädt sich vollständig.

Im Gegensatz zur 1 wird also der Wert 0 vom n-Kanal Transistor ideal geleitet.

Leitfähigkeit des p-Kanal Transistors

Ist der p-Kanal Transistor leitend, so muß die Spannung V_{gs} kleiner sein als $-\Delta V$. Will man über einen solchen p-Kanal Transistor einen aufgeladenen Kondensator entladen, so legt man an den Eingang der Schaltung und an das Gate jeweils die Spannung L an. Hierdurch wird der Transistor leitend, da $V_{gs} = -H+L < -\Delta V$ ist. Der Transistor bleibt leitend bis zu dem Augenblick, in dem die Spannung V_{gs} zwischen Gate und Source, d.h. zwischen dem Gate und dem Kondensator, gleich der Schwellenspannung ist, d.h. bis die Kondensatorspannung V_s gleich $L+\Delta V$ ist. Ab dann sperrt der p-Kanal Transistor (d.h. der Kondensator entlädt sich nur noch sehr langsam über den hohen Sperrwiderstand) und am Kondensator liegt eine Spannung an, die um ΔV höher als die gewünschte ist.

Die Leitfähigkeit des p-Kanal Transistors ist also nicht ideal für den zu leitenden Wert 0. Analog zu vorhin überlegt man sich, daß sie dagegen für den Wert 1 ideal ist.

Selbstleitende nMOS Transistoren

Implantiert man eine Ionenschicht unterhalb des Kanals in das p-Substrat (beim n-Kanal Transistor), so schafft man einen leitenden Kanal, indem man die Spannung V_{gs} zwischen Gate und Source größer gleich 0 wählt. Legt man also das Gate und die Quelle auf das gleiche Potential, so ist der Transistor *selbstleitend* und kann zum Beispiel als Widerstand verwendet werden, wie dies in dem Abschnitt über nMOS-Gatter gezeigt wird. Man nennt diesen Baustein *Depletiontransistor* oder *Transistor vom Verarmungstyp*. (Den vorher betrachteten Transistor nennt man *Enhancementtransistor* oder *Transistor vom Anreicherungstyp*.) Das Symbol, das man für einen selbstleitenden Transistor häufig verwendet, ist

1.2 CMOS Basiszellen

Nachdem wir das Verhalten der MOS Transistoren in idealisierter Form kennengelernt haben, wollen wir einige CMOS Basiszellen vorstellen. CMOS steht hierbei für *Complementary Metal Oxide Semiconductor*, da in dieser Technologie, im Gegensatz zu der nMOS- und der pMOS Technologie[2], sowohl n-Kanal als auch p-Kanal Transistoren, die komplementär zueinander arbeiten, gleichzeitig verwendet werden. Hierdurch eröffnet sich die Möglichkeit, einen für die digitale Schaltungstechnik idealen, (fast) verlustlosen Schalter zur Verfügung zu stellen.

1.2.1 CMOS Schalter

Kombiniert man einen n-Kanal Transistor mit einem p-Kanal Transistor, wie es in der folgenden Abbildung dargestellt ist, so erhält man einen idealen Schalter, d.h. einen Schalter ohne (wesentlichen) Spannungsverlust, da er, wie oben erläutert, den Wert 0 und den Wert 1 in nahezu idealer Weise leitet. Der Schalter ist eingeschaltet, wenn an g der Wert 1 und an $\overline{g}$ der Wert 0 anliegt. Er ist ausgeschaltet, wenn an g der Wert 0 und an $\overline{g}$ der Wert 1 anliegt. Dieser Schalter wird *CMOS-Schalter* oder *CMOS-Transfergate* genannt.

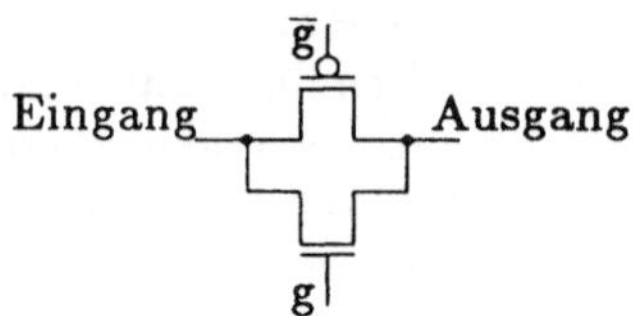

Das von uns verwendete Symbol für einen CMOS Schalter sei

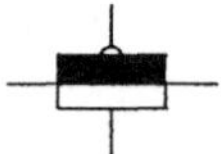

1.2.2 Inverter (Nicht-Gatter)

Das logische Verhalten eines Inverters ist definiert durch die Abbildung *not*, deren Definitionsbereich und Wertebereich gleich der binären Menge $\{0,1\}$ ist, wobei $not(a) = \overline{a} = 1 - a$ ist. Die in der Abbildung 1.3.a dargestellte CMOS Schaltung erfüllt dieses logische Verhalten. Liegt am Eingang, d.h. an den Gates der beiden Transistoren, der Wert 1 an, so sperrt der p-Kanal Transistor und der n-Kanal Transistor ist leitend; am Ausgang der Schaltung liegt der Wert 0 an. Liegt dagegen am Eingang der Wert 0 an, so sperrt der n-Kanal Transistor und der p-Kanal Transistor ist leitend; am Ausgang liegt der Wert 1 an. Man überlegt sich leicht, daß, in unserem Modell, in beiden Fällen das Verhalten des

---

[2]Man spricht von nMOS Technologie, wenn nur n-Kanal Transistoren verwendet werden, und von pMOS Technologie, wenn ausschließlich p-Kanal Transistoren verwendet werden.

(a) <u>Realisierung</u>　　　　　(b) <u>Symbolische Darstellung</u>

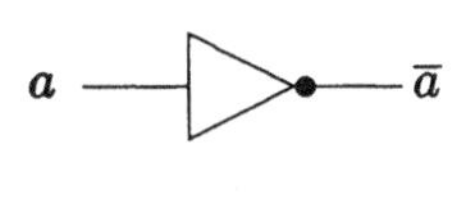

Abbildung 1.3: *CMOS-Realisierung und symbolische Darstellung eines Inverters*

CMOS Inverters ideal ist, d.h. am Ausgang liegt entweder die Spannung H oder die Spannung L an. Hervorzuheben ist ebenfalls, daß kein statischer Strom fließt und so die Verlustleistung gering ist.

Man erkennt an diesem CMOS Inverter schon das allgemeine Prinzip des Aufbaus von CMOS Gattern. Ein CMOS Gatter läßt sich in zwei Teile aufteilen, den n-Kanal Transistor und den p-Kanal Transistor Teil. Der n-Kanal Transistor Teil bestimmt die 0 am Ausgang des Gatters, wogegen der p-Kanal Transistor Teil die 1 am Ausgang des Gatters bestimmt. Beide Teile sind dual zueinander aufgebaut, d.h. es gibt genau dann einen leitenden Pfad zwischen der 0 und dem Ausgang, wenn es keinen leitenden Pfad zwischen der 1 und dem Ausgang gibt. Die zu realisierende Logik wird in die seriell-parallele Schaltungstopologie der n-Kanal Transistoren beziehungsweise der p-Kanal Transistoren kodiert:

- Eine serielle Anordnung von n-Kanal Transistoren führt genau dann zu einem leitenden Pfad, wenn das logische Und der Eingänge wahr ist.

- Eine parallele Anordnung von p-Kanal Transistoren führt genau dann zu einem leitenden Pfad, wenn das logische Und der Eingänge nicht wahr ist.

- Eine parallele Anordnung von n-Kanal Transistoren führt genau dann zu einem leitenden Pfad, wenn das logische Oder der Eingänge wahr ist.

- Eine serielle Anordnung von p-Kanal Transistoren führt genau dann zu einem leitenden Pfad, wenn das logische Oder der Eingänge nicht wahr ist.

Nach diesem Prinzip sind die nun folgenden Gatter (NAND, NOR, Mischgatter, Multiplexer) aufgebaut.

1.2.3 NAND-Gatter

Die durch das NAND-Gatter auszuwertende boolesche Funktion ist gegeben durch $nand(a, b) = \overline{a \cdot b}$, d.h. der Funktionswert soll genau dann 0 sein, wenn

(a) <u>Realisierung</u>   (b) <u>Symbolische Darstellung</u>

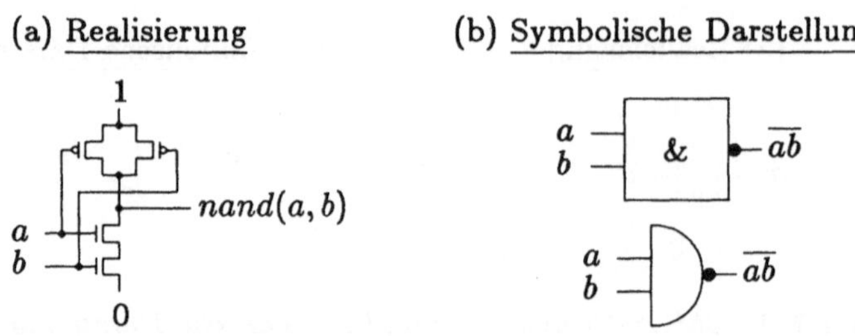

Abbildung 1.4: *CMOS-Realisierung und symbolische Darstellung eines NANDs*

beide Argumente den Wert 1 tragen. Die in der Abbildung 1.4 abgebildete CMOS Schaltung erfüllt diese boolesche Funktion, wobei ihr Verhalten (in unserem Modell) ideal ist. Liegt an einem der Eingänge a, b eine 0 an, so gibt es einen leitenden Pfad zwischen der 1 und dem Ausgang. Sind beide Eingänge 1, so sperren beide p-Kanal Transistoren. Es gibt keinen leitenden Pfad zwischen der 1 und dem Ausgang. Da die Schaltungstopologie der n-Kanal Transistoren dual zu der der p-Kanal Transistoren aufgebaut ist, gibt es genau dann einen leitenden Pfad zwischen der 0 und dem Ausgang, wenn es keinen leitenden Pfad zwischen der 1 und dem Ausgang gibt.

1.2.4   NOR-Gatter

Die durch das NOR-Gatter auszuwertende boolesche Funktion ist gegeben durch $nor(a, b) = \overline{a \vee b}$, d.h. der Funktionswert soll genau dann 1 sein, wenn beide Argumente den Wert 0 tragen. Die in der Abbildung 1.5 abgebildete CMOS Schaltung, in der die n-Kanal Transistoren parallel und die p-Kanal Transistoren in Serie geschaltet sind, erfüllt diese boolesche Funktion. Wiederum gilt, daß es genau dann einen leitenden Pfad zwischen der 1 und dem Ausgang gibt, wenn es keinen zwischen der 0 und dem Ausgang gibt.

1.2.5   Mischgatter

Mischgatter realisieren *negierte monotone* boolesche Funktionen [Hot74]. Unter einer monotonen Funktion $f : \{0,1\}^k \rightarrow \{0,1\}$ versteht man eine Funktion mit der Eigenschaft

$$(\forall i \in \{1, \dots, k\} : \ \alpha_i \le \beta_i) \ \Rightarrow \ f(\alpha_1, \dots, \alpha_k) \le f(\beta_1, \dots, \beta_k).$$

Lemma 1.2.1 ([Hot74]) *f ist genau dann eine monotone Funktion, wenn es zu f einen booleschen Ausdruck gibt, in dem keine Negation vorkommt.*

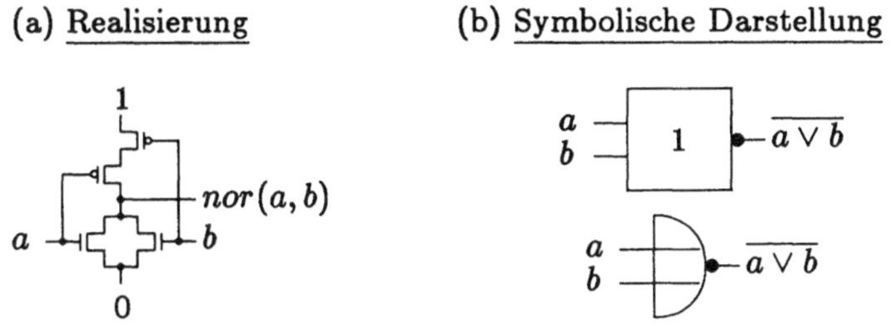

(a) <u>Realisierung</u>　　　　(b) <u>Symbolische Darstellung</u>

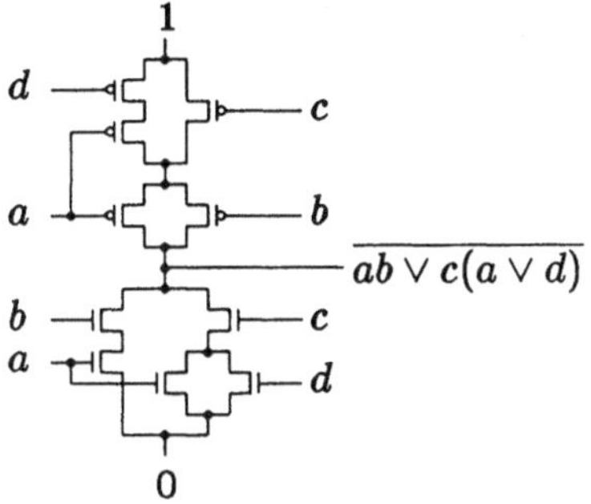

Abbildung 1.5: *CMOS-Realisierung und symbolische Darstellung eines NORs*

$$\overline{ab \vee c(a \vee d)}$$

Abbildung 1.6: *CMOS-Mischgatter zur Realisierung von $\overline{ab \vee c(a \vee d)}$*

Solche negierte monotone Funktionen realisiert man, indem man, wie vorhin erklärt, die zu realisierende Logik in die seriell-parallele Schaltungstopologie der n-Kanal Transistoren steckt. (Den p-Kanal Transistor Teil baut man dual dazu auf.) Man überlegt sich leicht, daß, da der zu den n-Kanal Transistoren gehörige Teilschaltkreis die 0 am Ausgang des Gatters bestimmt, die darin realisierte Logik zum Schluß negiert werden muß. Als Beispiel ist in Abbildung 1.6 die Realisierung der booleschen Funktion $\overline{ab \vee c(a \vee d)}$ abgebildet.

1.2.6 Multiplexer

Beim Entwurf von Schaltungen benötigt man zur Ansteuerung der Funktionsblöcke sogenannte Multiplexer, die je nach Belegung des Steuersignals (der Steuersignale) jeweils einen ihrer Dateneingänge auf den Ausgang legen. Bei einem Multiplexer mit zwei Dateneingängen a, b und einer Steuerleitung s ist also die zu realisierende boolesche Funktion durch $as \vee b\overline{s}$ gegeben. Es gibt verschiedene

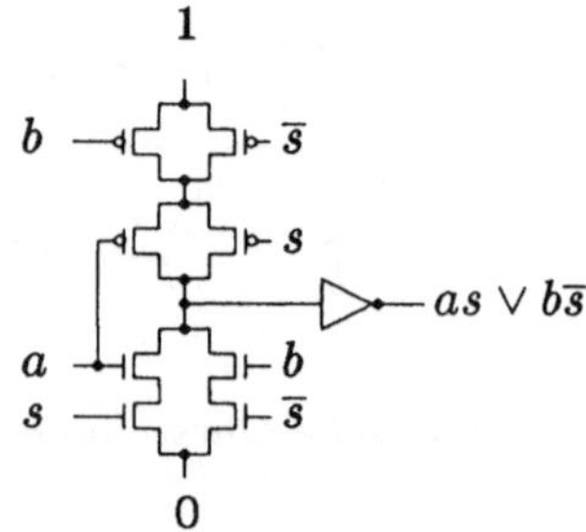

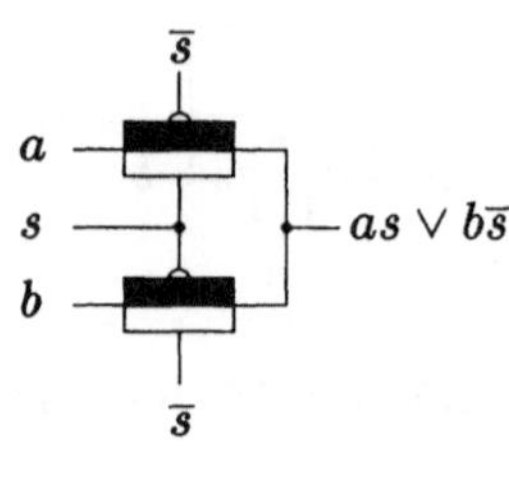

Abbildung 1.7: *CMOS Realisierungen eines Multiplexers durch Mischgatter beziehungsweise durch CMOS Transfergates*

Möglichkeiten, diese Zelle in CMOS zu realisieren:

1. **Realisierung durch Mischgatter**
   Geht man davon aus, daß das Steuersignal s in einem Flipflop abgespeichert ist, so steht einem sowohl das Signal s als auch das negierte Signal $\bar{s}$ zur Verfügung. Die Realisierung eines Multiplexers durch Mischgatter geschieht dann zweistufig: in der ersten Stufe wertet man die boolesche Funktion $\overline{as \vee b\bar{s}}$ aus; in der zweiten Stufe wird dieser Wert negiert. Abbildung 1.7.a zeigt eine solche Realisierung. Diese Realisierung benötigt 10 Transistoren. Eine billigere Lösung ist die Realisierung des Multiplexers durch CMOS Schalter.

2. **Realisierung durch CMOS Schalter**
   Die Realisierung des Multiplexers durch CMOS Schalter ist in Abbildung 1.7.b dargestellt. Der Nachteil dieser Lösung gegenüber der Mischgatterlösung ist, daß das ausgegebene Signal nicht verstärkt wird. Um diesen Nachteil zu beheben, kann man an den Ausgang der CMOS-Schalter-Anordnung einen Verstärker, d.h. einen Doppelinverter, einfügen. Selbst dann benötigt diese Lösung nur 8 Transistoren.

1.2.7 Flipflops

Zur Realisierung von sequentiellen Schaltungen benötigt man Speicherelemente, die Flipflops. Exemplarisch wollen wir in diesem Abschnitt nur das taktzustandsgesteuerte D-Flipflop besprechen. Die Grundschaltung eines solchen Flipflops, das *D-Latch*, übernimmt den Wert, der an seinem Dateneingang liegt, genau dann, wenn an der Steuerleitung *LD* (Laden) der Wert 1 anliegt. Liegt an *LD*

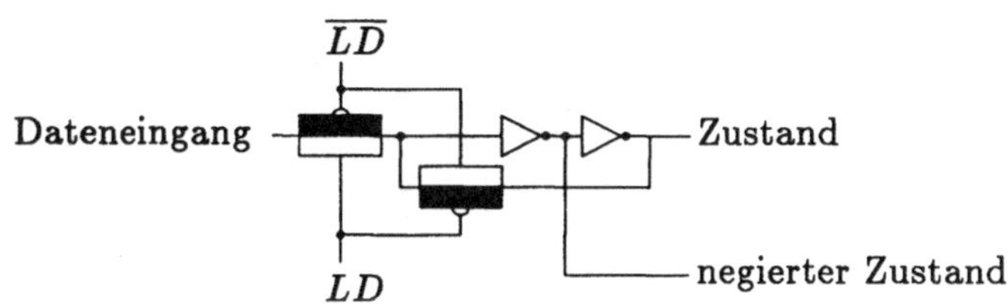

Abbildung 1.8: *CMOS-Realisierung eines D-Latches*

der Wert 0 an, so behält das Speicherelement seinen aktuellen Zustand bei. In Abbildung 1.8 ist eine Realisierung eines solchen D-Latches dargestellt. Bei dieser sequentiellen Schaltung muß darauf geachtet werden, daß an dem Dateneingang während der fallenden Flanke $(1 \rightarrow 0)$ der Steuerleitung ein stabiler Wert anliegt, damit kein undefinierter Zustand vom Flipflop übernommen wird. Die Zeit, während der der Dateneingang vor der fallenden Flanke stabil sein muß, nennt man *Set-Up Zeit*; die Zeit, die der Dateneingang nach der fallenden Flanke stabil bleiben muß, nennt man *Hold Zeit*.

Nachteil von solchen D-Latches ist, daß während dem Zeitabschnitt, in dem die Steuerleitung LD den Wert 1 trägt, die Ausgänge direkt mit dem Eingang gekoppelt sind. Ändert sich während der Ladephase das Eingangssignal mehrmals, so tut dies auch das Ausgabesignal. Dies hat zum Beispiel den Effekt, daß man D-Latches, die man mit dem gleichen Takt steuern will, nicht zu einem Schieberegister zusammenschalten kann. Dieser Nachteil kann durch die Anwendung des *Master-Slave Prinzips* vermieden werden (siehe z.B. [Wal80]). Die Grundidee hierbei ist, daß man zwei D-Latches hintereinander schaltet, wobei der hintere, der *Slave*, mit dem negierten Takt $\overline{LD}$ gesteuert wird. Der erste dieser Latches nennt man Master. Ist die Steuerleitung LD gleich 1, so behält der Slave seinen alten Zustand bei, und der Master übernimmt den Wert des Dateneingangs. Dieser Wert wird vor dem Slave gepuffert, der den Wert erst in der 0-Phase von LD übernimmt, d.h. der neue Zustand des *Master-Slave D-Flipflops* kann man erst nach der fallenden Flanke des Steuersignals LD am Ausgang ablesen. Der Wert, der während der fallenden Flanke am Dateneingang anliegt, wird also als Zustand des Master-Slave Flipflops übernommen. Dieser Wert muß während der fallenden Flanke stabil sein, d.h. die Set-Up und Hold Zeiten müssen eingehalten werden. Abbildung 1.9 zeigt eine Realisierung einer solchen Zelle.

1.3 (Pseudo) nMOS Logik

Eine andere als die im letzten Abschnitt gezeigte Möglichkeit einen Inverter zu bauen, wird in Abbildung 1.10 gezeigt. Dieser Inverter stellt einen Spannungstei-

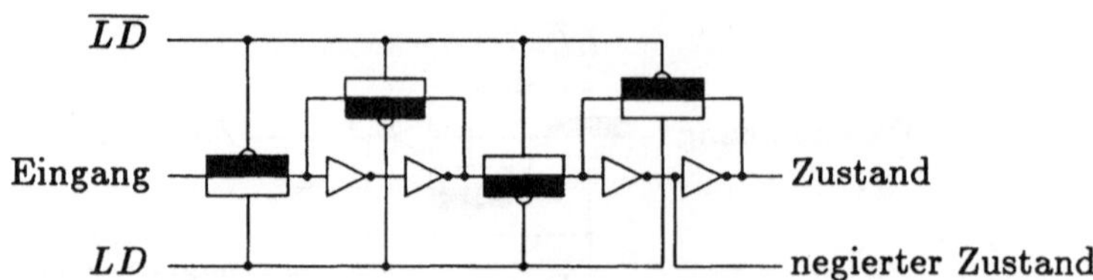

Abbildung 1.9: *CMOS-Realisierung eines Master-Slave D-Flipflops*

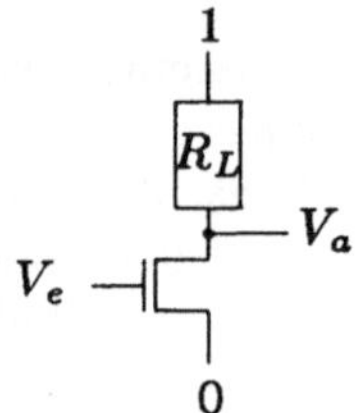

Abbildung 1.10: *Inverter mit einem Widerstand als Lastelement. V_e sei hierbei die Eingangsspannung, V_a die Ausgangsspannung und R_L der Widerstand*

ler, bestehend aus dem Lastwiderstand und dem n-Kanal Transistor (*pull-down Transistor*), dar. Es gilt $V_a = H - R_L \cdot I_{ds}$, wobei I_{ds} den Strom bezeichnet, der durch den Widerstand R_L fließt. Ist die Eingangsspannung $V_e \approx L$, d.h. am Eingang liegt die 0 an, so sperrt der pull-down Transistor und es fließt kaum Strom. Am Ausgang liegt also die 1 an, d.h. $V_a \approx H$. Liegt am Eingang der Wert 1 ($V_e \approx H$) an, so fließt ständig Strom über den Widerstand R_L. Ist R_L wesentlich größer als der Widerstand des pull-down Transistors, so fällt an R_L fast die gesamte Spannung ab, d.h. für die Ausgangsspannung gilt $V_a \approx L$.

Da die Leitfähigkeit des MOS Transistors im linearen Bereich linear von dem Verhältnis $\frac{b}{l}$, wobei b bzw. l die Breite bzw. die Länge des Transistorkanals ist, abhängt, d.h. der Widerstand eines Transistors im linearen Bereich umgekehrt proportional zum Breite/Länge-Verhältnis ist, kann der Lastwiderstand durch einen geeignet dimensionierten selbstleitenden MOS Transistor (*pull-up Transistor*) realisiert werden, indem man Gate und Source dieses Transistors elektrisch miteinander verbindet. Üblicherweise wählt man die Dimensionen der Kanäle so, daß das Länge/Breite-Verhältnis des Lastelementes Faktor 4 des Länge/Breite-Verhältnisses des pull-down Transistors ist (siehe [MC80]).

Nach dem gleichen Prinzip werden die übrigen Basiszellen in nMOS realisiert. Die Abbildung 1.11 verdeutlicht dies für das NOR-Gatter und das NAND-Gatter.

Abbildung 1.11: *nMOS-Basiszellen*

Der grundsätzliche Nachteil der nMOS Technologie gegenüber der CMOS Technologie ist ihre höhere Verlustleistung. Dies hat insbesondere einen größeren Verschleiß zur Folge, so daß die Lebensdauer von nMOS Schaltungen geringer als bei CMOS ist. (In nMOS-Basiszellen fließt ein statischer Strom, wenn am Ausgang der Zelle eine 0 anliegt!)

1.4 Aufgaben

Aufgabe 1 Entwerfen Sie eine CMOS Zelle, die die boolesche Funktion $a \vee \overline{(b \cdot c \cdot d)} \vee (d \cdot e)$ realisiert!

Aufgabe 2 Entwerfen Sie für die gleiche boolesche Funktion wie in Aufgabe 1 einen nMOS Baustein. Welche Dimensionen muß der selbstleitende Transistor in Abhängigkeit der übrigen Transistoren der Schaltung haben?

Aufgabe 3 Entwerfen Sie einen CMOS Multiplexer mit zwei Steuerleitungen und vier Dateneingängen!

Aufgabe 4 Entwerfen Sie ein Master-Slave Flipflop, das den Wert am Dateneingang bei der steigenden Flanke des Ladesignals übernimmt!

RNC-Gatter

Abbildung 1.11: CMOS-Inverter

[illegible]

1.4 Aufgaben

Aufgabe 1 [illegible]

Aufgabe 2 [illegible]

Aufgabe 3 [illegible]

Aufgabe 4 [illegible]

Kapitel 2

Entwurfsebenen und Verhaltensmodelle

2.1   Einführung

Mit dem Fortschreiten der technischen Möglichkeiten beim Entwurf von integrierten Schaltungen gehen die steigenden Anforderungen an die auf einem Chip zu realisierenden Funktionen einher. Mit den neuen *sub-μ* Techniken ist es möglich, Strukturbreiten von weniger als $1\mu m$ zu produzieren. Dies erlaubt, Hunderttausende von Transistoren auf einem Chip von $1cm^2$ Größe zu integrieren und somit komplexe Aufgaben auf einem Chip zu realisieren, die bisher den Leiterplatten vorbehalten waren. Diese Integration ist aus vielen Gründen, von denen wir nur einen kurz aufgreifen werden, erstrebenswert.

Leiterplatten beanspruchen relativ viel Platz, was in Anwendungen wie Klein-Rechnern, Unterhaltungselektronik und Nachrichtentechnik größere Probleme, insbesondere Kühlprobleme, mit sich bringt. Darüberhinaus sind der Material-aufwand und somit die Stückkosten bei Leiterplatten sehr hoch. Die Vorteile der Höchstintegration gegenüber Leiterplatten zeigen sich so zum Beispiel im Preisverfall der Personal-Computer. Dieser rührt unter anderem daher, daß die komplexe Logik, die früher auf Platinen mit vielen weniger hochintegrierten Bausteinen realisiert wurde, durch einen einzigen VLSI-Chip bewältigt werden kann. Als Beispiel mag hierfür der *Glue-Chip* des *Atari* [BEG85] dienen.

Was nützten jedoch diese technischen Möglichkeiten, wenn der Entwurf und der Test eines solchen Chips sehr schwierig und zeitraubend und somit zu teuer würden? Nur Chips mit sehr großen Stückzahlen wie etwa der erwähnte Glue-Chip wären dann bezahlbar, jedoch nicht diejenigen, die in wenigen Spezialmaschinen Anwendung fänden.

Wir wollen in diesem Buch dieses Problem aufgreifen und Lösungsmöglichkeiten aufzeigen, wie ein VLSI–Entwurf schnell und somit kostengünstig, was die Entwurfszeit angeht, durchgeführt werden kann. Diese Methoden erheben *nicht* den Anspruch, *jedem* VLSI–Entwurf zu genügen, denken wir nur an die Mikroprozessoren, die in jahrelanger Arbeit bezüglich Geschwindigkeit und Größe ausgereizt werden. Fallen jedoch die Entwicklungskosten bei kleinen Stückzahlen viel stärker ins Gewicht, so muß ein Entwurf schnell und sicher, d.h. ohne viele Umarbeitungen, durchgeführt werden. Um den Chip anschließend schnell testen zu können, schließt dies auch Platzreservierung für zusätzliche Testlogik oder eine langsamere, jedoch leichter testbare Realisierung der Schaltung mit ein.

Das Kapitel gliedert sich in zwei Teile. Im ersten Teil wollen wir die generelle Vorgehensweise beim Entwurf einer komplexen Schaltung vorstellen. Diese soll der Forderung genügen, daß man *schnell* zu einer *korrekten* Realisierung der gewünschten Schaltung gelangt. Aufgrund der zu bewältigenden Komplexitäten führt uns dies zum *hierarchischen Entwurf.* Dieser Begriff bezeichnet das Vorgehen, das von einem Grobentwurf der Schaltung in immer weiter verfeinernden Zwischenschritten zur genauen Schaltungsbeschreibung auf Fertigungsdaten führt. Diese Zwischenschritte ordnen wir *Hierarchieebenen* zu. Die zu lösenden Teilprobleme beim Schritt von einer Hierarchieebene zur nächsttieferen sind von der Größe her kleiner und deshalb leichter zu lösen. Dieses Vorgehen ist auch für die Entwurfsübersicht wichtig. Bevor man sich beispielsweise mit Fragen der genauen Realisierung eines Flipflops durch eine Transistorschaltung beschäftigt, wird man erst die durch den Chip zu bewältigende Aufgabe in kleinere überschaubarere Teilaufgaben zerlegen. Erst wenn durch dieses Aufteilungsprinzip kleine – z.B. in der Größe von einigen Gattern – zu realisierende Funktionen entstanden sind, wird man sich für eine genaue Transistorrealisierung in einem speziellen Fabrikationsprozeß interessieren. Dies hat darüberhinaus den Vorteil, daß viele Entwurfsüberlegungen auf den oberen Hierarchieebenen "wiederverwendbar" beim Übergang auf eine andere Realisierungs- oder Fertigungstechnik sind. Mit dem hierarchischen Entwurf kontrolliert man also die Komplexität. Aus verständlichen Gründen wollen wir aber auch wissen, ob der bisher entwickelte Entwurf zu einer korrekten Realisierung geführt werden kann. Da wir u.U. noch weit von einer konkreten Realisierung entfernt sind, können solche Angaben nur Schätzungen sein. Die Genauigkeit der Schätzungen hängt vom Abstraktionsgrad von der physikalischen Realisierung ab. Deshalb werden den einzelnen Hierarchiebenen *Entwurfsebenen* zugeordnet, die diesen Abstraktionsgrad widerspiegeln. Zu jeder Entwurfsebene gibt es ein *Verhaltensmodell*, das das physikalische Verhalten in vereinfachter Form modelliert. Liegt der Entwurf bezüglich einer speziellen Entwurfsebene fest, überprüfen wir ihn in dem entsprechenden Verhaltensmodell auf "Korrektheit". So gewinnen wir Angaben über das zu erwartende Verhalten der Schaltung. Wir zeigen die wichtigsten Entwurfsebenen mit den entsprechenden Verhaltensmodellen auf.

Im zweiten Teil gehen wir auf einen Typ von Entwurfswerkzeugen ein, der es einem Einsteiger in den Schaltungsentwurf ermöglicht, ohne tiefergehende elektrotechnische Kenntnisse VLSI-Schaltungen zu entwerfen. Dies liegt vor allem an dem hohen Abstraktionsgrad der verwendeten untersten Entwurfsebene, die dem Entwerfer viele physikalische und elektrotechnische Details erspart. Dies ist einer der Gründe, warum sich dieses Entwurfswerkzeug nur für Schaltungen, die (in einem gewissen Umfang) weder platz- noch zeitkritisch sind, eignet. Es gibt mehrere Gründe, die uns dazu bewogen haben, an dieser Stelle auf ein solches Entwurfssystem einzugehen. Man kann an den Komponenten eines solchen Systems leicht den "Umgang" mit einer speziellen Entwurfsebene und die Bedeutung eines Verhaltensmodells demonstrieren. Außerdem ermöglicht es dem Leser einen leichten Einstieg in einen Bereich, dem große wirtschaftliche Bedeutung zukommt. Ein hoher Anteil von Schaltungen wird bereits mit solchen Systemen entworfen. Desweiteren wollen wir dem Leser einen Vergleich zu der dann im folgenden Kapitel vorgestellten hierarchischen Entwurfsmethode ermöglichen, wo durch geringen Mehraufwand seitens des Entwerfers ein übersichtlicher und leichter zu verifizierender Entwurf möglich ist. Der zweite Teil endet mit einigen Aspekten, die mit dem Einsatz von solchen Systemen verbunden sind. Dies umfaßt Hardware- und Softwarekomponenten, Einsatz- und Kostenfragen sowie Perspektiven.

2.2 Hierarchie und Entwurfsebenen

2.2.1 Hintergrund

Zunächst wollen wir aufzeigen, warum die Höchstintegration zu neuen quantitativen und qualitativen Problemen führt, die neue Methoden für den Entwurf notwendig machen.

Bereits weniger hochintegrierte Schaltungen sind ohne CAD-Systeme, die dem Schaltungsentwickler viele aufwendige Berechnungen und Entwurfsschritte abnehmen, kaum handhabbar. Der Handentwurf, d.h. die manuelle Realisierung der Fertigungsdaten durch graphische Eingabe der Fertigungsmasken, ist zwar aufgrund der relativ kleinen Datenmenge noch möglich. Schwieriger bis unmöglich ist aber der Korrektheitsnachweis solcher handentworfener Schaltungen. Ob der entworfene Chip das Gewünschte tut, wird meistens erst nach der Fertigung im Einsatz festgestellt.

Was sich jedoch erst beim VLSI-Entwurf herausstellt, ist, daß die Grenzen der Berechenbarkeit und Entwurfsübersicht erreicht sind. Das soll nicht bedeuten, daß man keine Handentwürfe durchführen kann; im Gegenteil, die kritischen Schaltungen bezüglich Zeit- und Platzbedarf werden weiterhin so entworfen. Was jedoch aus wirtschaftlichen Gründen nicht auf diese Art entworfen werden kann, sind die anfangs erwähnten nur in geringen Stückzahlen benötigten VLSI-Chips. Zudem soll der VLSI-Entwurf auch Personengruppen zugänglich gemacht werden, die nicht über die beim Handentwurf notwendigen Spezialkenntnisse und vieljährigen praktischen Erfahrungen verfügen. Für die Realisierung solcher

Bausteine wurden neue Entwurfsmethoden und neue Automatisierungswerkzeuge notwendig.

Daß ein Schaltkreis-Designer beim Entwurf *und* der Verifikation einer komplexen Schaltung nicht auf der Ebene der Transistoren oder gar der Fertigungsdaten arbeiten kann, haben wir bereits mit wirtschaftlichen Gesichtspunkten begründet. Die Hauptlast des Entwurfs liegt folglich auf den CAD-Werkzeugen, die den Entwurf automatisieren. Daran knüpft sich sofort die Frage, ob ein Entwurf nicht vollautomatisch von der Spezifikation bis hin zu den Fertigungsdaten inklusive Verifikation und Prüfplan für den gefertigten Chip von einem Entwurfssystem durchgeführt werden kann. Dabei sind wir durchaus bereit, in beschränktem Rahmen Geschwindigkeitsverluste und schlechtere Ausnutzung der Chipfläche im Vergleich zum Handlayout in Kauf zu nehmen. In der Literatur wird ein solches System oft *Silicon-Compiler* genannt, da aus einer Aufgabenbeschreibung Silicon, d.h. ein Chip produziert werden soll. Daß dies nur ein Wunschgedanke sein kann, kann man sich leicht verdeutlichen. (Allein durch Angabe der Vorschrift $a \times b := (a-1) \times b + b$ kann kein "universelles" System automatisch einen schnellen Multiplizierer generieren.)

Natürlich ist man bestrebt, die Entwurfssysteme immer weiter in Richtung Silicon-Compiler zu verbessern, jedoch zeichnet sich ein Trade-off zwischen Güte des Entwurfs und Automatisierungsgrad in den gängigen Entwurfssystemen ab. Es ist sogar so, daß geringfügige und auf der Hand liegende Eingriffe des Designers etwa bei der geometrischen Realisierung des Chips (durch ein automatisches Plazierungs- und Verdrahtungsprogramm) entweder das Design erst ermöglichen oder enorme Rechenzeiten ersparen bzw. die Güte des Entwurfs wesentlich verbessern.

Folgende Randbedingungen ergeben sich folglich für unseren Entwurf:

- Wir wollen keinen Handentwurf!

- Ein vollautomatischer Entwurf ist nicht möglich!

- Wir benötigen eine "bequeme", übersichtliche Eingabemöglichkeit für die Schaltungsbeschreibungen!

- Es muß eine interaktive Eingriffsmöglichkeit geben, um die Güte des Entwurfs zu verbessern!

Wie nun mit dem hierarchischen Entwurfsstil dem Entwickler ein leichter Zugang zum Entwurf unter diesen Randbedingungen ermöglicht werden kann, zeigen wir kurz an einem kleinen Beispiel auf.

2.2.2 Der hierarchische Entwurf

Am schematischen Entwurf eines Mikroprozessors wollen wir diese Vorgehensweise verdeutlichen:

Das Prinzip besteht darin, eine komplexe Aufgabe rekursiv in mehrere kleinere
Aufgaben aufzuteilen. Zuerst zerlegen wir den Mikroprozessor in logisch voneinander unabhängige Teilaufgaben wie Steuerwerk, RAM, ROM, ALU. Die ALU
wiederum wird in Multiplizierer, Shifter, logische Operationen usw. unterteilt,
die untereinander durch Busse verbunden sind. Diese regeln die Daten- und Befehlsflüsse zwischen den Komponenten. Die einzelnen Teilaufgaben werden nun
ihrerseits aufgeteilt. Der Multiplizierer wird zum Beispiel so organisiert, daß
auf den in ihm enthaltenen Addierer separat zugegriffen werden kann. Wieder
müssen die Daten- und Befehlsflüsse sowohl die Multiplikation als auch die Addition ermöglichen. Der Addierer wird nun seinerseits durch einfache Logikgatter
wie Volladdierer usw. realisiert. Über Transistorschaltungen für die Logikgatter
gelangt man dann zum Layout mit den Fertigungsdaten (s. Abbildung 2.1).

Ein CAD-System, das einen solchen hierarchischen Entwurf unterstützt, sollte
über folgende Komponenten verfügen:

- Es verfügt über Bibliotheken, die (technologieabhängige) Layoutrealisie-
  rungen für Logikgatter, Volladdierer, Flipflops etc. enthalten.

- Es gibt einen Editor, mit dem man Transistorlayouts für beliebige Funktionen selbst realisieren kann.

- Es gibt ein Programm, das aus einem Schaltplan, bestehend aus Bibliothek-
  selementen und deren Verknüpfung untereinander, automatisch ein Layout
  konstruiert. Dieses Programm erlaubt auch Eingriffe in die Plazierung und
  Verdrahtung der Bibliothekselemente.

Der Entwurf kann nun folgendermaßen vor sich gehen: Der Schaltungsentwerfer
realisiert sein Steuerwerk durch eine Schaltung, deren Grundbausteine Bibliothekselemente sind. Den Multiplizierer realisiert er durch eine Gatterschaltung,
wobei er jedoch nicht die Grundbausteine der Bibliothek verwendet, sondern sie
selbst mit dem Layouteditor entwickelt. Der Grund liegt darin, daß beispielsweise
der Volladdierer der Bibliothek für "generelle" Umgebungen entworfen wurde, im
Multiplizierer jedoch durch die spezielle Verwendung ein daraufhin entwickeltes
Layout Platz und Zeit einspart, was sich durch die oftmalige Verwendung im
Multiplizierer bezahlt macht.

Das Layout des Steuerwerks wird automatisch erzeugt, der Entwerfer greift nur
bei zu langer Rechenzeit interaktiv ein bzw. korrigiert umständliche Realisierungen. Bei der Realisierung des Multiplizierers hingegen legt er aufgrund der
regulären Struktur das Layout genau fest, d.h. er plaziert und verdrahtet die
Grundelemente am Graphikschirm von Hand.

Der Entwickler wählt immer zwischen vorentwickelten Grundzellen und Handlayout, zwischen Automatisierung und Handentwicklung, er überprüft und korrigiert die automatisch erzeugten Ergebnisse. Denkbar ist eine Erweiterung der
Bibliothek um *Generatoren* für regelmäßige Strukturen wie Multiplizierer, RAM,

ROM, PLA etc. Sie unterscheiden sich von den Bibliothekszellen darin, daß sie
parametrisiert in Größe bzw. Belegung vorliegen und entsprechend generiert
werden müssen. Genauer wird darauf im zweiten Teil dieses Kapitels und in
Kapitel 3 und 4 eingegangen.

Was dieses kleine Beispiel zeigt, ist das Prinzip, wie man die Übersicht behalten
und flexibel zwischen Handentwurf und Automatisierung einen komplexen Entwurf durchführen kann. Verzichtet man auf eigene Transistorrealisierungen und
greift auf die Bibliotheken zurück, so können auch Nichtspezialisten (wie wir es
oben gefordert haben) Entwürfe durchführen.

Das hierarchische Vorgehen birgt noch viele andere Vorteile, aber auch Nachteile.
Ein kleiner Teil der Schaltung kann z.B. an vielen Stellen auftauchen, er muß also
nur einmal entworfen werden. Dadurch wird Entwurfszeit gespart, aber die Güte
des Entwurfs kann dadurch leiden, weil unter Umständen an den einzelnen Stellen
unterschiedliche geometrische Realisierungen die Größe des Layouts verbessern
würden. Die vielfältigen Fragen, die mit dem hierarchischen Entwurf verbunden
sind, werden in Kapitel 8 noch eingehend untersucht.

2.2.3   Entwurfsebenen und Verhaltensmodelle

Am Beispiel der hierarchischen Entwicklung des Mikroprozessors lassen sich unterschiedliche Abstraktionsgrade von der physikalischen Realisierung in den einzelnen Hierarchieebenen erkennen:

- Die grobe Aufteilung des Mikroprozessors in Steuerwerk, ALU usw. mit
  dem Daten- und Befehlstransfer über Busse, der durch das Steuerwerk
  organisiert wird, ist realisierungsunabhängig; das gleiche gilt für die Orga-
  nisation der ALU, z.B. ist der Typ des Multiplizierers noch völlig offen. Es
  kann ein Multiplizierer gewählt werden, der sequentiell alle Zahlen aufaddiert und relativ wenig Platz beansprucht oder einer, der parallel arbeitet
  (ein Beispiel hierfür findet der Leser im nächsten Kapitel). Diese Entwurfsebene wird allgemein als *Register-Transfer Ebene* (RT-Ebene) bezeichnet.

- Auf der *Gatterebene* wird der Typ des Multiplizierers durch die Realisierung
  durch Logikgatter genau festgelegt.

- Die genaue schaltungstechnische Realisierung erfolgt auf der *Transistorebene* . Hier erfolgt die Transistorrealisierung der Gatter. Die Ebene ist also
  abhängig von dem verwendeten Entwurfsprozeß.

Bezeichnen wir die einzelnen Verfeinerungen des Mikroprozessors in Teilaufgaben als *Hierarchieebenen*, so erkennt man den Unterschied zu den Entwurfsebenen: Obwohl der Multiplizierer so verfeinert wurde, daß der in ihm enthaltene
Addierer separat zugänglich ist, so sind beide Hierarchieebenen der RT–Ebene
zuzurechnen, da sie nur den Datenfluß planen.

Bevor wir von einer Entwurfsebene zur nächsttieferen beim Entwurf übergehen, muß man überprüfen, ob die Schaltung, wie sie bisher vorliegt, korrekt ist. Um die Frage zu beantworten, wie die Korrektheit eines Entwurfs (bzgl. einer Entwurfsebene) sichergestellt werden kann, muß zunächst die Frage

Wann ist eine Schaltung korrekt ?

beantwortet werden. Die Antwort darauf ist denkbar einfach: Eine Schaltung ist im strengen Sinne dann korrekt, wenn sie in der eingesetzten Umgebung das Gewünschte tut. Wir wollen jedoch bereits vor der Realisierung der Schaltung wissen, ob dies der Fall sein wird; mehr noch, auf hoher Abstraktionsebene, also ohne Kenntnis der genauen schaltungstechnischen Realisierung, soll die Korrektheit gewährleistet werden. Daß in diesem Entwurfsstadium eine gesicherte Aussage nicht möglich ist, kann man sich leicht überlegen: Wir haben im vorigen Kapitel gesehen, wie die logischen Werte "Null" und "Eins" elektrisch realisiert werden. Wie lange es jedoch dauert, bis z.B. ein Inverter eine Eins invertiert, hängt von vielen Komponenten (Dimensionierung der Transistoren, Last am Ausgang, Spannung zwischen Vdd und Vss Anschluß, etc.) ab. Daß das exakte Zeitverhalten für bestimmte Realisierungen bekannt sein muß, zeigt folgendes kleine Beispiel, in dem mit Zeitverzögerungen "gerechnet" wird: Wir wollen in einem Bitstrom überprüfen, ob ein Wechsel von Null auf Eins oder umgekehrt erfolgt. Dies soll ohne Zwischenspeicherung erfolgen. Ob dies nun die Schaltung in Abbildung 2.2 überprüft, hängt offensichtlich von ihrem zeitlichen Verhalten ab. Am Ausgang soll eine Eins ausgegeben werden, falls ein Wechsel im Bitstrom auftritt. Lassen wir das Problem der Initialisierung beiseite, so muß die Verzögerung über die Inverter so sein, daß zwei sequentiell (in einem bestimmten Takt) eingelesene Bits "gleichzeitig" das EXOR erreichen. Beim Wechsel von Eins auf Null am Eingang, liegt eine gewisse Zeit später am unteren Eingang des EXOR eine Null und am oberen Eingang noch eine Eins an. Am Ausgang des EXOR wird kurzfristig eine Eins erzeugt. Damit diese Eins eine genügende Pulsbreite hat, um sie in der Schaltung verwerten zu können, müssen die beiden Inverter den am Eingang liegenden Wert "lange genug aufhalten"[1]. Es ist klar, daß man nicht erst beim produzierten Chip feststellen will, ob eine solche Schaltung funktioniert. Der Schaltungsentwickler sollte schon beim Entwurf das zu erwartende elektrische und zeitliche Verhalten kennen.

Durch das hierarchische Vorgehen beim Schaltungsentwurf können "grobe" logische Fehler vermieden werden. Natürlich können trotzdem noch logische Fehler wie falsches Verdrahten von Bausteinen oder Nichtlegen von Verbindungen auftreten. Darauf werden wir im Rahmen der *Logiksimulation* noch zurückkommen. Wichtig ist die Beobachtung, daß der Entwickler durch systematisches Vorgehen den Überblick über das logische Verhalten des Schaltkreises wahren kann.

---

[1]Obwohl man solche Teilschaltungen hin und wieder in Entwürfen (besonders in Handentwürfen) vorfindet, sollte man auf diese Tricks verzichten, da sie sehr leicht zu Fehlern führen können. (Es sind die "goto's" des Schaltkreisentwurfs!)

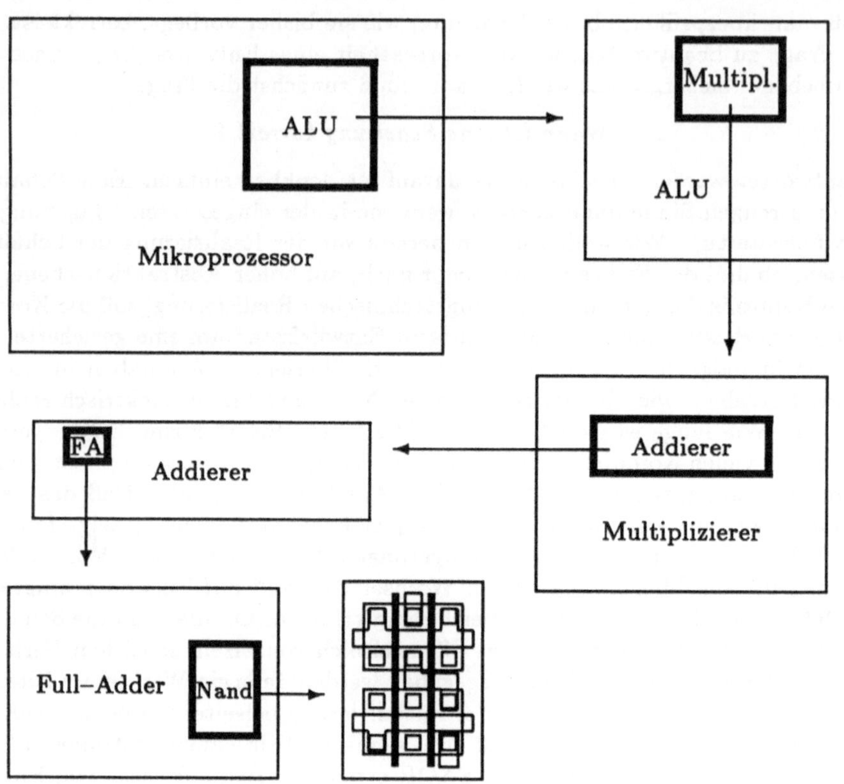

Abbildung 2.1: *hierarchisches Vorgehen*

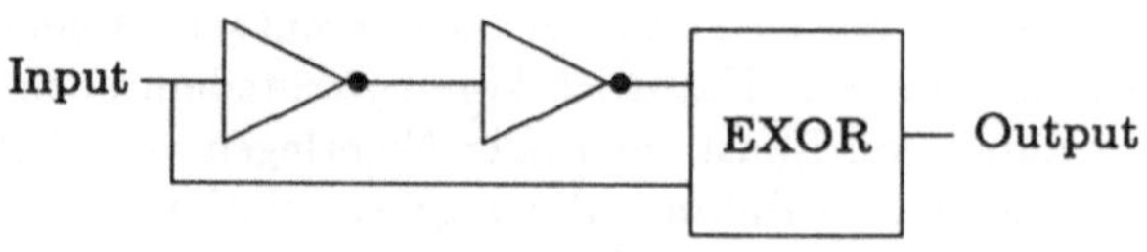

Abbildung 2.2: *Auswirkung von Zeitverzögerungen*

Im Gegensatz dazu kann er ohne Hilfen das elektrische und zeitliche Verhalten nicht überblicken. Wir wollen hierbei den Spezialisten ausklammern. Dieser kann höchstens aufgrund von Leitungslängen, Verdrahtungsebenen, Transistordimensionierung oder der Anzahl der zu durchlaufenden Gatter Schätzungen machen. Der Grund liegt darin, daß man die analogen, elektrischen Vorgänge in einer Schaltung nur schwer nachvollziehen kann. Wenn wir von Null und Eins reden, abstrahieren wir schon vom physikalischen Verhalten, wir bilden ein Verhaltensmodell, das die Realität nur annähert.

Nun gibt es Methoden, die das analoge Verhalten eines Schaltkreises sehr gut annähern, so daß der Entwerfer digital *denken* und das tatsächliche Verhalten durch das CAD-System überprüfen könnte. Dieses Vorgehen birgt zwei Probleme:

1. Verwendet man ein Verhaltensmodell, das das physikalische Verhalten sehr genau nachvollziehen kann, so wird die Anzahl der zu berücksichtigenden elektrischen Parameter sehr groß. Dadurch werden die Berechnungen selbst für einfache Transistoren so komplex, daß eine Schaltung mit mehr als einhundert Transistoren nicht mehr in angemessener Zeit simuliert werden kann. Um folglich das Verhalten komplexer Schaltungen zu simulieren, muß ein einfacheres Verhaltensmodell gewählt werden, da man *nicht* mit genauen Modellen arbeiten *kann*.

2. Wichtig ist, daß man bereits in einem frühen Entwurfsstadium, wenn die genaue Realisierung noch nicht festliegt, Aussagen darüber machen kann, ob die Zielsetzungen bei dem aktuellen Entwurfsstand realistisch sind. Sind zum Beispiel die Zykluszeiten, die unsere ALU einhalten soll, realisierbar unter Berücksichtigung von vorliegenden Richtzeiten für Steuerwerk, Input- und Output-Zeitverzögerungen etc.? Schränkt dies etwa den Typ des zu verwendenden Multiplizierers ein? Hat dies Einfluß auf die Chipgröße? Um also früh Abschätzungen über die geplante Schaltung zu erhalten, benötigt man ein sehr abstraktes Verhaltensmodell, da man *nicht* mit genauen Modellen arbeiten *will*.

Jeder Entwurfsebene beim Schaltungsentwurf müssen folglich spezielle Verhaltensmodelle zugrundegelegt werden.

Für unseren Mikroprozessor bedeutet dies:

Die Transistorrealisierungen der Logikgatter können wir sehr genau simulieren, da diese Schaltungen klein sind, während wir z.B. den Multiplizierer aufgrund seiner Größe nicht so exakt "ausmessen" können. Auf der RT-Ebene müssen wir hingegen herausfinden, welcher Multiplizierertyp für unsere Anforderungen an das Zeitverhalten der geeignete ist.

Die Abstraktion vom tatsächlichen physikalischen Verhalten hat natürlich zur Folge, daß die Simulationsergebnisse nur ungefähr das spätere Verhalten wider-

spiegeln. Man muß damit rechnen, daß die errechneten Werte wie Zeitverzögerungen oder Ausgangskapazitäten nicht mit den Werten des gefertigten Chips
übereinstimmen. Dieses Problem kann dadurch gelöst werden, daß bei der Spezifikation des Chips Toleranzen miteingeplant werden.

Wir wollen im weiteren die Verhaltensmodelle der wichtigsten Entwurfsebenen
vorstellen. Es sind die bereits erwähnten Entwurfsebenen RT-Ebene , Gatterebene und Transistorebene. Wir verbinden dabei mit der RT-Ebene die Vorstellung, den Entwurf zu planen und, wie oben geschildert, die erreichbaren Ziele
zu überprüfen. Was die Realisierung anbetrifft, werden auf Gatterebene große
Schaltungen entworfen, deren Grundelemente Logikgatter, Flipflops und kleine
arithmetische Elemente sind. Das zugehörige Verhaltensmodell, das *Gattermodell*, enthält das elektrische und zeitliche Verhalten dieser Grundelemente, die
auf der Transistorebene gewonnen werden. Dort werden diese Grundelemente
durch Transistorschaltungen realisiert und ihr elektrisches und zeitliches Verhalten möglichst genau berechnet.

Diese Vorgehensweise – kleine Schaltungen mit dem sehr genauen *Transistormodell*, große Schaltungen mit dem einfacheren Gattermodell zu beschreiben – reicht
jedoch für bestimmte Schaltungstechniken nicht aus. In VLSI-Schaltkreisen wird
aus Kostengründen häufig mit *dynamischer Logik* (vgl. [WE85]) gearbeitet. Über
Transistoren werden dabei beispielsweise in einem Takt Leitungen aufgeladen und
im nächsten Takt kann diese Ladung als logische Eins für irgendeine Teilschaltung
dienen. Diese Technik kann nur mit dem Transistormodell erfaßt werden, was
jedoch zu Berechnungsschwierigkeiten bei größeren Schaltungen führt. Deswegen
gehen wir noch auf ein abgeschwächtes Transistormodell, das *Schaltermodell* ein,
das die Simulation großer Transistorschaltungen ermöglicht.

2.2.4   Das Transistormodell

Ein Entwurf auf der Transistorebene wird auch *Full-Custom* Entwurf genannt.
Dies besagt, daß ein Entwurf (für einen Kunden) bis auf die unterste elektrische
Ebene durchgeführt wird, also keine vorentworfenen Grundzellen (s. Zellenebene) verwendet werden. Der Entwurf erfolgt demnach "vollkundenspezifisch".
Diese Ebene ist vollkommen von der verwendeten Technologie abhängig. So
führt CMOS mit den beiden Transistortypen zu anderen Transistorschaltungen
als etwa nMOS mit nur einem Transistortyp.

Im ersten Kapitel wurde bereits an Beispielen ausgeführt, wie einfache Gatter,
Boolesche Ausdrücke oder Flip-Flops durch Transistorschaltungen realisiert werden, wenngleich wir uns dabei mehr auf statische Betrachtungen beschränkten.
Betrachten wir zum Beispiel die "Schaltzeiten" des nMOS-Inverters in Abbildung 1.10. Sei t die Zeit, die vergeht, bis sich, bei Änderung des Eingangspotentials auf den Wert 1, der Wert 0 am Ausgang einstellt. Ist nun am Eingang der

Wert 1 und am Ausgang der Wert 0, so stellt sich, bei Änderung des Eingangs-
wertes auf 0, der Ausgangswert 1 erst nach der Zeit $c \cdot t$ ein, wobei $c > 1$ gilt, d.h.
die Kapazität am Ausgang lädt sich über den Widerstand R_L langsamer auf,
als sie über den Widerstand des pull-down Transistors entladen werden kann.
Wie in Kapitel 1 jedoch ausgeführt wurde, sind die Widerstandsverhältnisse wegen der Funktionsfähigkeit einzuhalten, so daß eine Zeitanpassung, d.h. gleiche
Zeitdauer für Aufladen und Entladen, über eine Veränderung der Widerstände
nicht erfolgen kann. Solche Zeitabhängigkeiten können noch in einfacher Weise
berücksicht werden. Aber die Laufzeiten hängen nicht nur von solch naiven
Betrachtungen ab, sondern auch andere Effekte haben einen erheblichen Einfluß. Modelliert man bei Laufzeitbetrachtungen etwa Transistoren nur als wider-
standsbehaftete Schalter und die Ausgangslast (Leitungen und Nachfolgegates)
nur als Kapazitäten (was ohnehin nur bei MOS Techniken sinnvoll ist), so ist
die Abweichung vom realen Verhalten beträchtlich. Verantwortlich dafür ist zum
Beispiel die Abhängigkeit der Schaltzeit von der Steilheit der Signalflanken und
die Abhängigkeit der Flankensteilheit von der Dimensionierung des Treibers, der
Last und der Steilheit am Eingang. Aber selbst wenn man solche Abhängigkeiten in einem diskreten Modell berücksichtigt, kommt man nur bis zu gewissen
Grenzen an das reale Zeitverhalten heran.

Ist für den Entwurf ein möglichst exaktes Wissen über das elektrische und zeitliche Verhalten notwendig, so benötigt man ein genaues, analoges Verhaltensmodell. Daß jedoch ein physiknahes Verhaltensmodell selbst eines Transistors zu
komplizierten Gleichungen führt, wollen wir an einem Beispiel aufzeigen. Abbildung 2.3 zeigt ein Ersatzschaltbild ([HN85]) des nMOS–Transistors aus Kapitel 1[2]. Ein solches Ersatzschaltbild liefert ein mathematisches Modell des elektrischen Verhaltens.

Will man das zeitliche Verhalten von mehreren Transistoren beschreiben, erhält
man aus dem Modell ein Differentialgleichungssystem, dessen Lösung mit Methoden der numerischen Mathematik angenähert wird. Die Berechnungskom-
plexität wird durch dieses relativ genaue Modell jedoch so groß, daß nur kleine
Transistorschaltungen simuliert werden können. Die bekannten Simulatoren auf
Transistorebene können zur Zeit nur Größenordnungen von einhundert Transistoren in angemessener Zeit simulieren. Dafür erhält man aber auch Aussagen,
die von den tatsächlichen Werten nur um $\pm 5\ \%$ abweichen und kommt mit allen
Schaltungen zurecht, wohingegen man Streuungen von $\pm 10\ \%$ bis $\pm 50\ \%$ und
Einschränkungen an die Art der Schaltungen bei einfacheren Modellen hinneh-
men muß. Was wir noch nicht geklärt haben, ist, wie man die Modellparameter
erhält. Diese hängen vom Fertigungsprozeß und den verwendeten Materialien ab.
Wie stark der Fertigungsprozeß in ein Transistormodell eingehen kann, zeigt das
Schaltkreisanalyseprogramm SPICE [HN85]: Für den MOS-Feldeffekttransistor
kann er bis zu 41 Modellparameter verarbeiten. Durch die *Prozeßsimulation*

---

[2]Der interessierte Leser sei für weitere Informationen auf [Hor87,Mul79] verwiesen.

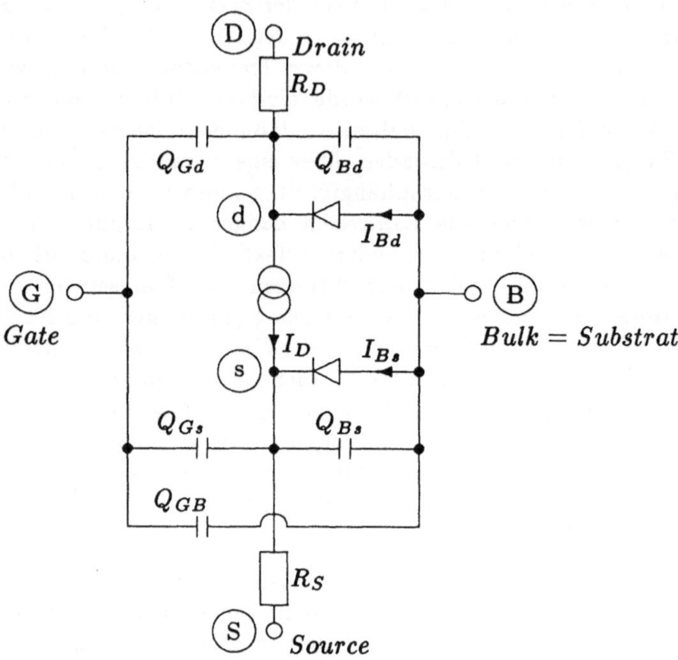

Abbildung 2.3: *Ersatzdarstellung eines nMOS-Transistors*

bzw. durch Ausmessen von Chips, die durch einen bestimmten Prozeß gewonnen wurden, werden vom Hersteller diese prozeßspezifischen Parameter ermittelt.

Wenn wir das oben gewählte Transistormodell vereinfachen, führt dies zu einem geringeren Berechnungsaufwand. Somit können wesentlich größere Schaltungsteile erfaßt werden. Die Resultate werden jedoch ungenauer.

2.2.5 Das Schaltermodell

Das Schaltermodell ist ein solches vereinfachtes Transistormodell. Dieses Modell erlaubt es, MOS-spezifische Eigenschaften wie Bidirektionalität oder dynamische Speicherung von Ladungen auf Gates zu berücksichtigen und trotzdem den Berechnungsaufwand relativ gering zu halten. Wir beschreiben hier die wesentlichen Aspekte des *Unit-Delay* [Bry84] Schaltermodells. Die wichtigsten Vereinfachungen gegenüber obigem Transistormodell sind:

- Jedem Transistor wird eine Leitfähigkeit und jedem Draht eine Kapazität zugeordnet.

- Wir arbeiten mit den drei "diskreten" Pegeln $0, 1, X$, wobei X zwei Aufgaben hat. Entweder stellt es einen undefinierten Pegel zwischen 0 und 1 dar, der durch Ladungsausgleich entstehen kann, oder es stellt einen unbekannten Pegel dar. Jede Leitung trägt einen dieser drei Werte.

- In Abhängigkeit vom Pegel des Gates ist der Zustand eines Transistors definiert: Ist der Pegel des Gates auf 0 oder 1, so ist der Transistor je nach Typ geschlossen oder offen. Eine Ausnahme bildet der nMOS-Depletiontransistor, der immer geschlossen ist und als Lastwiderstand dient. Ist der Pegel undefiniert, so ist der Zustand des Transistors unbestimmt.

- Es wird in einem Zeitraster gerechnet (Unit-Delay). Wird die Gate-Belegung eines Transistors verändert, so ändert sich der Zustand des Transistors eine Zeiteinheit später. Der Ladungsausgleich über Transistoren und Leitungen geschieht verzögerungslos.

- Ein Signal auf einem Draht zeichnet sich durch seinen Wert (0,1 oder X) und durch seine Stärke (Kapazität) aus.

  Beim Ladungsausgleich über geschlossene Transistoren gilt: Signale setzen sich unbeeinflußt über die Transistoren fort, wenn ihre Stärke nicht größer als die Leitfähigkeit ist, andernfalls werden sie auf den Wert der Leitfähigkeit abgeschwächt.

  Ein Signal großer Stärke dominiert ein Signal geringerer Stärke, dies ist unabhängig von der Anzahl der aufeinandertreffenden Signale.

  Treffen zwei Signale gleicher Stärke, aber mit unterschiedlichen Werten aufeinander, so ergibt sich als neuer Wert "undefiniert" mit derselben Stärke.

Diese Abstraktionen und die Vorschrift über die Signalfortpflanzung führen zu einfachen Berechnungsverfahren. Sie ermöglichen die Modellierung der Bidirektionalität und der Speicherung von Ladungen auf Leiterbahnen. Allerdings abstrahiert dieses Modell wesentlich stärker von der Physik als das oben skizzierte Transistormodell. Den idealisierten Annahmen wie die verzögerungslose Ausbreitung von Signalen über Transistoren und Leiterbahnen oder die Fortpflanzung von Signalen werden zeitkritischen Schaltungen natürlich nicht gerecht. In diesem Modell wären solche Schaltungen fehlerhaft, obwohl sie (im Transistormodell) korrekt sind. Es wurden viele Anstrengungen unternommen, dieses Modell zu verfeinern, ohne die einfache Berechnungsmöglichkeit zu verlieren. Der Leser sei diesbezüglich auf [Ous83] verwiesen.

Für den Full-Custom Entwurf werden beide Modelle, das Transistormodell und das Schaltermodell, verwendet. Das erstere erlaubt die sehr genaue Berechnung des Verhaltens kleiner Transistorschaltungen, das letztere die Überprüfung von MOS-typischen Schaltungstechniken in großen Transistorschaltungen.

Im nun folgenden Gattermodell werden wir das Verhalten kleiner Transistorschaltungen wie Gatter, Flipflops, Volladdierer usw., fest vorgeben. Dies bedeutet, daß wir für jedes Auftreten z.B. einer AND-Zelle das gleiche Verhalten voraussetzen. Welche Vor– und Nachteile dies im Vergleich zu den beiden vorgestellten Modellen mit sich bringt, werden wir im folgenden sehen.

2.2.6 Das Gatter-Modell

Auf der Gatter- oder Zellenebene "verschwinden" die Transistoren in den bereits beschriebenen Grundzellen. Diese Abstraktion von der Transistorebene hat den Vorteil, daß der Entwurf relativ technologieunabhängig erfolgen kann. Der Unterschied zwischen nMOS- und CMOS-Technologie z.B. drückt sich nur indirekt im unterschiedlichen Verhalten der Grundzellen aus. Das logische, zeitliche und elektrische Verhalten dieser Grundzellen ist vorgegeben, vergleichbar mit den vorgegebenen Prozeßdaten auf der Transistorebene. (Wie diese Bausteine realisiert sind, ist an dieser Stelle nicht wichtig.)

Für diese Ebene hat sich auch der Begriff *Semi-Custom* Entwurf ausgebildet. "Halbkundenspezifisch" bedeutet dabei, daß ein IC-Hersteller Bibliotheken mit den Daten solcher Zellen zur Verfügung stellt und der Entwurf nur bis auf Zellenebene aufgaben– bzw. kundenspezifisch erfolgt. Die Realisierungen der Zellen sind also nicht auf einen speziellen Entwurf abgestimmt. Da der Semi-Custom Entwurf immer mehr Bedeutung gewinnt für anwendungsspezifische Schaltungen, werden wir im zweiten Teil des Kapitels genauer darauf eingehen.

Das zugrundeliegende Gattermodell sieht wie folgt aus:

- Jeder Grundzelle sind Verzögerungszeiten von den Eingängen zu den Ausgängen in Abhängigkeit der Pegel zugeordnet. Diese wurden entweder auf Transistorebene ermittelt oder bei gefertigten Elementen ausgemessen. Diesen Werten liegen Voraussetzungen wie Temperatur und vorgegebene Lastkapazitäten zugrunde. Die im konkreten Fall vorliegenden Verzögerungszeiten lassen sich aus diesen Angaben, die in einem Datenblatt bzw. einer Zellenbibliothek abgelegt sind, abschätzen.

- Die Verzögerungszeiten über die Leiterbahnen werden in Abhängigkeit von der Länge, der Schicht, der Kapazität und anderen Prozeßparametern approximiert.

Gegenüber dem Transistormodell verliert dieses Modell an Genauigkeit, da jedem Vorkommen das identische Verhaltensmodell zugrundegelegt wird und die exakteren analogen Pegel durch Vorgaben von Setup-, Hold- und Verzögerungszeiten digitalisiert werden. Der Vorteil liegt in dem geringeren Berechnungsaufwand.

Aufgrund seiner wirtschaftlichen Bedeutung werden wir im übernächsten Abschnitt noch genauer auf die Gatterebene zu sprechen kommen.

Bisher wollten wir mit unseren Modellen Aussagen über konkrete Entwürfe gewinnen. Wie wir bereits oben argumentiert haben, müssen aber schon in der Planungsphase Entscheidungen bezüglich der Art der Realisierung ("Welchen Typ von Multiplizierer benötigen wir?") gefällt werden. Solche und ähnliche Fragestellungen behandelt das folgende Modell.

2.2.7 Die Register-Transfer Ebene

Auf der RT-Ebene wird der Datenfluß zwischen komplexen Bausteinen wie ALU, Registern und RAM beschrieben und eine abstrakte Modellierung dieser Bausteine, die realisierungsunabhängig auf das geplante Verhalten abzielt, erstellt.

Um den logischen und zeitlichen Zusammenhang planen und simulieren zu können, wird die geplante Schaltung mit einer *Hardwarebeschreibungssprache* (HDL) modelliert. Eine solche Sprache ist in ihrem Aufbau meist imperativen Sprachen angelehnt. Die Objekte (Variablen) repräsentieren Plätze, die Werte, meist Bits oder Bitvektoren, tragen und korrespondieren zu Registern, Flipflops aber auch zu speziellen Verbindungen wie Bussen oder Taktleitungen einer möglichen Realisierung. Man beachte, daß diese Variablen nicht zwingend die Struktur (Zuordnung von Variablen etwa zu Registern) einer späteren Realisierung vorgeben, sondern lediglich der Beschreibung des Verhaltens dienen. Als Operationen hat man natürlich die booleschen Operationen, aber auch mächtigere Operationen wie z.B. Addition oder Multiplikation zur Verfügung, was insbesondere bedeutet, daß bei der Verhaltensbeschreibung kein Wissen über die genauere Struktur etwa von Arithmetik vonnöten ist. Zuweisungen bedeuten nun das Verändern eines Wertes in Abhängigkeit von dem auf der rechten Seite definierten Wert. Sie können mit einer bestimmten Laufzeit behaftet werden (die dafür vorgesehen ist, oder aus Erfahrungswerten oder Datenblättern stammt) und sequentiell, parallel oder an ein bestimmtes Ereignis gebunden ausgeführt werden. Strukturiert werden können solche Beschreibungen durch Blöcke und auch durch Zusammenfassen einzelner Teile in Moduln. Einen Eindruck über das Aussehen einer solchen Beschreibung soll etwa folgendes Modellierungsbeispiel einer ALU in einer fiktiven HDL vermitteln. Auf eine genauere Abhandlung über Syntax und Semantik solcher Sprachen soll an dieser Stelle verzichtet werden.

```
/* Spezifikation des Verhaltens einer ALU*/
module ALU (in abus,bbus: bit[0:31]; opcode: bit[0:3];
               clock,enable: bit;
             out rbus: bit[0:31]; overflow: bit);
begin
at raise(clock)
do /* folgende Anweisung wird beim Ereignis "clock von 0 auf 1" ausgeführt*/
   if enable = '1'
   then case opcode
```

$\vdots$

of '001': **for** i:= 0 to 31
      pardo $rbus[i] := abus[i] \wedge bbus[i]$ **odpar delay** 20;
      /* Komponentenweises logisches Und (parallel) */
      /* delay gibt die Verzögerungszeit an */

$\vdots$

of '011': **begin** $rbus := add(abus, bbus); overflow := ovfl(abus, bbus)$;
      end delay 140;
/* Addition der Werte als vorzeichenlose Zahlen.*/
/* *add* sei eine (weiter oben definierte) Funktion,*/
/* die diese Operation auf Bitvektoren definiert,*/
/* *ovfl* sei eine boolesche Funktion, die auf Überlauf testet.*/

$\vdots$

      esac;
  fi;
end

Eine solche Verhaltensbeschreibung kann, je nachdem wie universell die Beschreibungssprache ausgelegt ist, sehr verschiedene Abstraktionsebenen überspannen, und somit vornehmlich bei der systematischen Entwicklung und Planung eines komplexen Systems zu Analysezwecken (Simulation und Dokumentation) benutzt werden. Dabei kann das Verhalten verschiedener Moduln in verschieden verfeinerter Form definiert, gegeneinander verglichen und zwecks effizienterer Simulationszeiten ausgetauscht werden. Schließlich versuchen neuere Ansätze sogar, aus Verhaltensbeschreibungen heraus Realisierungen bestimmter Architektur automatisch zu synthetisieren (s. [Ros84]). Da wir in diesem Buch weniger Gewicht auf die systematische Entwicklung komplexerer Systeme legen, wollen wir es hier jedoch bei dieser sehr groben Schilderung belassen.

2.3 ASIC

ASIC – *A*pplication *S*pecific *I*ntegrated *C*ircuit – ist das Schlagwort für eine seit Anfang der achziger Jahre sich anbahnende Tendenz beim Entwurf von integrierten Schaltungen. Dabei geht es um die Entwicklung von anwendungsspezifischen bzw. kundenspezifischen integrierten Schaltungen. Bis dahin lag der Haupteinsatz von Chips im Bereich von Speicherbausteinen, Mikroprozessoren und Standardbausteinen wie Digital/Analog-Wandler, die in großen Stückzahlen hergestellt wurden und im Preis/Leistungs-Verhältnis rentabel waren. Daß nun integrierte Schaltungen immer wichtiger und vom Kostenfaktor her auch für ganz spezielle Anwendungen mit kleinen Stückzahlen interessanter werden, hat mehrere Ursachen und Folgen, die wir kurz aufzeigen:

Anwendungsgebiete

In den letzten Jahren stieg die Anzahl der Anwendungsgebiete für integrierte Schaltungen ständig. Die elektronischen Steuerungen im Maschinen- und Anlagenbau zum Beispiel werden immer umfangreicher und komplizierter: zum einen soll eine Maschine immer mehr Aufgaben übernehmen, zum anderen werden diese Aufgaben immer diffiziler. Mit solch wachsenden Ansprüchen wächst auch die in die Maschinen zu integrierende Logik.

Entwurfskosten

Parallel dazu haben die Ergebnisse auf dem Gebiet der Halbleiterforschung dazu geführt, daß eine Integration der Logik auf einem Chip für spezifische Anwendungen auch wirtschaftlich sein kann. War dies anfangs nur für hohe Stückzahlen rentabel, da die Integrationsdichte relativ gering war, so daß der Entwurf von Spezialisten in langwieriger Arbeit bezüglich Platz und Laufzeit im Full-Custom Design ausgereizt werden mußte, so hat sich die Situation grundlegend geändert. Neue Techniken erlauben so hohe Integrationsdichten bzw. bringen solche Laufzeitgewinne mit sich, daß Platz und Zeit für viele Anwendungen unkritisch geworden sind und somit auch ein Semi-Custom Entwurf möglich ist. Hinzu kommt die große Unterstützung seitens der weitentwickelten CAD–Entwurfshilfen, die den Entwurf zu einem großen Teil automatisieren, wodurch in relativ kurzer Zeit aus einer Aufgabenspezifikation die Fertigungsdaten für eine integrierte Schaltung gewonnen werden können.

Fertigungskosten

Eine dritte Ursache liegt in den Fertigungskosten begründet. Wiederum aufgrund der hohen Integrationsdichte genügen für weniger hoch integrierte Anwendungen "ältere", ausgereifte Techniken, d.h. nicht der neueste und teuerste Fertigungsprozeß, der für die Integration von Millionen von Transistoren unumgänglich ist, muß eingesetzt werden. Außerdem können verstärkt sogenannte *Gate-Arrays* eingesetzt werden. Dabei handelt es sich um vorgefertigte Chips, bei denen die meisten Fertigungsschritte kundenunabhängig sind. Allerdings sind durch die Vorfertigung Restriktionen an die Entwurfsfreiheit gegeben. Die Fertigungskosten sind jedoch wesentlich geringer. Wir werden später noch auf diesen Punkt zurückkommen.

Was nun die Folgen dieser Entwicklung betrifft, so wird in den einschlägigen Zeitschriften ein gigantischer Bedarf an ASIC's für die neunziger Jahre prognostiziert.

Sowohl die Fertigungskosten für kleine Stückzahlen als auch die Entwicklungskosten, soweit sie nicht an der Grenze der Integration liegen und mit einem Full-Custom System entwickelt werden müssen, rücken in realistische Nähe auch für kleine Unternehmen. Diese Tendenz zeigt sich bereits darin, daß die beiden Begriffe *ASIC* und *Semi-Custom Schaltung* als Synonyme verwendet werden, wenn es um den Bereich der Höchstintegration geht, obwohl ASIC im Prinzip neutral gegenüber Entwurfsebenen ist. Sicher ist, daß dem Semi-Custom Entwurf große wirtschaftliche Bedeutung zukommen wird. Deshalb wollen wir im folgenden genauer auf den zellenorientierten Entwurf eingehen.

Im Anschluß daran werden wir mit den neu gewonnenen Detailkenntnissen die oben schon angesprochenen Folgen diskutieren.

2.3.1   Der Semi-Custom Entwurf

Bei der Beschreibung des Aufbaus eines Semi-Custom Systems beziehen wir uns in weiten Teilen auf das System VENUS der Firma Siemens[3]. Eine Aufstellung über weitere Systeme findet der Leser in [Oht86]. Die im folgenden zugrundeliegende Technologie ist, wenn nicht speziell vermerkt, die CMOS-Technologie.

Grundsätzlich ist beim Semi-Custom Entwurf zwischen dem Gate-Array auf der einen und dem Standardzellenentwurf auf der anderen Seite zu unterscheiden. Beim Gate-Array Entwurf werden bereits vorgefertigte Chips, sogenannte *Master*, benutzt, auf denen Transistoren nach einem festen Schema ausgelegt sind, die jedoch untereinander noch nicht verdrahtet sind. Erst durch Verdrahten der Transistoren wird eine Funktion realisiert. Im Gegensatz dazu gibt es beim Standardzellenentwurf keine Vorfertigung, die Chips werden individuell gefertigt. In beiden Entwurfsmethoden stehen dem Entwickler als elementare Objekte Gatter, Flipflops etc. zur Verfügung, aus denen er die gewünschte Schaltung erstellen kann. Neuere Entwicklungen ergänzen diese einfachen Grundzellen um Generatoren für RAM's, ROM's, PLA's etc. Bei solchen Strukturen gibt der Anwender nur Parameter wie Größe (RAM), Belegung (ROM) oder Produktterme (PLA) an, und die komplexen Strukturen werden automatisch generiert. In den Entwurfsstilen führt dies zu grundsätzlichen Änderungen beim Entwurf. Das Gate-Array Konzept wird entsprechend um den sogenannten *Sea-of-Gates Entwurf* und der Standardzellenentwurf um den *Makrozellenentwurf* ergänzt.

Zunächst werden wir diese Entwurfsstile vorstellen. Wie diese Entwurfsmethoden in ein ASIC-Entwurfssystem eingebettet sind, beschreiben wir danach an einer typischen Hardware- und Software-Konfiguration. Welcher Entwurfsstil für einen

---

[3]VENUS wurde dem Fachbereich Informatik der Universität des Saarlandes im Dezember 1985 zur Verfügung gestellt. Mit VENUS werden zur Zeit Studenten in Praktika im Schaltungsentwurf ausgebildet, angefangen von der Schaltplaneingabe bis hin zu den Fertigungsdaten. Die Fertigung der Chips erfolgt im Rahmen des E.I.S.-Projektes unter Federführung der GMD.

speziellen Entwurf genommen wird, hängt nicht nur von wirtschaftlichen Überlegungen, sondern auch vom verfügbaren Platz, dem zugrundeliegenden Prozeß und ähnlichen Fragen ab. Welche Entscheidungen vor der Durchführung des Entwurfs gefällt werden müssen, werden wir diskutieren. Daran schließt sich die Beschreibung der einzelnen Entwurfsschritte von der Aufgabenspezifikation bis hin zur Erstellung der Unterlagen für die Fertigung an.

2.3.2 Die Entwurfsstile

Da die Herstellungskosten ein wichtiges Kriterium für die Auswahl eines Entwurfsstils sind, wollen wir zuerst ein wichtiges Detail des Fertigungsvorgangs, die *Masken*, erwähnen. In Kapitel 1 haben wir gesehen, daß ein Transistor aus vielen Schichten aufgebaut ist, angefangen vom Ionen-Implantat bis zum Polysilizium des Gates. Auf dem Chip kommen die Verdrahtungsschichten (eine oder mehrere Metallagen) und andere Strukturen wie Substratkontakte noch hinzu. Fertigungstechnisch geschieht dies mit einem Belichtungsprozeß. Grundlage dafür ist das Übertragen der zu erzeugenden Strukturen auf den *Wafer*. Ein Wafer ist eine Siliziumscheibe, auf dem mehrere Chips gleichzeitig hergestellt werden. Dazu wird der Wafer mit einem strahlungsempfindlichen Lack versehen, und durch Masken, die die entsprechenden Strukturen modellieren, wird der Chip anschließend belichtet. In einem weiteren Schritt werden aus diesen belichteten Teilen die Strukturen gewonnen. Eine genaue Beschreibung eines solchen Herstellungsprozesses findet man in [Hor87].

Wichtig ist die Feststellung, daß für jede zu erzeugende Schicht wenigstens eine Maske angefertigt wird, was einen großen Kostenfaktor darstellt. Werden folglich (vorgefertigte) Master verwendet, können Entwurfsschritte und viele Masken bei der Herstellung eines speziellen Chips eingespart werden. Natürlich sind diese bei der Herstellung der Master angefallen, jedoch sind die Kosten dafür aufgrund der hohen Stückzahlen der universell verwendbaren Master geringer[4].

Der Gate-Array Entwurf

Auf dem Gate-Array Master sind die Transistoren reihen- oder inselförmig in kleinen Gruppen (z.B. 4 oder 6 Transistoren), sogenannten Grundzellen angeordnet. *Funktionszellen* wie Logikgatter, Flipflops etc. werden nun je nach Größe durch die Verdrahtung einer oder mehrerer Grundzellen realisiert. Diese Verdrahtung nennen wir *Intrazellenverdrahtung*. Die *Interzellenverdrahtung* verbindet die einzelnen Gatter untereinander. Für die Interzellenverdrahtung sind die Verdrahtungskanäle vorgesehen, wobei das Überqueren von Funktionszellen nur eingeschränkt möglich ist.

---

[4]In der Zwischenzeit ist man auch in der Lage, sehr feine Strukturen direkt (ohne Masken) in den Fotolack zu schreiben. Nachteil dieses Verfahrens ist der große Zeitaufwand. Auf diese Technik werden wir am Schluß dieses Kapitels kurz zu sprechen kommen.

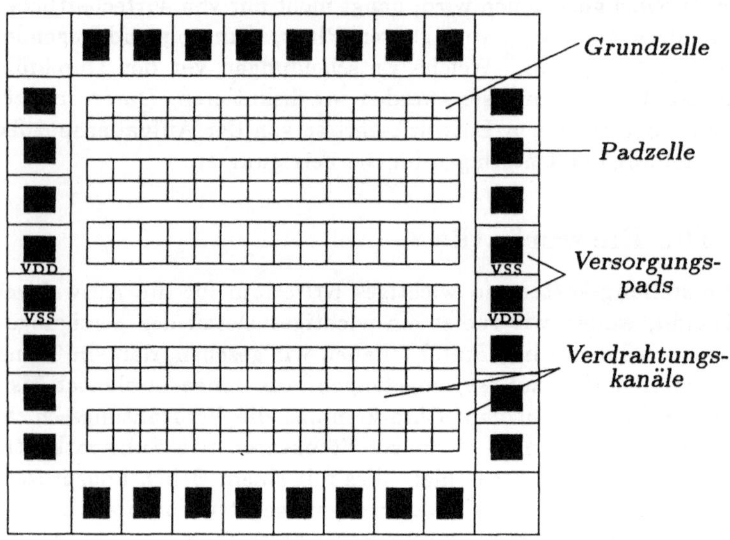

Abbildung 2.4: *Schematische Darstellung eines Masters*

In Abbildung 2.4 sehen wir eine schematische Darstellung eines solchen Masters, wobei die Grundzellen in Reihen angeordnet sind. Bei inselförmiger Anordnung gibt es zusätzlich vertikale Verdrahtungskanäle. Auf dem Rand liegen die *Padzellen* für den Anschluß nach "außen" und die Versorgungsanschlüsse. Auf diesen Pads erfolgt auch die Pegelumsetzung, z.B. Umsetzung von CMOS- auf TTL-Pegel für den Zusammenschluß mit TTL-Bausteinen auf einer Platine.

Funktionszellen können sich je nach Größe aus mehreren Grundzellen zusammensetzen. Jede Grundzelle verfügt über je eine Reihe p-Kanal und n-Kanal Transistoren. In Abbildung 2.5 sehen wir, wie sich aus einer Grundzelle durch die Intrazellenverdrahtung die Funktionszelle NAND [Got86] ergibt. Werden Transistoren nicht verwendet, so können die vertikalen Leitungen (Gates) als "Brücken" zwischen den einzelnen Verdrahtungskanälen dienen.

Durch diese Aufteilung in Grundzellen und Verdrahtungskanäle ist die Größe der Funktionszellen und die Anzahl der Leiterbahnen (Tracks) in einem Verdrahtungskanal begrenzt.

Im Sea-of-Gate Konzept werden keine Verdrahtungskanäle vorgegeben. Hier sind die Grundzellen matrixförmig über den gesamten Master verteilt. Durch jede Grundzelle können mehrere horizontale und vertikale Verdrahtungstracks in zwei verschiedenen Metallebenen durchgeführt werden, die sowohl der Intra- als auch der Interzellenverdrahtung zur Verfügung stehen. Je zwei horizontale

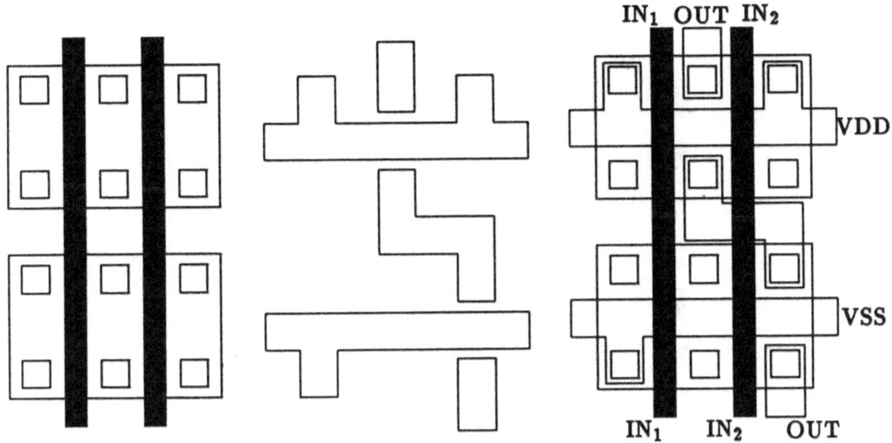

Abbildung 2.5: *Grundzellen – Verdrahtungsmakro – Funktionszelle*

Tracks sind für die Spannungsversorgung der p- und n-Kanal Transistorreihen vorgesehen [SLS88a]. Die Funktionszellen sind folglich bis auf die Rasterung der Grundzellen frei plazierbar und die Interzellenverdrahtung kann alle freien Tracks verwenden. In Abbildung 2.6 sind die potentiellen Tracks miteingezeichnet.

Generell ist man durch die vorgefertigten Master auf die Anzahl der Pads und der Transistoren festgelegt. Deshalb werden von den Herstellern verschieden große Master bezüglich Transistor- und Padanzahl angeboten. Die Mastergröße wird üblicherweise in *Gatteräquivalenten* ausgedrückt. Einem Gatteräquivalent entsprechen vier Transistoren. Die Angebotspalette reicht von Mastern mit 1.000 Gatteräquivalenten und weniger als 50 Anschlüssen bis zu Mastern mit über 100.000 Gatteräquivalenten und einigen hundert Anschlüssen.

Die wichtigsten Merkmale des Gate-Array Entwurfs sind:

- Aufgrund der Vorfertigung schnelle Verfügbarkeit.

- Niedrige Kosten, da nur noch die Masken für die Verdrahtung hergestellt werden müssen.

- Einschränkungen beim Entwurf durch die Masterbeschaffenheit (feste Pad-zahl, feste Transistorzahl, festes Transistorlayout für alle Funktionszellen, feste Verdrahtungsfläche bei Reihen-Gate-Arrays).

- Keine optimale Ausnutzung des Platzes durch Verschnitt, dadurch hohe Stückkosten durch "Verschwendung" des teuren Siliziums[5].

---

[5] Unter "teurem Silizium" sind die reinen Produktionskosten zu verstehen. Diese werden auf

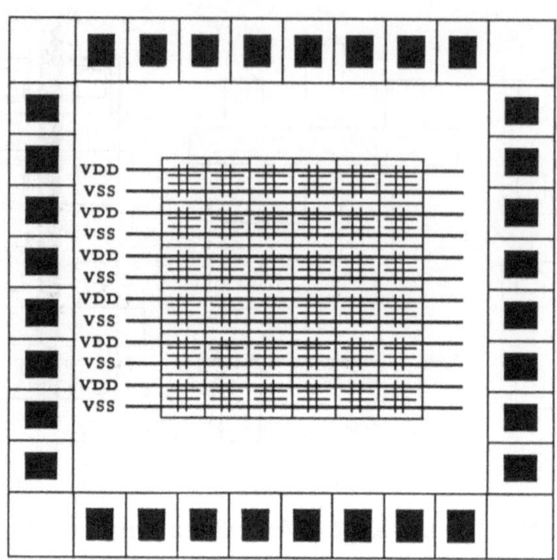

Abbildung 2.6: *Schematische Darstellung eines Sea–of–Gate Masters*

Der Standardzellenentwurf

Beim Standardzellenentwurf sind Chipgröße und Anzahl der Pads allein durch technische Randbedingungen wie Fertigung und Stromversorgung beschränkt. Der Name rührt von dem einheitlichen Aufbau der Funktionszellen her. Die Spannungsversorgung ist bei allen Funktionszellen so ausgelegt, daß sie durch Aneinanderreihen der Zellen automatisch verbunden wird. Die Anschlüsse für die Interzellenverdrahtung liegen oben und unten (s. Abbildung 2.7).

Der Standardzellenchip gleicht dem reihenförmigen Gate-Array. Abbildung 2.8 zeigt eine schematische Darstellung. Die Interzellenverdrahtung zwischen den Standardzellenreihen kann durch Zellenüberquerungen erfolgen, wenn eine zusätzliche Schicht vorhanden ist, oder Dummyzellen, sogenannte *Feedthrus*[6] in die Zeilen eingeschoben worden sind. Im Gegensatz zum Gate-Array kann die Breite der Verdrahtungskanäle dem Bedarf angepaßt werden. Da die Funktionszellen nicht auf vorgefertigte Strukturen wie beim Gate-Array aufsetzen müssen, ist ihr Layout besser auf die Funktion abgestimmt.

Wir fassen die Hauptmerkmale des Standardzellenentwurfs im Vergleich zum Gate-Array Entwurf zusammen:

---

die Chipfläche bezogen, da sie unabhängig von den vorbereitenden Maßnahmen wie Maskenherstellung, Entwicklung etc. sind.

[6]übliche Schreibweise für Feedthroughs

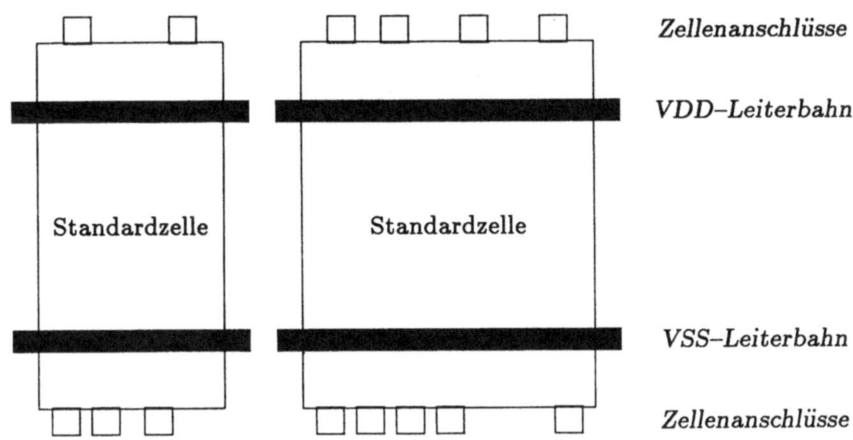

Abbildung 2.7: *Schematische Darstellung von Standardzellen*

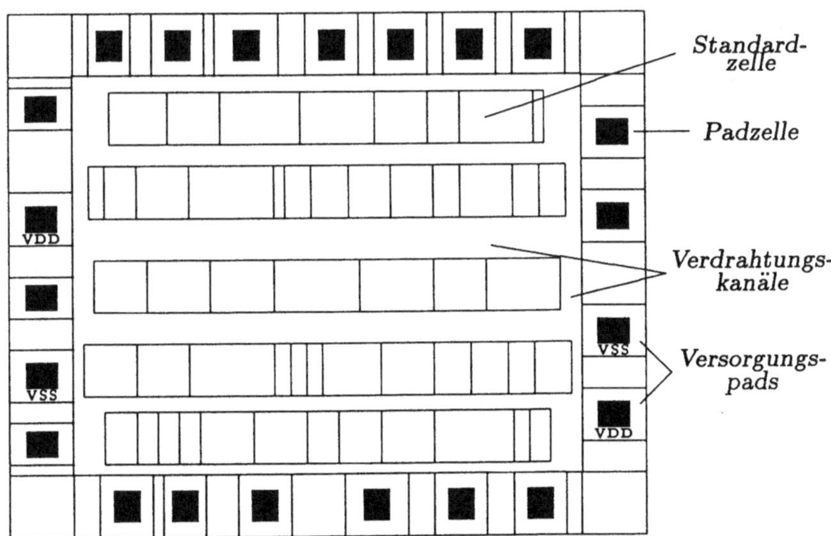

Abbildung 2.8: *Schematische Darstellung eines Standardzellenchips*

- Längere Herstellzeit.

- Höhere Produktionskosten, da die Masken für alle Strukturen hergestellt werden müssen.

- Flexibler Entwurf (frei wählbare Padanzahl, optimiertes Layout der Funktionszellen, Platzbedarf der Verdrahtungskanäle ist nur durch die Verdrahtung bestimmt).

- Bessere Flächenausnutzung, dadurch geringere Stückkosten (ohne Fixkosten wie die Maskenherstellung).

Kann nun ein Entwurf sowohl als Gate-Array als auch mit Standardzellen durchgeführt werden, so gilt als Entscheidungsregel: Sind die benötigten Stückzahlen gering, so ist das Gate-Array günstiger. Werden hingegen viele Chips benötigt, so ist der Standardzellenentwurf vorzuziehen, da höhere Maskenkosten sich durch billigere Stückkosten ausgleichen.

Der Entwurf mit Gate-Array und Standardzellen erfolgt auf der Zellenebene, arbeitet also mit einfachen Logikzellen, Flipflops und einfachen arithmetischen Elementen. Dies sind die Grundelemente, um "wilde" Logikschaltungen zu entwerfen. Werden mit ihnen jedoch große, regelmäßige Strukturen wie Speicher oder Rechenwerke entworfen, sind drei entscheidende Nachteile zu verzeichnen:

- Schaltungen wie die angesprochenen Speicher und Rechenwerke werden in unterschiedlichen Größen benötigt. Man müßte mit dem bisherigen Ansatz für jeden Multiplizierer zum Beispiel mit unterschiedlicher Bitbreite der Multiplikanten eine neue Schaltung entwerfen.

- Die für den universellen Einsatz entworfenen Funktionszellen (z.B. Fulladder) sind für den speziellen Einsatz (z.B. im Multiplizierer) "überqualifiziert". Sie sind nicht nur zu groß, sondern verbrauchen auch zuviel Leistung und sind für den angesprochenen Verwendungszweck zu langsam.

- Die Reihenstruktur der Standardzellen und der reihenförmigen Gate-Arrays mit den Verdrahtungskanälen ist störend, da dadurch z.B. ein Speicher "künstlich" auf mehrere Reihen abgebildet werden muß.

Da sich regelmäßige Strukturen leicht parametrisiert beschreiben lassen, bietet sich für diese das Makrozellen- bzw. Sea-of-Gates Konzept mit generierbaren Zellen an.

Der Makrozellen-/ Sea-of-Gates Entwurf

Für bestimmte regelmäßige Schaltungsteile wie RAM, ROM, PLA, Multiplizierer und Addierer werden Generatoren eingesetzt. Beispielsweise wird aus der

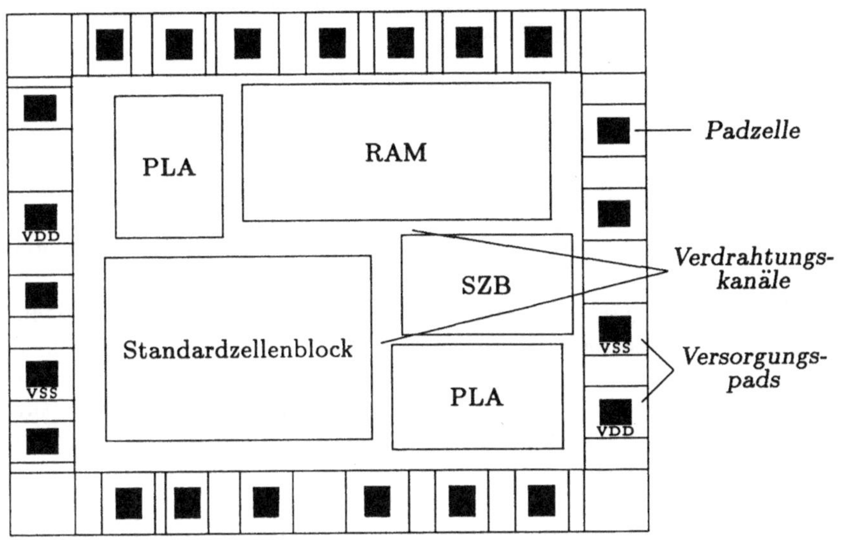

Abbildung 2.9: *Schematische Darstellung eines Makrozellenchips*

Angabe der Bitbreite der Multiplikanten ein Multiplizierer (eines vorgegebenen Typs) automatisch generiert und steht in der gleichen Form wie die anderen Funktionszellen zur Verfügung. RAM und ROM werden durch die Größe beziehungsweise durch eine Belegungstabelle definiert.

Das Layout der generierten Zellen wird automatisch erzeugt, wobei eine auf die spezielle Funktion zugeschnittene Realisierung gewählt wird, d.h. es werden nicht die normalen Funktionszellen verwendet, sondern speziell zugeschnittene.

Der dritte der oben aufgezählten Nachteile wird durch die zeilenunabhängige Plazierung der generierten Zellen aufgehoben, wobei beim Sea-of-Gate die Rasterung der Grundzellen berücksichtigt werden muß.

Einfache Logik kann wie bisher entworfen werden. Beim Makrozellenentwurf stehen dafür sogenannte Standardzellenblöcke zur Verfügung. Diese gleichen einem Standardzellenchip mit dem einzigen Unterschied, daß es keine Padzellen gibt. Ein Standardzellenblock (SZB) kann wie eine generierte Zelle frei plaziert werden.

Abbildung 2.9 zeigt den prinzipiellen Aufbau eines Makrozellenchips. Der Aufbau eines Sea-of-Gate Chips ist bis auf die Mastervorgaben (feste Padzellen, festes Grundzellenraster) dazu identisch.

Die wichtigsten Eigenschaften des Entwurfs mit generierbaren Zellen sind also:

- Herstellzeit und Produktionskosten wie beim Standardzellenentwurf beziehungsweise Gate-Array Entwurf.

- Generatoren für komplexe, reguläre Strukturen wie Speicher und arithmetische Schaltungen.

2.3.3   Hardware- und Software-Komponenten

Die **Software** besteht aus zwei großen Teilen, den *Zellenbibliotheken* und den *Entwurfswerkzeugen*.

Eine weitere für die Qualität (jeder Software) wichtige Komponente ist die sehr aufwendige Datenhaltung und Datenverwaltung. Dies liegt nicht nur in der Datenmenge, sondern auch in den vielen Entwurfsphasen begründet. Die Beschreibungen der Schaltung in den verschiedenen Phasen muß *konsistent* sein. Änderungen in der Leitungsführung im Layout zum Beispiel müssen im Verhaltensmodell vermerkt werden, da sich durch andere Schichtwechsel oder längere Wege das zeitliche Verhalten ändern kann. Wird aus irgendwelchen Gründen eine logische Verknüpfung durch eine andere Funktionszelle realisiert, hat dies Auswirkungen auf den Test der Schaltung. Auf diesen Teil der Software wollen wir hier aus Platzgründen nicht näher eingehen.

Die Zellenbibliotheken

In der Zellenbibliothek werden die dem Anwender zur Verfügung stehenden Funktionszellen abgespeichert. Sie enthalten Angaben über logisches Ein-/Ausgabeverhalten, elektrisches und zeitliches Verhalten, Abmessungen usw. Diese Angaben sind sowohl von der verwendeten Technologie als auch von der Entwurfsmethode abhängig. Deshalb existiert für jede spezielle Technologie und Entwurfsmethode eine eigene Zellenbibliothek. Die Zellenbibliothek besteht sowohl in Form eines Manuals für den Entwerfer als auch in Form einer Datenbank, aus der das Entwurfssystem seine Informationen bezieht.

Eine Zellenbibliothek hat in der Regel einen Bestand von ca. 100 Funktionszellen. Die CMOS-Bibliotheken von VENUS zum Beispiel umfassen folgende Zellengruppen:

- Gatter: Einfache Gatter wie z.B. AND, NAND, OR, NOR mit bis zu 8 Eingängen und Mischgatter mit 3 Eingängen.

- Treiber: Invertierende und nichtinvertierende Treiber mit verschieden starken Ausgangsstufen.

- Multiplexer und Dekodierer in mehreren Größen.

- Flipflops, Latches und Schieberegister.

- Arithmetische Elemente: Halb- und Volladdierer, kaskadierbare Zähler und Komparatoren.

- Padzellen: Eingangs-, Ausgangs- und bidirektionale Pads für den Einsatz in TTL- und CMOS-Umgebungen.

- Sonstige Zellen wie VDD- oder VSS-Anzapfung.

Dem Schaltungsentwerfer stehen die Informationen über die Bibliothekszellen in *Zellenkatalogen* zur Verfügung. Am Beispiel eines von VENUS entnommenen Flipflops [HNS86] wollen wir die Art und den Umfang der Informationen aufzeigen. So gliedert sich das Datenblatt[7] der Flipflop-Zelle aus dem Zellenkatalog in:

- Schaltzeichen (Sie entsprechen der IEC-Norm DIN 40900)

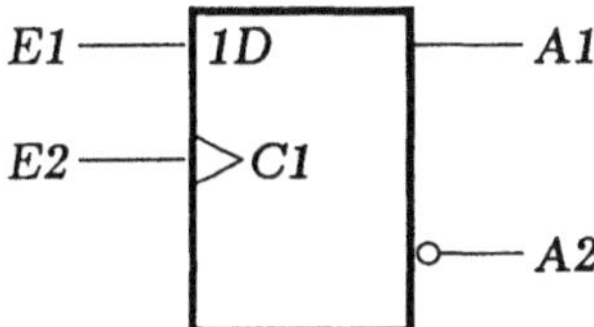

- Funktionstabelle

E1 (Datum)	E2 (Clock)	A1 (Ausgang)	A2 (negiert)
H	↑	H	L
L	↑	L	H

Während der steigenden Flanke des Taktes (Clock) wird das Datum übernommen und liegt nach einer gewissen Zeitverzögerung (s. unten) an den Ausgängen vor.

- Zellengröße

Breite	Höhe	Anzahl Gatter
$150\mu m$	$250\mu m$	6 Gatteräquivalente

- Zeitverhalten

Zeitverzögerung bei Änderung eines Ausgangs von 0 auf 1	$3ns$
Zeitverzögerung bei Änderung eines Ausgangs von 1 auf 0	$6ns$

---

[7]Die Zahlenangaben sind nur Beispielwerte. Sie entstammen keinem existierenden Fertigungsprozeß.

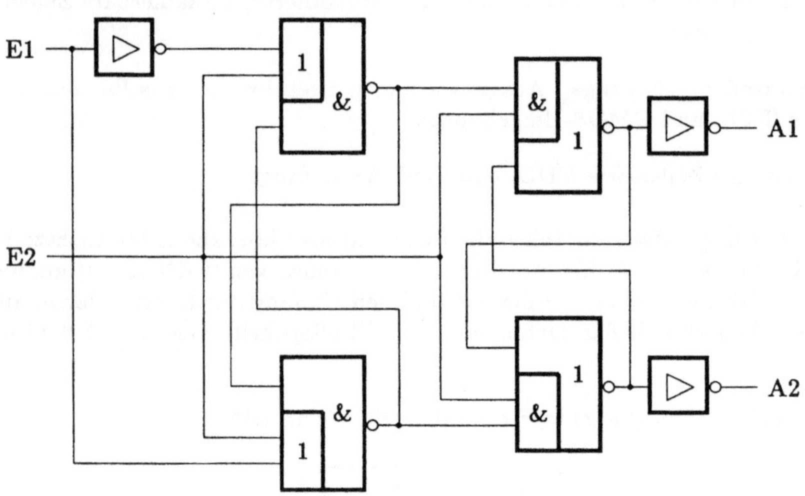

Abbildung 2.10: *Logikschaltung des Flipflops*

Den zelleninternen Verzögerungszeiten liegen Annahmen über Eingangskapazitäten, zu treibende Lasten an den Ausgängen, Umgebungstemperatur, Technologieschwankungen etc. zugrunde. In der Regel werden deshalb mehrere Verzögerungswerte für verschiedene Randbedingungen angegeben.

- Logikschaltung (s. Abbildung 2.10)

- Lastfaktoren

Eingang E1	$300\,fF$
Eingang E2	$600\,fF$

Wie bei den Zeitverzögerungen schon angesprochen wurde, werden bestimmte Ausgangslasten zugrundegelegt, mit deren Hilfe man die Verzögerungen bei vorliegenden Lastverhältnissen berechnen kann.

- Zeitdiagramme Sie definieren Anstiegs-, Abfall- und Verzögerungszeiten sowie Setup- und Hold-Zeiten (s. Abbildung 2.11).

Diese Bibliothekszellen werden durch die vom Benutzer generierten Makrozellen ergänzt. Aufgrund der Vielfalt der generierbaren Zellen eines bestimmten Makrozellentyps können nicht die Daten aller Varianten in der Bibliothek aufgeführt werden. Um wenigstens Richtwerte über die zu erwartende Größe und das zu erwartende Zeitverhalten zu haben, werden grobe Angaben gemacht. Das genaue Datenblatt zu einer bestimmten Spezifikation wird im Verlauf des Entwurfs

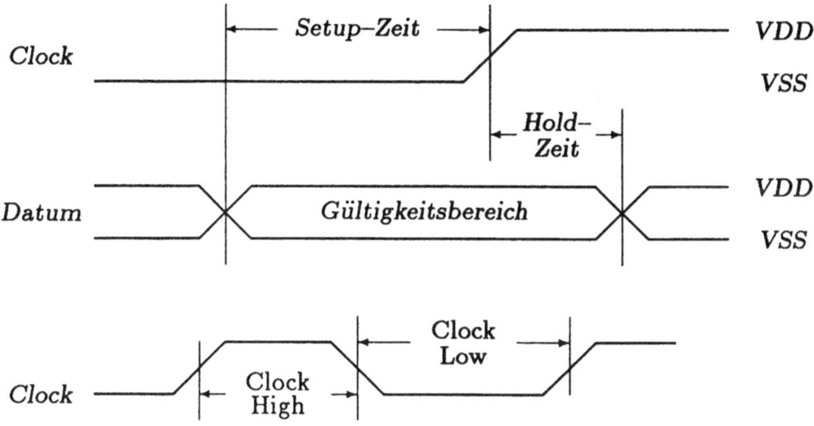

Abbildung 2.11: *Zeitdiagamme des Flipflops*

automatisch vom System generiert. VENUS führt so zum Beispiel folgende Richt-werte für PLA's auf (die zur Zeit über maximal 50 Eingänge, 75 Produktterme und 50 Ausgänge verfügen):

- Abschätzung der Größe

Höhe	$(15 *$ Anzahl der Produktterme $+ 640)$ μm
Breite	$(19 *$ Anzahl der Eingänge $+$
	$17 *$ Anzahl der Ausgänge $+ 190)$ μm

- Abschätzung des zeitlichen Verhaltens durch die Clockphasen (s. Ta-belle 2.1)

Im Kapitel *Krause Logik* wird das PLA noch gesondert besprochen.

Diese Angaben lassen in der Planungsphase bereits Abschätzungen über die zu erwartende Größe zu, was wichtig für die Aufteilung des Makrozellenchips ist. Bei der Erstellung der Schaltung für die Logik, die mit den einfachen Funktions-zellen in den Standardzellenblöcken erfolgt, kann dann, wie wir später noch sehen werden, entsprechend das Format angepaßt werden.

Die Entwurfswerkzeuge

Die Entwurfswerkzeuge lassen sich unterteilen in

- Generatoren zur Erzeugung von Makrozellen

	Clock Low	Clock High
10 Eingänge 10 Ausgänge 10 Produktterme	18 ns	40 ns
10 Eingänge 10 Ausgänge 40 Produktterme	24 ns	56 ns
25 Eingänge 25 Ausgänge 40 Produktterme	28 ns	70 ns
50 Eingänge 50 Ausgänge 75 Produktterme	47 ns	117 ns

Tabelle 2.1: *Clockphasen des PLA*

- Graphikeditor zur Eingabe des Logikplans

- Simulator zur Überprüfung der Korrektheit der Schaltung bezüglich des zugrundeliegenden Verhaltensmodells

- Prüfpatterngenerator zum Generieren der Testmuster

- Software zur Plazierung und Verdrahtung der Zellen auf einem Chip

Generatoren erzeugen aufgrund der Spezifikation des Anwenders ein Schaltzeichen, das in die Zellenbibliothek aufgenommen wird und dort als "normales" Bibliothekselement beim Makrozellenentwurf verwandt wird. Beispielsweise wird ein Schaltzeichen für ein PLA generiert, das entsprechend der Spezifikation viele Eingänge und Ausgänge trägt. Ferner wird ein Verhaltensmodell mit dem logischen, zeitlichen und elektrischen Verhalten erzeugt, das für den Simulator und den Testgenerator die Daten liefert. Für die geometrische Realisierung des Layouts müssen die Größe, die Lage und die Schicht der Anschlüsse zur Verfügung gestellt werden. Die interne Realisierung ist wie bei den anderen Funktionszellen nur für die Herstellung wichtig. In der geometrischen Realisierung der generierbaren Makrozellen gibt es in der Regel Einflußmöglichkeiten für den Benutzer. Im VENUS–System kann man z.B. die Form des RAM bzw. ROM als quadratisch oder länglich vorgeben.

Mit dem **Graphikeditor** werden die Logikpläne entworfen. Die Bibliothekszellen stehen in Form von Schaltzeichen zur Verfügung, die der Benutzer aufruft und untereinander verknüpft. Wegen der besseren Übersicht erfolgt der Entwurf hierarchisch. Man kann die Schaltung in logische Teile zerlegen, jede für sich entwerfen und sie auf der oberen Hierarchieebene als Funktionszelle betrachten und verknüpfen. Die einzelnen Teile können wiederum hierarchisch entworfen werden. Dies hat auch den Vorteil, daß Teile, die an mehreren Stellen in der Schaltung benötigt werden, nur einmal zu entwerfen sind und dann als benutzerdefinierte Bibliothekszellen behandelt werden können. Wichtig ist auch die Namensvergabe an Signalnetze und Zellen, um bei der Simulation leichter die Verbindung zum Logikplan herstellen zu können. Außer diesem Eingabekomfort bietet der Graphikeditor (je nach CAD-System) Eingriffsmöglichkeiten in die Layoutrealisierung:

Lose Cluster: Sind Zellen zu einem losen Cluster zusammengefaßt, so werden diese Zellen im Layout möglichst nahe beieinander plaziert (Gate-Array und Standardzellen).

Strenge Cluster: Hat der Anwender Zellen zu einem strengen Cluster zusammengefaßt, so werden diese Zellen als eine Zelle behandelt und im Layout aufeinanderfolgend plaziert (Standardzellen).

Der Entwerfer hat desweiteren die Möglichkeit, die Plazierung der Zellen einschließlich der Padzellen vollständig festzulegen:

- beim Gate-Array Entwurf durch Zuordnen der Zellen zu festen Einbauplätzen auf dem Master (die Grundzellen auf dem Master sind dazu durchnumeriert und die genaue Zuordnung der einzelnen Funktionszellen zu den Grundzellen ist vorgegeben);

- beim Standardzellenentwurf durch Vorgabe der Reihenzahl und Zuordnung der Zellen zu den Reihen von links nach rechts.

Leitungsgewichtung: Bei der Verdrahtung wird eine höher gewichtete Leitung zuerst verlegt, um deren Länge möglichst kurz zu halten.

Für die **Simulation** wird automatisch ein Gattermodell der Schaltung aus den Verhaltensmodellen der einzelnen Zellen erstellt. Simulationsmuster können an beliebige, auch interne Signale angelegt und die Ergebnisse können an beliebigen Stellen abgelesen werden. Erfolgt die Simulation vor der Layoutgenerierung, können die Leiterbahnen bei der Simulation des zeitlichen und elektrischen Verhaltens nicht berücksichtigt werden. Es können logische Fehler überprüft werden und grobe Laufzeitkontrollen durchgeführt werden. Nach der Layoutgenerierung erfolgt dann eine Simulation mit genauen Kenntnissen der Leiterführung wie Länge, Anzahl der Schichtwechsel und des Materials der verwendeten Schichten. (Eine Übersicht über den Problemkreis "Simulation" findet der Leser in Kapitel 5.)

Der **Prüfpatterngenerator** ist der Kern der Testvorbereitung für den Chip. Um Fertigungsfehler bei der Chipherstellung aufdecken zu können, müssen dem

Hersteller Testmuster (Prüfpattern) zusammen mit den Fertigungsdaten zur Verfügung gestellt werden.

Ein Testmuster zur Erkennung eines speziellen (angenommenen) Fehlers muß so gewählt sein, daß der Chip ein falsches Ergebnis (am Ausgang) liefert, wenn dieser Fertigungsfehler auftritt. Da die Testmustergenerierung zur Erkennung aller möglichen Fertigungsfehler viel zu komplex ist, beschränkt man sich auf folgendes Fehlermodell: Genau eine Leitung liegt immer auf Null (*stuck-at zero*) oder immer auf Eins (*stuck-at one*), d.h. man berücksichtigt bei der Testmustergenerierung nur gewisse modellhafte Fehler. Erfahrungen zeigen, daß die Testmuster, die aufgrund dieses (weit verbreiteten) Fehlermodells generiert wurden, auch die meisten realen Fertigungsfehler aufdecken. Ziel der Testgenerierung ist, eine vollständige Fehlerüberdeckung zu erreichen, d.h. jede Leitung auf Behaftung mit Null oder Eins überprüfen zu können.

Da die Erzeugung eines Musters selbst für einen Fehler sehr komplex ist, wird nach der Generierung eines Musters für einen bestimmten Fehler eine *Fehlersimulation* gestartet. Dabei wird überprüft, welche Fehler noch durch dieses Muster aufgedeckt werden können. Für die noch nicht "erkannten" Fehler wird dieses Verfahren solange wiederholt, bis die Fehlerüberdeckungsrate möglichst 100% beträgt.

Um die Komplexität der Testmustergenerierung zu mindern, sollte der Entwurf sogenannte prüftechnische Entwurfsregeln (Schlagwort: *Design for Testability*) befolgen, die zum einen dem Generator das "Leben" erleichtern und zum anderen schwer zu erkennende Fehlertypen verhindern. Auf diese Entwurfsregeln werden wir noch eingehen.

Große Schwierigkeiten bereiten die sequentiellen Schaltungen, da durch die internen Zustände (in den Flipflops) die oben beschriebene Fehlererkennungsmethode drastisch erschwert wird. Dies führt uns zu einem wichtigen Konzept beim Test von Chips, das bereits innerhalb der Zellenbibliothek seinen Niederschlag findet, dem *Prüfbus* oder *Scanpath*. Man zerlegt die Schaltung in kombinatorische Teilschaltungen, die leichter testbar sind, indem man durch folgenden Trick die internen Speicherzustände liest bzw. beschreibt: Alle Speicherzellen werden durch eine Zusatzlogik zu Schieberegistern erweitert. Diese Schieberegister werden zu einer Kette, dem Scanpath oder Prüfbus, verbunden. Im Normalbetrieb arbeiten die Speicherzellen wie gewohnt, im Testmodus arbeiten sie auf ein Signal hin als Schieberegister, was erlaubt, die internen Speicherzustände nach außen zu shiften bzw. von außen zu belegen. Dadurch reduziert sich der Test der Schaltung auf den Test der kombinatorischen Teilschaltungen und des Schieberegisters. In Abbildung 2.12 wird dieses Scanpath-Prinzip illustriert.

Diese prüfbusfähigen Speicherzellen werden in den Zellenbibliotheken angeboten, weil eine aus den Bibliothekszellen zusammengestellte Lösung aus Speicherzelle plus Logikschaltung zuviel Platz verbraucht. Außerdem müßte der Anwender irgendeine sequentielle Verdrahtung der Zellen angeben. Da die Reihenfolge

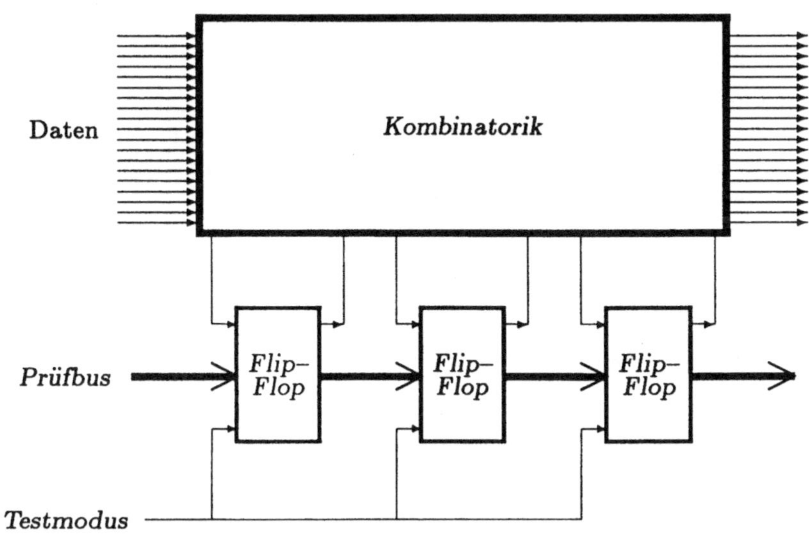

Abbildung 2.12: *Das Prinzip des Scanpath*

der Zellen innerhalb der Kette jedoch gleichgültig (das Testprogramm muß sie natürlich kennen) ist, hätte dies einen unbeabsichtigten Einfluß auf die automatische Plazierung und Verdrahtung. Leider sprengt der Flächenzuwachs durch den Scanpath (große Flipflops) oft die erlaubte Chipgröße.

An die Testdatengenerierung schließt sich die Erzeugung des Testprogramms an, das den Testautomaten steuert, der die einzelnen gefertigten Chips austestet.

Die Erstellung des **Layouts** gliedert sich in zwei Teile. Zuerst werden die Zellen auf der Chipfläche entsprechend dem Entwurfsstil plaziert. Diese Plazierung erfolgt automatisch, wobei der Benutzer interaktiv eingreifen kann. Er kann die Positionen der Zellen/Padzellen untereinander vertauschen. Das System aktualisiert dann aufgrund dieser Angaben die Plazierung. Diese Eingriffe dürfen natürlich nicht den eventuell getroffenen Festlegungen im Stromlaufplan (z.B. Festlegen der Pads oder Zuordnung von Zellen zu Masterpositionen) widersprechen. Beim Standardzellenchip kann zusätzlich die Zeilenanzahl verändert werden, wodurch man Einfluß auf die Form des Chips gewinnt. Liegt die Plazierung fest, erfolgt die Verdrahtung (zwischen den Zellen) einschließlich Spannungsversorgung und Verlegung des Prüfbusses. Der Entwerfer hat auch hier die Möglichkeit, interaktiv einzugreifen, allerdings nur in die Logikverdrahtung. Er kann Leiterbahnen umlegen, indem er den alten Weg löscht und einen neuen angibt. In Fällen, wo der Verdrahter keine Lösung findet, muß er selbst eine Lösung suchen oder durch Änderung der Plazierung den ganzen Layoutprozeß neu star-

ten. (In Kapitel 6 werden wir einige Plazierungs- und Verdrahtungsalgorithmen
für die einzelnen Entwurfsstile vorstellen.)

Eine typische **Hardware**-Konfiguration umfaßt eine leistungsfähige Worksta-
tion mit hochauflösendem Farbgrafikterminal mit Tablett und Digitalisier-
Stift für die Schaltplaneingabe und die Layoutgenerierung. Leistungsfähigkeit
bezüglich Hauptspeicher, Plattenspeicher und Rechengeschwindigkeit ist wegen
der großen und rechenintensiven Programme notwendig. Desweiteren werden
Drucker/Plotter und ein Speichermedium (Cartridge– oder Magnetbandeinheit)
für die Fertigungsdaten benötigt.

2.3.4 Ablauf eines Entwurfs

Bevor man mit dem Entwurf einer Schaltung beginnt, müssen einige Entscheidungen getroffen werden. Wir setzen dabei voraus, daß die Voraussetzungen für
den Einsatz eines Semi-Custom Systems gegeben sind.

Die erste Entscheidung betrifft den Entwurfsstil. Außer den Kostenfragen, die
die einzelnen Methoden verursachen, sind die damit verbundenen technischen
Randbedingungen zu klären. Wir wollen einige davon aufzählen:

- Werden Makrozellen benötigt?

- Wird aufgrund der Schaltungseigenschaften ein Scan-Path benötigt?

- Wieviele Pads und äquivalente Gatter müssen für den Entwurf veranschlagt
  werden?

- Ist der Entwurf kritisch bzgl. Zeitverhalten, Größe und elektrischen Randbedingungen?

Folgende Fragen sind in Abhängigkeit von dem zur Verfügung stehenden Entwurfssystem und dem Hersteller der Zellenbibliotheken zu klären:

- Welche Entwurfstile unterstützt das CAD-System?

- Welche Eigenschaften haben die verschiedenen zu den Entwurfsstilen
  gehörigen Zellenbibliotheken?

- Welche Master stehen im Falle eines Gate-Array Entwurfs zur Verfügung?

In der Regel bietet ein Hersteller mehrere Zellenbibliotheken an, die sich durch
unterschiedliche Entwurfsstile, Fabrikationsprozesse und technische Ausprägun-
gen wie z.B. die Anzahl der Verdrahtungsschichten auszeichnen. Die Fabrikationsprozesse unterscheiden sich vor allem in den Strukturbreiten, was für den
Benutzer vor allem Unterschiede in der Integrationsdichte und in den Schaltzeiten mit sich bringt. Einen ähnlichen Effekt haben auch zusätzliche Verdrahtungsschichten. Stehen zur Interzellenverdrahtung z.B. eine Polysilizium-

(kurz: Poly) und eine Aluminiumschicht (kurz: Alu) zur Verfügung, so entfallen beim Übergang zu zwei Alu-Verdrahtungsschichten die im Vergleich zu Alu sehr großen Verzögerungszeiten der Polyleiterbahnen. Ein Übergang auf einen Fertigungsprozeß mit geringerer Strukturbreite bzw. die Verwendung einer zusätzlichen Verdrahtungsschicht ist mit größeren Kosten verbunden. Deswegen sollte die Entscheidung für eine bestimmte Zellenbibliothek dies mitberücksichtigen (zusätzlich zu den oben angesprochenen Kosten bei den unterschiedlichen Entwurfsmethoden).

Als Beispiel für eine solche Konstellation wollen wir einige Zellenbibliotheken aufführen, die im VENUS-System[8] angeboten werden:

- Bibliotheken mit einem 3μ-Prozeß

  - Standardzellen mit Poly/Alu-Verdrahtung
  - Standardzellen mit zwei Alu-Verdrahtungsebenen
  - Gate-Arrays mit zwei Alu–Verdrahtungsebenen und 4 verschiedenen Mastern (1020 Gatteräquivalente/42 bzw. 82 Pads und 2046 Gatteräquivalente/64 bzw. 124 Pads)

- Bibliotheken mit einem 2μ-Prozeß

  - Standardzellen mit zwei Aluminium-Verdrahtungsebenen und prüfbusfähigen Speicherzellen
  - Makrozellen wie RAM und ROM (maximale Adreßtiefe 16K, maximale Wortbreite 32 Bit), PLA (maximal 50 Ein/Ausgänge mit 75 Produkttermen) und Standardzellenblöcken aus Zellen der Standardzellenbibliothek
  - Gate-Arrays mit zwei Alu-Verdrahtungsebenen und prüfbusfähigen Speicherzellen mit 8 verschiedenen Mastern (von 1072 Gatteräquivalenten/50 Pads bis 10560 Gatteräquivalenten/180 Pads)

Solche Bibliotheken werden vom Hersteller natürlich ständig ergänzt bzw. neue Bibliotheken werden angeboten. Zum Beispiel werden für VENUS zusätzlich eine Bibliothek mit Analogzellen und eine Bibliothek mit sehr schnellen Bipolarzellen angeboten.

Der Entwerfer muß sich unter den Bibliotheken, die für den angestrebten Entwurf geeignet sind, für die entscheiden, die den kostengünstigsten Entwurf verspricht. Der Leser wird sich nun fragen, wie man vorab die geeigneten Bibliotheken erkennt bzw. was kostengünstig bedeutet. Sicherlich kann man aufgrund der Antworten auf obige Fragen eine geeignete Bibliothek finden, falls es eine gibt. Es kann aber vorkommen, daß man im Laufe des Entwurfs feststellt, welche die

---

[8]Stand: Anfang 1987

geeignetste gewesen wäre. Man bemerkt etwa, daß eine andere Mastergröße ausgereicht hätte oder daß wegen mangelndem Platz für die Verdrahtung der nächstgrößere notwendig gewesen wäre. Ähnliche Gründe können auch einen Prozeßwechsel veranlassen. Da die Bibliotheken einen ähnlichen Zellenumfang besitzen, ist es möglich, bei einem Bibliothekswechsel auf eine neue Schaltplaneingabe zu verzichten und nur die neue Zellenbibliothek zu adaptieren, falls man nur Zellen verwendet, die es auch in den anderen für den speziellen Entwurf in Frage kommenden Bibliotheken gibt und außerdem spezifische Angaben wie etwa Positionierungen von Zellen auf dem Master erst später vornimmt. Unter kostengünstig verstehen wir also bei vorgegebenem Entwurfsstil:

Wähle, wenn möglich

- den billigsten Prozeß (im Beispiel den 3μ-Prozeß)

- den kleinsten Master

- keine zusätzlichen Verdrahtungsschichten (im Beispiel die Poly/Alu-Verdrahtung)

Auf die Kosten kommen wir im nächsten Teil in einem größeren Zusammenhang noch einmal zurück.

Eine wichtige Vorüberlegung betrifft das geometrische Layout beim Makrozellenentwurf. Während in den beiden anderen Entwurfsstilen die Realisierung des geometrischen Layouts der Schaltung als Ganzes erfolgt, vollzieht sich dies beim Makrozellenentwurf in zwei Stufen. Da auf der Makrozellenebene in der Regel nur wenige, jedoch sehr große Zellen zu plazieren und verdrahten sind, besteht die Gefahr von viel Verschnitt. Um diesen so gering wie möglich zu halten, muß man bei der Generierung bzw. beim Entwurf der Makrozellen das Gesamtlayout im Auge behalten. Um auch die Anzahl der Redesigns – Generieren bzw. Entwerfen der Makrozellen, anschließend Entwerfen des Makrozellenlayouts – gering zu halten, sollte man sich in einem *Floorplan* einen Überblick über das Gesamtlayout verschaffen. Dies bedeutet, daß man die Größen der geplanten Makrozellen anhand ihrer Funktion abschätzt und schon einen "Bauplan" für den Verbund der Makrozellen erstellt. Dabei werden sich Wünsche an die spezielle Form der Makrozellen ergeben, um den Platz gut ausnutzen zu können. Die Form der Makrozellen kann man bei den Standardzellenblöcken zum Beispiel "vollkommen" selbst bestimmen. (Es liegt einem frei, die Anzahl der Zeilen vorzugeben.) Bei den generierbaren Makrozellen kann man nur Richtwerte angeben. Als Beispiel haben wir bereits den Einfluß auf die Form von RAM und ROM, nämlich mehr quadratisch oder länglich, erwähnt. Der Floorplan kann auch eine neue Aufteilung der Makrozellen nahelegen, z.B. ein großes PLA in zwei kleinere zu zerlegen.

Außer der sorgfältigen Auswahl einer Zellenbibliothek und der Erstellung eines Floorplans im Falle eines Makrozellenentwurfs ist als dritter wichtiger Punkt die Einhaltung der *Prüftechnischen Entwurfsregeln* zu erwähnen. Wir haben den Aspekt des Tests von Chips und dessen Berücksichtigung bereits im Entwurf schon an mehreren Stellen erwähnt. In den gängigen Systemen wird diesem Aspekt Rechnung getragen, indem man beim Entwurf der Schaltung Regeln einhalten muß, die den Test (am Testautomaten) bzw. die Testvorbereitung (Prüfpatterngenerierung) erleichtern helfen. Folgende übliche Einschränkungen beim ASIC-Entwurf an den Test prägen die Entwurfsregeln entscheidend mit:

- Die Prüfbarkeit der Schaltung muß bereits aus dem Logikplan heraus gewährleistet sein.

- Die Testautomaten testen die gefertigten Chips nur statisch. Dies bedeutet, daß ein Prüfmuster an den Chip angelegt und am Ausgang beobachtet wird, ob nach "beliebig" langer Zeit das gewünschte Resultat vorliegt. Der Chip wird nicht unter harten Zeitbedingungen getestet.

Die erste Einschränkung entspringt der ASIC-Philosophie, daß Schaltungen mit großer Sicherheit verifiziert werden sollen, auch wenn dadurch bestimmte Trickschaltungen und die Ausreizung von technologischen Grenzen nicht möglich sind. Dies verbietet z.B. bestimmte asynchrone Rückkopplungen in kombinatorischen Schaltungen, deren korrektes Verhalten von der Betriebsfrequenz, der geometrischen Realisierung usw. abhängt, also auf der Logikebene keine Testmustergenerierung zuläßt. Die zweite Einschränkung ist durch die sehr hohen Kosten eines entsprechenden Testautomaten begründet. Eine dynamische Prüfung, also ein Test eines Chips unter Einsatzbedingungen, wirft enorme technische Probleme auf, wodurch die bereits (zur Zeit) schon sehr hohen Testkosten unbezahlbar würden. Bei Verwendung eines Scan-Path ist ein solcher Test ohnehin nicht möglich bzw. der Scan-Path nicht nutzbar. Durch diese Einschränkung wird der Entwerfer angehalten, synchrone Schaltungen zu entwickeln.

Andere Beispiele aus einem üblichen Prüfregelkatalog sind:

- Der Anfangszustand einer Schaltung muß extern einstellbar sein, um die gleichen Randbedingungen wie bei der Erstellung der Testmuster zu haben (z.B. durch SET/RESET aller speichernden Elemente).

- Beschränkte sequentielle Tiefe (bei Nichtverwenden des Prüfbus-Konzeptes), dadurch wird der Aufwand der Testmustergenerierung verringert.

Kommen wir nun zum Ablauf eines Entwurfs.

1. Schritt: Logikplaneingabe

Der Entwerfer erstellt als erstes aus der Aufgabenspezifikation eine Entwurfsskizze. Diese Entwurfsskizze sollte schon so detailliert sein, daß sie ausreicht, um die geeignete Bibliothek identifizieren zu können. Dies bedeutet, daß sie über die Größe des Entwurfs und die zeitkritischen Signalwege Aufschluß geben muß. Außerdem sollte sie die Prüfregeln schon berücksichtigen.

Wir haben bereits den Graphikeditor als Eingabemedium für den Logikplan beschrieben. Wichtig ist die Feststellung, daß er nur dazu dient, die logische Verknüpfung von Bibliothekszellen (bzw. von definierten Makrozellen) herzustellen. Die Geometrie der Eingabe hat keinen Einfluß auf die spätere Realisierung. Einflußnahme auf das Layout wird nur durch die beschriebenen Zusatzangaben (Clusterung, Leitungsgewichtung etc.) ausgeübt. Die Schaltung liegt danach in Form einer *Netzliste* vor, die die Bibliothekselemente (bzw. die Makrozellen) der Schaltung und die Verknüpfung der Ausgänge und Eingänge (*Signalnetze*) enthält.

2. Schritt: Logiksimulation

Der nächste Schritt besteht in der Überprüfung der logischen Korrektheit der Netzliste. Der Entwerfer kontrolliert die Funktion der Schaltung, indem er an die Eingänge Muster anlegt und das Ergebnis an den Ausgängen mit dem gewünschten vergleicht. Werden die Verzögerungszeiten über die Grundbausteine berücksichtigt, kann er bereits Hinweise über die Geschwindigkeit der Schaltung erhalten.

Die Eingabesignale werden in einer einfachen Sprache für den Simulator spezifiziert. Dabei wird ein Zeitraster zugrundegelegt und für ein Signal werden die Zeitpunkte angegeben, zu denen das Signal 0 oder 1 ist. Das Verhalten der Ausgangssignale (oder auch jedes beliebigen internen Signals) kann man am Graphikbildschirm anfordern und erhält dann ein Zeitdiagramm. Wird nun nicht das gewünschte Resultat ausgegeben, muß der Entwerfer den Fehler (z.B. falsche Verbindungen) eingrenzen, indem er den Signalpfad in der Schaltung verfolgt. Danach muß im Graphikeditor die Schaltung korrigiert und von neuem simuliert werden.

3. Schritt: Generierung der Testmuster

Für die geprüfte Netzliste werden nun die Testmuster generiert. Der Entwerfer kann die Muster, die er sich zur Verifikation der Schaltung überlegt hat, als Testmuster einbringen. Dann wird durch die erwähnte Fehlersimulation untersucht, welche Fehler durch diese Muster aufgedeckt werden. Anschließend werden automatisch neue Testmuster generiert, bis die Fehlererkennungsrate möglichst 100% beträgt. Im obigen Fehlermodell bedeutet dies, daß die Schaltung möglichst vollständig auf Einzelfehler (stuck-at zero und stuck-at one) testbar ist. Erreicht man keinen befriedigenden Fehlerüberdeckungsgrad, d.h. für viele Leitungen gelingt es dem Generator nicht, innerhalb eines bestimmten Zeitrahmens einen Test zu finden, sollte der Entwerfer die entsprechenden Schaltungsteile im Logikplan überarbeiten.

4. Schritt: Layoutkonstruktion

Bei der automatischen Erstellung des Layouts kann es trotz interaktiver Eingriffe
des Benutzers vorkommen, daß keine Verdrahtung gefunden oder die Chipfläche
zu groß wird. Der erste Fall kann z.B. bei einem Reihen-Gate-Array auftreten,
da die Breite der Verdrahtungskanäle fest vorgegeben ist. In beiden Fällen muß
gegebenenfalls ein Prozeß mit kleinerer Strukturbreite gewählt werden; eventuell
kann die Wahl eines größeren Masters ausreichen oder der Entwurfsstil muß ge-
wechselt werden. Im Falle eines Bibliothekswechsels kann es vorkommen, daß
Teile der Schaltung geändert werden müssen, weil etwa die neue Bibliothek nicht
die gleichen Elemente wie die bisher verwendete enthält. Dies erfordert eine er-
neute Verifikation der Schaltung und eine Überprüfung des Fehlerüberdeckungs-
grades. Eine Änderung der Bibliothek bringt natürlich eine Laufzeitveränderung
mit sich. Da jedoch die Funktion der Schaltung nicht von Verzögerungszeiten
abhängig sein soll (Prüfregel!), hat dies nur Einfluß auf die maximale Arbeitsfrequenz der Schaltung. Genaue Angaben darüber erhält man in der an das Layout
anschließenden Simulation mit Leitungslaufzeiten.

5. Schritt: Simulation mit Leitungslaufzeiten

Werden Leitungslaufzeiten berücksichtigt, wird eine Änderung der Verdrahtung
oder sogar der Plazierung notwendig, wenn zu lange Leitungen auf zeitkritischen Wege die gewünschte Arbeitsfrequenz verhindern. Einfache Leiterverle-
gungen oder andere Schichtzuweisungen an bestimmte Leiterbahnen bereinigen
das Problem in der Regel. Dazu ist anzumerken, daß bereits erste Näherungen
der Laufzeit bei der Simulation ohne Leitungslaufzeiten gewonnen wurden. In
seltenen Fällen kann auch ein Wechsel auf eine andere Bibliothek mit den oben
aufgeführten Konsequenzen notwendig sein, wenn unterschiedliche Verdrahtungsschichten das Ergebnis beträchtlich beeinflussen (z.B. Alu/Poly- im Vergleich zu
Alu1/Alu2-Verdrahtung).

6. Schritt: Fertigungsunterlagen

Der Hersteller benötigt außer den geometrischen Daten, die das Layout betref-
fen, und dem Testprogramm für den Testautomaten noch den *Bondplan*. Der
Bondplan beschreibt die Zuordnung der Pads zu den Gehäusepins. Dabei ist die
gradlinige und überkreuzungsfreie Führung der Bonddrähte zu berücksichtigen.
Beim Chipentwurf ist also auf die Reihenfolge der Pads und die Zuordnung auf
die Seiten im Hinblick auf das zu verwendende Gehäuse zu achten.

Wir haben hier schematisch die Entwurfsschritte von der Aufgabenspezifikation
bis zu den Fertigungsunterlagen skizziert. Dabei wurde nicht gesagt, wer den
Entwurf durchführt. Wie verschieden Arbeitsaufteilungen zwischen dem Kunden
und dem Hersteller beim Entwurf aussehen können, wollen wir im folgenden unter
anderem kurz aufzeigen.

2.3.5　Der Einsatz von ASIC's

Wir haben anfangs schon die Bedeutung des Semi-Custom Zuganges zu ASIC Bausteinen erwähnt. Wir wollen nun mit Kenntnis der Arbeitsweise eines solchen Entwurfssystems dies genauer begründen und einige Entwicklungstendenzen aufzeigen.

Die wesentlichen Merkmale eines Semi-Custom Systems sind:

- Die Bedienung ist leicht und schnell erlernbar für einen Anwender, der mit den Schaltungsgrundlagen vertraut ist. In der Regel reichen zwei Wochen, um die grundsätzliche Handhabung zu beherrschen.

- Trotz der vom Hersteller entwickelten Bibliotheken ist in einem gewissen Umfang Vielseitigkeit vorhanden: Neue Bibliotheken und neue Generatoren sind ergänzbar; somit sind neue Prozesse und neue Technologien mit dem vorhandenen System kombinierbar. Nach Absprache mit dem Hersteller können für gewisse Zellen auch neue (Full–Custom) Lösungen erstellt werden.

- Durch die Verwendung von ausgetesteten und bewährten Zellen ist eine hohe Fertigungssicherheit gewährleistet.

- Aus einer Spezifikation erhält man schnell einen Chip (im Vergleich zum Full-Custom Entwurf); damit sind geringe Entwurfskosten möglich.

Was die Fertigungskosten anbetrifft, haben wir schon den kostengünstigen Gate-Array Entwurf erwähnt. Aller Voraussicht nach wird sich in Zukunft der Entwurfsstil immer stärker in diese Richtung bewegen. Die Gründe dafür sind die immer komplexer werdenden Master mit mittlerweile schon über 100.000 Kernzellen und das (relativ neue) Sea-of-Gate Prinzip, das den Makrozellenentwurf auch auf Gate-Array Basis erlaubt.

Eine weitere Entwicklung in Richtung sinkender Fertigungskosten betrifft den *Elektronenstrahl-Schreiber*, mit dem die Strukturen direkt, d.h. ohne Masken, in den Fotolack geschrieben werden. Dadurch werden die teuren Herstellungskosten für die Masken nur notwendig, wenn große Stückzahlen gefertigt werden, wo die zeitaufwendige Elektronenstrahltechnik teurer würde. Verbindet man diese Technik mit dem Gate-Array Entwurf, so können in sehr kurzer Zeit die Chips kostengünstig gefertigt werden.

Ergänzend zu den allgemeinen Betrachtungen über Entwurfs– und Herstellungskosten ist auch eine Aufteilung des Entwurfes und somit der Entwurfsskosten zwischen Kunde und Hersteller zu betrachten. Aufgrund der leichten Einarbeitung in ein Entwurfssystem und der fallenden Hardware-Preise für eine oben geschilderte Ausstattung ist für den Kunden zu überlegen, wieweit er den Entwurf selbst entwickelt und den Rest dem Hersteller überläßt. Auch ist noch eine dritte Gruppe zwischen Kunde und Hersteller denkbar, die im Kundenauftrag

Schaltungen entwickelt und sie dann an einen Hersteller zur Fertigung und zum Test weitergibt. Da wir die Aufteilung aus Kundensicht betrachten, setzen wir eine solche Gruppe der Einfachheit halber mit dem Hersteller gleich.

An der Software- und Hardwareausstattung lassen sich sinnvolle Arbeitsteilungen leicht erkennen.

- Bei einer reinen Spezifikation benötigt der Kunde weder Software noch Hardware.

- Bei der Erstellung eines Schaltplans/Netzliste muß er nur das Format bzw. die erlaubten Funktionszellen (Makrozellen) mit dem Hersteller absprechen. Als Austattung reicht ein einfacher Grafikeditor auf einem PC.

- Will der Kunde zusätzlich die Netzliste überprüfen und Testmuster erzeugen, benötigt er einen Simulator und eventuell einen Prüfpatterngenerator.

- Erstellt der Kunde auch die geometrischen Fertigungsdaten, müssen außer Technologieparametern (z.B. Daten für die Plazierung und Verdrahtung) auch Plazierungs- und Verdrahtungsprogramme vorliegen. Die Hardware vergrößert sich um einen CAD-Arbeitsplatz.

Es sind noch feinere Unterscheidungen denkbar; wichtiger ist jedoch die Beobachtung, daß beim Übergang zur vierten Alternative die Unabhängigkeit von den Technologieparametern aufgegeben wird und ein Vertrag mit einem bestimmten Chipproduzenten eingegangen wird. In den drei anderen Fällen ist bei geeigneter Abstimmung jeder Chipproduzent ansprechbar.

Kapitel 3

Entwurf komplexer Schaltungen

3.1 Einführung

Die Technologie der Höchstintegration hat dem Entwurfsproblem vor allem durch
zwei Wesensmerkmale eine völlig neue Qualität gegeben. Das eine Merkmal ist,
daß man während der Entwicklung einer Schaltung keine Möglichkeit hat, diese
aufzubauen, durchzumessen und in Abhängigkeit davon zu verändern. Sie muß
vielmehr möglichst in einem Schritt durchdacht, geplant und erfolgreich gefertigt
werden. (Abgesehen davon, daß die Anfertigung und ein anschließendes Redesign
eines Prototyps teuer sind, sind auch hier die Möglichkeiten nur auf aufwendige
Messungen, nicht aber auf verändernde Eingriffe, beschränkt.) Dieser Forderung nach erfolgreichem Entwurf und Vorhersage der Leistungsmerkmale vor der
Fertigung gesellt sich ein zweites, erschwerendes Merkmal hinzu, nämlich das
der Beherrschung der Komplexität höchstintegrierter Schaltungen. So handelt
es sich bei den Aufgaben nicht um kleine übersehbare Systemteile, sondern im
allgemeinen um sehr große Schaltungen. Um deren Verhalten übersehen und deren Korrektheit gewährleisten zu können, ist eine systematische Vorgehensweise
beim Entwurf unerläßlich. In diesem Kapitel wollen wir uns gerade diesem Punkt
im Hinblick auf solche Schaltkreise widmen, denen gewisse einfache Berechnungs-
schemata zugrunde liegen.

Es würde sicherlich den Rahmen dieses Buches sprengen, wollte man alle Schritte
beim Entwurf eines VLSI-Bausteins im Detail schildern und auf alle anwendba-
ren Methoden eingehen. Wir beschränken uns daher auf ein Modell, das von
dem allgemeinen Entwurfsproblem stark abstrahiert, jedoch wesentliche Kosten-
faktoren widerspiegelt. Wieweit dies der Fall ist, und um welche Kosten es sich
dabei handelt, wollen wir im folgenden einhergehend mit den vorgenommenen
Abstraktionen schildern. Das Ergebnis wird ein Netzkalkül sein, dessen Objekte

abstrakte, integrierte Schaltkreise mit digitalem Verhalten sind, und anhand dessen wir systematische Vorgehensweisen bei komplexer Logik schildern wollen.

Grundsätzlich besteht die Entwurfsaufgabe darin, ausgehend von einer Spezifikation Fertigungsdaten für die Herstellung eines Schaltkreises zu liefern, der die gegebenen Spezifikationen erfüllt, sowie Prüfdaten zu erstellen, die nach dem inhärent fehlerbehafteten Fertigungsvorgang die funktionsfähigen von den defekten Chips zu trennen helfen. Dabei sind eine Reihe von Kosten zu berücksichtigen, die sich häufig gegenseitig widersprechen und daher gegeneinander abgewägt werden müssen. Gerade dies hat eine Reihe von Entwicklungen und Methoden hervorgebracht, welche helfen, der an sich so komplexen Aufgabe Herr zu werden. Wir wollen zunächst eine Auswahl dieser Kosten herausgreifen und aufzeigen mit welchen Mitteln man diese zu kontrollieren versucht.

Eine wesentliche Rolle spielt die Frage, ob und mit welchem Zeitaufwand eine Entwurfsaufgabe gelöst werden kann. Dies hat zur Erforschung und zum massiven Einsatz von Rechnerunterstützung (Computer Aided Design) geführt. Ohne den Einsatz von CAD-Methoden wäre der Entwurf von VLSI-Schaltkreisen gar nicht denkbar. Man beobachtet dabei im wesentlichen zwei Einsatzfelder: das der rechnergestützten Analyse und das der rechnergestützten Synthese von integrierten Schaltungen. Das Bedürfnis rechnergestützter Analyse entspringt dabei vor allem dem Problem, korrekte Fertigungsdaten möglichst im ersten Fertigungsanlauf zu erstellen, d.h. man benötigt eine Möglichkeit, die erstellten Daten zu überprüfen und die dadurch definierte Schaltung zu testen, ohne sie zu fertigen, um so Entwurfsfehler beseitigen zu können. Dazu gehören Überprüfungen der Maskengeometrien (design rule checks), sowie Extraktion eines physikalischen Modells des durch die Fertigungsdaten erstellten Schaltkreises und Simulation desselben (s. z.B. [Ull83,HN85]). Auf Seiten der Synthese ist die einfachst vorstellbare Unterstützung die eines grafischen Editors zur Erstellung der Fertigungsdaten, so daß diese komfortabel editiert und verändert werden können. Jedoch erweist sich diese Form der Unterstützung bei großen Schaltkreisen als ungenügend, weil es zum einen selbst für einen erfahrenen Designer unmöglich ist, die Geometrie des Layouts eines VLSI-Schaltkreises direkt im Detail zu übersehen und zu entwickeln. Zum anderen bieten integrierte Schaltkreise ein riesiges Anwendungsspektrum, so daß der Spezialist für die Anwendung in die Lage versetzt werden sollte, einen VLSI-Schaltkreis für sein spezifisches Problem zu entwickeln, so wie dank Programmiersprachen Programme von problemorientierten Anwendern anstelle von Systemspezialisten entwickelt werden.

Daher haben sich die CAD-Methoden auf dem Gebiet der Synthese sehr viel weiter entwickelt. Dies beginnt bei der grafischen oder textuellen Definition von Layoutskizzen und automatischer Layoutgenerierung, und läuft über Systeme zur automatischen Plazierung und Verdrahtung von Layoutkomponenten bis hin zur automatischen Umsetzung von Programmen einer Spezifikationssprache in korrekte (d.h. der Semantik der Sprache konforme) Fertigungsdaten (sogenannte

Siliconcompiler). Aber auch auf Seiten der Analyse sind Auswirkungen der Komplexität zu beobachten. Die Simulation genauer physikalischer Modelle ist beispielsweise schon bei mittleren Schaltkreisen nicht mehr möglich, so daß auf ungenauere Modelle hin analysiert und entwickelt werden muß [HNS86,Ull83].

Man kann in diesem weiten Feld einen wichtigen Gedanken ablesen: Die Entwicklung von digitalen VLSI-Schaltkreisen ist auf der Ebene von Fertigungsdaten nicht oder nur mit gigantischem Aufwand möglich. Man abstrahiert daher in mehreren Schritten zu einfacheren Betrachtungsebenen und bindet diese durch entsprechende Analysewerkzeuge auf der einen Seite und durch automatische Synthese der Fertigungsdaten auf der anderen Seite an die unterste Ebene an. Man erreicht also die Korrektheit eines Entwurf durch korrekte Spezifikation auf einer abstrakteren, einfacher zu durchschauenden Ebene und automatische Umsetzung dieser Spezifikation in Fertigungsdaten (*correctness by construction*). Dabei müssen natürlich Abstriche beim Einfluß auf die generierten Fertigungsdaten und damit auf die Performanz des generierten Schaltkreises in Kauf genommen werden.

Damit sind wir auch schon beim nächsten Kostenpunkt, nämlich dem der Performanz. Zählten beim klassischen Schaltungsentwurf hierbei die Anzahl der Gatter und die Laufzeit, die im wesentlichen durch die Tiefe bzw. Stufenzahl des Schaltkreises charakterisiert wird, so sind diese Maße für integrierte Schaltkreise stark verändert. Der *Materialaufwand* besteht hier nicht nur aus der Anzahl der Gatter, sondern aus der durch das Layout belegten Fläche, die ein Maß für die Ausbeute bei der Fertigung [MC80], d.h. die Anzahl der funktionsfähigen Chips in einer Fertigungscharge, und auch für die Realisierbarkeit als Chip ist. Dabei wird die Fläche wesentlich durch den Verdrahtungsaufwand bestimmt, der gegenüber den aktiven Teilen nicht mehr vernachlässigbar ist. Es bleibt daneben nach wie vor der Geschwindigkeitsaspekt. Hier kommen vor allem strengere parasitäre Effekte von Leitungen im Vergleich zum diskreten Aufbau von Schaltungen hinzu. Aber auch andere Aspekte, wie der der Prüfbarkeit, verschärfen die Rahmenbedingungen für einen Entwurf, da einem enormen Angebot an integrierter Logik im wesentlichen nur eine verhältnismäßig geringe Anzahl von äußeren Anschlüssen zur Überprüfung der Funktiontüchtigkeit gegenübersteht.

3.2   Ein Netzkalkül für integrierte Schaltungen

In diesem Abschnitt wollen wir eine Abstraktionsebene betrachten, die uns in dem gesamten Kapitel als einfaches Modell für VLSI-Schaltkreise dient. Dies befreit uns von technologischen Details und läßt uns systematisches Vorgehen auf einer hohen Ebene beispielhaft darlegen. Jedoch bedeutet eine vereinfachte Sicht immer einen gewissen Verlust an Information. Das heißt aber auch, daß wir auf bestimmte Aspekte nicht eingehen können. Wie gravierend dies ist, soll bei der Erläuterung dieser Betrachtungsebene erklärt werden.

Der Entwurf eines VLSI-Schaltkreises ohne vereinfachende Abstraktionen ist wie
schon erwähnt kaum möglich. Man ist hier viele Wege gegangen, wobei sich die
vorgenommenen Vereinfachungen stets sowohl auf die Layoutgeometrie, als auch
auf Verhaltensmodelle bezogen. Wir möchten zunächst zwei sehr wesentliche
Abstraktionsebenen schildern.

Eine Möglichkeit von der schwerfälligen, mit vielen Details behafteten Maskengeometrie wegzukommen, ist es, mit Layoutskizzen zu arbeiten. Dies setzt
die Kenntnis des Fertigungsprozeßes im Detail voraus, erleichtert aber die Eingabe der Layoutgeometrie, die nur skizziert und durch entsprechende CAD-
Programme vervollständigt wird. Die einfachste Form wäre etwa folgendes Vorgehen: Man verfügt über Grundelemente wie gewisse Transistortypen, deren Ka-
nalweite einstellbar ist, sowie Kontakte und skizziert Verbindungen dazwischen
durch Leitungen gewisser Breiten, deren Länge man nicht genau angibt. Die
Aufgabe eines CAD-Programmes wäre es dann, die Länge dieser Leitungen so zu
bestimmen, daß ein legales (geometrischen Entwurfsregeln konformes) Layout,
falls dieses existiert, mit möglichst geringem Flächenaufwand entsteht (Legali-
sierung, Kompaktierung [LM84]). Hier ist der Entwerfer voll verantwortlich für
die Dimensionierung und den Aufbau der Schaltung auf Transistorebene. Er hat
damit viel Freiheit bei der schaltungstechnischen Realisierung, muß jedoch, um
die Korrektheit seines Entwurfs gewährleisten zu können, nicht nur tiefe Kenntnisse über die benutzte Technologie besitzen, sondern auch entsprechend viel
Aufwand bei der Analyse betreiben.

Die Technologie kann aber auch einem breiteren Publikum zugänglich gemacht
werden, wenn Spezialisten den Entwurf und die Analyse von mächtigeren Basiszellen übernehmen und die Plazierung und Verdrahtung dieser Zellen untereinander automatisch von entsprechenden Programmen durchgeführt wird [HNS86].
Man stellt hier dem Designer eine Bibliothek von Basiszellen, deren Schaltzeiten, Logikfunktion, Leistungsaufnahme, Platzbedarf etc. ermittelt wurden, zur
Verfügung und ermöglicht die Analyse auf einer einfacheren, ungenaueren Ver-
haltensebene. (Siehe dazu auch Kapitel 2.) Hier hat der Entwerfer eine sehr
einfache Sicht, kann aber auf viele Punkte nur wenig Einfluß nehmen.

Wir werden nun eine Betrachtungsebene einführen, die zwischen diesen beiden
Ansätzen liegt, und von der Konzeption her in beide Richtungen Spielraum läßt.
Wichtig erschien es uns, auf die Definition der Leitungsführung bei komplexen
Schaltungen einzugehen und damit Verdrahtungsfläche im gewissen Sinne kon-
trollierbar zu machen, da diese zum einen in vielen Fällen analysierbar bleiben
soll und zum anderen bei automatischer Generierung meist nicht ausreichend
klein gehalten werden kann. Unwichtig zur Verdeutlichung systematischen Vorgehens erschien uns hingegen eine Diskussion der Einbettung der Leitungen in
verschiedene Schichten, die prozeß- und aufgabenabhängige Wahl der Leiterbreiten, ihre effektive Länge und ihr genauer Einfluß etwa auf Signallaufzeiten. Auf
einige dieser Punkte ließen sich Erweiterungen vornehmen, andere können nur

durch entsprechende CAD-Verfahren optimiert und ermittelt werden, die zum
Teil noch Gegenstand der aktuellen CAD-Forschung sind. Bei den Basiszellen
wollen wir uns vom Konzept her auf vorgefertigte Zellen einer bestimmten Anschlußbelegung und eines festen Logikverhaltens zurückziehen. Dies bedeutet
konzeptionell eine gewisse Einschränkung in der Schaltungstechnik, was aber in
den behandelten Beispielen nicht wesentlich zum Tragen kommt. Würde man diesen Zugang in einem Entwurfsprojekt benutzen, so hinge es stark von der CAD-
Umgebung ab, ob eine solche Abstraktionssicht tatsächlich eine Einschränkung
bedeutet. Dies ist sie sicher nicht, wenn man nicht sklavisch an einen festen
Zellenkatalog gebunden ist, sondern gegebenenfalls bestimmte Bausteine auch
selbst entwerfen kann.

Wir wollen die Betrachtungsebene nun genauer definieren. Man abstrahiere dazu
von einem integrierten Schaltkreis in folgender Weise: Der Schaltkreis sei in einem Rechteck R ausgelegt, auf dessen Rand die äußeren Anschlüsse liegen. Darin
befinden sich rechteckige Basiszellen, denen Namen zugeordnet sind. Dies seien
Layoutteile, die digitale Schaltkreiskomponenten wie Gatter und Flipflops realisieren. Die Anschlüsse dieser Zellen liegen an ihren vier Seiten, die wir im
folgenden auch als nördliche, östliche, südliche und westliche Seite bezeichnen.
Dabei seien die Anschlüsse jeweils exakt einer Seite zugeordnet (kein Anschluß
liegt auf einer Ecke des Rechtecks). Im allgemeinen gibt es mehrere Vorkommen
derselben Zelle, die auch nicht immer die gleiche Lage haben müssen. So kann ein
Zellvorkommen ein um neunzig Grad gedrehtes Exemplar einer Zelle sein. In diesem Falle ist die nördliche Seite nicht mehr nach *Norden* ausgerichtet. Man denke
sich die Seiten vielmehr durch eine Abmachung als nördlich, östlich, südlich und
westlich beschriftet. Zwischen diesen Basiszellen als Layoutkomponenten verlaufen Leitungen gewisser Breiten, die in mehreren Verdrahtungsschichten geführt
werden. Wir projizieren nun die einzelnen Verdrahtungsebenen in die Ebene
und erhalten, sofern Leitungen nicht übereinander laufen dürfen, zusätzlich zu
Verzweigungen und offenen Enden auch Kreuzungen von Leitungen. Diese cha-
rakteristischen Punkte der Verdrahtung betrachten wir ebenfalls als Zellen (*Verdrahtungsbausteine*), wenn wir diese auch nicht explizit durch Rechtecke darstellen. Man vergesse nun das Innere der Zellvorkommen sowie die Ausdehnungen
und Materialien der Leitungen. Wir erhalten so einen endlichen ebenen Strek-
kenkomplex, in dem jede Verbindungssleitung zwischen zwei Anschlußpunkten
durch einen endlichen, einfachen Polygonzug gegeben ist. Da ja Kreuzungen von
Leitungen als Zellvorkommen aufgefaßt werden, verlaufen diese Polygonzüge, die
wir im folgenden auch kurz *Strecken* nennen, untereinander kreuzungsfrei. (Im
allgemeinen, wenn dies auch in einem vernünftigen Entwurf nicht vorkommt,
kann es noch Leitungen geben, die keine Anschlußpunkte verbinden. Diese sind
durch geschlossene Polygonzüge gegeben.) Abbildung 3.1 illustriert ein solches,
abstraktes Gebilde, das wir *logisch-topographisches Netz* nennen.

Seien N_1 und N_2 logisch-topographische Netze. Man kann sich nun leicht zwei

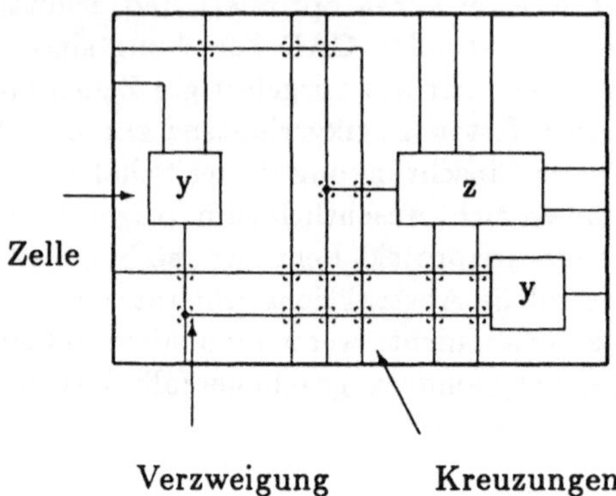

Abbildung 3.1: *Ein logisch-topographisches Netz*

einfache Operationen vorstellen, nämlich das Übereinandersetzen bzw. Nebeneinandersetzen von N_1 und N_2, was genau dann definiert sei, wenn die südliche Seite von N_1 auf die nördliche Seite von N_2 bzw. die östliche Seite von N_1 geometrisch genau auf die westliche Seite von N_2 paßt[1]. Das Resultat sei dann das Netz, das entsteht, indem man die entsprechenden Seiten aufeinander legt, die Anschlußpunkte identifiziert, und die beiden Seiten mit Ausnahme der Anschlußpunkte löscht. Abbildung 3.2 soll dies verdeutlichen. Man erkennt sofort den Vorteil dieser einfachen Operation: Größere Schaltkreise können systematisch aus Teilen zusammengesetzt werden, wobei man für die Teile ihr Inneres nicht genau kennen muß, sondern lediglich ihre *Schnittstelle* nach außen, d.h. die geometrische Ausdehnung und Anschlußanordnung der Ränder und deren funktionale Abhängigkeit.

Ausgehend von einer Menge von Grundbausteinen und unter Benutzung von Verdrahtungsbausteinen (Kreuzungen, Verzweigungen etc.), sowie Netzen, bestehend aus Leitungsstücken gewisser Länge oder einfachem Leerraum, könnte man nun logisch-topographische Netze durch Zusammensetzen konstruieren. Ein Nachteil dieser Vorgehensweise wäre allerdings, daß man sehr genau über die Topographie des zu konstruierenden Netzes nachdenken muß, ohne - wegen der oben geschilderten Abstraktion - eine genaue Beschreibung des Layouts eines integrierten Schaltkreises erzeugt zu haben. Zwar ist auch ein Kalkül mit diesen Zusammensetzungsoperationen direkt auf Layoutebene, d.h. ohne die schon vorgenommene Abstraktion, möglich; hier müßte man aber nicht nur exzessiv über die Geometrie des Layouts nachdenken, sondern darüber hinaus auch die Entwurfsregeln des darunterliegenden Prozesses genauestens berücksichtigen. Stellt

---

[1]geometrisch passen heißt, daß die Seiten gleiche Länge haben und die Lage der Anschlüsse darauf jeweils exakt übereinstimmt

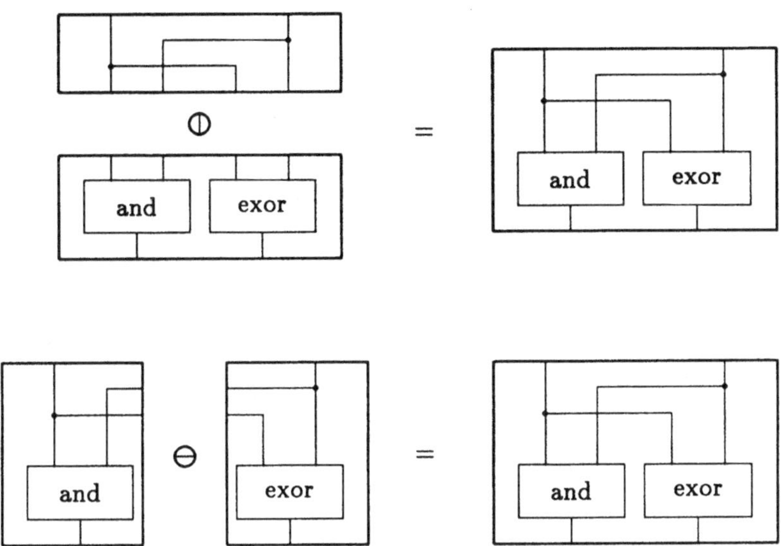

Abbildung 3.2: *Verknüpfung von Netzen*

man sich ferner die Frage, ob man alle Layouts durch einen derartigen Zusammenbau von Basisblöcken erzeugen kann, so findet sich nach kurzer Überlegung die Situation in Abbildung 3.3 (b). Nicht für alle Systeme (unzerlegbarer) Basisblöcke lassen sich also alle damit realisierbaren Layouts durch Neben- bzw. Übereinandersetzen als Grundoperation erzeugen. Abbildung 3.3 (a) zeigt ein sehr ähnliches Gebilde, das sich zerschneiden läßt. Dies legt die Vermutung nahe, daß man, betrachtet man derart ähnliche Netze als gleichwertig, alle aus Basiszellen realisierbaren Layouts über diesen einfachen Operationen definieren kann.

Wir gehen deshalb einen Schritt weiter und definieren zwei logisch-topographische Netze als *äquivalent*, wenn sie sich durch eine Folge elementarer Deformationen ineinander überführen lassen. Das bedeutet, daß wir von einem festen geometrischen Gebilde zu einer (unendlichen) Menge miteinander verwandter geometrischer Darstellungen übergehen. Diese Art der Abstraktion von der Geometrie erlaubt es, die oben angesprochenen Operationen unter sehr einfach zu kontrollierenden Bedingungen durchzuführen und dennoch die Menge der möglichen geometrischen Realisierungen bis auf Deformationen genau einzugrenzen. Elementare Deformationen sind dabei Deformationen der Verbindungsstrecken, Ähnlichkeitstransformationen, Verschieben, Drehen und Dehnen von Zellen, sowie das Verschieben eines Anschlusses auf einer Seite eines Rechteckes (Beispiele veranschaulicht Abbildung 3.4). Wichtig ist dabei, daß eine Deformation nur

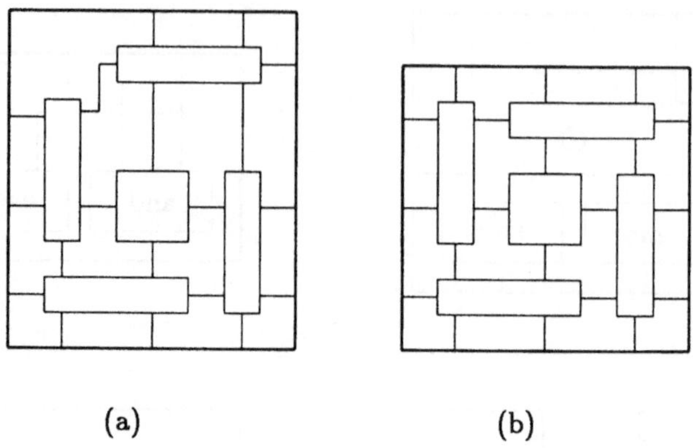

(a)   (b)

Abbildung 3.3: *Zerlegbare und unzerlegbare Netze*

dann angewandt werden darf, wenn dadurch keine Überlappungen bzw. zusätzliche Kreuzungen entstehen. Die so gegebene Äquivalenz definiert eine Klasseneinteilung auf den logisch-topographischen Netzen. Wir nennen eine solche Klasse, d.h. die Menge der möglichen geometrischen Darstellungen unter diesen Deformationen, ein *logisch-topologisches Netz* und ein Element dieser Klasse einen Repräsentanten. So zeigt Abbildung 3.5 verschiedene Repräsentanten des Netzes aus Abbildung 3.2.

Das Übereinandersetzen und Nebeneinandersetzen logisch-topologischer Netze erhält man nun, indem man zwei geeignete Repräsentanten, falls diese existieren,

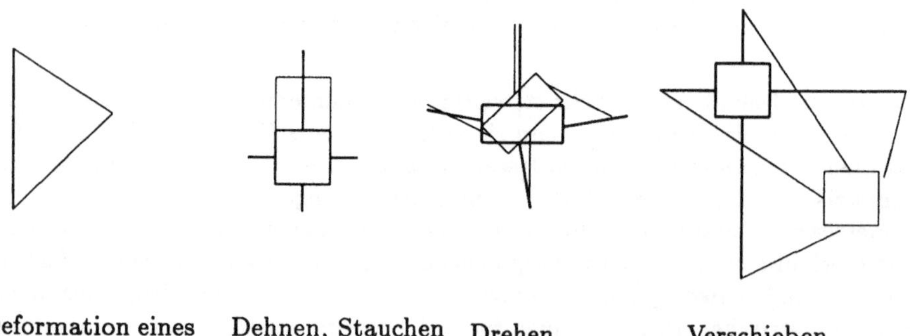

Abbildung 3.4: *Deformationen auf Netzen*

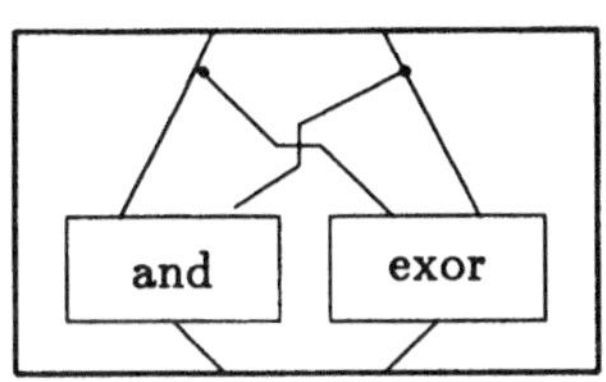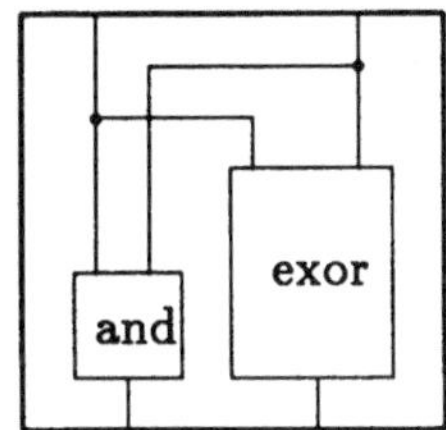

Abbildung 3.5: *Ineinander deformierbare Netze*

über- bzw. nebeneinander setzt und wieder die Klasse des Resultats betrachtet. Man überlegt sich, daß diese Operationen wohldefiniert und genau dann definiert sind, wenn die Anzahl der Anschlüsse auf den beteiligten Seiten übereinstimmt, was ein sehr einfaches Kriterium für die Verknüpfbarkeit der Schaltkreise liefert.

Unter diesen Operationen bilden die logisch-topologischen Netze eine Algebra. Bevor wir uns den Eigenschaften dieser Algebra zuwenden, wollen wir jedoch zunächst eine Erweiterung für die Beschreibung der Ränder betrachten. Wie oben bemerkt, genügt bei logisch-topologischen Netzen das Wissen über die Anzahl der Anschlüsse auf den Seiten, um zu entscheiden, ob man sie zusammensetzen darf. In vielen Fällen möchte man jedoch mehr kontrollieren, wie etwa ob Taktleitungen auf Taktleitungen gesetzt werden. Andererseits ist es häufig auch einfacher, ein ganzes Bündel von Leitungen zunächst durch eine einzige Verbindung (einen Bus) darzustellen. Hierdurch werden den so betrachteten *Leitungen* auch verschiedenartige Wertebereiche zugeordnet. Man kann dies in diesem Ansatz erfassen, wenn man den Anschlüssen und somit den Leitungen *Signaltypen* zuordnet, und anstelle der Anzahl der Leitungen auf einer Seite die Signaltypen abgelesen von links nach rechts (bzw. von oben nach unten) betrachtet.

Bezeichnungen

Sei A eine Menge von Grundbausteinen und O eine Menge von Signaltypen. Dann bezeichnen wir mit $Net(O, A)$ die Menge der logisch topologischen Netze über Grundbausteinen aus A und Signaltypen über O. Betrachten wir nur die Anzahl der Anschlüsse, so bezeichnen wir diese kurz mit $Net(A)$. $a \in A$ bezeichne dabei die zu dem Repräsentanten aus Abbildung 3.6 (g) gehörige Klasse, wobei die nördliche Seite von a nach Norden ausgerichtet ist. $\ulcorner$, ($\urcorner$, $\lrcorner$, $\llcorner$) bezeichne die Klasse zu dem Repräsentanten aus Abbildung 3.6 (c) ((d),(e),(f)). Der Einfachheit wegen notieren wir Grundbausteine, die Verdrahtung realisieren sollen, mit einem Symbol, das ihrer Funktion entspricht, wie z.B. $+$ für Kreuzung, $\perp$ für Verzweigung, $\downarrow$ für Abschneidung (offenes Ende im Süden). (Betrachtet man Signaltypen, so benötigt man eigentlich verschiedene Verdrahtungsbau-

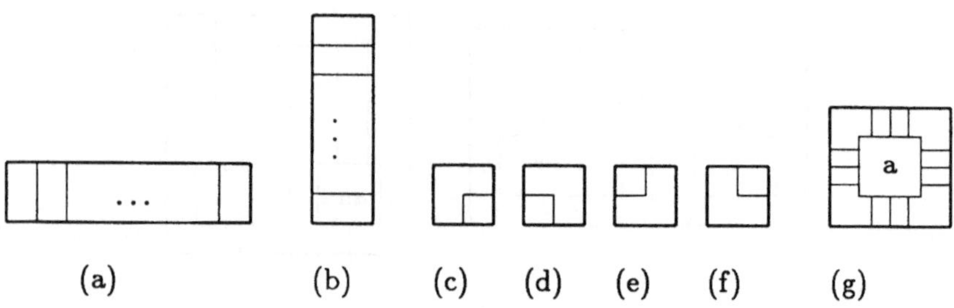

(a)   (b)   (c)   (d)   (e)   (f)   (g)

Abbildung 3.6: *Einige elementare Netze*

steine für verschiedene Signaltypen. Dies kann durch Indizierung der Bezeichner
explizit ausgedrückt werden. Ergibt sich aber aus dem Zusammenhang, welche
Signaltypen gemeint sind, so unterlassen wir aus Bequemlichkeitsgründen diese
Unterscheidung.) Die Abbildungen

$$N, S, W, E : Net(O, A) \longrightarrow O^* \text{ bzw. } Net(A) \longrightarrow \mathbf{N_0}$$

geben die Signaltypen[2] der nördlichen, südlichen, westlichen, östlichen Seite von
links nach rechts bzw. oben nach unten gelesen, bzw. die Anzahl der Anschlüsse
auf der entsprechenden Seite des äußeren Rechteckes R an. O^* bezeichnet dabei
das freie Monoid über O, d.h. die Menge der Folgen (Strings) über O.

$Net(O, A)$ bildet unter den Zusammensetzungsoperationen $\ominus$ und $\oplus$ eine Algebra. Bewahrheitet sich die oben geäußerte Vermutung, daß sich alle aus Bausteinen aus A realisierbaren logisch topologischen Netze durch diese Operationen
ausgehend von Grundbausteinen aus A beschreiben lassen, so bedeutet dies, daß
man jedes Netz als *algebraischen Ausdruck* über A mit den Operationen $\ominus$ und
$\oplus$ schreiben kann. Damit hätten wir einen Kalkül, der für die eingangs beschriebene Abstraktionsebene voll ausreicht. Es stellt sich dann aber die Frage nach
den Rechenregeln dieses Kalküls, d.h. wie und ob man den oben eingeführten
Deformationsbegriff exakt durch Rechenregeln auf Ausdrücken charakterisieren
kann. In [Mol88a,Mol86] wurde diese Frage untersucht und die Grundlagen zu
diesem Kalkül gelegt, der seine Wurzeln in [Hot65,Hot74] hat. Dort wird gezeigt, daß unsere Vermutung stimmt, (wenn man elementare Netze wie die Leitungsbündel und Biegungen aus Abbildung 3.6 (a) bis (f) hinzunimmt,) und es
wird ein Satz Rechenregeln angegeben (die Axiome des Kalküls), mit denen man
zwei Ausdrücke genau dann ineinander überführen kann, wenn sie zwei ineinander
deformierbare Netze beschreiben. Wir werden im folgenden diese Rechenregeln
vorstellen und kommentieren. Sie sind in vielen Fällen leicht einzusehen. Ein

---

[2]Die Verwendung der natürlichen Zahlen mit 0 ist dabei eine vereinfachte Schreibweise für
den Fall, daß nur ein Signaltyp t vorkommt, da $(\mathbf{N_0}, +) \cong (\{t\}^*, \cdot)$.

strenger Beweis obiger Aussagen ist jedoch aufwendig. Wir verweisen hierzu den interessierten Leser auf [Mol88a,Mol86].

Man beobachtet zunächst, daß es Netze gibt, die sich bei unseren Operationen neutral verhalten (s. Abbildung 3.6 (a) und (b)). Dies sind einfache horizontale oder vertikale Leitungsbündel. Wir bezeichen sie mit $1_a^{\ominus}$ und $1_a^{\oplus}$ wobei a die Folge der Signaltypen dieser Leitungen, gelesen von oben nach unten (links nach rechts), oder einfach deren Anzahl ist. Ferner ist leicht einzusehen, daß die Operationen $\oplus$ und $\ominus$ jeweils assoziativ sind. Demnach bilden die Netze unter beiden Operationen eine algebraische Struktur, die in der Mathematik als *Kategorie* bekannt ist [Ehr65].

Definition 3.2.1 *Seien O, M Mengen, $Q, Z : M \longrightarrow O$ zwei Abbildungen und $\circ : M \times M \to M$ eine partielle Verknüpfung.*

Dann heißt $K = (O, M, Q, Z, \circ)$ eine Kategorie, wenn

(K_1) $\forall f, g \in M : f \circ g$ *genau dann definiert ist, wenn* $Z(f) = Q(g)$

(K_2) $\forall f, g \in M$ *mit* $Z(f) = Q(g) : Q(f \circ g) = Q(f)$ *und* $Z(f \circ g) = Z(g)$

(K_3) $\forall f, g, h \in M : f \circ (g \circ h) = (f \circ g) \circ h$, *wenn die Ausdrücke definiert sind.*

(K_4) $\forall w \in O \; \exists 1_w^{\circ} \in M \; \forall f, g \in M$ *mit* $Q(f) = w, Z(g) = w :$

$$1_w^{\circ} \circ f = f, \; g \circ 1_w^{\circ} = g$$

O heißt Objektmenge und M heißt Morphismenmenge von K.

Andere Beispiele für Kategorien sind etwa Abbildungen unter Hintereinanderausführung (hier sind Q, Z die Quelle und das Ziel der Abbildungen) oder Wege in einem Graphen (hier sind Q, Z Anfangs- und Endpunkt von Kanten). Für unseren Netzkalkül gilt also

(B_1) $(O^*, Net(O, A), N, S, \oplus)$ ist eine Kategorie

(B_2) $(O^*, Net(O, A), W, E, \ominus)$ ist eine Kategorie,

da die Bedingung, wann eine Operation definiert ist, durch Vergleich zweier Folgen von Signaltypen gegeben ist.

Man prüft auch leicht die folgenden Rechenregeln für die Zusammensetzung der Ränder nach:

(B_3) $\forall F, G \in Net(O, A)$ mit $S(F) = N(G)$ gilt:
$E(F \oplus G) = E(F) \cdot E(G), W(F \oplus G) = W(F) \cdot W(G)$

(B_4) $\forall F, G \in Net(O, A)$ mit $E(F) = W(G)$ gilt:
$N(F \ominus G) = N(F) \cdot N(G), S(F \ominus G) = S(F) \cdot S(G)$

Setzt man die Einheiten bezüglich $\ominus$ nebeneinander bzw. Einheiten bzgl. $\oplus$ übereinander, so erhält man breitere Leitungsbündel. Dies wird beschrieben durch

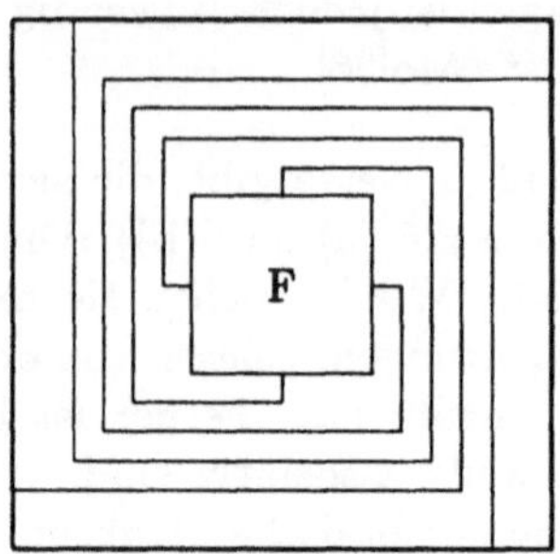

Abbildung 3.7: *Drehung eines Netzes*

$$(B_5) \quad \forall v, w \in O^* \text{ gilt: } 1_v^{\ominus} \ominus 1_w^{\ominus} = 1_{v \cdot w}^{\ominus}, \quad 1_v^{\ominus} \oplus 1_w^{\ominus} = 1_{v \cdot w}^{\ominus}$$

Die folgende Regel beschreibt den Zusammenhang zwischen beiden Operationen, wenn verschiedene Zusammensetzungen möglich sind. (Man verdeutlicht sich auch dies leicht auf einem Blatt Papier.)

(B_6) Für alle Netze $F_1, F_2, G_1, G_2 \in Net(O, A)$ mit $S(F_i) = N(G_i)(i = 1, 2)$ und $E(F_1) = W(F_2), E(G_1) = W(G_2)$ gilt:

$$(F_1 \ominus F_2) \oplus (G_1 \ominus G_2) = (F_1 \oplus G_1) \ominus (F_2 \oplus G_2)$$

Wir nennen (B_6) auch *Distributivgesetz*. Die nun folgenden Regeln entspringen direkt den Deformationen. So kann man etwa einen Repräsentanten von $1_a^{\ominus}$ ($1_a^{\ominus}$), d.h. einer einfachen Leitung vom Typ a so deformieren und dann zerlegen, daß jeweils Repräsentanten für zwei Biegungen vom Typ a $\llcorner_a, \urcorner_a$ bzw. $\ulcorner_a, \lrcorner_a$ entstehen.

(B_7) $\forall a \in O \exists \urcorner_a, \ulcorner_a, \lrcorner_a, \llcorner_a \in Net(O, A):$
$$\begin{aligned} \llcorner_a \ominus \urcorner_a &= 1_a^{\ominus} = \ulcorner_a \ominus \lrcorner_a \\ \urcorner_a \oplus \llcorner_a &= 1_a^{\ominus} = \ulcorner_a \oplus \lrcorner_a \end{aligned}$$

Die letzte Rechenregel, die noch nötig ist, um die Netze unter den Deformationen eindeutig algebraisch zu charakterisieren, ist die Drehung einer Zelle um 360° wie in Abbildung 3.7 angedeutet. Dies läßt sich etwas aufwendig auch algebraisch schreiben durch

$(B_8)\quad \forall F \in Net(O, A)$ gilt:

$$\left(1^{\oplus}_{N(F)} \ominus {\ulcorner}_{E(F)}\right)$$
$$\oplus \left(1^{\oplus}_{N(F)\cdot E(F)} \ominus {\ulcorner}_{S(F)^{rev}\cdot W(F)^{rev}\cdot N(F)} \ominus {\urcorner}_{N(F)^{rev}\cdot W(F)\cdot S(F)}\right)$$
$$\oplus \left(1^{\oplus}_{N(F)\cdot E(F)\cdot S(F)^{rev}} \ominus {\llcorner}_{W(F)^{rev}} \ominus F \ominus {\urcorner}_{E(F)^{rev}} \ominus 1^{\oplus}_{N(F)^{rev}\cdot W(F)\cdot S(F)}\right)$$
$$\oplus \left({\llcorner}_{N(F)\cdot E(F)\cdot S(F)^{rev}} \ominus {\lrcorner}_{S(F)\cdot E(F)^{rev}\cdot N(F)^{rev}} \ominus 1^{\oplus}_{W(F)\cdot S(F)}\right)$$
$$\oplus \left({\lrcorner}_{W(F)} \ominus 1^{\oplus}_{S(F)}\right) = F$$

Hierbei sei: Für $w_1, \ldots, w_n \in O$: $(w_1 \cdots w_n)^{rev} := w_n \cdots w_1$ sowie $\varepsilon^{rev} := \varepsilon$ die gespiegelte Folge. (ε bezeichne im weiteren die Einheit in O^* (die leere Folge)) Für $a \in O, v \in O^*$ sei eine Biegung eines Leitungsbündels der Typen $a \cdot v$ jeweils induktiv definiert durch

$$
\begin{aligned}
{\ulcorner}_{\varepsilon} &:= 1^{\oplus}_{\varepsilon}, & {\ulcorner}_{a\cdot v} &:= {\ulcorner}_{a} \oplus \left(1^{\oplus}_{a} \ominus {\ulcorner}_{v}\right) \\
{\urcorner}_{\varepsilon} &:= 1^{\oplus}_{\varepsilon}, & {\urcorner}_{a\cdot v} &:= {\urcorner}_{v} \oplus \left({\urcorner}_{a} \ominus 1^{\oplus}_{v}\right) \\
{\llcorner}_{\varepsilon} &:= 1^{\oplus}_{\varepsilon}, & {\llcorner}_{a\cdot v} &:= \left(1^{\oplus}_{a} \ominus {\llcorner}_{v}\right) \oplus {\llcorner}_{a} \\
{\lrcorner}_{\varepsilon} &:= 1^{\oplus}_{\varepsilon}, & {\lrcorner}_{a\cdot v} &:= \left({\lrcorner}_{a} \ominus 1^{\oplus}_{v}\right) \oplus {\lrcorner}_{v}
\end{aligned}
$$

Wir nennen eine Algebra, die diesen Rechenregeln genügt, eine *Bikategorie*, weil sie in zwei Operationen eine Kategorie bildet. Unser Netzkalkül ist eine spezielle Form dieser Algebra, da er *genau* diese Rechenregeln erfüllt, also eine "freie" Algebra.

Wir haben nun einen Kalkül, mittels dem man auf einer mehr oder weniger abstrakten Ebene Schaltkreise durch arithmetische Ausdrücke definieren kann, und dessen elementare Rechenregeln wir kennen. Man kann dies vergleichen mit der booleschen Algebra als Kalkül zur Definition von Schaltkreisen. Es kommt jedoch mehr hinzu als nur die Definition der Logik. Durch die Hinzunahme von Verdrahtungsbausteinen läßt sich die Leitungsführung in stark idealisierter Form beschreiben und die Menge der möglichen geometrischen Realisierungen bis auf Deformationen genau erfassen. Wieweit die Anzahl der benutzten Verdrahtungsbausteine als Maß für den Aufwand an Verdrahtungsfläche bei der Umsetzung in ein wirkliches Layout dienen kann, hängt von der Art der Umsetzung ab. Erlaubt man Leitungen nicht beliebig lange Überlappungen, so ist die Zahl der Kreuzungen zumindest eine untere Schranke für den Flächenaufwand. In dem Entwurfssystem CADIC, das Layouts aus Spezifikationen in diesem Kalkül erzeugt [BHKM86,BHK*87a,BHK*87b], hängt der Flächenaufwand zur Zeit auch stark von der Struktur des arithmetischen Ausdrucks ab und läßt sich darüber kontrollieren. Zusammenfassend kann man aber festhalten, daß durch diesen Kalkül ein Modell für einen integrierten Schaltkreis vorliegt, das abstrakt genug ist, systematisches Vorgehen beim Entwurf komplexer Schaltungen losgelöst von erschwerenden technischen Details zu studieren, aber doch so konkret bleibt, daß die bei integrierten Schaltungen hinzukommenden Kostenfragen, insbesondere die Verdrahtungsprobleme, dabei in einer angemessenen Form zutage treten.

Die Rechenregel (B_8) läßt schon ahnen, daß diese Ausdrücke im allgemeinen nicht immer gut lesbar und leicht zu erstellen sind. Ein Bild, d.h. eine graphische Darstellung, sagt da vielmehr, wenn auch zur Archivierung und Bearbeitung im Rechner Ausdrücke oft angenehmere Eigenschaften haben als Bilder. Wir werden an Stellen, wo Ausdrücke unübersichtlich und unleserlich werden, stets stattdessen Bilder zeigen. (In dem oben erwähnten System, das auf diesem Kalkül basiert, findet sich eine graphische Benutzerschnittstelle, die aus graphischen Eingaben automatisch Ausdrücke zur internen Bearbeitung extrahiert [Bur88].)

Ist ein Schaltkreis sehr groß, d.h. besteht er aus zehn- oder gar hunderttausend Gattern, so wird man ihn kaum in seiner vollen Pracht fehlerfrei zeichnen oder durch einen gigantischen Ausdruck spezifizieren können. Hier braucht man Methoden, kürzere Beschreibungen anzugeben, aus denen möglichst leicht der Schaltkreis selbst gewonnen werden kann. Eine Methode, die Übersicht zu wahren, leitet sich daraus ab, daß man sich zunächst einen Schaltkreis aus sehr mächtigen, komplexen Komponenten überlegt und diese Komponenten für sich entwickelt, wobei dort dieselbe Strategie angewandt wird, bis man die Teilaufgabe sehr einfach direkt über Grundelementen lösen kann. Diese Technik der Aufgliederung ist als *topdown Entwurf, hierarchisches Vorgehen, schrittweises Verfeinern* usw. bekannt. Sie hat viele Namen, weil sie in allen Gebieten genutzt wird, in denen komplexe Dinge entwickelt oder beherrscht werden müssen, und ist daher auch beim VLSI-Schaltungsentwurf die naheliegendste und natürlichste. Ist man dabei zudem bestrebt, das Ganze durch vielfache Verwendung von möglichst wenigen verschiedenen Teilaufgaben zusammenzusetzen, so erhält man auch eine einigermaßen kurze, leicht übersehbare Beschreibung.

Übertragen in unseren Kalkül bedeutet dies folgendes: Man definiert zunächst Netze über komplexen Bausteinen, definiert dann Netze für diese Bausteine, die selbst wieder komplexere Bausteine benutzen, und tut dies solange, bis man alle Teile über Grundbausteinen definiert hat. Die folgende Definition für das noch sehr einfache Bespiel der Realisierung eines Volladdierers verdeutlicht dies:

Wir definieren den Volladdierer zunächst mittels zweier Halbaddierer und eines Oder-Gatters.

$$\mathrm{VA} = (\mathrm{HA} \ominus 1_1^{\varphi}) \oplus (1_1^{\varphi} \ominus \mathrm{HA}) \oplus (\mathrm{or} \ominus 1_1^{\varphi})$$

Das Oder-Gatter sei schon ein Grundbaustein, die Halbaddierer nicht. Wir realisieren diese über Und- und Exklusiv-Oder-Gattern.

$$\mathrm{HA} = (1_1^{\varphi} \ominus \ulcorner \ominus \dashv) \oplus (\vdash \ominus + \ominus \neg \ominus 1_1^{\varphi}) \oplus (\mathrm{and} \ominus \mathrm{exor})$$

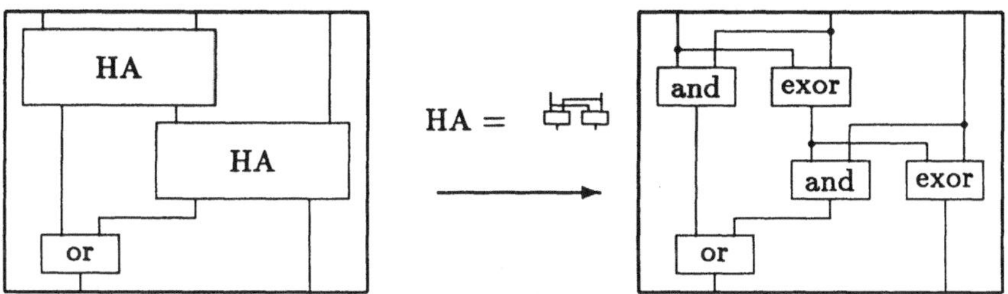

Abbildung 3.8: *Verfeinerung von Netzen*

Abbildung 3.8 verdeutlicht diese Definitionen.

Man sieht, daß diese Vorgehensweise der Definition einer Einsetzungs- oder Verfeinerungsvorschrift in unserem Kalkül entspricht, die aus dem Ersetzen von Bausteinen durch Netze gegeben ist. Dies ist, algebraisch gesehen, eine strukturerhaltende Abbildung in unserem Kalkül. (Sie wird auch *Funktor* genannt. Eine exakte Definition und allgemeinere Betrachtungen dazu finden sich in [Mol88a].) Man kann sie als Einsetzungsvorschrift bzw. Grammatik auf Ausdrücken ansehen, oder als geometrischen bzw. graphischen Ersetzungsvorgang. Es ist sogesehen auch ein einfacher Beschreibungsvorgang durch eine Art Graphgrammatik, deren Definition dank des Kalküls sehr einfach ist. Es handelt sich darüberhinaus um einen Ansatz, der nicht nur das Ersetzen von Bausteinen (Knoten) durch Netze, sondern simultan dazu auch das Auffächern von Leitungen (Kanten) in mehrere Leitungen erlaubt (vergleiche dazu [HKM86,Len87]). Hierzu müssen lediglich neben Bausteinersetzungen auch damit verträgliche Verfeinerungsgleichungen für Signaltypen hinzugefügt werden.

Wir werden in den folgenden Abschnitten solche Verfeinerungen benutzen, um Layoutstruktur und Funktion von größeren Schaltungen zu beschreiben. Da man für das Problem, komplexe Systeme zu entwerfen, wohl keine befriedigende Universallösung angeben kann, werden wir uns dabei auf Beispiele beschränken, die verschiedene, weittragende Vorgehensweisen verdeutlichen.

3.3 Beispiel: Entwurf einer einfachen ALU

Wir wollen in diesem Abschnitt als Beispiel den Entwurf eines einfachen Rechenwerkes (arithmetical logical unit) für eine Auswahl arithmetischer und logischer Operationen betrachten. Die Spezifikation dieser Aufgabe wird durch Abbildung 3.9 verdeutlicht. Zu konstruieren sei ein Schaltkreis, der zwei Bitfolgen, die die Operanden der Operationen sind, und eine Kodierung der durchzuführenden Operation als Inputs erhält. Auszugeben sei das Resultat der Operation. Ope-

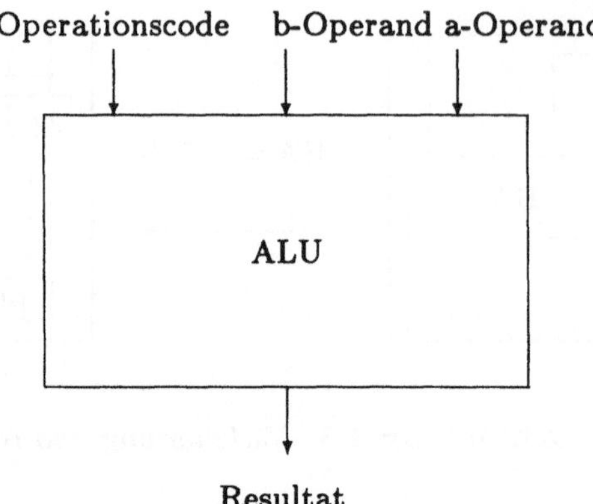

Abbildung 3.9: *Grobschaltbild der Alu*

randen a, b und Resultat r seien Bitvektoren der Länge 32 ($a_{31} \cdots a_0$, $b_{31} \cdots b_0$ und $r_{31} \cdots r_0$), der Operationscode sei gegeben durch 4 Bit $opcode := op_3 \cdots op_0$. Die folgenden Operationen sollen realisiert werden:

(0) *Addition:* Die Operanden werden aufgefaßt als Darstellung ganzer Zahlen im Zweierkomplement, d.h.

$$\tilde{a} := -a_{31}2^{31} + \sum_{i=0}^{30} a_i 2^i, \ \tilde{b} := -b_{31}2^{31} + \sum_{i=0}^{30} b_i 2^i$$

Das Ergebnis $\tilde{a} + \tilde{b} = \tilde{r}$ der Addition ist zu berechnen und als Zahl im Zweierkomplement auszugeben. Tritt ein Überlauf auf, so ist dies über eine bestimmte Leitung ov anzuzeigen, d.h. dem Resultat wird neben den 32 Datenleitungen auch noch eine Statusleitung zugerechnet. Im Falle eines Überlaufs sei $\tilde{r}$ beliebig. Der Operationscode sei $c(add) := 0000$.

(1) *Subtraktion:* Die Operanden werden wieder als Darstellung ganzer Zahlen im Zweierkomplement aufgefaßt. Das Ergebnis der Differenz $\tilde{a} - \tilde{b} = \tilde{r}$ ist zu berechnen und als Zahl im Zweierkomplement auszugeben. Die Überlaufbehandlung sei wie bei der Addition. Der Operationscode sei $c(sub) := 0001$.

(2) *Komponentenweises Und:* Berechne für $31 \geq i \geq 0$ den Wert $r_i = a_i b_i$. Der Operationscode sei $c(and) := 0010$.

(3) *Komponentenweises Oder:* Berechne für $31 \geq i \geq 0$ den Wert $r_i = a_i \vee b_i$. Der Operationscode sei $c(or) := 0011$.

(4) *Komponentenweises Exor:* Berechne für $31 \geq i \geq 0$ den Wert $r_i = a_i \oplus b_i$. (Die Operation $\oplus$ bedeute im folgenden stets das exklusive Oder bzw. die Addition modulo 2, was für binäre Werte dasselbe ist.) Der Operationscode sei $c(exor) := 0100$.

Ferner sollte die Einheit unäre Operationen auf dem a-Operand ausführen können. Diese seien

(5) *Inkrement:* Der a-Operand werde wieder als Zahl im Zweierkomplement aufgefaßt. Es ist $\tilde{r} = \tilde{a} + 1$ zu berechnen, falls kein Überlauf eintritt, ansonsten ist die Überlaufanzeige $ov = 1$ zu setzen. Der Operationscode sei $c(inc) := 0101$.

(6) *Dekrement:* Der a-Operand werde wieder als Zahl im Zweierkomplement aufgefaßt. Es ist $\tilde{r} = \tilde{a} - 1$ zu berechnen, falls kein Überlauf eintritt, ansonsten ist die Überlaufanzeige $ov = 1$ zu setzen. Der Operationscode sei $c(dec) := 0110$.

(7) *Einstelliges* $-$: Der a-Operand werde wieder als Zahl im Zweierkomplement aufgefaßt. Es ist $\tilde{r} = -\tilde{a}$ zu berechnen, falls kein Überlauf eintritt, ansonsten ist die Überlaufanzeige $ov = 1$ zu setzen. (Wegen des unsymmetrischen Zahlenbereichs kann ein Überlauf für $\tilde{a} = -2^{31}$ auftreten.) Der Operationscode sei $c(umin) := 0111$.

(8) *Komponentenweises Negieren:* Berechne für $31 \geq i \geq 0$ den Wert $r_i = \bar{a}_i$. Der Operationscode sei $c(not) := 1000$.

(9) *Linksshift:* Berechne für $31 \geq i \geq 1$ den Wert $r_i = a_{i-1}; r_0 = 0$. Der Operationscode sei $c(lshift) := 1001$.

(10) *zyklischer Linksshift:* Berechne für $31 \geq i \geq 1$ den Wert $r_i = a_{i-1}; r_0 = a_{31}$. Der Operationscode sei $c(clshift) := 1010$.

Wir belassen es bei diesen 11 Operationen, und versuchen nun, das Problem in Teilprobleme zu zergliedern. Naheliegend wäre es, zunächst jede Operation für sich zu realisieren. Sie hat als Eingang beide oder einen Operanden und liefert das Resultat als Ausgang. Aufgerufen werde eine Operation über eine Steuerleitung, die den Wert 1 hat, wenn sie durchgeführt werden soll. Die Operationen müssen später geometrisch zusammenmontiert werden, wozu Operanden- und Resultatsleitungen an allen Komponenten gebraucht werden. Es ist daher sinnvoll, Operanden und Resultate durch die Realisierung jeder Operation *hindurchzuleiten* (siehe Abbildung 3.10). Für die einzelnen, zu den Operationen gehörigen Schaltkreise sei dann folgendes Verhalten gefordert:

Führe die Operation durch, falls die Steuerleitung den Wert 1 hat, und schalte das Resultat auf die Resultatsleitung. Lasse den Wert auf der Resultatsleitung sonst unverändert.

Wir haben das Problem nun also in mehrere Teilaufgaben aufgespalten.
(i)   Realisiere jede Operation nach den obigen Bedingungen.
(ii) Realisiere einen Schaltkreis zur Berechnung der Steuersignale s_i für jede Operation i aus dem Operationscode $op_3 \cdots op_0$
(iii) Montiere alles zusammen.

Um alles möglichst einfach zusammenschalten zu können, wollen wir als Zusatzbedingung für die Operationen fordern, daß ihre Realisierung im Norden und

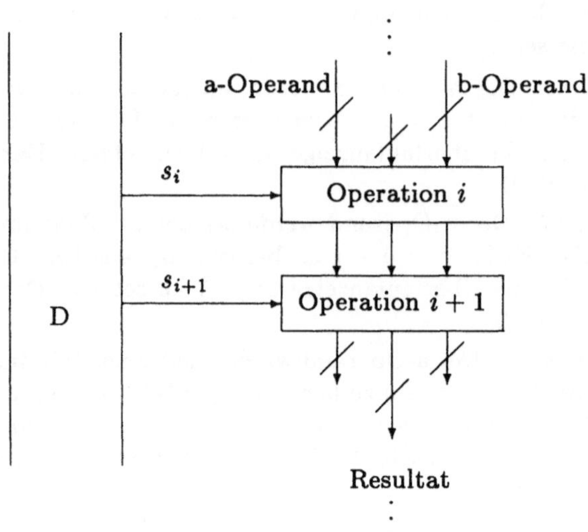

Abbildung 3.10: *Erste Aufgliederung der Alu*

Süden aufeinanderpassende Schnittstellen haben und im Westen die jeweiligen
Steuerleitungen s_i einlesen. Dann ergibt sich für Punkt (iii) die in Abbildung 3.10
skizzierte Anordnung. Wir nennen die aus dieser methodischen Zerlegung resultierenden Schaltkreise für die Operationen auch *Funktionsscheiben*, weil sie das
Scheibchen des Layouts, das für die jeweils entsprechende Funktion verantwortlich ist, darstellen. Ist Operation$_i$ die Funktionsscheibe zur Operation mit Operationscode $bin(i)$ (Binärkodierung von i), und löst man Punkt (ii) durch einen
Dekoder DEC, der die Steuerleitungen s_i mit aufsteigendem i von oben nach
unten als Ausgänge im Osten liefert, so ist (iii) gelöst durch

$$ALU := DEC \ominus (\bigoplus_{i=0}^{11} \text{Operation}_i).$$

Die einfachsten Funktionscheiben erhält man wohl für die logischen Operationen.
Hier muß jeweils nur komponentenweise die gleiche Verknüpfung ausgeführt werden. Man kann das Problem also in einer weiteren Dimension zerlegen, indem
man die Realisierung für ein Bit angibt, und die Funktionsscheibe durch 32-fache
Nebeneinanderreihung einer *Bitscheibe* erhält. Dazu müssen für jedes Bit zwei
Operanden- und eine Resultatsleitung von Norden nach Süden und die Auswahl-
leitung s_i von links nach rechts geführt werden. Das bedeutet also, daß die
Operanden- und Resultatsleitungen an der ALU bitweise ineinander verzahnt
anliegen. Abbildung 3.11 (a) zeigt die Bitscheibe für die Operation *and*. Man

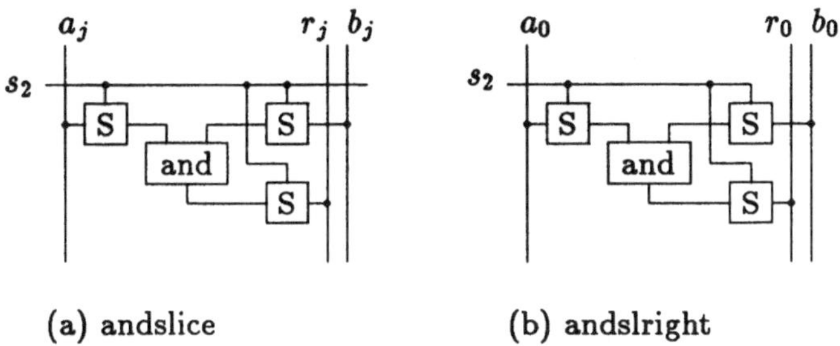

(a) andslice   (b) andslright

Abbildung 3.11: *Bitscheiben für die Operation 'and'*

erhält nun die Funktionsscheibe für diese Operation durch

$$\text{Operation}_2 := (\bigominus_{i=1}^{32} \text{andslice}) \ominus \multimap,$$

wobei $\multimap$ die durchgehende Steuerleitung s_2 kappt. Man kann dies auch erhalten indem man für das rechteste Bit eine spezielle Scheibe ohne Durchreichen der Steuerleitung einsetzt (s. Abbildung 3.11 (b)), was aber etwas mehr Arbeit bei der Erstellung der Bitscheiben erfordert. Der Ausdruck hierzu lautet

$$\text{Operation}_2 := (\bigominus_{i=1}^{31} \text{andslice}) \ominus \text{andslright}.$$

Die Korrektheit der Operation geht unmittelbar aus der Schaltung für eine Bitscheibe hervor, sofern der Baustein S, den wir in diesem Beispiel noch öfter nutzen, ein möglichst perfekter Schalter, gesteuert durch den nördlichen Anschluß, ist. So werden, falls $s_2 = 1$ ist, a_i und b_i jeweils abgegriffen, deren Konjunktion berechnet und auf die Resultatsleitung gebracht. Ist $s_2 = 0$, so verhält sich die Schaltung gegenüber den Operanden- und Resultatsleitungen neutral. Es ist eine einfache Übung, nun Schaltungen für die übrigen Logikoperationen durch Nebeneinanderreihung von Bitscheiben anzugeben. Wir gehen daher zu den Arithmetikfunktionen über.

Auch die Addition läßt sich auf einfache Weise durch eine bitweise Verknüpfung realisieren, wenn man die Darstellung der Summe sequentiell von der niederwertigsten zur höchstwertigsten Stelle hin berechnet. Hinzu kommen dann, neben der Steuerleitung, weitere horizontal verlaufende Signale, nämlich einlaufender und ausgehender Übertrag. Die Komponenten sind leicht durch Volladdierer zu realisieren mit Ausnahme der Komponenten für führendes und niederwertigstes Bit. Beim niederwertigsten Bit benötigt man, da kein einlaufender Übertrag zu berücksichtigen ist, nur einen Halbaddierer. Beim führenden Bit muß eine

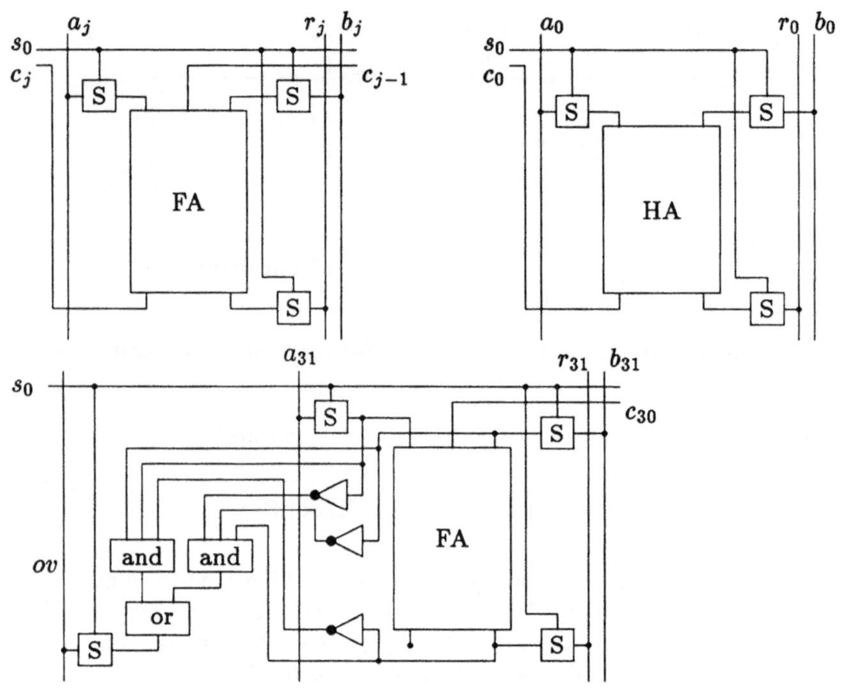

Abbildung 3.12: *Bitscheiben für die Addition*

Überlaufkontrolle vorgenommen werden. Man überlegt sich dazu leicht folgendes Kriterium: Das höchstwertigste Bit bestimmt im Zweierkomplement das Vorzeichen. Sind die Vorzeichen der Zahlen verschieden, so kann kein Überlauf auftreten. Im Falle gleichen Vorzeichens dient bei positiven Zahlen der Wert 1 der führenden Stelle als Überlaufanzeige, da dieser, da die Vorzeichenstellen 0 waren, dem Übertrag gleichkommt. Sind die Operanden negativ, so entsteht ein Überlauf genau dann, wenn die Vorzeichenstelle nach Addition nicht mehr den Wert 1 hat (vgl. [Hot89]). Ist sum_{31} der Summenausgang an der Vorzeichenstelle, so gilt also folgende Beziehung:

$$ov = (\bar{a}_{31}\,\bar{b}_{31}\,\mathrm{sum}_{31} \vee a_{31}\,b_{31}\,\overline{\mathrm{sum}}_{31})$$

Dies kann bei der Bitscheibe für die führende Stelle mitberücksichtigt werden. Abbildung 3.12 zeigt die benötigten Teile.

Die Überlaufsanzeige wird bei den logischen Verknüpfungen nicht benötigt. Es ist, um alle Funktionen leichter zusammenmontieren zu können, jedoch sinnvoll, diese in den Funktionsscheiben für logische Operationen zu berücksichtigen (etwa in der Bitscheibe für die linkeste Stelle).

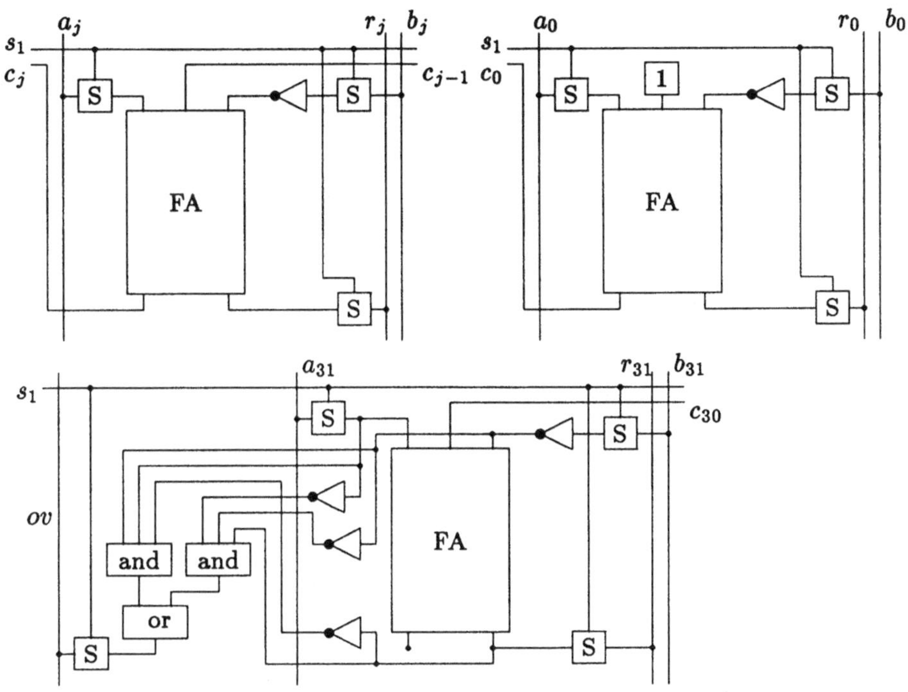

Abbildung 3.13: *Bitscheiben für die Subtraktion*

Die Subtraktion läßt sich auf die Addition zurückführen, indem zunächst das Vorzeichen des b-Operanden umgedreht wird. Dies geschieht im Zweierkomplement durch komponentenweises Negieren und einmaliges Inkrement. Eine Schaltung dafür läßt sich in jeder Bitscheibe für die Addition ergänzend unterbringen, wobei die Addition von 1 im niederwertigsten Bit etwa durch einen Volladdierer mit einem Eingang, der konstant auf 1 liegt, anstelle eines Halbaddierers gelöst werden kann. Bei der Überlaufbetrachtung gelten die gleichen Bedingungen wie bei der Addition jedoch für den invertierten b-Operand. Die Bitscheiben für die Subtraktion zeigt Abbildung 3.13.

Wir wollen uns nun den unären Operationen zuwenden. Für die Schnittstelle der Funktionsscheiben ergeben sich zwei Ansätze: Will man Funktionsscheiben für unäre Operationen beliebig mit Funktionsscheiben für binäre Operationen kombinieren können, so brauchen sie Anschlüsse für a- und b-Operand, obwohl nur ein Operand benutzt wird. In diesem Fall wird der b-Operand einfach nur durchgereicht. Eine andere Möglichkeit besteht darin, nur einen Operanden zu berücksichtigen und alle unären Operationen für sich zusammenzupacken. Unäre

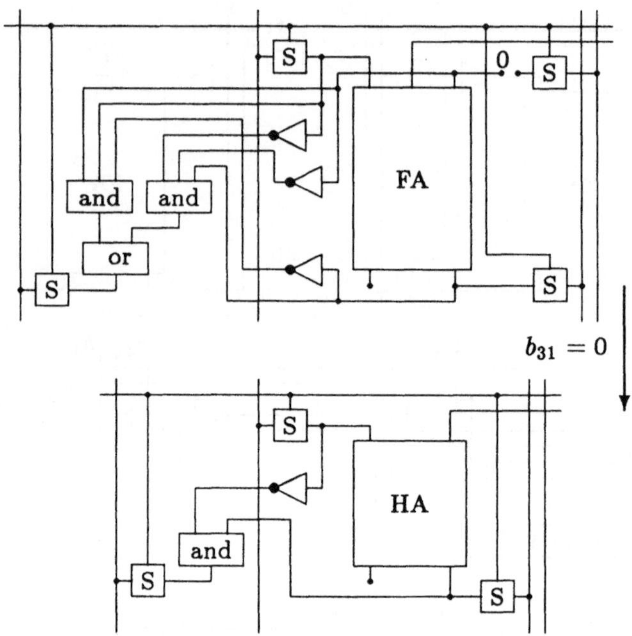

Abbildung 3.14: *"Abmagerung" einer Additionsbitscheibe zum Inkrementer*

und binäre Operationen werden dann durch Abschneiden des zweiten Operanden und Übereinandersetzen kombiniert. Wir betrachten hier den aufwendigeren, aber flexibleren, ersten Ansatz. Die Überlaufanzeige wird wegen Inkrement, Dekrement und einstelligem Minus benötigt und sollte somit in der linkesten Bitscheibe jeder Funktionscheibe mitgeführt werden. Wir wenden uns zunächst den arithmetischen Operationen zu.

Inkrement und Dekrement sind Spezialfälle der Addition bzw. Subtraktion. Schaltkreise dafür können auf einfache Weise durch "Abmagern" der Bitscheiben nach Einsetzen der entsprechenden Konstanten für die jeweilige Komponente b_i gewonnen werden, d.h. wir reichen den b-Operanden unbesehen durch und versorgen stattdessen den Additions- bzw. Subtraktionsschaltkreis mit den entsprechenden konstanten Werten. Dann optimieren wir Additions- und Subtraktionsschaltkreis für diese Bedingung. Das Ergebnis dieser Transformation für die linkeste Bitscheibe des Addierers zeigt Abbildung 3.14. Wir überlassen die Definition der anderen Scheiben dem Leser als Übung.

Das einstellige Minus wird im Zweierkomplement durch komponentenweises Negieren und Addition von 1 durchgeführt. Es läßt sich also durch Modifikation des Inkrementierers gewinnen. Einfach umzusetzen sind auch komponentenwei-

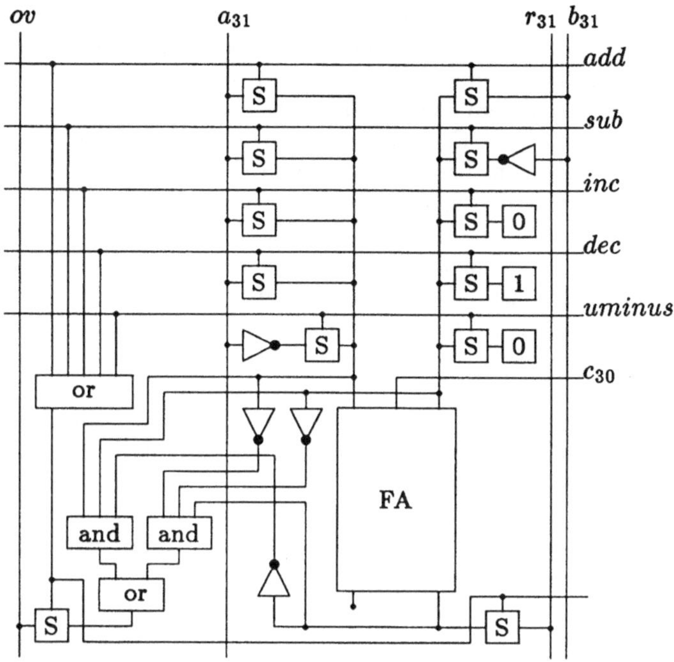

Abbildung 3.15: *Führende Bitscheibe zur Faltung von* $+, -,$ *inc, dec und einstelligem Minus*

ses Negieren und die Linksshifts, so daß wir der Kürze wegen darauf verzichten.

Auffällig ist folgendes: Viele Funktionsscheiben vollziehen ähnliche elementare Berechnungen. So enthalten die Arithmetikoperationen sämtlich Voll- bzw. Halbaddierer; die Vorzeichenumkehr wird an vielen Stellen vorgenommen (Subtraktion, einstelliges Minus). Das heißt, daß unsere jetzige Realisierung zwar sehr systematisch ist, aber viele Teile mehrfach produziert, die durch Zusammenlegen einiger Operationen nur einfach benötigt würden (wie z.B. die Volladdierer und Halbaddierer bei der Subtraktion, Addition, Inkrement, Dekrement und einstelligem Minus). Zusammenlegen dieser Operationen bedeutet aber auch, daß sie geometrisch zusammen in einer Funktionsscheibe realisiert werden, und damit der Aufwand und die Unübersichtlichkeit beim Entwurf einer Bitscheibe höher wird. Dies ist ein einfaches Beispiel dafür, wie Systematik und Einfachheit gegen Effizienz aushandelbar sind. Abbildung 3.15 zeigt eine Bitscheibe für eine Faltung der arithmetischen Operationen.

Bevor wir uns der noch verbleibenden Aufgabe, nämlich dem Aufbau des Dekoders zuwenden, sei zur Realitätsnähe der bis hierhin durchgeführten Spezifikation zunächst noch folgendes angemerkt: Es handelt sich dabei natürlich nicht um Fertigungsdaten, sondern um Objekte unseres Kalküls gemäß der eingangs geschilderten Abstraktion. Daher stimmen auch die Relationen der geometrischen Ausdehnungen der Zellen zueinander nicht. Sie sind vielmehr Lesbarkeitsgesichtspunkten entsprungen. Es fehlt auch die Leitungsführung für die Spannungsversorgung. Vieles von diesem kann durch CAD-Werkzeuge automatisch erzeugt werden, wie etwa die Spannungsversorgung oder eine flächengünstige Einbettung unter Vorgabe echter Zellengrößen. Dabei könnte und sollte die hier durchgeführte Aufgliederung in kleine beherrschbare Partikel und deren Montage über einfachste Schnittstellen auch von diesen Programmen genutzt werden. Wichtig ist aber, daß man beim manuellen Entwurf von Fertigungsdaten genauso vorgehen würde. Nur die Handhabung der Geometrie wird etwas schwieriger. So müssen alle Scheiben paßgerecht aufeinander zugeschnitten und die Layoutfläche jeder einzelnen Bitscheibe möglichst gut ausgenutzt werden. Da der Kern systematischen Vorgehens der gleiche ist, wollen wir auch weiterhin auf Details, die den Blick für das Wesentliche trüben, verzichten. Dem interessierten Leser wird jedoch empfohlen, sich am Lösen dieser Beispielaufgabe mit einem einfachen Fertigungsprozeß, wie z.B. dem in [MC80] beschriebenen, zu versuchen.

Doch nun zurück zur Aufgabe. Es bleibt noch der Entwurf eines Dekoders DEC. Er hat im Norden den Operationscode als Eingang $op_3 \cdots op_0$ und soll im Osten die Steuerleitungen $s_i, i = 0, \ldots, 10$ von oben nach unten in aufsteigender Reihenfolge ausgeben. Es soll dabei gelten

$$s_i = 1 \iff op_3 \cdots op_0 = bin_4(i).$$

Dabei bedeuten im restlichen Verlauf dieses Kapitels

$$num_k : \{0,1\}^k \longrightarrow [0 : 2^k - 1]; \qquad num_k(x_{k-1} \cdots x_0) := \sum_{i=0}^{k-1} x_i 2^i$$

$$bin_k : [0 : 2^k - 1] \longrightarrow \{0,1\}^k; \qquad bin_k(i) := num^{-1}(i)$$

die Interpretation von Bitstrings der Länge k als binärkodierte Zahlen (num_k) und die Kodierung von Zahlen durch Bitstrings (bin_k).

Man könnte nun versuchen, Funktionstafeln für die 11 geforderten booleschen Funktionen aufzustellen, mittels Diagrammen kleine boolesche Polynome zu finden, jede Steuerfunktion für sich zu realisieren und das Ganze dann geometrisch zusammenzumontieren. Einfacher und weniger aufwendig ist aber auch hier eine systematische Lösung, die einen mehrstufigen Schaltkreis und gleichzeitig eine geometrische Anordnung liefert. Beobachtet man nämlich, daß die Steuerleitungen mit geraden Nummern nur dann 1 werden dürfen, wenn $op_0 = 0$ ist, und diejenigen mit ungeraden Nummern nur, für $op_0 = 1$, so bietet es sich an, die Steuerleitungen gerader Nummern als Ausgang einer Konjunktion mit $\overline{op_0}$ und diejenigen

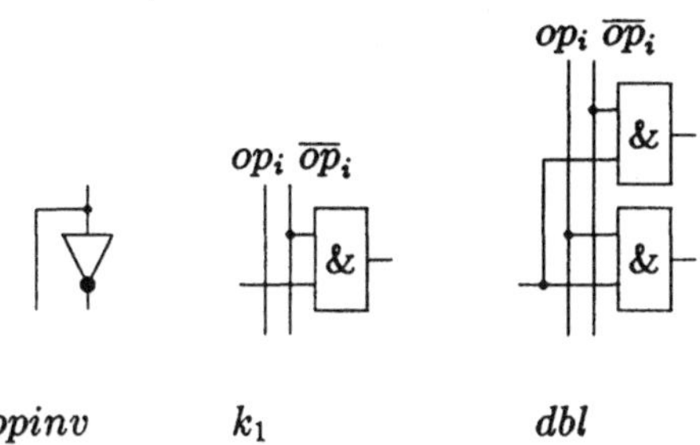

Abbildung 3.16: *Bausteine des Dekoders*

ungerader Nummern als Ausgang einer Konjunktion mit op_0 zu setzen. Damit ergibt sich für den Vorgängerschaltkreis mit Eingängen $op_3op_2op_1$, daß dieser dekodieren muß, um welches Steuerleitungspaar $i, i+1$ (i gerade) es sich handelt, oder anders ausgedrückt, ob $op_3op_2op1 = bin_3(i\,div\,2) = bin_3((i+1)\,div\,2)$ für gerade i gilt, wobei div die ganzzahlige Division bezeichnet. Wir benötigen demnach links von dieser Stufe einen Dekoder mit Eingängen $op_3op_2op_1$ und Ausgängen $y_0,\ldots,y_5$. Wendet man die gleiche Technik noch einmal an, so reduziert sich dies zu einen Dekoder mit Inputs op_3op_2 und schließlich zu einem Dekoder mit nur einem Bit als Input, dessen Realisierung auf der Hand liegt. Jede einzelne Stufe ergibt sich durch Aufeinanderstapeln identischer Schaltkreise, die wir dbl nennen wollen, zum Verdoppeln des Ausgangs der Vorgängerstufe und Anwählen mittels Konjunktion mit op_i oder $\overline{op}_i$, sowie einzelnen Konjuktionen mit $\overline{op}_i$, falls kein Verdoppeln mehr erforderlich ist (Baustein k_1). Abgeschlossen wird jede Stufe durch Aufdoppeln und Invertieren von op_i (Baustein $opinv$). Abbildung 3.16 zeigt die benötigten Bausteine. Wir können also den Dekoder konstruieren durch

$$DEC = (\overset{4}{\underset{i=1}{\ominus}} opinv) \oplus (\quad (\llcorner \ominus (\llcorner \oplus 1^0_1)) \ominus (dbl \oplus k_1)$$
$$\ominus (\overset{3}{\underset{i=1}{\oplus}} dbl) \ominus ((\overset{5}{\underset{i=1}{\oplus}} dbl) \oplus k_1)),$$

was noch einmal Abbildung 3.17 veranschaulicht.

Dieser Ansatz legt jedoch eine unbefriedigende Tatsache offen. Die iterative Beschreibung des Dekoders ist für den speziellen Fall von 4 Bit auf 11 Bit konstruiert. Aber schon in der informalen Erläuterung oben erkennt man ein allgemeines Prinzip zum rekursiven Aufbau. Ferner ist die Überprüfung der Korrektheit des obigen Ausdruckes mühselig. Einfacher wäre es, das geschilderte rekursive Verfahren für beliebige Breiten zu definieren, zu verifizieren und dann für den Speziallfall 11 zu benutzen. Das hätte darüberhinaus den Vorteil, in anderen Anwendungen auf eine verläßliche, geprüfte Beschreibung zurückgreifen zu können.

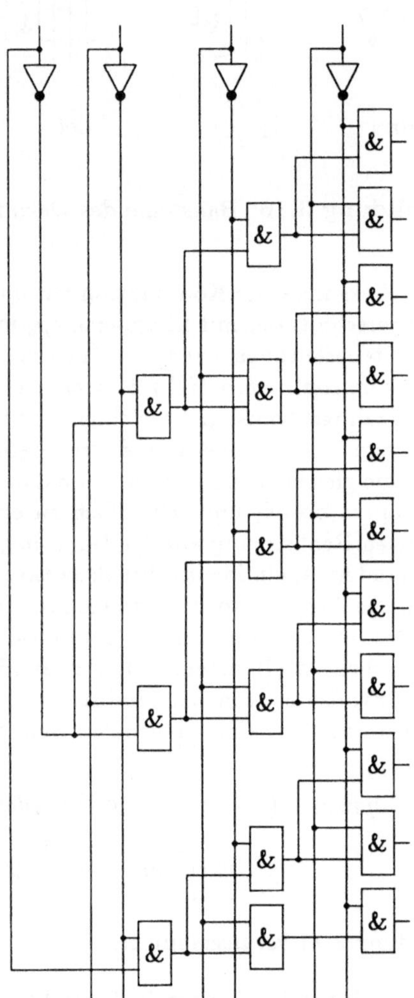

Abbildung 3.17: *Der Befehlsdekoder*

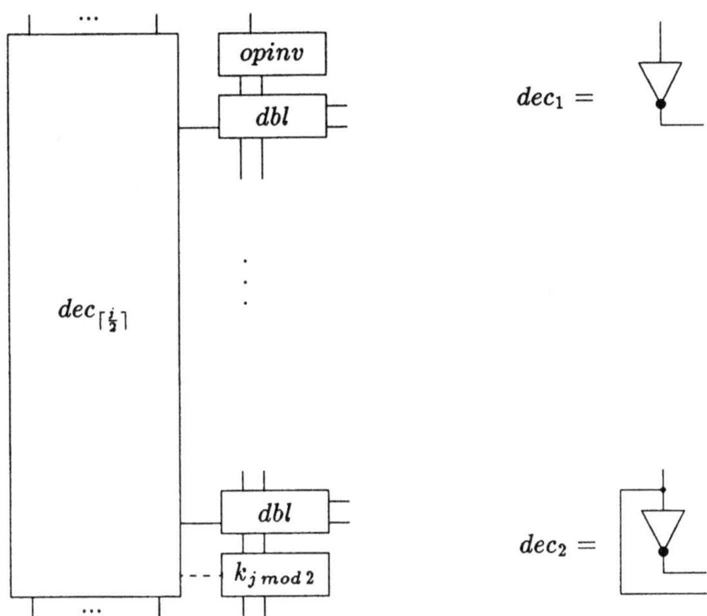

Abbildung 3.18: *Rekursionsgleichungen des Dekoders*

Unser Kalkül stellt uns, wie am Ende des letzten Abschnittes gezeigt, den entsprechenden Zugang zur Verfügung, nämlich den des schrittweisen Verfeinerns von Netzen. Beschreibt man einen solchen Verfeinerungsvorgang nicht durch einfache Ersetzungsregeln, sondern durch rekursive Gleichungen, so erhält man eine kurze Beschreibung für beliebige Breiten. Wir werden dies im nächsten Abschnitt für ein nichttriviales Beispiel vorführen. Zunächst verdeutlichen wir dies für unseren Dekoder.

Wie oben bemerkt, kann man einen Dekoder für j Ausgänge dadurch erhalten, daß man gerade und ungerade Nummern über das niederwertigste Inputbit auswählt und das Ganze mit $\lceil \frac{j}{2} \rceil$ Leitungen aus einem kleineren Dekoder für die Paare $(i, i+1)$, i gerade, ansteuert. Sei also dec_j ein Dekoder mit j Ausgängen $y_0, \ldots, y_{j-1}$ und $\lceil \log j \rceil$ Eingängen, d.h. ist $k = \lceil \log j \rceil$ die Anzahl der Inputs $x = x_{k-1} \cdots x_0$, dann gilt

$$y_i(x) = 1 \Longleftrightarrow i = num_k(x)$$

Wir zeigen nun die Korrektheit der Rekursion durch Induktion nach j. Ist $j = 1$ oder $j = 2$ so haben die Netze

$$(1) \quad dec_1 \quad = \quad inv \ \mathbb{O} \ \llcorner$$

$$(2) \quad dec_2 \;=\; opinv \oplus (\llcorner \ominus (\llcorner \oplus 1^{\ominus}_1))$$

sicherlich das gewünschte Logikverhalten. Wir nehmen nun an, daß für alle $i < j$ ein korrekt arbeitender Dekoder dec_i existiert. Wir nehmen nun ein Exemplar $dec_{\lceil \frac{i}{2} \rceil}$ mit Inputs $x_{k-1} \cdots x_1$. Seien $y'_{\lceil \frac{i}{2} \rceil -1}, \ldots, y'_0$ dessen Ausgänge für die nach Induktionsannahme die Beziehung

$$y'_i(x_{k-1} \cdots x_1) = 1 \iff i = num_{k-1}(x_{k-1} \cdots x_1)$$

gilt, und setzen ihn mit dem im Norden rechts hinzukommenden Input x_0 wie folgt zu dec_j zusammen:

$$(3) \quad dec_j = dec_{\lceil \frac{i}{2} \rceil} \ominus \Big(opinv \oplus \bigoplus_{i=1}^{j\,div\,2} dbl \oplus k_{j\,mod\,2} \Big)$$

wobei k_1 dem Baustein aus Abbildung 3.16 entspricht, und $k_0 = 1^{\ominus}_2$ ist.

Seien $\tilde{y}_{j-1}, \ldots, \tilde{y}_0$ die Outputs nach Verdoppeln in der anschliessenden Stufe, d.h. $\tilde{y}_i = y'_{i\,div\,2}$. Dann gilt in der letzten Stufe für jeden Ausgang y_i des Dekoders dec_j

$$
\begin{aligned}
y_i(x_{k-1} \cdots x_0) = 1 \quad &\iff\quad \tilde{y}_i(x_{k-1} \cdots x_1) = 1 \text{ und } i\,mod\,2 = x_0 \\
&\iff\quad y'_{i\,div\,2}(x_{k-1} \cdots x_1) = 1 \text{ und } i\,mod\,2 = x_0 \\
&\iff\quad i\,div\,2 = num_{k-1}(x_{k-1} \cdots x_1) \text{ und } i\,mod\,2 = x_0 \\
&\iff\quad num_k(x) \;= 2 num_{k-1}(x_{k-1} \cdots x_1) + x_0 \\
& = 2(i\,div\,2) + i\,mod\,2 \\
& = i
\end{aligned}
$$

Mit der rekursiven Ersetzungsregel (3) sowie den Regeln (1),(2) zum Abschluß der Rekursion und den Verfeinerungen der Bausteine $k_1, opinv$ und dbl haben wir also eine vollständige, übersichtliche Beschreibung für Logik und Anordnung von Dekodern mit j Ausgängen, deren Korrektheit durch den rekursiven Aufbau leicht nachweisbar ist. Abbildung 3.18 verdeutlicht dazu noch einmal die Gleichungen (1) bis (3).

3.4　Beispiel: Entwurf schneller Addierer

Im letzten Abschnitt haben wir beim Entwurf des Dekoders eine Methode kennengelernt, das Layout und die Logik einer Schaltung systematisch durch rekursive Gleichungen zu definieren. Dies ergab eine kurze, übersehbare Spezifikation, deren Korrektheit sich leicht einsehen ließ. Wir wollen nun am Beispiel von Addierwerken zeigen, daß und wie sich dieses Vorgehen auch bei nichttrivialen regelmässigen Schaltungen nutzen läßt.

Das Additionsverfahren in der ALU aus dem letzten Abschnitt ist zwar sehr einfach und billig, hat aber den Nachteil, daß die Berechnung des Ergebnisses die

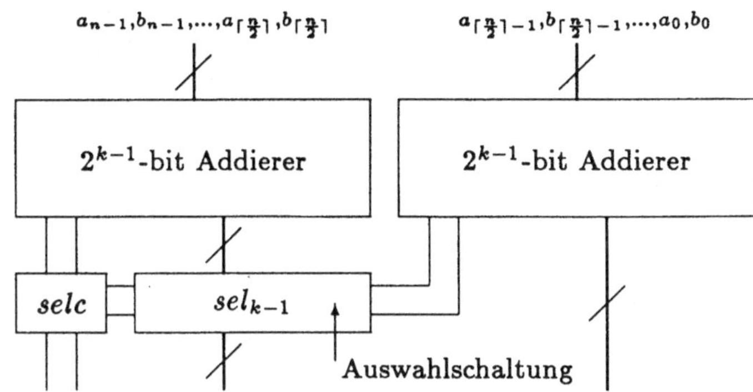

Abbildung 3.19: *Rekursiver Aufbau des Conditional Sum Addierers*

Laufzeit von 32 Volladdiererstufen erfordert. Ist man auf hohe Verarbeitungsgeschwindigkeiten angewiesen, so kann man sich nicht auf solch einfache Methoden stützen, sondern muß aufwendigere Schaltkreise einsetzen, die geringere Laufzeiten garantieren. Es gilt nun, auch solche komplizierteren Schaltkreise definieren zu können. Wir werden sehen, daß man hier nicht mehr mit einfachem Aneinanderreihen identischer Teile auskommt, sondern rekursive Definitionen tatsächlich braucht, will man nicht die ganze Anordung Stück für Stück beschreiben (was unübersichtlich und damit fehleranfällig und kaum analysierbar ist).

Betrachtet man die Schulmethode zur Addition, so glaubt man zunächst, daß dies ein inhärent sequentieller Prozeß ist, da der Übertrag etwa an der i-ten Stelle vom Übertrag der $i-1$-ten Stelle abhängt und diese demnach nacheinander berechnet werden müssen. Dies liegt aber nur daran, daß der Mensch letztlich sequentiell rechnet, nicht so jedoch ein Schaltkreis, dessen Berechnung an vielen Stellen parallel beginnen kann.

Eine hübsche Idee zur Parallelisierung der Addition und deren schnellen Berechnung stammt von Sklansky [Skl60] aus dem Jahre 1960 und ist bekannt als *Conditional Sum* Addierer. Man berechnet einfach zum führenden Teil der zu summierenden Zahlen zwei Versionen der Summe, nämlich die Summe und die Summe plus 1, parallel zur Berechnung der Summe des niederwertigeren Teils der Summanden. Ist der Übertrag des niederwertigeren Teils bekannt, so muß dann nur noch die richtige Version der Summe des vorderen Teils ausgewählt werden. Kann man diese Auswahl schnell, d.h. durch einen Schaltkreis konstanter Tiefe, berechnen und wendet man das Berechnungsschema rekursiv auf vorderen und hinteren Teil der Summanden an, so erhält man einen Schaltkreis logarithmischer Tiefe, sofern eine Aufteilung in jeweils gleichgroße Teile erfolgt. Abbildung 3.19 illustriert dieses Vorgehen, das wir nun präziser fassen wollen.

Seien also $a = num_n(a_{n-1} \cdots a_0)$ und $b = num_n(b_{n-1} \cdots b_0)$ zwei Binärzahlen. Wir betrachten hier nur den Fall, daß $n = 2^k$ eine Zweierpotenz ist. Seien

$$a_H := num_{\frac{n}{2}}(a_{n-1} \cdots a_{\frac{n}{2}}), \quad a_L = num_{\frac{n}{2}}(a_{\frac{n}{2}-1} \cdots a_0)$$

die durch die führenden $\frac{n}{2}$ Bit und die durch die hinteren $\frac{n}{2}$ Bit des Operanden a definierten Zahlen. Analog seien b_H, b_L definiert. Dann gilt folgendes

$$
\begin{aligned}
a + b &= (2^{\frac{n}{2}} a_H + a_L) + (2^{\frac{n}{2}} b_H + b_L) \\
&= 2^{\frac{n}{2}}(a_H + b_H) + (a_L + b_L) \\
&= 2^{\frac{n}{2}}(a_H + b_H) + 2^{\frac{n}{2}}((a_L + b_L)\,div\,2^{\frac{n}{2}}) + (a_L + b_L)\,mod\,2^{\frac{n}{2}} \\
&= 2^{\frac{n}{2}}(a_H + b_H + (a_L + b_L)\,div\,2^{\frac{n}{2}}) + (a_L + b_L)\,mod\,2^{\frac{n}{2}} \\
&= \begin{cases} 2^{\frac{n}{2}}(a_H+b_H)+(a_L+b_L)\,mod\,2^{\frac{n}{2}} & \text{falls } (a_L+b_L)\,div\,2^{\frac{n}{2}}=0 \\ 2^{\frac{n}{2}}(a_H+b_H+1)+(a_L+b_L)\,mod\,2^{\frac{n}{2}} & \text{falls } (a_L+b_L)\,div\,2^{\frac{n}{2}}=1. \end{cases}
\end{aligned}
$$

Analog gilt auch

$$
a + b + 1 = \begin{cases} 2^{\frac{n}{2}}(a_H+b_H)+(a_L+b_L+1)\,mod\,2^{\frac{n}{2}} & \text{falls } (a_L+b_L+1)\,div\,2^{\frac{n}{2}}=0 \\ 2^{\frac{n}{2}}(a_H+b_H+1)+(a_L+b_L+1)\,mod\,2^{\frac{n}{2}} & \text{falls } (a_L+b_L+1)\,div\,2^{\frac{n}{2}}=1. \end{cases}
$$

Da $(a_L+b_L)\,mod\,2^{\frac{n}{2}}$ bzw. $(a_L+b_L+1)\,mod\,2^{\frac{n}{2}}$ gerade die $\frac{n}{2}$ niederwertigsten Bits der Binärdarstellung der Summe $a_L + b_L$ bzw. $a_L + b_L + 1$ und $(a_L + b_L)\,div\,2^{\frac{n}{2}}$ bzw. $(a_L + b_L + 1)\,div\,2^{\frac{n}{2}}$ der Übertrag (die führende Stelle) von $a_L + b_L$ bzw. $a_L + b_L + 1$ ist, ergibt dies eine Anordung mit zwei $\frac{n}{2}$-bit Addierern, wie in Abbildung 3.19 gezeigt. Die Auswahlschaltung für die führenden Stellen der Summe kann leicht durch Multiplexer, gesteuert von den beiden Überträgen, realisiert werden. Da die $\frac{n}{2}$-bit Addierer rekursiv den gleichen Aufbau haben, bedeutet dies für die Operanden, daß sie in immer kleinere Teile aufgespalten werden. Demnach ist eine Anschlußbelegung $a_{n-1}, b_{n-1}, \ldots, a_i, b_i, \ldots, a_0, b_0$ für diese Struktur die natürlichste. Die Ausgänge der Addierer liefern nun die Summe und die Summe plus 1 der Eingänge. Sind dabei die ersten beiden Bits jeweils die führende Stelle (der Übertrag) der Summe plus 1 und der Summe, so liefern diese gerade die Ansteuerung für die Multiplexer der Auswahlstufe. Die restlichen $\frac{n}{2}$ Bit der Summen des rechten Addierers werden schon als Ergebnis durchgeleitet. Diese seien ebenfalls komponentenweise gemischt, d.h. sind $(a+b)_i, (a+b+1)_i$ jeweils das i-te Bit der Summe bzw. Summe plus 1, so sind die Summenausgänge in der Form $\ldots, (a+b+1)_i, (a+b)_i, \ldots$ angeordnet. Ist sel_k eine Auswahlschaltung für die Summenbits und $selc$ eine Auswahlschaltung für das Übertragspaar so gelten die Rekursionen

$$
\begin{aligned}
ad_k &= (ad_{k-1} \ominus ad_{k-1}) \oplus (selc \ominus sel_{k-1} \ominus ((\lrcorner \ominus 1_1^{\oplus}) \oplus \lrcorner) \ominus 1_{2^k}^{\oplus}) \\
sel_k &= sel_{k-1} \ominus sel_{k-1}.
\end{aligned}
$$

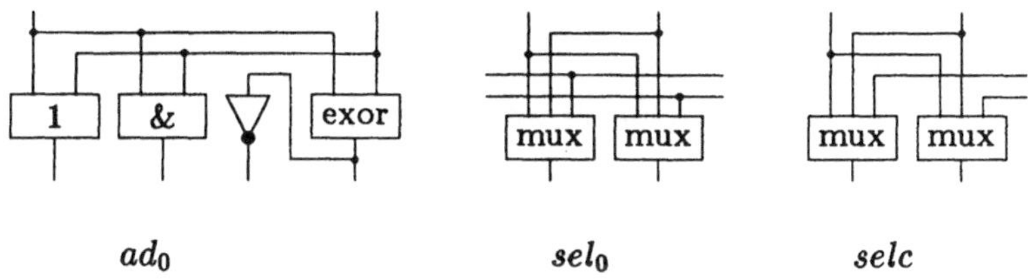

Abbildung 3.20: *Basisblöcke des Conditional Sum Addierers*

Die Ersetzungsregeln

$$ad_0 = (\vdash \ominus \top \ominus \neg \ominus 1_1^\odot) \oplus (1_1^\odot \ominus \ulcorner \ominus + \ominus \top \ominus + \ominus \dashv) \oplus$$
$$(1_4^\odot \ominus \ulcorner \ominus \neg \ominus 1_2^\odot) \oplus (or \ominus and \ominus inv \ominus 1_1^\odot \ominus exor) \oplus$$
$$(1_3^\odot \ominus \llcorner \ominus \dashv);$$

$$sel_0 = (1_1^\odot \ominus \ulcorner \ominus \dashv) \oplus (\vdash \ominus + \ominus \neg \ominus 1_1^\odot) \oplus$$
$$(+ \ominus + \ominus \top \ominus + \ominus +) \oplus ((\overset{5}{\ominus} +) \ominus \top) \oplus (mux \ominus mux);$$

$$selc = (1_1^\odot \ominus \ulcorner \ominus \dashv) \oplus (\vdash \ominus + \ominus \neg \ominus 1_1^\odot) \oplus$$
$$(1_2^\odot \ominus \ulcorner \ominus + \ominus +) \oplus (1_5^\odot \ominus \ulcorner) \oplus (mux \ominus mux);$$

für die Netze $sel_0, selc$ und ad_0 vervollständigen die Definition dieses Addierers.
(Die Basisblöcke illustriert Abbildung 3.20)

Ein weiterer Vorteil dieser rekursiven Definitionen ist es, daß man Aufwände
leicht abschätzen kann. So liefert in diesem Fall die Beschreibung des Addierers leicht nachprüfbare Rekursionsformeln für Gatteraufwand, Verdrahtungsaufwand und Laufzeiten eines 2^k-bit Addierers ad_k. Sei g der Aufwand an
Gattern, w der Aufwand an Verdrahtungsbausteinen und t eine obere Schranke
für die Laufzeit. (Natürlich liefert w nicht eine genaue Charakterisierung der
Verdrahtungsfläche, da Leiterbreiten und Abstände zwischen Leitungen auf dieser Abstraktionsebene keine Rolle spielen. Es dient vielmehr als Maß für den
Verdrahtungsaufwand, der mindestens zur Realisierung eines Addierers dieser
Topologie zu erwarten ist.) Die Aufwände bzw. Abschätzungen derselben für
Grundbausteine seien bekannte Konstanten. Dann entnimmt man dem rekursiven Aufbau leicht (wir unterstellen gleichen Verdrahtungsaufwand $w(x) = 1$ für
alle Verdrahtungsbausteine x und Laufzeit $t(x) = 0$)

$$g(ad_k) = 2g(ad_{k-1}) + g(selc) + g(sel_{k-1})$$
$$w(ad_k) = 2w(ad_{k-1}) + w(selc) + w(sel_{k-1})$$
$$t(ad_k) \leq t(ad_{k-1}) + \max(t(selc), t(sel_{k-1}))$$

$$
\begin{aligned}
g(ad_0) &= g(or) + g(and) + g(inv) + g(exor) =: g_0 \\
w(ad_0) &= 7 \\
t(ad_0) &\leq \max(t(and), t(or), t(exor) + t(inv)) =: t_0
\end{aligned}
$$

Mit den Beziehungen

$$
\begin{aligned}
g(sel_k) &= 2g(sel_{k-1}) \\
g(sel_0) &= 2g(mux) \\
g(selc) &= 2g(mux) \\
w(sel_k) &= 2w(sel_{k-1}) \\
w(sel_0) &= 14 \\
w(selc) &= 5 \\
t(sel_k) &\leq t(sel_{k-1}) \\
t(sel_0) &\leq t(mux) \\
t(sel_c) &\leq t(mux)
\end{aligned}
$$

folgt dann

$$
\begin{aligned}
g(ad_k) &= 2g(ad_{k-1}) + 2g(mux) + 2^{k-1}g(sel_0) \\
&= 2g(ad_{k-1}) + 2^k g(mux) + 2g(mux) \\
&= 2^k g_0 + \sum_{i=1}^{k} 2^{k-i}(2^i g(mux) + 2g(mux)) \\
&= 2^k g_0 + k 2^k g(mux) + (2^{k+1} - 2)g(mux) \\
&= 2^k g_0 + (k+2)2^k g(mux) - 2g(mux)
\end{aligned}
$$

$$
\begin{aligned}
w(ad_k) &= 2w(ad_{k-1}) + 5 + 2^{k-1}w(sel_0) \\
&= 2w(ad_{k-1}) + 2^{k-1} \cdot 14 + 5 \\
&= 2^k w(ad_0) + \sum_{i=1}^{k} 2^{k-i}(2^{i-1} \cdot 14 + 5) \\
&= 7 \cdot 2^k + 14k 2^{k-1} + (2^k - 1)5 \\
&= 14k 2^{k-1} + 12 \cdot 2^k - 5
\end{aligned}
$$

$$
t(ad_k) \leq t(ad_{k-1}) + t(mux) \leq t_0 + k \cdot t(mux)
$$

Demnach benötigt dieser Addierer mit $n = 2^k$ einen Materialaufwand in der Größenordnung $n \log n$ bei einer Laufzeit von $\log n$ Multiplexerstufen plus t_0. Die Bestimmung der Laufzeit ist jedoch sehr idealisiert und berücksichtigt nicht alle Probleme dieser Schaltung. So wächst etwa die Anzahl der Multiplexereingänge, die ein Übertrag in einer Auswahlschaltung als Last treiben muß, sehr stark. Auf der letzten Stufe müssen sogar $\frac{n}{2}+1$ Multiplexereingänge von dem entsprechenden Übertragssignal getrieben werden. Dies beeinträchtigt natürlich zusätzlich die Laufzeit des Signals (s. [MC80,WE85]), es sei denn, man dimensioniert den Ausgang des Übertrages entsprechend, was wiederum Rückwirkung auf dessen Vorgänger hat, zumindest aber eine Sonderbehandlung in der Beschreibung erfordert, die in Konstruktion und Analyse zusätzliche Schwierigkeiten bereitet. Wir wollen deshalb einen anderen Typ eines schnellen Addierers betrachten, der dieses Problem wachsenden Fan-out's nicht hat und auch auf einem etwas anderen Berechnungsprinzip beruht. In diesem Fall läßt sich eine so einfache funktionale Zerlegung in Teiladdierer nicht mehr vollziehen. Die Beschreibung durch rekursives Verfeinern dient hier hauptsächlich der einfachen Definition von Strukturen. Vor allem die Leitungsführung macht in diesem Fall mehr Probleme. Dieses nichttriviale Beispiel verdeutlicht, daß einem Vorgehen ohne systematische Benutzung von Verfeinerungen selbst bei regelmäßigen Schaltungen Grenzen gesetzt sind.

Wie eingangs bemerkt, ist das Problem bei der schnellen Addition die Berechnung des Übertrags c_i an der Stelle i, der gegeben ist durch

$$c_i = \left(\sum_{j=0}^{i} a_j 2^j + \sum_{j=0}^{i} b_j 2^j \right) \; div \; 2^{i+1}.$$

Die Binärdarstellung der Summe $c_{n-1} s_{n-1} \cdots s_0$ läßt sich, liegen alle c_i vor, mit

$$s_i = a_i \oplus b_i \oplus c_{i-1},$$

wobei $\oplus$ die Addition modulo 2 (exklusives Oder) und $c_{-1} := 0$ ist, leicht berechnen. Für den Übertrag gilt

$$c_i = \underbrace{a_i b_i}_{g} \vee \underbrace{(a_i \oplus b_i)}_{p} c_{i-1},$$

was das sequentielle Berechnungsschema des einfachen Addierers nahelegt. Man beobachtet jedoch, daß diese Formel in einen von c_{i-1} unabhängigen Anteil (g) und einen von c_{i-1} abhängigen Anteil (p) zerfällt. Diese Anteile kann man als Eigenschaft einer Gruppe (i,j) von Eingabebits $a_i b_i \cdots a_j b_j, j < i$, auffassen, nämlich die Eigenschaft, ob diese Teilfolge schon unabhängig von einem einlaufenden Übertrag einen Übertrag an der Stelle i generiert ($g(i,j)$), oder ob sie lediglich einen Übertrag von der Stelle $j-1$ auf die Stelle i propagiert ($p(i,j)$). Offensichtlich gelten für zwei aufeinanderfolgende Gruppen $(i,j), (j-1,k), i > j > k$, folgende Aussagen

- (i,k) generiert genau dann einen Übertrag an der Stelle i, wenn schon (i,j) einen Übertrag generiert, oder wenn (i,j) einen von $(j-1,k)$ an der Stelle $j-1$ generierten Übertrag an die Stelle i propagiert.

- (i,k) propagiert genau dann einen Übertrag von der Stelle $k - 1$ an die Stelle i, wenn sowohl (i,j) als auch $(j - 1, k)$ einen Übertrag propagieren.

Dies liefert eine einfache Berechnungsvorschrift für die Generierungs- und Propagierungseigenschaft von Gruppen, die auch aus der Übertragsformel abgeleitet werden kann:

$$
\begin{aligned}
c_i &= g(i,j) \vee p(i,j)c_{j-1} \\
&= g(i,j) \vee p(i,j)(g(j - 1, k) \vee p(j - 1, k)c_{k-1}) \\
&= \underbrace{g(i,j) \vee p(i,j)g(j - 1, k)}_{=\,g(i,k)} \vee \underbrace{p(i,j)p(j - 1, k)}_{=\,p(i,k)}\, c_{k-1}.
\end{aligned}
$$

Kennt man nun die Eigenschaft $g(i,0)$ für alle $n > i \geq 0$, so ergibt sich wegen $c_{-1} = 0$

$$
c_i = g(i,0) \vee p(i,0)c_{-1} = g(i,0).
$$

Die obige Berechnungsvorschrift für diese Eigenschaften aus den Eigenschaften von Teilgruppen läßt sich mit geringer Laufzeit durch einen einfachen Schaltkreis

$$
gpc = (1_1^\varphi \ominus \vdash \ominus + \ominus \neg \ominus 1_1^\varphi) \oplus (1_1^\varphi \ominus and \ominus and) \oplus (or \ominus 1_1^\varphi)
$$

mit Zeitaufwand $t_{gpc} \leq t(and) + t(or)$ berechnen (siehe Abbildung 3.23). Die Frage ist nur, wie man $g(i,0)$ damit schnell berechnen soll. Offensichtlich braucht man die wenigsten gpc-Stufen, wenn man stets möglichst gleichgroße Gruppen zu einer doppelt so großen Gruppe zusammenfaßt. Ist i eine Zweierpotenz, so entspricht das einer Binärbaumstruktur wie in Abbildung 3.21 (a), wobei die Zweige Leitungspaare für die g, p-Eigenschaften und die Knoten gerade eine Operation gpc auf zwei Paaren darstellen. Man kann nun für jede Stelle i einen Binärbaum der Tiefe $\lceil \log i \rceil$ konstruieren. Die gesamte Addiererstruktur erhält man dann durch Überlagern dieser Bäume. Abbildung 3.21 (b) zeigt dies für 8 Leitungspaare $g(7,7)p(7,7) \cdots g(0,0)p(0,0)$ als Inputs.

Insgesamt ergibt sich also folgende Gesamtstruktur für den Addierer:

- Berechne in einer vorbereitenden Stufe igp die Werte $g(i,i) = a_i b_i$ und $p(i,i) = a_i \oplus b_i$.

- Berechne nach obigem Überlagerungsschema $g(i,0), p(i,0)$ in $\log n$ gpc-Stufen. Leite darüberhinaus $a_i \oplus b_i$ durch diesen Teil hindurch.

- Berechne die Binärdarstellung der Summe durch $s_i = (a_i \oplus b_i) \oplus g(i - 1, 0)$.

Diese Aufteilung verdeutlicht noch einmal Abbildung 3.22. Man nennt diese Art der Addition auch carry lookahead Addition, weil ihr Hauptmerkmal die (schnelle) Vorberechnung (Vorausschau) der Überträge ist. Es gibt dazu auch andere Vorgehensweisen und Strukturierungsschemata. Der interessierte Leser

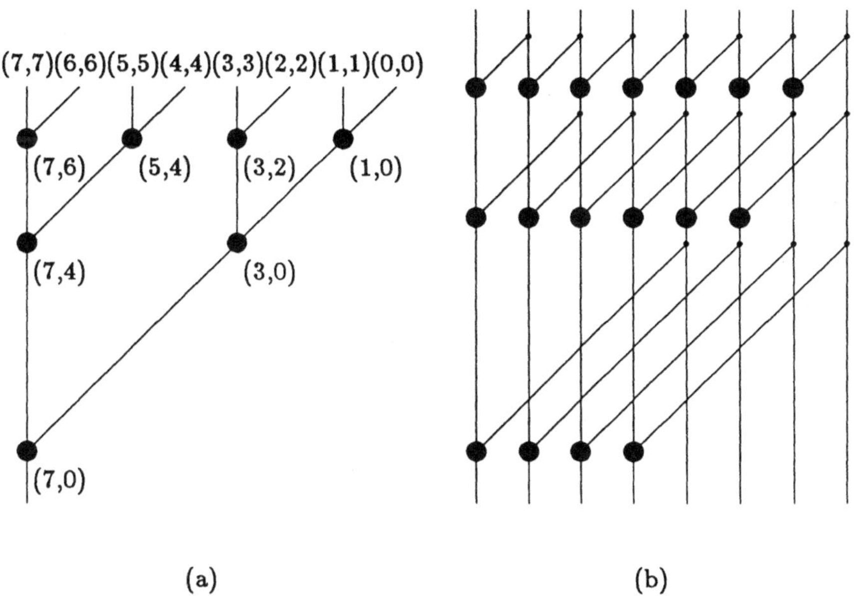

Abbildung 3.21: *Berechnung der gp-Eigenschaft durch Bäume*

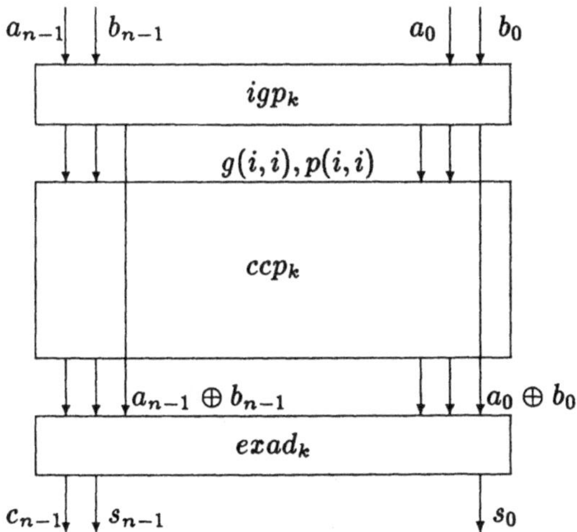

Abbildung 3.22: *Grobstruktur des carry lookahead Addierers*

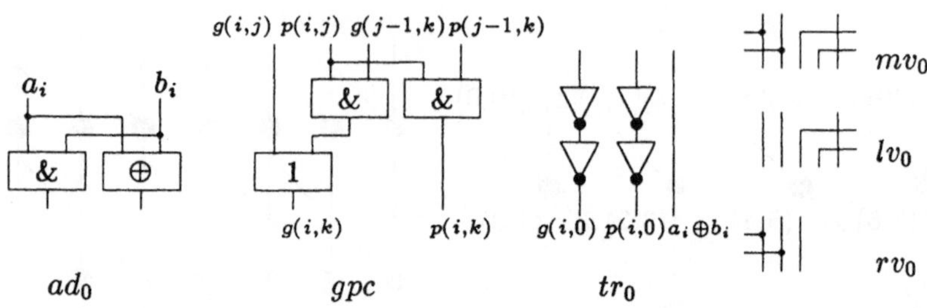

Abbildung 3.23: *Basisblöcke des carry lookahead Addierers*

sei etwa auf [BK88,BK82,Spa76] verwiesen. Wir wollen nun die Anordnung und Verdrahtung dieses Gebildes durch rekursive Netzgleichungen genau definieren. Dazu sei wieder der Einfachheit wegen $n = 2^k$. Die Grobgliederung kann man dann schreiben als

$$(1) \qquad ad_k \;=\; igp_k \oplus ccp_k \oplus exad_k$$

$$(2) \qquad ad_0 \;=\; (\vdash \ominus \neg \ominus 1_1^\varnothing) \oplus (1_1^\varnothing \ominus \ulcorner \ominus + \ominus \dashv) \oplus (and \ominus exor)$$

(Basisblöcke, wie z.B. den 1-bit Addierer, illustriert zum Teil Abbildung 3.23.) Wenig Mühe macht die Initialisierung der Generierungs- und Propagierungsbits, igp_k, und die abschliessende Berechnung der Summenbits, $exad_k$.

$$(3) \qquad igp_k \;=\; \overset{2^k}{\ominus}(ad_0 \oplus (1_1^\varnothing \ominus \ulcorner \ominus \dashv)$$

$$(4) \qquad exad_k \;=\; (1_1^\varnothing \ominus \downarrow) \ominus \overset{2^k-1}{\ominus}(exor \ominus \downarrow) \ominus 1_1^\varnothing$$

Wir kommen nun zum Kernstück, dem Übertragsberechnungsteil ccp_k. Abbildung 3.24 zeigt, in welche Komponenten dieser Teil zerfällt. Da ist zunächst der Übertragsberechnungsteil $lccp_k$, der rechts Zwischenergebnisse erhält und keine berechneten g, p Werte nach links weiterreicht, sowie der Übertragsberechnungsteil $rccp_k$, der links Zwischenergebnisse ausgibt, aber von rechts keine berechneten g, p Werte braucht. Darunter liegt ein Verdrahtungskanal, der die Verknüpfungen für die letzte Stufe vorbereitet, indem die g, p Werte auf die richtigen Positionen gebracht werden. Dieser zerfällt in ein Netz lv_k, das 2^k Paare von g, p-Werten rechts erhält und in die richtigen Spalten bringt, sowie das Netz rv_k, das die g, p Werte in jeder Spalte abgreift und in entsprechender Position links ausgibt. Darunter liegen die Netze gpc_k bzw. tr_k. gpc_k vollzieht dabei die Berechnung der g, p Werte einer Stufe, während tr_k an Stellen, an denen $g(i,0), p(i,0)$ schon berechnet sind, diese Signale verstärkt, um deren Fanout zu

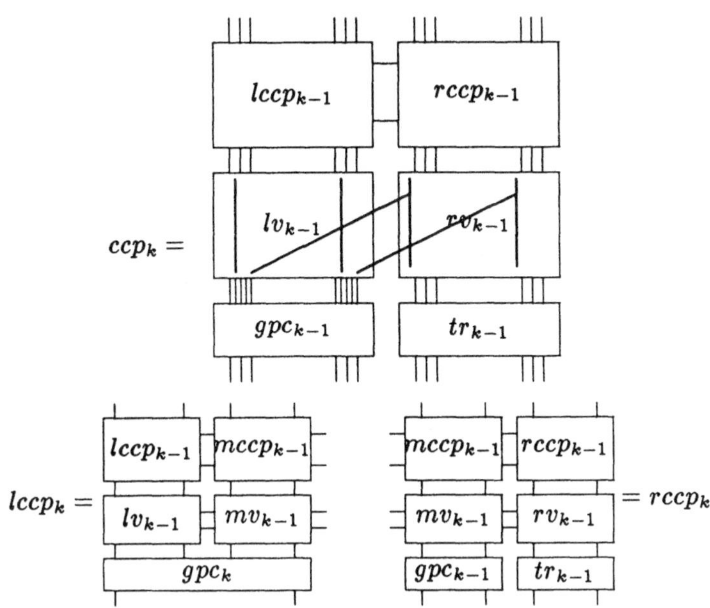

Abbildung 3.24: *Rekursiver Aufbau des Übertragsberechnungsteils*

beschränken.

$$(5) \quad ccp_k \;=\; (lccp_{k-1} \ominus rccp_{k-1}) \oplus (lv_{k-1} \ominus rv_{k-1}) \oplus (gpc_{k-1} \ominus tr_{k-1})$$

$$(6) \quad ccp_0 \;=\; 1_3^{\oplus}; \quad lccp_0 \;=\; 1_3^{\oplus}; \quad rccp_0 \;=\; 1_3^{\oplus}; \quad mccp_0 \;=\; 1_3^{\oplus}$$

$$(7) \quad gpc_k \;=\; \overset{2^k}{\ominus}(gpc \ominus 1_1^{\oplus})$$

$$(8) \quad tr_k \;=\; \overset{2^k}{\ominus}((inv \oplus inv) \ominus (inv \oplus inv) \ominus 1_1^{\oplus})$$

Wir wenden uns nun den Übertragsberechnungsteilen $lccp_k, rccp_k$ zu. Diese zerfallen ähnlich wie ccp_k jedoch gibt es nun rekursiv darin Übertragsberechnungsteile, die sowohl g, p Werte von rechts erhalten als auch nach links verschicken ($mccp_k$). Dasselbe gilt für die Verdrahtungskanäle (mv_k). Abbildung 3.24 illustriert eine Auswahl dieser Aufgliederungen.

$$(9) \qquad lccp_k = (lccp_{k-1} \ominus mccp_{k-1}) \oplus (lv_{k-1} \ominus mv_{k-1}) \oplus gpc_k$$

$$(10) \qquad rccp_k = (mccp_{k-1} \ominus rccp_{k-1}) \oplus (mv_{k-1} \ominus rv_{k-1})$$
$$\oplus (gpc_{k-1} \ominus tr_{k-1})$$

$$(11) \qquad mccp_k = (mccp_{k-1} \ominus mccp_{k-1}) \oplus (mv_{k-1} \ominus mv_{k-1}) \oplus gpc_k$$

Es bleiben nun noch die Verdrahtungskanäle. Wir vereinbaren, daß die linke-
ste Spalte stets an oberster Stelle weggeschickt bzw., wieder empfangen wird.
Dies ergibt dann eine Struktur wie in Abbildung 3.25 angedeutet, d.h. eine Art
Verdrahtungsmatrix, bei der in der Diagonalen Abgriffe und Biegungen von Lei-
tungen vorkommen und oberhalb bzw. unterhalb davon nur Kreuzungen oder
Leitungsbündel (Einheiten). Man überlegt sich dazu leicht folgende Gleichungen:

$$(12) \qquad mv_k = (mv_{k-1} \ominus ocross_{k-1}) \oplus (ucross_{k-1} \ominus mv_{k-1})$$

$$(13) \qquad mv_0 = (\dashv \ominus 1_1^{\oplus} \ominus \ulcorner \ominus +) \oplus (+ \ominus \dashv \ominus 1_1^{\oplus} \ominus \ulcorner \ominus +)$$

$$(14) \qquad lv_k = (lv_{k-1} \ominus ocross_{k-1}) \oplus (ub_{k-1} \ominus lv_{k-1})$$

$$(15) \qquad lv_0 = (1_2^{\oplus} \ominus \ulcorner \ominus +) \oplus (1_3^{\oplus} \ominus \ulcorner \ominus +)$$

$$(16) \qquad rv_k = (rv_{k-1} \ominus ob_{k-1}) \oplus (ocross_{k-1} \ominus rv_{k-1})$$

$$(17) \qquad rv_0 = (\dashv \ominus 1_2^{\oplus}) \oplus (+ \ominus \dashv \ominus 1_1^{\oplus})$$

$$(18) \qquad ocross_k = (ocross_{k-1} \ominus ocross_{k-1}) \oplus (ocross_{k-1} \ominus ocross_{k-1})$$

$$(19) \qquad ocross_0 = \overset{2}{\oplus}\,\overset{3}{\ominus} +$$

$$(20) \qquad ucross_k = (ucross_{k-1} \ominus ucross_{k-1}) \oplus (ucross_{k-1} \ominus ucross_{k-1})$$

$$(21) \qquad ucross_0 = \overset{2}{\oplus}\,\overset{5}{\ominus} +$$

$$(22) \qquad ub_k = \overset{2^k}{\ominus} 1_5^{\oplus}$$

$$(23) \qquad ob_k = \overset{2^k}{\ominus} 1_3^{\oplus}$$

Wir haben hier durch wenige Gleichungen eine genaue Definition dieser schon
etwas komplizierteren Addiererstruktur angeben können. Dabei wurde von Signaltypen kein Gebrauch gemacht, sondern die Breite der Verdrahtungskanäle

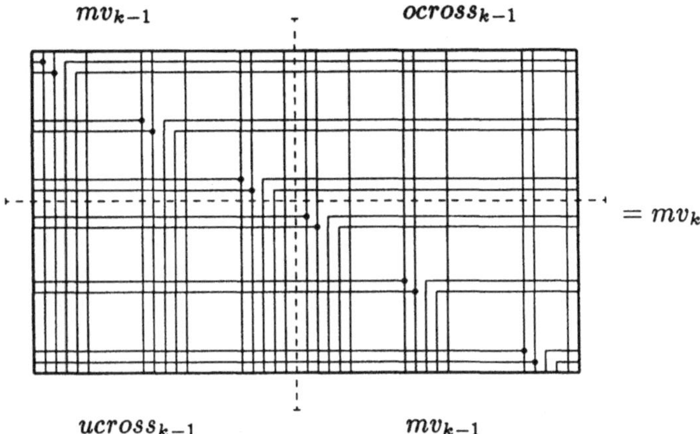

Abbildung 3.25: *Rekursiver Aufbau der Verdrahtungskanäle*

und die Aufspaltung in Überkreuzungen von Leitungsbündeln wurde explizit berechnet. Das nunfolgende, letzte Beispiel in dieser Reihe zeigt, wie man dazu auch Signaltypen vorteilhaft nutzen kann.

3.5 Beispiel: Entwurf schneller Multiplizierer

In den letzten beiden Abschnitten wurden zwei komplexe Schaltungen hierarchisch mithilfe von rekursiven Gleichungen beschrieben. Es ergaben sich dadurch kompakte Beschreibungen der Schaltungen, die aus einer Schaltkreiskonstruktion, beruhend auf der Substitution von Zellen durch größere Teilnetze, bestanden. In diesem Abschnitt wollen wir, wie schon vorhin angedeutet, diesen Hierarchiebegriff auf Signaltypen, d.h. auf Leitungen, erweitern. Anhand eines Beispieles wird aufgezeigt, daß man simultan zu der Ersetzung von Bausteinen durch Netze, auch das Auffächern (Verfeinern) der Leitungen betreiben kann, was gegebenenfalls zu einer zusätzlichen Entlastung für den Entwerfer führt. Als Beispiel wählen wir die Beschreibung der in [Bec87,LV83] vorgestellten zeitoptimalen Multiplizierer. Die Notationen haben wir zum Teil aus [Bec87] übernommen.

Seien $a = num_n(a_{n-1} \ldots a_1 a_0)$ und $b = num_n(b_{n-1} \ldots b_1 b_0)$ zwei Binärzahlen. Der Einfachheit wegen wollen wir annehmen, daß $n = 2^m$ für eine natürliche Zahl $m \geq 1$ gilt. Das Produkt der Zahlen a und b ist dann gleich der Summe der n in der folgenden Matrix P angegebenen Binärzahlen der Länge $2n$. Hierbei bedeute $a_i b_j$ das Produkt oder das logische Und der beiden Bits a_i und b_j.

$$\begin{pmatrix} 0 & 0 & \cdots & 0 & 0 & a_{n-1}b_0 & a_{n-2}b_0 & \cdots & a_1 b_0 & a_0 b_0 \\ 0 & 0 & \cdots & 0 & a_{n-1}b_1 & a_{n-2}b_1 & a_{n-3}b_1 & \cdots & a_0 b_1 & 0 \\ \vdots & & & & \vdots & \vdots & & & & \vdots \\ 0 & a_{n-1}b_{n-1} & \cdots & a_2 b_{n-1} & a_1 b_{n-1} & a_0 b_{n-1} & 0 & \cdots & 0 & 0 \end{pmatrix}$$

Diese n Zahlen werden auch *Partialprodukte* von a und b genannt. Bei der klassischen sequentiellen Methode (*Shift and Add*-Algorithmus) werden diese Partialprodukte einfach nacheinander aufaddiert. Eine Beschleunigung der Multiplikation auf Zeit $O(\log n)$ läßt sich durch paralleles Ausführen von Additionsschritten herbeiführen. Wir wollen diese Idee im folgenden näher erläutern.

Die durch die Matrix gegebene Sichtweise impliziert in natürlicher Weise den Gedanken, den Schaltkreis aus $2n$ gleichen Spalten oder aus n gleichen Zeilen aufzubauen. Wir wollen an dieser Stelle eine spaltenorientierte Konstruktion für einen n-Bit Multiplizierer angeben. (Der Leser überlege sich eine zeilenorientierte Realisierung.) Damit man die Spalten wirklich gleich wählen kann, ändern wir die Matrix P wie folgt um:

$$\begin{pmatrix} a_{2n-1}b_0 & a_{2n-2}b_0 & \cdots & a_{n-1}b_0 & a_{n-2}b_0 & \cdots & a_1 b_0 & a_0 b_0 \\ a_{2n-2}b_1 & a_{2n-3}b_1 & \cdots & a_{n-2}b_1 & a_{n-3}b_1 & \cdots & a_0 b_1 & a_{-1}b_1 \\ \vdots & \vdots & & \vdots & \vdots & & \vdots & \vdots \\ a_n b_{n-1} & a_{n-1}b_{n-1} & \cdots & a_0 b_{n-1} & a_{-1}b_{n-1} & \cdots & a_{-n+2}b_{n-1} & a_{-n+1}b_{n-1} \end{pmatrix}$$

Wählt man $a_{2n-1} = a_{2n-2} = \ldots = a_n = a_{-1} = a_{-2} = \ldots = a_{-n+1} = 0$, so erhält man die ursprünglichen Partialprodukte.

In einem ersten Schritt müssen in jeder Spalte die einzelnen Werte der Partialprodukte berechnet werden. Dazu wollen wir an den entsprechenden Stellen, die in Abbildung 3.26 dargestellte Zelle AND2 benutzen. Man überlegt sich leicht, daß man diese Zelle n^2-mal im Schaltkreis benötigt und daß der *Zeilenindex* i den Bereich $[0, \ldots, \frac{n}{2} - 1]$ und der *Spaltenindex* j den Bereich $[0, \ldots, 2n - 1]$ durchläuft. In der Komponente $\text{AND2}_{i,j}$ werden dann die Werte $p^0_{2i,j} = a_{j-2i}b_{2i}$ und $p^0_{2i+1,j} = a_{j-2i-1}b_{2i+1}$ berechnet.[3]

Die Zelle AND2 betrachten wir im folgenden als Grundbaustein, der im Norden und im Süden drei Anschlüsse hat, nämlich je einen vom Signaltyp a und zwei vom Signaltyp r (r steht für Resultat), und im Westen und Osten vier Anschlüsse und zwar je zwei vom Signaltyp b und zwei vom Signaltyp a, so daß gilt:

$$N(\text{AND2})=S(\text{AND2})=\text{a·r·r} \quad \text{und} \quad W(\text{AND2})=E(\text{AND2})=\text{b·a·b· a}.$$

---

[3] Die "verwirrende" Leitungsführung der a-Leitungen innerhalb der AND2-Zelle rührt daher, daß diese Leitungen diagonal über die Matrixstruktur geführt werden müssen.

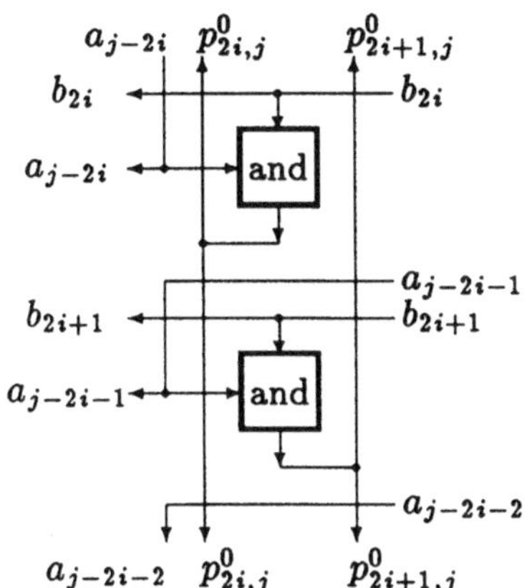

Abbildung 3.26: *Zelle* AND2

Die Idee des Verfahrens besteht nun darin, daß man in jedem weiteren Schritt mithilfe von Volladdierern die Anzahl der Zwischenergebnisse halbiert, indem im k-ten Reduktionsschritt ($k = 0, 1, \ldots, m-2$) parallel für alle $i \in \{0, \ldots, \frac{n}{2^{k+2}} - 1\}$ die vier Binärzahlen p^k_{4i}, p^k_{4i+1}, p^k_{4i+2}, p^k_{4i+3} zu zwei Binärzahlen p^{k+1}_{2i}, p^{k+1}_{2i+1} so zusammengefaßt werden, daß die Gleichung

$$p^k_{4i} + p^k_{4i+1} + p^k_{4i+2} + p^k_{4i+3} = p^{k+1}_{2i} + p^{k+1}_{2i+1}$$

gilt. Hierbei sei

$$p^k_\mu = num_{2n}\left(p^k_{\mu,2n-1}p^k_{\mu,2n-2}\cdots p^k_{\mu,1}p^k_{\mu,0}\right)$$

die durch die "μ-te Zeile" repräsentierte Zahl. Man bemerke, daß p^0_μ die durch die μ-te Zeile der Partialproduktmatrix P repräsentierte Zahl ist. Nach Zusammenfassen von je vier solcher Zahlen zu zwei neuen Binärzahlen entsteht eine Matrix P_1. Die μ-te Zeile dieser neuen Matrix enthält die Binärdarstellung von p^1_μ. Dies setzt sich fort bis eine Matrix P_{m-1} entsteht, die nur noch aus zwei Zeilen besteht.

Wir wollen diese Idee der *CSA-Reduktion* (*carry-save Addition*) bildlich darstellen. Wir beschränken uns in diesem Beispiel auf 8-Bit Zahlen, d.h. die zu betrachtende Matrix P besteht aus 8 Zeilen und 16 Spalten. Im ersten Schritt der Reduktion werden die durch die 4 obersten Zeilen der Matrix dargestellten Zahlen p^0_0, p^0_1, p^0_2, p^0_3 zu zwei zusammengefaßt. Folgende Skizze illustriere diese 4-zu-2 Reduktion. Jede der dick ausgezeichneten Linien repräsentiert hierbei zwei Bit. Die dünn ausgezeichnete Linie steht für die Abhängigkeit (Zwischenüberträge) der einzelnen Spalten untereinander.

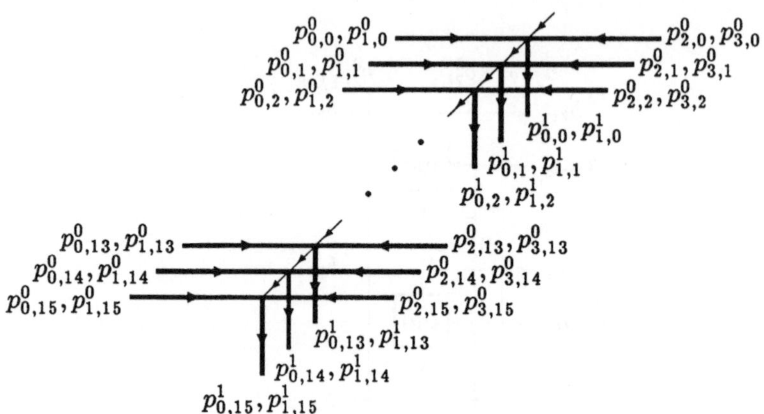

Parallel zu der Reduktion der durch die 4 obersten Zeilen der Matrix dargestellten Zahlen, werden die durch die 4 untersten Zeilen dargestellten Zahlen p_4^0, p_5^0, p_6^0, p_7^0 ebenfalls zu zwei Zahlen reduziert. In dem ersten Schritt wurden also 8 Zahlen zu 4 reduziert. In einem zweiten Schritt werden nun diese vier Zahlen p_0^1, p_1^1, p_2^1, p_3^1 zu zwei reduziert. Der Reduktionsbaum sieht dann wie folgt aus:

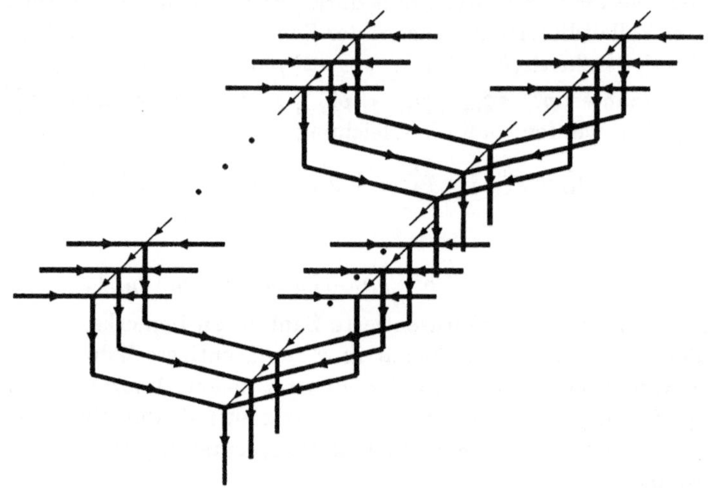

Durch eine abschließende Addition dieser zwei Zahlen p_0^2 und p_1^2 erhält man dann das gewünschte Resultat der Multiplikation der Zahlen a und b. Die Realisierung dieses partiellen Multiplizierers, also des Multiplizierers ohne die abschließende Addition, erhält man nun, indem man den eben dargestellten 3-dimensionalen Reduktionsbaum in die Ebene projeziert.

Eine Reduktion wird (lokal) von dem in Abbildung 3.27 abgebildeten Baustein CSA4to2 berechnet. (Diesen Baustein denke man sich an den "Gabelungen" des

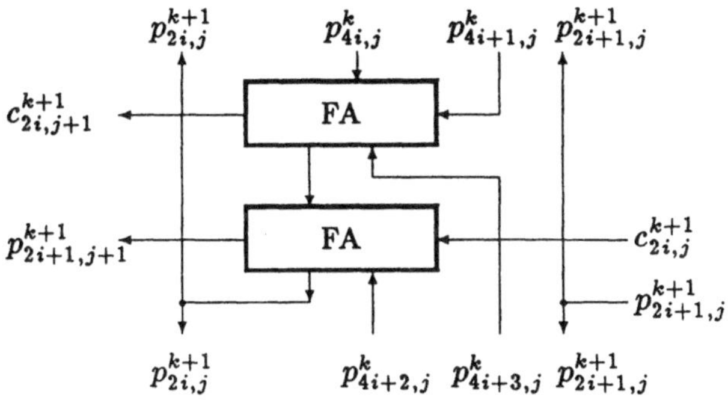

Abbildung 3.27: *Zelle CSA4to2*

Reduktionsbaumes.) Die Zelle FA repräsentiert hierbei einen Volladdierer, der an dem ersten südlichen Pin das Summenbit und an dem westlichen das Übertragsbit ausgibt. Die Übertragsbits werden jeweils an die linke benachbarte Spalte weitergereicht, wobei das Übertragsbit $c^{k+1}_{2i,j+1}$ des oberen Volladdierers noch auf der gleichen Reduktionsstufe abgearbeitet wird, was in der obigen 3-dimensionalen Abbildung durch die dünn ausgezeichneten Linien angedeutet wird. (Um die Reduktion korrekt auszuführen, muß natürlicherweise $c^{k+1}_{2i,0} = 0$ und $p^{k+1}_{2i+1,0} = 0$ gelten.)

Für die Randbeschreibung der Zelle CSA4to2 gelte:

$$N(\text{CSA4to2}) = S(\text{CSA4to2}) = \mathbf{r} \cdot \mathbf{r} \cdot \mathbf{r} \cdot \mathbf{r} \quad \text{und} \quad W(\text{CSA4to2}) = E(\text{CSA4to2}) = \mathbf{r} \cdot \mathbf{r}.$$

Man benötigt in der k-ten Reduktionsstufe $\frac{n}{2^{k+2}}$ CSA4to2-Bausteine pro Spalte. Als Resultat der letzten Reduktionsstufe ($k = m - 2$) erhält man zwei Zahlen p^{m-1}_0 und p^{m-1}_1 mit der Eigenschaft, daß die Summe der Partialprodukte gleich der Summe von p^{m-1}_0 und p^{m-1}_1 ist. Hängt man also unter diesen partiellen Multiplizierer noch einen $2n$-Bit Addierer mit Laufzeit $O(\log n)$, so ist die Multiplikation abgeschlossen und hat Gesamtlaufzeit $O(\log n)$.

Eine mögliche Realisierung einer Spalte des partiellen n-Bit Multiplizierers (wir wollen eine solche Spalte Sp_n nennen) ist also die folgende:

- $Sp_2 = AND2$

  Setzt man vier AND2-Bausteine nebeneinander, so erhält man einen Schaltkreis zur Berechnung der Partialproduktmatrix eines 2-Bit Multiplizierers. Diese Matrix besteht aus zwei Zeilen, die zwei 4-Bit Zahlen

$$p^0_0 = num_4((a_3 \cdot b_0)(a_2 \cdot b_0)(a_1 \cdot b_0)(a_0 \cdot b_0))$$

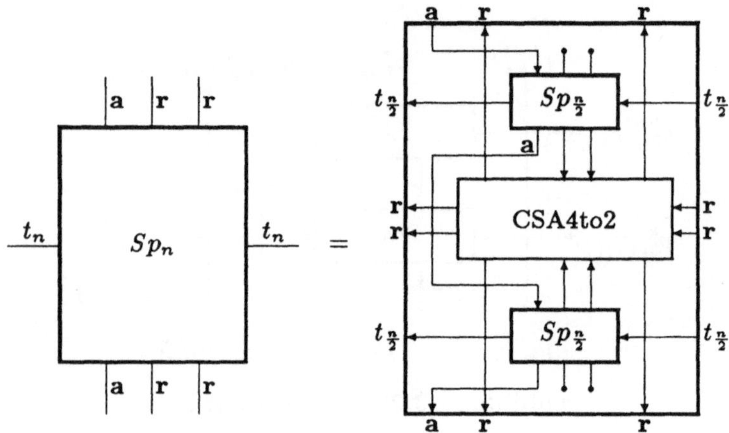

Abbildung 3.28: *Rekursiver Aufbau einer Multiplikationsspalte*

und

$$p_1^0 = num_4((a_2 \cdot b_1)(a_1 \cdot b_1)(a_0 \cdot b_1)(a_{-1} \cdot b_1))$$

darstellen, deren Summe gleich der Multiplikation der Eingabewerte ist.

- $SP_n = (\llcorner_a \ominus +_{a,r} \ominus \urcorner_a \ominus \Upsilon_r \ominus \Upsilon_r \ominus 1_r^0) \oplus (+_{t_{\frac{n}{2}},r} \ominus Sp_{\frac{n}{2}} \ominus +_{t_{\frac{n}{2}},r}) \oplus$
  $(\ulcorner_a \ominus +_{a,r} \ominus \lrcorner_a \ominus 1_{rrr}^0) \oplus ((+_{r,a} \oplus +_{r,a}) \ominus CSA4to2) \oplus$
  $(\llcorner_a \ominus +_{a,r} \ominus \urcorner_a \ominus 1_{rrr}^0) \oplus (+_{t_{\frac{n}{2}},r} \ominus Sp_{\frac{n}{2}} \ominus +_{t_{\frac{n}{2}},r}) \oplus$
  $(\ulcorner_a \ominus +_{a,r} \ominus \lrcorner_a \ominus \downarrow_r \ominus \downarrow_r \ominus 1_r^0)$

Hierbei bezeichne $+_{x,y}$ eine Überkreuzung einer horizontalen Leitung vom Typ x mit einer vertikalen Leitung vom Typ y.

Induktiv nehmen wir also an, daß der Baustein $Sp_{\frac{n}{2}}$ für $n \geq 4$ gegeben sei, wobei die Randbeschreibung von $Sp_{\frac{n}{2}}$ wie folgt aussehe:

$$N(Sp_{\frac{n}{2}}) = S(Sp_{\frac{n}{2}}) = \mathbf{a} \cdot \mathbf{r} \cdot \mathbf{r} \quad \text{und} \quad W(Sp_{\frac{n}{2}}) = E(Sp_{\frac{n}{2}}) = t_{\frac{n}{2}}.$$

(Wir betrachten also logisch topologische Netze über der Signaltypenmenge $O = \{a, b, r, t_2, t_3, t_4, \ldots\}$.)

Insbesondere gilt dann für $n \geq 4$, daß der Signaltyp t_n in das Signaltypwort $t_{\frac{n}{2}} \cdot \mathbf{r} \cdot \mathbf{r} \cdot t_{\frac{n}{2}}$ aufgefächert wird. Der Signaltyp t_2 wird zu dem Signaltypwort $\mathbf{b} \cdot \mathbf{a} \cdot \mathbf{b} \cdot \mathbf{a}$ verfeinert.

Eine verbesserte Topologie des Schaltkreises erhält man, indem man die a-Leitung durch den CSA4to2 Baustein führt, und nicht außen herum, wie in Abbildung 3.28 gezeigt. In der Abbildung 3.29 ist die entsprechend erweiterte Zelle

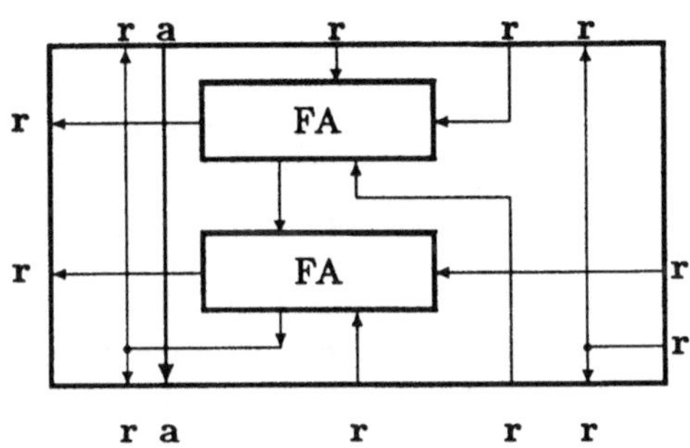

Abbildung 3.29: *Erweiterte Zelle* CSA4to2

CSA4to2 dargestellt. Der Leser überlege sich, wie in diesem Fall die Verfeinerung des Bausteins Sp_n auszusehen hat.

Das Beispiel zeigt, daß die Möglichkeit, nicht nur Bausteine durch Netze zu ersetzen, sondern auch Leitungen auffächern zu können, zur Entlastung des Entwerfers beiträgt. In unserem Beispiel braucht er sich nicht explizit zu überlegen, wieviele Anschlüsse die Spalte Sp_i im Westen und im Osten besitzt (es sind übrigens $3i-2$ Stück), sondern ordnet dem auf der östlichen beziehungsweise auf der westlichen Seite angeschlossenen Leitungsbündel einen formalen Namen, einen Signaltyp, zu und gibt in jedem Rekursionsschritt an, wie sich das Leitungsbündel auffächern muß, d.h. wie der Signaltyp zu verfeinern ist.

Bei Verwendung expliziter Signaltypen müssen, formal gesehen, die Verdrahtungszellen mit den entsprechenden Signaltypen indiziert werden (zum Beispiel $+_{t_n,a}$). Die Verfeinerung dieser Zellen wird durch die Verfeinerung der Signaltypen vorgegeben. Sie braucht nicht vom Benutzer angegeben zu werden. In praktischen Anwendungen ist die Angabe dieser Indizes sogar meistens redundant und kann weggelassen werden, da die Typen der Leitungen meistens durch die Bausteinanschlüsse bestimmt werden.

Die Beispiele zeigen, daß man große, strukturierte Schaltkreise leicht übersehbar durch wenige Gleichungen in unserem Netzkalkül beschreiben und dabei Logik und Layouttopologie erfassen kann. Es fehlen durch die abstrakte Sicht jedoch viele Details bis hin zu Fertigungsdaten. Das Entwurfssystem CADIC [BHKM86,BHK*86,BHK*87b] generiert, ausgehend von solchen Gleichungen, fehlende Details, wie etwa die Zuordnung von Verdrahtungsschichten [KM89,Mol85,Mol87], die Bestimmung einer geometrischen Einbettung [Kol86] oder die Leitungen der Spannungsversorgung. Mit diesem System sind damit auch Übergänge zu Systemen, die komplette Fertigungsdaten erzeugen, wie etwa zu den in [HNS86,LM84] erwähnten, möglich und auch realisiert worden.

Die Beschreibung von auch komplizierteren Strukturen durch eine sehr kleine Menge einfacher Gleichungen erleichtert den Entwurf stark. So ist diese Spezifikation funktional, das heißt in einen Kalkül eingebettet und von einer einfachen Semantik. Dies macht sie übersichtlicher und einfacher analysierbar als z.B. eine algorithmische Spezifikation in einer "Algol-ähnlichen" Programmiersprache. Man kann selbstverständlich komplexe Objekte irgendeiner Entwurfsebene durch Programme systematisch beschreiben, die als Ausgabe eine Beschreibung des Objekts durch Fertigungsdaten, Netzlisten oder was auch immer, in einem vorgegebenen Format erzeugen. Die ersten Versuche wurden auch in diese Richtung hin durch Erstellung und Nutzung gewisser Programmierumgebungen unternommen (siehe z.B. [Buc80]). Der dabei entstehende Aufwand, der nicht zuletzt viel syntaktischem Ballast zuzuschreiben ist, steht in keiner Relation zu dem minimalen Aufwand, den Netzgleichungen verursachen. Diese liefern eine leicht veränderbare, auf andere Randbedingungen anpaßbare, übersichtliche Beschreibung, die, wenn sie vornehmlich durch graphische Ersetzungsregeln erstellt wird (CADIC hat neben der Formelschnittstelle eine komfortable, graphische Schnittstelle [Bur88]), fast selbstdokumentierend ist.

Zum Abschluß stellt sich jedoch eine weitere Aufgabe neben der der systematischen Konstruktion der Schaltung, nämlich die der Erstellung von Fertigungstests. Es gibt dazu, liegt der Konstruktion eine Schaltung auf Gatterebene zugrunde, Testmustergeneratoren, die Muster automatisch erzeugen, deren Zeitkomplexität aber die Analyse großer Schaltungen nicht oder nur unter größtem Aufwand zuläßt. Jedoch speziell zu Schaltungen mit regelmässiger Struktur kann man häufig durch manuelle Analyse kleine Testmengen zur Überdeckung aller Fehler eines gewissen Fehlermodells finden. Die manuelle Entwicklung einer Teststrategie wird dabei für die ganze Familie von Schaltungen (etwa 2^k bit Addierer für alle k) vollzogen, und kann daher in allen Anwendungen genutzt werden. Sie mag zwar aufwendig für den Entwickler sein, liefert aber verläßliche Tests vor allem für große Beispiele, bei denen eine automatische Testmustergenerierung mit hoher Fehlerüberdeckung unmöglich ist. Wir wollen in diesem Abschnitt eine solche manuelle Testanalyse nicht durchführen und verweisen dazu auf einschlägige Vorarbeiten wie [Bec88,BS88]. Einen tieferen Einblick in dieses Problemfeld gestattet zum Beispiel [Bec89].

3.6 Aufgaben

Aufgabe 1 Vervollständigen Sie die Definition der ALU. Verallgemeinern Sie die Definition dabei zu einer Spezifikation einer n-bit ALU ($n \geq 2$ beliebig).

Aufgabe 2 Geben Sie rekursive Gleichungen für einen Shifter an, der als Eingänge einen Operanden $a = a_{n-1} \cdots a_0$ und Steuerleitungen $x = x_{k-1} \cdots x_0$ hat und in $k = \log n$ Stufen den Operanden a um
- $num_k(x)$ Stellen nach links schiebt (mit Auffüllen von 0).
- $num_k(x)$ Stellen nach rechts schiebt (mit Auffüllen von a_{n-1}).
- $num_k(x)$ Stellen zyklisch nach links schiebt.

Ergänzen Sie den Shifter durch Steuerleitungen für Links-, Rechts- und zyklischen Shift, und geben Sie rekursive Gleichungen für ein Netz an, das in Abhängigkeit dieser Steuerleitungen den jeweiligen Befehl ausführt.

Aufgabe 3 Verändern Sie den vorgestellten Carry-lookahead Addierer und den Shifter so, daß man sie als Funktionsscheiben in einer "schnellen ALU" benutzen kann. Die Rolle des Steuerwortes x aus Aufgabe 2 übernehmen dazu die Bits $b_{k-1} \cdots b_0$ des b-Operanden.

Aufgabe 4 Geben Sie eine mit der Bitbreite parametrisierte zeilenorientierte Beschreibung des in diesem Kapitel beschriebenen Multiplizierers an!

Kapitel 4

Krause Logik

Neben Funktionsblöcken, die zum Beispiel logische und arithmetische Operationen ausführen, gibt es in einem Schaltwerk eine oder mehrere Einheiten, die diese Funktionsblöcke ansteuern, die Steuerwerke. Eine Steuereinheit steuert das Zusammenspiel der Funktionsblöcke. Im Gegensatz zu den Schaltkreisen, die im vorherigen Kapitel behandelt wurden, ist eine Steuereinheit (meistens) nicht regulär. Ihr Verhalten wird durch boolesche Ausdrücke, endliche Automaten oder Mikroprogramme beschrieben. Ihre Realisierung erfolgt in heutigen Systemen durch einfache Kombinatorik, durch programmierbare logische Felder (PLA), durch Weinberger Arrays oder durch Nurlesespeicher (ROM). Am Beispiel einer Ampelsteueranlage wollen wir in diesem Kapitel zeigen, wie man, ausgehend von einer Steuerungsspezifikation, *systematisch* zu einer Realisierung durch einen Schaltkreis, in diesem Fall durch ein programmierbares logisches Feld, kommt.

Anhand programmierbarer logischer Felder zeigen wir dann, daß auch im Falle von nichtregulärer Logik (einfache und kleine) Fertigungstests durch systematisches Vorgehen gefunden werden können. Solche Fertigungstests benötigt man, um während einer Testphase die Chips, die durch Unvollkommenheiten im Fertigungsprozeß fehlerhaft sind, auszusortieren.[1] Wir überlegen uns, wie man ein PLA testfreundlich entwerfen kann und stellen für diese Realisierung einen (relativ) kleinen universellen Test vor, d.h. wir geben eine Menge von Testmustern an, die unabhängig von dem vom PLA realisierten endlichen Automaten, alle *stuck-at*-Einzelfehler und *crosspoint*-Einzelfehler erkennt. Dieses Resultat baut auf einer Arbeit von H. Fujiwara und K. Kinoshita [FK81] auf.

Im Anschluß daran gehen wir noch kurz auf abänderbare PLA's und Weinberger Arrays ein.

---

[1](Inoffiziellen) Angaben zufolge liegt die Ausbeute bei der Produktion von VLSI-Schaltungen bei weniger als 70 Prozent, d.h. von zehn Schaltungen sind im Durchschnitt 3 fehlerhaft.

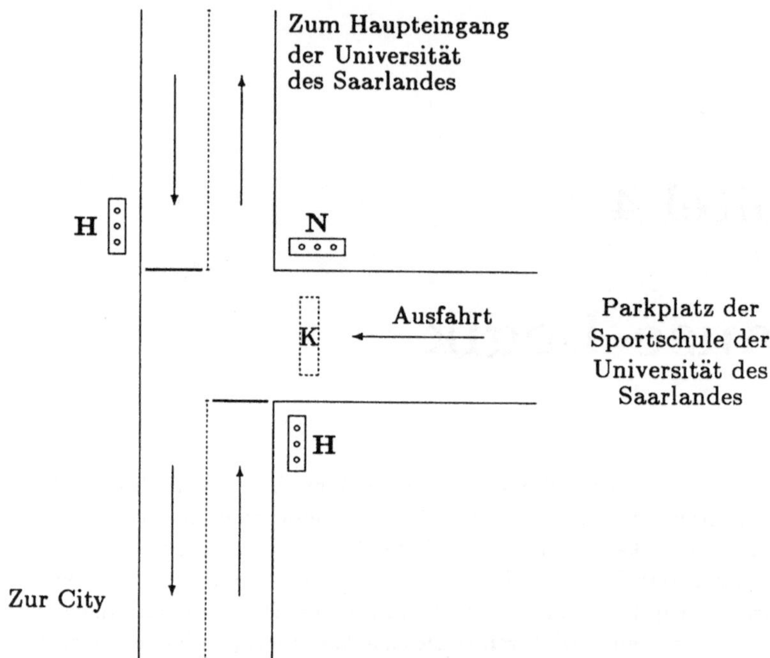

Abbildung 4.1: *Kreuzung, zu der die Ampelanlage gebaut werden soll. K bezeichnet die Kontaktschleife an der Ausfahrt des Parkplatzes. **N** bezeichnet die Ampel an dieser Ausfahrtsstraße und **H** die Ampel an der Zufahrtsstraße City-Universität.*

4.1 Problemstellung einer Ampelsteueranlage

Wir wollen die Steuerung einer Ampelanlage für die in Abbildung 4.1 dargestellte Kreuzung realisieren.

Die Ampelanlage soll die Ausfahrt vom Parkplatz der Sportschule der Universität des Saarlandes regeln. Da auf der Zufahrtsstraße zwischen der Saarbrücker City und dem Haupteingang der Universität reger Verkehr herrscht, soll die Ampel **N** an der Ausfahrt nur dann auf grün schalten, wenn ein Auto über die Kontaktschleife gefahren ist. Die Grünphase der Ampel **H** der Hauptstraße soll aber wenigstens c Zeiteinheiten dauern. Desweiteren verlangen wir, daß die Grünphase der Ampel **N** genau c' Zeiteinheiten anhält und daß dann die Hauptstraße wieder freie Fahrt bekommt. Die Gelbphase der beiden Ampeln soll c'' Zeiteinheiten anhalten.

Wir wollen davon ausgehen, daß uns drei Schaltwerke $Clock(c)$, $Clock(c')$ und

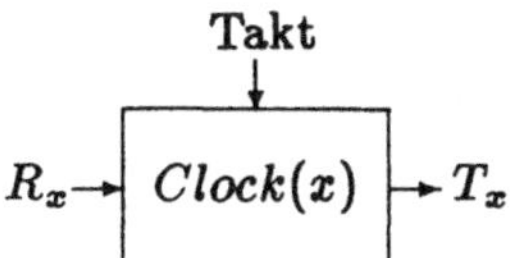

Abbildung 4.2: *Schnittstelle des Schaltkreises $Clock(x)$*

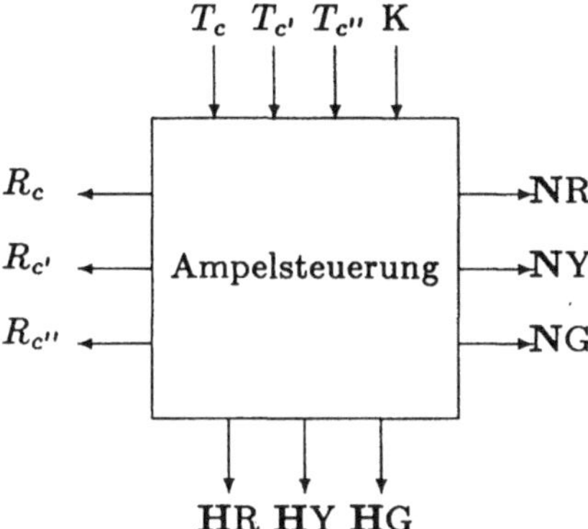

Abbildung 4.3: *Schnittstelle der Ampelsteuerung*

$Clock(c'')$, die die Funktionen der Uhren realisieren, zur Verfügung stehen. Der Schaltkreis $Clock(x)$ ($x \in \{c, c', c''\}$) soll hierbei folgende Schnittstelle haben (s. Abbildung 4.2):

- Ein Eingang für den Systemtakt (Takt).

- Ein Signal zum Zurücksetzen der Uhr, das Resetsignal (R_x)

- Ein Ausgangssignal T_x, das genau dann den booleschen Wert 1 liefert, wenn seit dem letzten Zurücksetzen der Uhr wenigstens x Systemtakte vergangen sind.

Hieraus ergibt sich die in Abbildung 4.3 dargestellte Schnittstelle für das Steuerwerk der Ampelanlage. K sei hierbei ein Eingabesignal, das genau dann den booleschen Wert 1 liefert, wenn ein Auto auf der Kontaktschleife steht. Die Signale **HR**, **HY**, **HG** kodieren den Zustand der Ampel **H** an der Hauptstraße. Ist **HR** gleich 1, so soll das rote Licht von **H** aufleuchten. **HY** ist das entsprechende Signal für das gelbe Licht der Ampel **H** und **HG** das Signal für das grüne Licht. Analog kodieren die Signale **NR**, **NY** und **NG** den Zustand der Ampel **N** an der Ausfahrt.

4.2 Beschreibung krauser Logik

Um die Steuerung der Ampelanlage zu realisieren, müssen wir zunächst das Verhalten des zu realisierenden Schaltwerkes exakt definieren. Offensichtlich hängt das Verhalten der Ampelsteuerung nicht allein von der aktuellen Belegung der Eingabeleitungen T_c, $T_{c'}$, $T_{c''}$ und K ab, sondern auch von der "Vorgeschichte", seinem *inneren Zustand*. Üblicherweise wird deshalb das Verhalten einer Steuereinheit durch einen *endlichen Automaten* beschrieben.

4.2.1 Endliche Automaten

Wir wollen zuerst endliche Automaten formal einführen.

Definition 4.2.1 *Ein* endlicher (Mealy-) Automat *ist ein Quintupel* $A = (Z, X, Y, \delta, \lambda)$. *Dabei sind* Z, X, Y *drei endliche Mengen.* Z *ist die* Menge der Zustände, X *das* Eingabealphabet *und* Y *das* Ausgabealphabet. $\delta : Z \times X \to Z$ *und* $\lambda : Z \times X \to Y$ *sind Abbildungen, die* Übergangsfunktion *und die* Ausgabefunktion.

$\delta(z, x) = z'$ gibt an, daß der endliche Automat durch Eingabe $x \in X$ aus dem Zustand z in den Zustand z' übergeht und $\lambda(z, x) = y$ gibt an, daß dabei $y \in Y$ ausgegeben wird.

In der Praxis, insbesondere wenn man Steuerwerke beschreiben will, benötigt man eine bequeme Möglichkeit, einzelne Eingabeleitungen des Steuerwerkes abzufragen. So interessiert man sich in der Ampelkonfiguration, in der die Autos auf der Nebenstraße rot und die auf der Hauptstraße grün haben, nur für die Eingangssignale K und T_c. Man bleibt nämlich genau dann in dieser Konfiguration, wenn entweder kein Auto auf der Kontaktschleife steht ($K = 0$) oder die Grünphase der Ampel **H** der Hauptstraße noch keine c Takte andauert ($T_c = 0$). Die Belegung der anderen Eingangsleitungen braucht man sich zu diesem Zeitpunkt nicht anzuschauen. Diese Übergangsbedingungen kann man sehr einfach mithilfe von booleschen Aussagen über den Eingangsleitungen (als Variablen interpretiert) formulieren. Im Beispiel der Ampelsteuerung wären dies boolesche Ausdrücke über den Variablen T_c, $T_{c'}$, $T_{c''}$ und K; die vorhin besprochene Übergangsbedingung würde lauten: der Automat bleibt genau dann in der Konfiguration, in der die Autos auf der Hauptstraße freie Fahrt haben, wenn die boolesche Aussage $\overline{T_c} \vee \overline{K}$ wahr ist.

Um das Verhalten einer Steueranlage mit p Eingabeleitungen $e_1, \ldots, e_p$ und n Ausgabeleitungen $a_1, \ldots, a_n$ zu beschreiben, benötigt man also einen endlichen Automaten mit Eingabealphabet $X = \{0, 1\}^p$ und Ausgabealphabet $Y = \{0, 1\}^n$. Liegt am endlichen Automaten der Eingabevektor $x = (x_1, \ldots, x_p) \in X$ mit $x_i = 1$ an, so bedeutet dies, daß die Eingabeleitung e_i den logischen Wert 1 trägt; $x_i = 0$ bedeutet, daß an e_i der logische Wert 0 anliegt. Gibt der endliche Automat den Vektor $y = (y_1, \ldots, y_n) \in Y$ mit $y_i = 1$ aus, so bedeutet dies, daß die Ausgabeleitung a_i der Steueranlage auf 1 gesetzt werden muß; $y_i = 0$ bedeutet, daß a_i auf den logischen Wert 0 gesetzt werden muß.

Die Übergangsfunktion und die Ausgabefunktion eines solchen endlichen Automaten kann man bequem mithilfe eines beschrifteten gerichteten Graphen beschreiben, wobei die Knoten des Graphens die Zustände des endlichen Automaten repräsentieren und die Kanten mit ihren Beschriftungen die Abbildungen δ und λ beschreiben. So gibt der Teilgraph

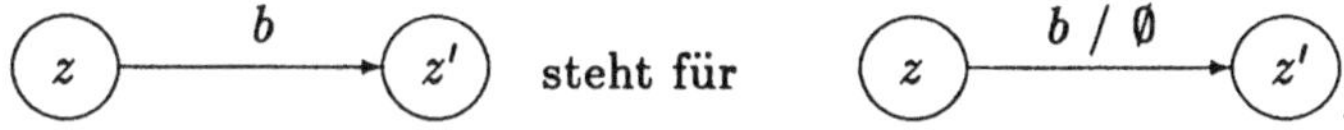

an, daß der endliche Automat vom Zustand z in den Zustand z' übergeht, falls der aktuelle Eingabevektor $x = (x_1, \ldots, x_p) \in X$, der am endlichen Automaten anliegt, den booleschen Ausdruck b erfüllt, d.h. falls $b(x)$ gleich 1 ist. In diesem Fall soll der Ausgabevektor $y = (y_1, \ldots, y_n) \in Y$ ausgegeben werden. Der besseren Lesbarkeit wegen geben wir im folgenden nur die Menge $E(y)$ der Ausgabeleitungen an, die auf den logischen Wert 1 gesetzt werden sollen, um den jeweiligen Ausgabevektor zu spezifizieren. Dabei werden wir sogar die Mengenklammern in der graphischen Darstellung weglassen. Eine vereinfachte textuelle Beschreibung dieses Übergangs ist dann gegeben durch $\widehat{\delta}(z, b) = z'$ und $\widehat{\lambda}(z, b) = E(y)$. "Leere" Ausgabemengen werden in der graphischen Darstellung nicht berücksichtigt, d.h. der Teilgraph

$$z \xrightarrow{\quad b \quad} z' \quad \text{steht für} \quad z \xrightarrow{\quad b\,/\,\emptyset \quad} z'.$$

Desweiteren vereinfachen wir die graphische Darstellung, indem wir jedem Zustand die Menge der Ausgabeleitungen, die unabhängig von dem aktuellen Eingabevektor auf den Wert 1 gesetzt werden sollen, zuordnen und sie aus den entsprechenden Kantenbeschriftungen entfernen. Sei also $z \in Z$ ein Zustand mit genau w ausgehenden Kanten $k_1, \ldots, k_w$. Dann vereinfachen wir unsere graphische Darstellung wie folgt:

Hierbei ist

$$\gamma = \bigcap_{i=1}^{w} y^{(i)} \quad \text{und} \quad \gamma^{(i)} = y^{(i)} \setminus \gamma \quad \text{für alle } i \in \{1, \ldots, w\}.$$

4.2.2   Logikbeschreibung der Ampelanlage

Wir wollen nun zu unserem Beispiel zurückkehren. Das Verhalten der Ampelsteuerungsanlage kann man offensichtlich als endlichen Automaten beschreiben. Das Verhalten für unsere gewünschte Ampelanlage ist in Abbildung 4.4 graphisch dargestellt. Jeder Zustand steht für eine Konfiguration der Ampelanlage. Zum Beispiel steht der Zustand z_1 für die Konfiguration, in der das rote und gelbe Licht der Ampel der Nebenstraße, sowie das rote Licht der Hauptstraße aufleuchten: die Ausgangsleitungen **NY**, **NR** und **HR** sind auf 1 gesetzt. Die anderen Lichter sind alle aus. Die Menge der Zustände besteht also aus 7 Elementen, nämlich $z_0, \ldots, z_6$.

Wir wollen nun anhand von Abbildung 4.4 das Verhalten der Steuerungsanlage erklären.

- Ist die Ampelanlage in der Konfiguration, in der die Ampel der Nebenstraße rot und die der Hauptstraße grün ist (Zustand z_0), dann verbleiben wir in diesem Zustand, falls kein Auto in der Nebenstraße auf die Kontaktschwelle fährt oder falls seit der letzten Rotphase der Hauptstraße noch keine c Zeiteinheiten vergangen sind. Dies ist genau dann der Fall, wenn die Eingangsleitung T_c auf 0 gesetzt ist oder aber K gleich 0 ist. Ansonsten gehen wir in den Zustand z_6 über, d.h. die Ampel der Hauptstraße springt auf gelb; die Uhr $Clock(c'')$ wird zurückgesetzt.

- Die Anlage verbleibt genau c'' Takte im Zustand z_6. Nach diesem Zeitabschnitt wird die Ampel der Hauptstraße auf rot gesetzt (Zustand z_2). Im nächsten Schritt geht die Steuerungsanlage in den Zustand z_1 über. Man bemerke, daß die Uhr $Clock(c)$ nicht zurückgesetzt wurde, d.h. die Eingangsleitung T_c noch immer den Wert 1 trägt. In diesem Zustand verweilt der Automat während c'' Zeiteinheiten (die Uhr $Clock(c'')$ wurde bei dem Übergang von Zustand z_2 nach Zustand z_1 zurückgesetzt) und geht dann in den Zustand z_3 über, d.h. die Autos auf der Nebenstraße bekommen grünes Licht. Nach c' Zeiteinheiten springt die Ampel der Nebenstraße wieder auf gelb (Zustand z_5).

- Nach c'' Zeiteinheiten geht der endliche Automat in den Zustand z_2 über. Dabei wird die Uhr $Clock(c)$ zurückgesetzt, d.h. im nächsten Schritt liefert die Eingangsleitung T_c eine 0 und der Automat geht in den Zustand z_4 über, in dem er c'' Takte verweilt, um dann in unseren Anfangszustand z_0 zurückzukehren.

4.2.3   Übersetzung in boolesche Ausdrücke

Wir wollen im folgenden versuchen, einen solchen endlichen Automaten als programmierbares logisches Feld zu realisieren. Vorerst kann man sich ein solches

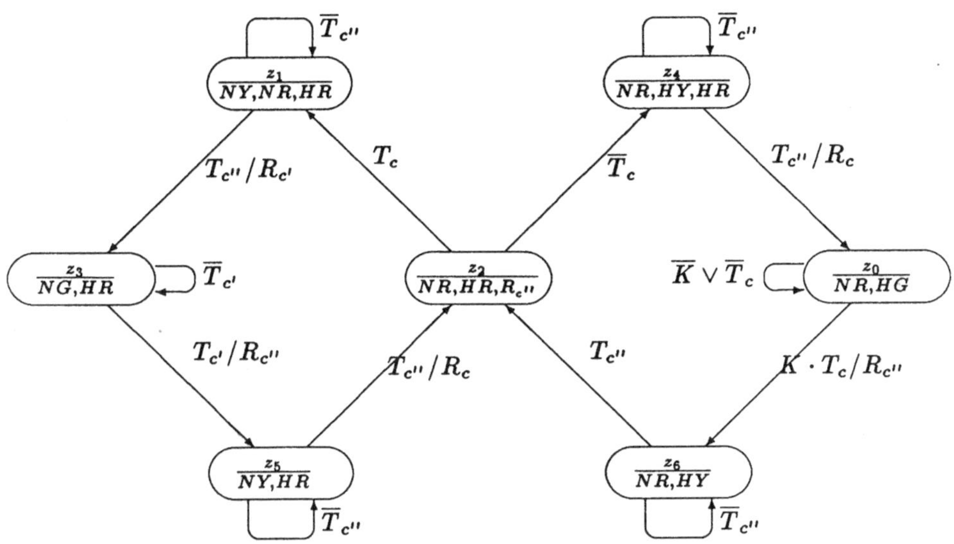

Abbildung 4.4: *Verhaltensbeschreibung der Ampelanlage*

PLA als einen normalen kombinatorischen Schaltkreis S (s. Abbildung 4.5) vorstellen, der für jeden Zustand eine Eingabeleitung besitzt, an der genau dann
eine 1 anliegt, wenn es sich um den aktuellen Zustand des endlichen Automaten
handelt. In Abhängigkeit des aktuellen Zustandes und des anliegenden Eingabe-
vektors wird der Folgezustand und der zu diesem Übergang gehörige Ausgabevektor berechnet. Der Zustand wird in einem Register abgespeichert und kann
so im nächsten Takt wieder an S angelegt werden.

Um einen endlichen Automaten wie in Abbildung 4.5 dargestellt zu realisieren,
müssen wir den Schaltkreis S, der die Überführungsfunktion δ und die Ausgabefunktion λ des endlichen Automaten berechnet, konstruieren. Ein erster Schritt
in diese Richtung ist die Übersetzung der Überführungs- und der Ausgabefunktion in boolesche Ausdrücke. Hierzu benötigen wir einige Bezeichnungen:

- Für jeden Zustand $z \in Z$ sei

$$Pred(z) = \{ z' \mid \text{Es gibt einen booleschen Ausdruck } b \text{ mit } \widehat{\delta}(z', b) = z \}$$

  die Menge aller Vorgänger des Zustandes z. In der Menge $Pred(z)$ sind also
  jene Zustände z' enthalten, mit der Eigenschaft, daß es in der graphischen
  Darstellung eine (mit einer Übergangsbedingung beschriftete) Kante vom
  Knoten z' zum Knoten z gibt.

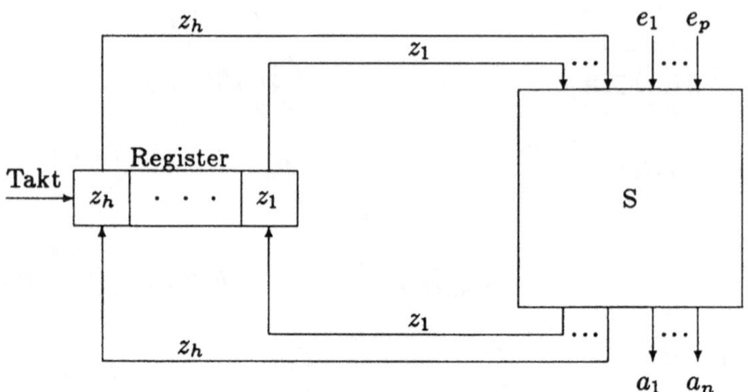

Abbildung 4.5: *Vereinfachte Sicht eines synchronen endlichen Automaten.*

- Für je zwei Zustände $z, z' \in Z$ bezeichne $\Delta(z, z')$ den booleschen Ausdruck, der den Zustandsübergang von z nach z' charakterisiert. Befindet sich der endliche Automat also in Zustand z und erfüllt der Eingabevektor $x \in X$ den booleschen Ausdruck $\Delta(z, z')$, so geht der endliche Automat in den Zustand z' über. Man bemerke, daß es in der graphischen Darstellung des endlichen Automaten mehrere parallele Kanten vom Knoten z zum Knoten z' geben kann, wenn zum Beispiel je nach Übergangsbedingung verschiedene Ausgaben gemacht werden müssen. In diesem Fall werden die dazugehörigen Übergangsbedingungen durch ein logisches Oder zusammengefaßt. Es gilt also

$$\Delta(z, z') = \bigvee_{b' \in \{b \,\mid\, \widehat{\delta}(z,b)=z'\}} b' \ .$$

- Für jeden Zustand $z \in Z$ und jede Ausgabeleitung a_i bezeichne $\Lambda(z, a_i)$ den booleschen Ausdruck, der die Zustandsübergänge mit Ausgangsknoten z, bei denen die Ausgabeleitung a_i auf den logischen Wert 1 gesetzt werden muß, charakterisiert. Um $\Lambda(z, a_i)$ zu erhalten, faßt man also alle die entsprechenden Übergangsbedingungen durch ein logisches Oder zusammen:

$$\Lambda(z, a_i) = \bigvee_{b' \in \{b \,\mid\, a_i \in \widehat{\lambda}(z,b)\}} b' \ .$$

Wir können nun einen endlichen Automaten einfach in boolesche Ausdrücke über den Variablen $z_1, \ldots, z_h, e_1, \ldots, e_p$ übersetzen.

- Die Ausgabeleitung a_i wird genau dann auf den logischen Wert 1 gesetzt, wenn der boolesche Ausdruck

$$f_{a_i} = \bigvee_{z \in Z} (z \cdot \Lambda(z, a_i))$$

wahr ist.

- Der endliche Automat geht genau dann in den Zustand z über, wenn der boolesche Ausdruck

$$f_z = \bigvee_{z' \in Pred(z)} (z' \cdot \Delta(z', z))$$

wahr ist.

Im folgenden wollen wir die zu der Ampelsteuerung gehörigen booleschen Ausdrücke berechnen. Wir beginnen mit dem Zustand z_6:

$$\begin{aligned}
f_{z_6} &= \bigvee_{z \in Pred(z_6)} (z \cdot \Delta(z, z_6)) \\
&= \bigvee_{z \in \{z_0, z_6\}} (z \cdot \Delta(z, z_6)) \\
&= (z_0 \cdot \Delta(z_0, z_6)) \vee (z_6 \cdot \Delta(z_6, z_6)) \\
&= (z_0 \cdot K \cdot T_c) \vee (z_6 \cdot \overline{T}_{c''}) \, .
\end{aligned}$$

Der zur Ausgangsleitung HG gehörige boolesche Ausdruck f_{HG} berechnet sich, indem man sich für jeden Zustand $z \in Z$ den booleschen Ausdruck $\Lambda(z, \text{HG})$ berechnet:

$$\Lambda(z, \mathbf{HG}) = \left\{ \begin{array}{ll} 0 & , \text{ falls } z \neq z_0 \\ 1 & , \text{ falls } z = z_0. \end{array} \right.$$

Daraus folgt dann $f_{HG} = z_0$.

Die restlichen zu der Ampelsteuerung gehörigen booleschen Ausdrücke berechnet man in analoger Weise. Zusammenfassend wollen wir alle boolesche Ausdrücke für die Ampelsteuerung aufzählen.

$$\begin{aligned}
f_{z_0} &= (z_0 \cdot \overline{K}) \vee (z_0 \cdot \overline{T}_c) \vee (z_4 \cdot T_{c''}) & (4.1) \\
f_{z_1} &= (z_1 \cdot \overline{T}_{c''}) \vee (z_2 \cdot T_c) & (4.2) \\
f_{z_2} &= (z_5 \cdot T_{c''}) \vee (z_6 \cdot T_{c''}) & (4.3) \\
f_{z_3} &= (z_1 \cdot T_{c''}) \vee (z_3 \cdot \overline{T}_{c'}) & (4.4)
\end{aligned}$$

$$f_{z_4} = (z_2 \cdot \overline{T}_c) \vee (z_4 \cdot \overline{T}_{c''}) \qquad (4.5)$$

$$f_{z_5} = (z_3 \cdot T_{c'}) \vee (z_5 \cdot \overline{T}_{c''}) \qquad (4.6)$$

$$f_{z_6} = (z_0 \cdot K \cdot T_c) \vee (z_6 \cdot \overline{T}_{c''}) \qquad (4.7)$$

$$f_{HG} = z_0 \qquad (4.8)$$

$$f_{HY} = z_4 \vee z_6 \qquad (4.9)$$

$$f_{HR} = z_1 \vee z_2 \vee z_3 \vee z_4 \vee z_5 \qquad (4.10)$$

$$f_{NG} = z_3 \qquad (4.11)$$

$$f_{NY} = z_1 \vee z_5 \qquad (4.12)$$

$$f_{NR} = z_0 \vee z_1 \vee z_2 \vee z_4 \vee z_6 \qquad (4.13)$$

$$f_{R_c} = (z_4 \cdot T_{c''}) \vee (z_5 \cdot T_{c''}) \qquad (4.14)$$

$$f_{R_{c'}} = z_1 \cdot T_{c''} \qquad (4.15)$$

$$f_{R_{c''}} = (z_0 \cdot K \cdot T_c) \vee z_2 \vee (z_3 \cdot T_{c'}) \qquad (4.16)$$

In dem nächsten Abschnitt zeigen wir, wie man boolesche Ausdrücke in disjunktiver Normalform mit einem programmierbaren logischen Feld realisieren kann.

4.3 PLA-Realisierung endlicher Automaten

4.3.1 Programmierbare logische Felder

Wir wollen davon ausgehen, daß die booleschen Ausdrücke $a_1, \ldots, a_n$, die wir realisieren wollen, in disjunktiver Normalform vorliegen. Die booleschen Ausdrücke seien aus q verschiedenen Monomen $t_1, \ldots, t_q$ aufgebaut, d.h.

$$a_1 = t_1^{(1)} \vee t_2^{(1)} \vee \ldots \vee t_{k_1}^{(1)}$$

$$a_2 = t_1^{(2)} \vee t_2^{(2)} \vee \ldots \vee t_{k_2}^{(2)}$$

$$\vdots$$

$$a_n = t_1^{(n)} \vee t_2^{(n)} \vee \ldots \vee t_{k_n}^{(n)},$$

wobei $t_j^{(i)}$ ein Monom aus der Menge $\{t_1, \ldots, t_q\}$ ist. $x_1, \ldots, x_p$ seien die Variablen, über denen die booleschen Ausdrücke definiert sind.

Das programmierbare logische Feld, das die booleschen Ausdrücke $a_1, \ldots, a_n$ realisiert, besteht aus (s. Abbildung 4.6)

- einem AND-Feld, das aus q Spalten und $2 \cdot p$ Zeilen aufgebaut ist, und

- einem OR-Feld, das aus q Spalten und n Zeilen aufgebaut ist.

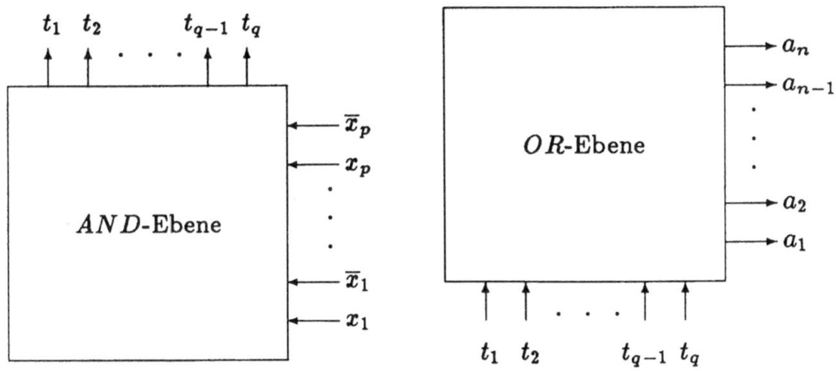

Abbildung 4.6: *Schnittstelle der AND-Ebene und OR-Ebene*

Die AND-Ebene wertet die Monome $t_1, \ldots, t_q$ aus. Das Resultat wird an die OR-Ebene weitergegeben. Die OR-Ebene wertet dann die booleschen Ausdrücke $a_1, \ldots, a_n$ aus.

Die AND- und OR-Ebene eines programmierbaren logischen Feldes sind aus Verknüpfungsgliedern aufgebaut, die je nach der zu realisierenden Logikfunktion angeordnet werden. Diese Glieder werden physikalisch mit Transistoren realisiert. Wir benötigen im folgenden zwei Bausteine, einen Schalter A und einen Schalter B, wobei Schalter B der im Uhrzeigersinn um 90 Grad gedrehte Schalter A ist.

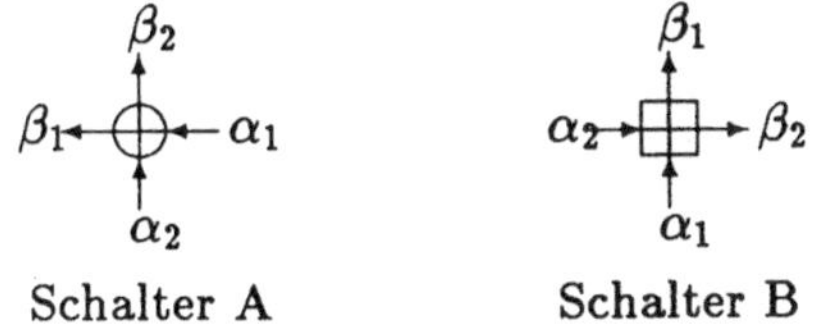

Schalter A   Schalter B

Die durch diese Zellen realisierte Funktion ist durch folgende Tabelle beschrieben:

α_1	α_2	β_1	β_2
0	0	0	0
1	0	1	0
0	1	0	1
1	1	1	0

Die Logik dieser Zellen kann man also beschreiben durch

$$\beta_1 = \alpha_1 \text{ und } \beta_2 = \alpha_2\overline{\alpha}_1.$$

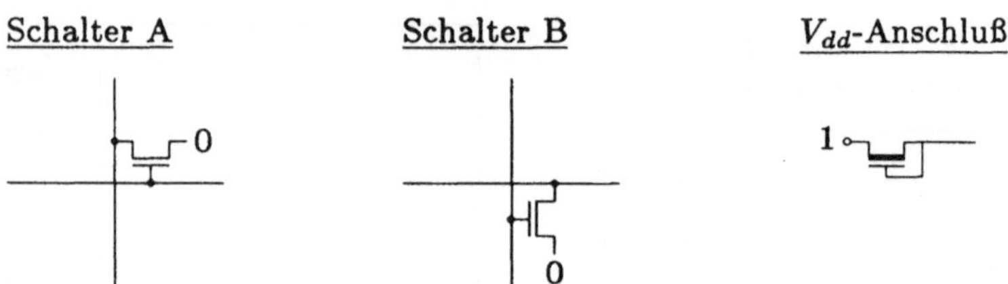

Abbildung 4.7: *Realisierung der Schalter A, B und des V_{dd}-Anschlußes*

Wir sagen der Schalter *schaltet*, wenn $\alpha_1 = 1$ gesetzt ist. Schaltet der Schalter und ist $\alpha_2 = 1$, so sagen wir, daß *die (zu α_2 gehörige) Leitung auf 0 gezogen wird*.

Abbildung 4.7 zeigt eine mögliche Realisierung dieser Schalter durch n-Kanal Transistoren. Desweiteren benötigen wir zur Realisierung von programmierbaren logischen Feldern einen Baustein zum V_{dd}-Anschluß, d.h. eine Zelle, deren Funktion die Konstante 1 ist. In Abbildung 4.7 ist eine solche Zelle zu sehen. Die Realisierung erfolgt hier durch einen selbstleitenden Transistor .

Aufbau der AND-Ebene

Die AND-Ebene zur Realisierung der Monome $t_1, \ldots, t_q$ ist wie folgt aufgebaut:

- Die Ebene ist ein Gitter bestehend aus $2p$ horizontalen Leitungen, wobei die $(2j\text{-}1)$-te Leitung den Wert der Variable x_j und die $2j$-te den negierten Wert von x_j trägt, und aus q vertikalen Leitungen, wobei auf der i-ten das Monom t_i ausgewertet werden soll. Der Gitterpunkt mit den Koordinaten $(2j\text{-}1, i)$ wird (x_j, t_i) Gitterpunkt und der mit den Koordinaten $(2j, i)$ wird $(\overline{x}_j, t_i)$ Gitterpunkt genannt.

- Jede der vertikalen Leitungen hat an ihrem unteren Ende einen V_{dd}-Anschluß.

- Sei für alle $i \in \{1, \ldots, q\}$

$$t_i \;=\; b_1^{(i)} \cdot \ldots \cdot b_{s_i}^{(i)} \text{ und}$$
$$T_i \;=\; \{b_1^{(1)}, \ldots, b_{s_i}^{(i)}\} \subseteq \{x_1, \overline{x}_1, \ldots, x_p, \overline{x}_p\}.$$

Dann befindet sich je ein Schalter A

- auf dem Gitterpunkt $(\overline{x}_j, t_i)$, falls $x_j \in T_i$, und
- auf dem Gitterpunkt (x_j, t_i), falls $\overline{x}_j \in T_i$.

Lemma 4.3.1 *Die obige Konstruktion ist korrekt, d.h. der i-te Ausgang des AND-Feldes liefert den Wert des booleschen Ausdrucks*

$$t_i = b_1^{(i)} \cdot b_2^{(i)} \cdot \ldots \cdot b_{s_i}^{(i)}.$$

Beweis: Aus der Funktionstafel, die das logische Verhalten von Schalter A beschreibt, folgt

$$t_i = \alpha_2 \cdot \overline{\overline{b_1^{(i)}}} \cdot \ldots \cdot \overline{\overline{b_{s_i}^{(i)}}},$$

wobei das Signal α_2 an einem V_{dd}-Anschluß hängt. Hieraus folgt unmittelbar die Gleichung

$$t_i = b_1^{(i)} \cdot b_2^{(i)} \cdot \ldots \cdot b_{s_i}^{(i)}.$$

∎

Der Leser findet in Abbildung 4.8 eine Realisierung für die Monome $t_2 = x_1 \overline{x}_2 x_4$ und $t_1 = x_3$, falls p gleich 4 ist.

Aufbau der OR-Ebene

Die OR-Ebene zur Realisierung der booleschen Ausdrücke ist wie folgt aufgebaut:

- Die Ebene ist ein Gitter bestehend aus q vertikalen Leitungen, wobei die Belegung der i-ten der Wert des Monoms t_i sein soll, und aus n horizontalen Leitungen, wobei auf der j-ten der Ausdruck a_j ausgewertet werden soll. Der Gitterpunkt mit den Koordinaten (j, i) wird (a_j, t_i) Gitterpunkt genannt.

- Jede der horizontalen Leitungen hat an ihrem linken Ende einen V_{dd}-Anschluß.

- Es befindet sich je ein Schalter B auf den Gitterpunkten $(a_j, t_1^{(j)})$, $\ldots$, $(a_j, t_{k_j}^{(j)})$.

- Vor dem Ausgang sitzt in jeder Zeile ein Inverter.

Lemma 4.3.2 *Die obige Konstruktion ist korrekt, d.h. der j-te Ausgang des OR-Feldes liefert den Wert des booleschen Ausdrucks*

$$a_j = t_1^{(j)} \vee \ldots \vee t_{k_j}^{(j)}$$

Beweis: Das Lemma beweist man analog zum Lemma 4.3.1. ∎

Der Leser findet in Abbildung 4.8 eine Realisierung für den booleschen Ausdruck $a = t_1 \vee t_3 \vee t_4$.

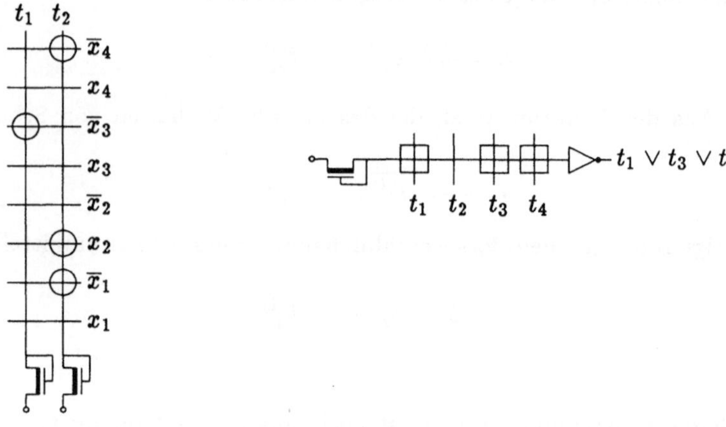

Abbildung 4.8: *Aufbau einer AND-Spalte und einer OR-Zeile*

4.3.2 PLA für die Ampelsteueranlage

In den Abbildungen 4.9 und 4.10 findet man die zu der Ampelsteuerung gehörigen
AND-Ebene und OR-Ebene. In der AND-Ebene werden 22 Monome berechnet:

$$
\begin{array}{lll}
t_1 = z_0 \cdot \overline{K} & t_2 = z_0 \cdot \overline{T}_c & t_3 = z_4 \cdot T_{c''} \\
t_4 = z_1 \cdot \overline{T''_c} & t_5 = z_2 \cdot T_c & t_6 = z_5 \cdot T_{c''} \\
t_7 = z_6 \cdot T_{c''} & t_8 = z_1 \cdot T_{c''} & t_9 = z_3 \cdot \overline{T}_{c'} \\
t_{10} = z_2 \cdot \overline{T}_c & t_{11} = z_4 \cdot \overline{T}_{c''} & t_{12} = z_3 \cdot T_{c'} \\
t_{13} = z_5 \cdot \overline{T}_{c''} & t_{14} = z_0 \cdot K \cdot T_c & t_{15} = z_6 \cdot \overline{T}_{c''} \\
t_{16} = z_0 & t_{17} = z_1 & t_{18} = z_2 \\
t_{19} = z_3 & t_{20} = z_4 & t_{21} = z_5 \\
t_{22} = z_6 & &
\end{array}
$$

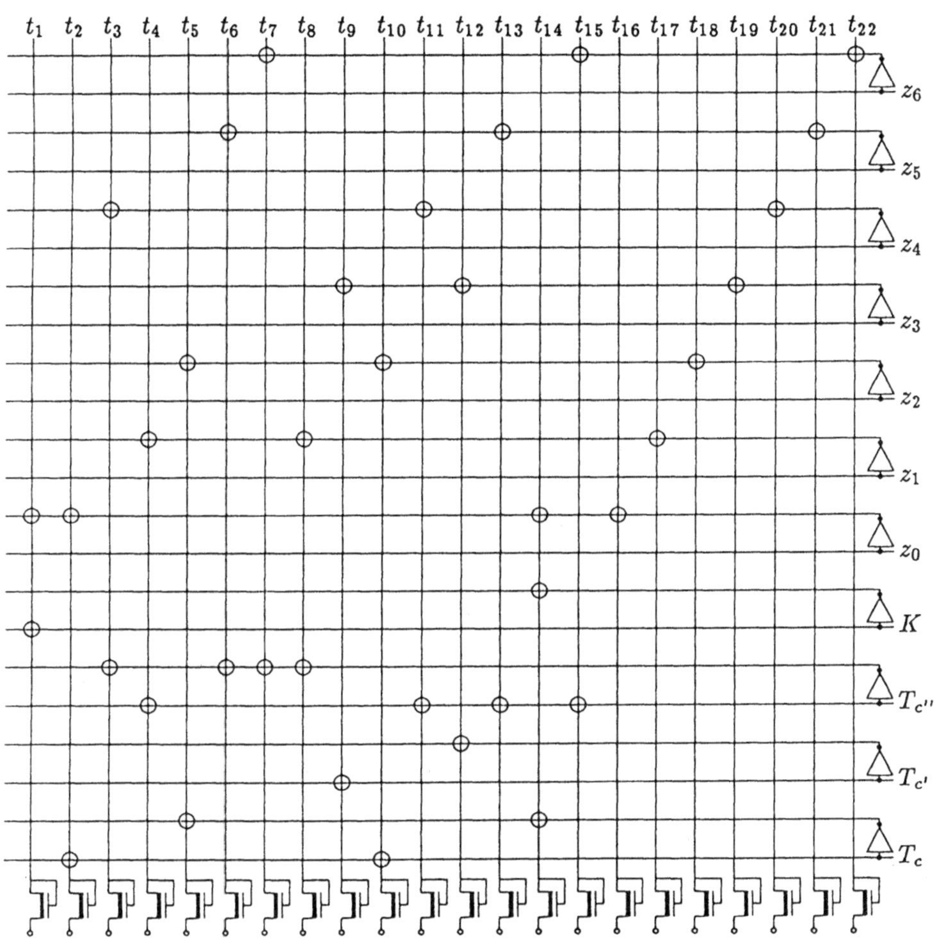

Abbildung 4.9: *AND-Ebene der Ampelsteueranlage*

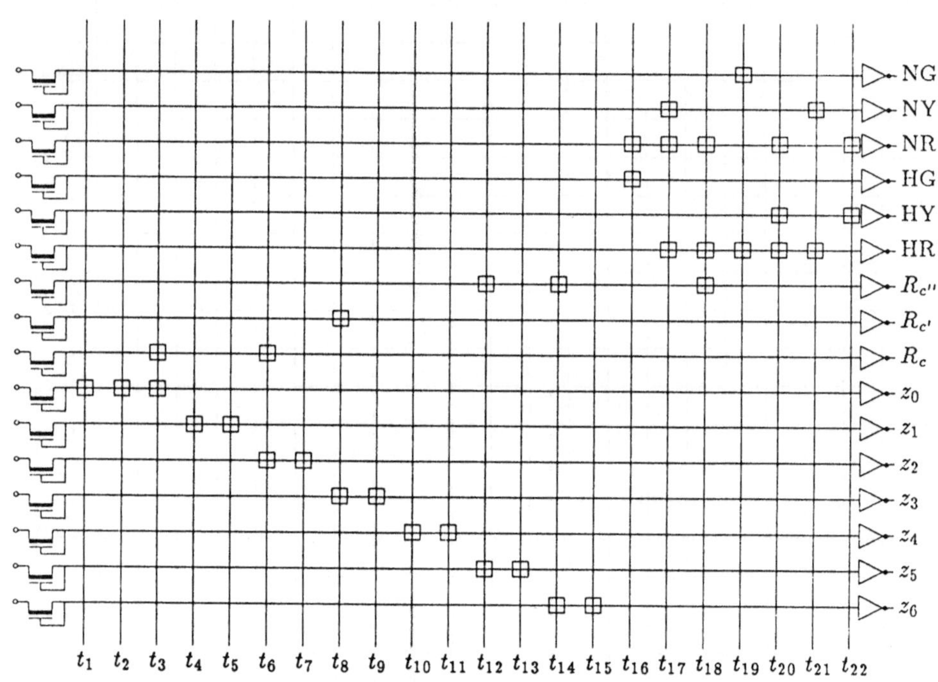

Abbildung 4.10: *OR-Ebene der Ampelsteueranlage*

4.3.3 Aufgaben

Aufgabe 1 Überlegen Sie sich, wie man mithilfe eines programmierbaren logischen Feldes einen Nurlesespeicher (ROM) realisieren kann! Die Adreßbreite des Speichers sei gleich p, d.h. der Speicher soll 2^p Daten speichern können. Jedes Datum bestehe hierbei aus n Bit.

Vergleichen Sie Ihre Lösung mit den Speicherarchitekturen aus der Literatur (zum Beispiel mit [WE85]).

Aufgabe 2 Überlegen Sie sich, wie man das PLA verändern muß, um boolesche Ausdrücke in konjunktiver Normalform einfach zu realisieren, d.h. ohne die konjunktive Normalform in eine disjunktive Normalform umzuwandeln! (Man überlegt sich leicht, daß bei dieser Umformung der boolesche Ausdruck exponentiell wachsen kann.)

Aufgabe 3 Bauen Sie ein PLA mit 10 Eingängen $x_1, \ldots, x_{10}$ und einem Ausgang a_1, der genau dann das Signal 1 tragen soll, wenn die Bitkette 01011 Teilwort von $x_1 x_2 \ldots x_{10}$ ist, d.h.

$$a_1 = \begin{cases} 1, & (\exists i \leq 6)\ x_i = 0, x_{i+1} = 1, x_{i+2} = 0, x_{i+3} = 1, x_{i+4} = 1 \\ 0, & \text{sonst.} \end{cases}$$

Aufgabe 4 Erweitern Sie die vorgestellte Ampelanlage um eine Fußgängerampel F, die es den Studenten der Universität erlaubt, gefahrlos die Hauptstraße zu überqueren, um zu der Bushaltestelle (Fahrtrichtung: Universität $\rightarrow$ City) zu gelangen.

4.4 Test von PLA's

Die Entwurfsaufgabe ist erst gelöst, wenn auch Testmuster zum Testen der gefertigten Schaltung vorliegen. Mithilfe von diesen Testmustern wird nach der Fertigung der Schaltung in einer Testphase festgestellt, welche der vorliegenden Exemplare durch Unvollkommenheiten im Fertigungsprozeß fehlerhaft sind. Die Integrationsdichte macht es heute notwendig, sich parallel zum Logikentwurf der Schaltung über die Testbarkeitsfrage Gedanken zu machen. Allgemeine Schaltwerke entwirft man deshalb nach geeigneten prüftechnischen Entwurfsregeln, wie man sie zum Beispiel im VENUS-System vorfindet [HNS86]. Genügt ein Entwurf diesen Regeln, so kann eine Menge von Testmustern automatisch generiert werden, mit denen man mit großer Wahrscheinlichkeit jedes fehlerhafte Exemplar aussortieren kann. Diese Testmenge ist in dem Sinne nicht vollständig, daß die Wahrscheinlichkeit, mit der man einen fehlerhaften Chip aussortiert, selten 100 Prozent ist. Selbst in einfachen Fehlermodellen (wie zum Beispiel im *single stuck-at* Fehlermodell) ist die Überdeckung nicht immer 100 Prozent. Deshalb

ist man dazu übergegangen, für spezielle Schaltungen vollständige Mengen von
Testmustern zu beweisen. Für arithmetische Schaltkreise, wie zum Beispiel Addierer, Multiplizierer und Pattern Matcher, gibt es solche Vollständigkeitssätze
von B. Becker, J.P. Chen, J. Ferguson, A.D. Friedman, J. Hartmann und U. Sparmann [Bec87,Bec88,BS88,FC83,Fri73,Har88a,Spa88]. Interessant ist hierbei, daß
diese bewiesenen, vollständigen Mengen von Testmustern sehr klein sind (die
Größen bewegen sich zwischen konstant und linear in der Anzahl der Schalt-
kreiseingänge). Hierdurch gewährleistet man einen schnellen Test, den man unter Umständen als Selbsttest implementieren kann. Näheres über diese Resultate
findet man in dem Buch von B. Becker [Bec89].

Ähnliche Resultate wurden für programmierbare logische Felder bewiesen. So erweiterten H. Fujiwara und K. Kinoshita [FK81] programmierbare logische Felder
derart, daß man sie mit linear (in der Anzahl der Monome und der Variablen)
vielen Testmustern testen kann. Der angegebene Test ist unabhängig von der
vom PLA realisierten Funktion, d.h. der Test ist nur abhängig von der Anzahl der Eingänge, der Anzahl der Monome und der Anzahl der Ausgänge. Der
Mehraufwand an Hardware ist ebenfalls nur linear in der Anzahl der Monome
und der Variablen. Im folgenden wollen wir den von Fujiwara und Kinoshita vorgestellten Entwurf (bis auf kleine Änderungen) aufzeichnen und eine vollständige
Testmenge beweisen. Hierzu muß man aber zuerst mehr über Fehler und Fehler-
modelle sagen.

4.4.1   Das Fehlermodell

Sinn und Zweck von Tests ist die Erkennung von Fabrikationsfehlern. Um die
Qualität eines Tests zu beurteilen, müßte man daher herausfinden, ob der Test
jeden Fabrikationsfehler aufdeckt. Da aber die Fehlermechanismen des Fabrikationsprozesses, sofern sie überhaupt bekannt sind, aus Entwerfersicht im Schaltplan weder leicht zu modellieren noch leicht zu analysieren sind, beschränkt man
sich auf einfache, abstrakte Fehler. Man sucht nach einer Menge von Eingabe-
mustern, die all diese abstrakten Fehler aufdecken, und hofft, daß hiermit auch
schon die meisten Fabrikationsfehler erkannt werden. Ein erfolgreiches Modell
bei der Realisierung programmierbarer logischer Felder ist es, folgende zwei Arten
abstrakter Fehler zu betrachten.

- Zum einen betrachtet man den Fehler, daß bei der Realisierung des Schaltkreises an einer Leitung unabhängig von den Eingangswerten immer das
  Signal 1 beziehungsweise das Signal 0 anliegt, obwohl es eine Eingabe gibt,
  für die an der entsprechenden Leitung in einer fehlerfreien Realisierung
  das Signal 0 beziehungsweise das Signal 1 anliegt. Ein solcher Fehler wird
  stuck-at-1 beziehungsweise *stuck-at-0* genannt.

- Zum anderen betrachtet man den Fehler, daß in der Realisierung des programmierbaren logischen Feldes ein Schalter A beziehungsweise ein Schal-

ter B fehlt, was gleichbedeutend damit ist, daß das Verknüpfungsglied nicht funktioniert, oder zu viel angebracht wurde. Einen solchen Fehler nennen wir *crosspoint-A* beziehungsweise *crosspoint-B* Fehler.

Definition 4.4.1 *Eine Realisierung eines programmierbaren logischen Feldes besitzt einen einfachen Fehler, falls es in der Realisierung genau einen Fehler, sei es ein stuck-at oder ein crosspoint Fehler, gibt.*

Eine Realisierung eines programmierbaren logischen Feldes besitzt einen Mehrfachfehler, falls es in der Realisierung wenigstens einen stuck-at oder einen crosspoint Fehler gibt.

Man überlegt sich nun leicht, daß $5q(2p + n)$ verschiedene Einzelfehler und $(2^{q(2p+n)} - 1)(3^{2q(2p+n)} - 1)$ verschiedene Mehrfachfehler in einem programmierbaren logischen Feld möglich sind [Aga86]. Bei dieser großen Anzahl von verschiedenen Mehrfachfehler scheint es sehr schwierig zu sein, Testmuster, die alle fehlerhaften Realisierungen eines PLA aussortieren, zu generieren, beziehungsweise nachzuweisen, daß eine gegebene Menge von Testmustern es tut. Deshalb schränkt man sich auf das *Einzelfehlermodell* ein und hofft, daß man mit diesem Ansatz auch die meisten Mehrfachfehler findet (s. hierzu zum Beispiel [Aga80]). Im folgenden werden wir uns deshalb auch auf das Einzelfehlermodell beschränken und werden, nachdem wir die programmierbaren logischen Felder etwas erweitert haben, einen kleinen funktionsunabhängigen Test beweisen, der vollständig ist, d.h. der jede Realisierung eines programmierbaren logischen Feldes aussortiert, falls sie einen Einzelfehler besitzt. Funktionsunabhängig heißt, daß die Menge der Testmuster nur abhängig von der Dimension des programmierbaren logischen Feldes ist, nicht aber von der realisierten Funktion.

4.4.2 Entwurf von leicht testbaren PLA's

Damit ein einfacher Test möglich ist, muß man den Entwurf eines programmierbaren logischen Feldes erweitern. Wir wollen dies an einem Beispiel vorführen. Seien hierzu die zwei folgenden booleschen Ausdrücke

$$a_1 = x_1 \vee x_4 \vee \overline{x}_2\overline{x}_3 \vee \overline{x}_1 x_2 x_3$$
$$a_2 = \overline{x}_2 \vee x_4 \vee x_1\overline{x}_3 \vee \overline{x}_1 x_2 x_3$$

gegeben. In Abbildung 4.11 ist das dazugehörige programmierbare logische Feld angegeben. Die Zelle D_1 ist hierbei eine Zelle, die im Osten als Eingangssignal x_i erhält und im Westen die Signale x_i und $\overline{x}_i$ (von unten nach oben) ausgibt. Die Monome bezeichnen wir mit $t_1, \ldots, t_6$.

$$t_1 = \overline{x}_1 x_2 x_3 \qquad t_2 = x_1\overline{x}_3$$
$$t_3 = \overline{x}_2\overline{x}_3 \qquad t_4 = x_4$$
$$t_5 = \overline{x}_2 \qquad t_6 = x_1$$

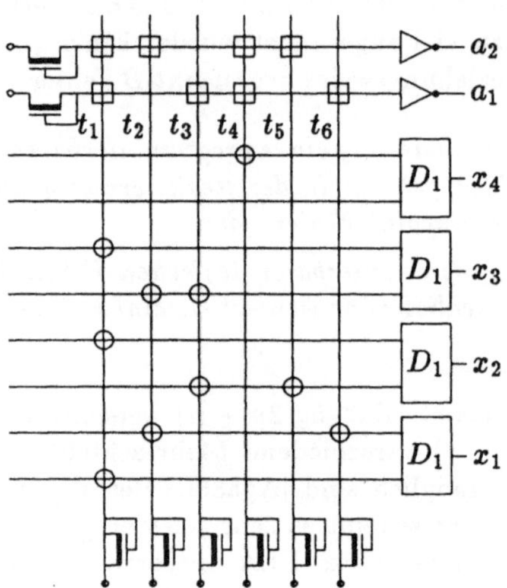

Abbildung 4.11: *Realisierung von a_1 und a_2*

In Abbildung 4.12 ist das dazugehörige erweiterte programmierbare logische Feld dargestellt. Die wesentliche Idee bei der Erweiterung ist, daß sich in jeder Zeile der AND-Ebene eine ungerade Anzahl von A-Schaltern und sich in jeder Spalte der OR-Ebene eine ungerade Anzahl von B-Schaltern befinden.

Das programmierbare logische Feld wird im einzelnen wie folgt erweitert:

- Das PLA wird durch eine zusätzliche Spalte (Spalte 0) erweitert. Es befindet sich genau dann ein Schalter A auf dem Gitterpunkt (x_i, t_0) (beziehungsweise $(\overline{x}_i, t_0)$), wenn sich ohne diesen Schalter eine gerade Anzahl von A-Schaltern in der $(2i\text{-}1)$-ten Zeile (beziehungsweise in der $2i$-ten Zeile) des PLA's befinden. Folglich befinden sich in dem erweiterten PLA in jeder Zeile des AND-Feldes eine ungerade Anzahl von A-Schaltern.

- Das PLA wird durch eine zusätzliche Zeile oberhalb der OR-Ebene (Zeile $n+1$ der OR-Ebene) erweitert. In dieser Zeile sind B-Schalter so angebracht, daß sich in dem erweiterten PLA in jeder Spalte eine ungerade Anzahl von B-Schaltern befinden.

- Die V_{dd}-Anschlüße der Spalten werden durch eine Schieberegisterkette S bestehend aus $q+1$ Register $S_0, \ldots, S_q$, ersetzt. Den Eingang von S bezeichnen wir mit y_0. Im Normalbetrieb werden die Register mit dem Signal **1** geladen. Im Testmodus jedoch kann man mithilfe von S **eine einzelne**

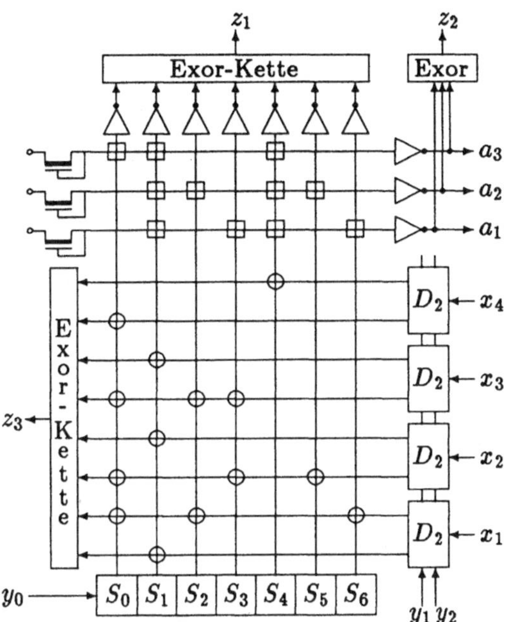

Abbildung 4.12: *Erweitertes programmierbares logisches Feld*

Spalte aktivieren, zum Beispiel aktiviert man mit der Belegung $S_j = 1$ und $S_i = 0$ $(\forall i \neq j)$ die j-te Spalte.

- Die D_1-Zellen werden durch D_2-Zellen ersetzt. Das Verhalten von der Zelle D_2 wird in der folgenden Abbildung verdeutlicht.

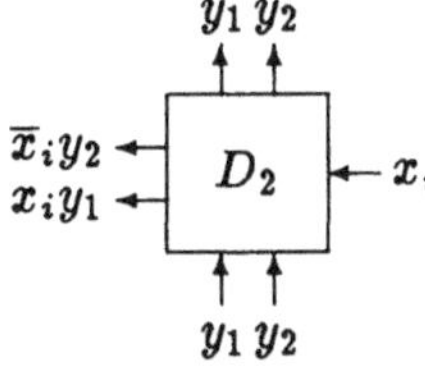

Im Normalbetrieb werden die Eingänge y_1 und y_2 das Signal **1** tragen. Im Testmodus jedoch können wir mithilfe dieser beiden Steuerleitungen genau eine Zeile der AND-Ebene aktivieren (beziehungsweise alle Zeilen deaktivieren).

Aktivieren einer x_i-Zeile

Um die zu x_i gehörige Zeile zu aktivieren, muß man folgende Signale an die Eingänge legen:

- $y_1 = 1$ und $y_2 = 0$.
  Hierdurch werden alle $\overline{x}_j$-Zeilen ($\forall j \in \{1,\ldots,p\}$) deaktiviert.

- $x_i = 1$ und $x_j = 0$ ($\forall j \neq i$).

Aktivieren einer $\overline{x}_i$-Zeile

Um die zu $\overline{x}_i$ gehörige Zeile zu aktivieren, muß man folgende Signale an die Eingänge legen:

- $y_1 = 0$ und $y_2 = 1$.
  Hierdurch werden alle x_j-Zeilen ($\forall j \in \{1,\ldots,p\}$) deaktiviert.

- $x_i = 0$ und $x_j = 1$ ($\forall j \neq i$).

- Das PLA wird um eine Exor-Kette oberhalb der OR-Ebene erweitert, wobei die Eingänge des Bausteins negiert werden. Den Ausgang der Exor-Kette bezeichnen wir mit z_1. Dieser Ausgang z_1 ist genau dann 1, wenn ungerade viele Eingangsleitungen der Exor-Kette den Wert 1 tragen. Mithilfe dieser Erweiterung kann man also nachprüfen, ob eine ungerade Anzahl von Monomen den Wert 0 tragen (Paritycheck der Spalten).

- Das PLA wird desweiteren um eine Exor-Kette an den eigentlichen Ausgängen der Schaltung erweitert. Den zugehörigen Ausgang bezeichnen wir mit z_2. Diese Erweiterung erlaubt die Überprüfung, ob eine ungerade Anzahl der Ausgangsleitungen den Wert 1 tragen.

- Schließlich wird das PLA um eine Exor-Kette links von der AND-Ebene erweitert, die genau dann an ihrem Ausgang z_3 den Wert 1 liefert, falls an ungeraden vielen Zeilen der AND-Ebene das Signal 1 anliegt.

4.4.3 Ein vollständiger Test

In diesem Abschnitt werden wir eine Menge von Eingabewerten angeben, mit denen man, unter der Annahme des Einzelfehlermodells, jede fehlerhafte Realisierung eines erweiterten PLA's aussortieren kann. Offensichtlich müssen die Eingabewerte so gewählt sein, daß die dazugehörigen Ausgabewerte sich im fehlerhaften und fehlerfreien Fall unterscheiden.

Satz 4.4.1 *Die in der Tabelle 4.1 angegebene Menge von Eingabewerten ist eine vollständige Testmenge, d.h. durch Anlegen der $2p + q + 3$ verschiedenen Eingabebelegungen sortiert man jede Realisierung des erweiterten programmierbaren logischen Feldes, die einen einfachen Fehler besitzt, aus.*

	$S_0\ S_1\ \ldots\ S_q$	y_1	y_2	$x_1\ x_2\ \ldots\ x_p$
Muster 1_j	$S_i = 1\ (\forall i \in \{0,\ldots,q\})$	1	0	$x_i = \begin{cases} 0, & \text{falls } i \neq j \\ 1, & \text{falls } i = j \end{cases}$
Muster 2_j	$S_i = 1\ (\forall i \in \{0,\ldots,q\})$	0	1	$x_i = \begin{cases} 1, & \text{falls } i \neq j \\ 0, & \text{falls } i = j \end{cases}$
Muster 3_j	$S_i = \begin{cases} 1, & \text{falls } i = j \\ 0, & \text{falls } i \neq j \end{cases}$	0	0	$-$
Muster 4	$S_i = 0\ (\forall i \in \{0,\ldots,q\})$	0	0	$-$
Muster 5	$S_i = 1\ (\forall i \in \{0,\ldots,q\})$	0	0	$-$

Tabelle 4.1: *Eine vollständige Testmenge für PLA's. Das Symbol $-$ steht für "beliebiger Wert"*

Im folgenden wollen wir den Satz 4.4.1 beweisen.

Lemma 4.4.2 *Es gelten folgende Aussagen:*

1. *Das Testmuster 1_j findet einen einfachen crosspoint-A Fehler, falls sich dieser auf der zu x_j gehörigen Zeile befindet.*

2. *Das Testmuster 2_j findet einen einfachen crosspoint-A Fehler, falls sich dieser auf der zu $\overline{x}_j$ gehörigen Zeile befindet.*

3. *Das Testmuster 3_j findet einen einfachen crosspoint-B Fehler, falls sich dieser auf der j-ten Spalte befindet.*

Beweis:

1. Die Eingangsbelegung 1_j bedingt, daß nur die zu x_j gehörige Zeile des AND-Feldes das Signal 1 trägt. Alle anderen Zeilen des AND-Feldes sind auf den Wert 0 gesetzt. Hieraus folgt offensichtlich, daß im fehlerfreien Fall in ungerade vielen Spalten ein Schalter A schaltet. Da das Schieberegister in allen Komponenten auf 1 gesetzt ist, werden also ungerade viele Spalten des AND-Feldes auf 0 gezogen, d.h. z_1 muß im fehlerfreien Fall den Wert 1 tragen. Im Falle eines einfachen crosspoint A Fehlers, der sich in der zu x_j gehörigen Zeile befindet, sind es *gerade* viele Spalten, in denen A-Schalter schalten, d.h. gerade viele Spalten des AND-Feldes werden auf 0 gezogen, d.h. z_1 liefert den Wert 0.

2. beweist man analog zu Punkt 1.

3. Wegen $y_1 = y_2 = 0$ schaltet kein A-Schalter, d.h. im fehlerfreien Fall trägt die j-te Spalte des PLA den Wert 1, alle anderen tragen den Wert 0. Hieraus folgt, daß im fehlerfreien Fall in ungerade vielen Zeilen der OR-Ebene ein B-Schalter schaltet, d.h. ungerade viele Zeilen werden auf 0

gezogen. Hieraus folgt dann, daß im fehlerfreien Fall z_2 den Wert 1 liefern muß. Im Falle eines einfachen crosspoint-B Fehlers, sind es *gerade* viele Zeilen, die auf 0 gezogen werden, d.h. z_2 liefert den Wert 0.

∎

Wir kommen nun zu den stuck-at Fehlern. Zuerst wollen wir zeigen, daß wir mit den oben aufgeführten Testmustern alle einfachen stuck-at Fehler in dem AND-Feld finden (Lemma 4.4.3). In Lemma 4.4.4 zeigen wir, daß diese Testmuster auch die einfachen stuck-at Fehler in dem OR-Feld auffinden.

Lemma 4.4.3 *Besitzt das programmierbare logische Feld einen einfachen stuck-at Fehler, der sich in dem AND-Feld befindet, so entdeckt man diesen einfachen Fehler, indem man die Testmuster aus Tabelle 4.1 anlegt.*

Beweis: Gibt es im PLA einen einfachen stuck-at Fehler im AND-Feld, so liegt einer der vier folgenden Fälle vor:

1. Es gibt einen stuck-at-1 Fehler in der h-ten Spalte des AND-Feldes.

   - Ist der Fehler zwischen dem Schieberegister und dem ersten sich in dieser Spalte befindlichen A-Schalter, so findet man den Fehler, indem man das Testmuster 4 anlegt. Im fehlerfreien Fall schaltet kein B-Schalter in der OR-Ebene, da alle Spalten das Signal 0 führen, d.h. die Ausgänge $a_1, \ldots, a_{n+1}$ liefern den Wert 0 ($z_2 = 0$). Im fehlerhaften Fall wird der h-ten Spalte der Wert 1 zugewiesen, d.h. ungerade viele Zeilen des OR-Feldes werden von den B-Schaltern auf 0 gezogen, d.h. ungerade viele der Ausgänge sind 1, und z_2 liefert den Wert 1.

   - Ist der Fehler oberhalb von einem Gitterpunkt (x_g, t_h) beziehungsweise $(\overline{x}_g, t_h)$, der von einem A-Schalter belegt ist, so legen wir das Testmuster 1_g beziehungsweise 2_g an. Hierdurch werden im fehlerfreien Fall, wie schon in Lemma 4.4.2 gesehen, ungerade viele Spalten auf 0 gezogen, d.h. der Ausgang z_1 liefert den Wert 1. Im fehlerhaften Fall jedoch wird durch den stuck-at-1 Fehler eine dieser Spalten wieder auf 1 zurückgesetzt, so daß am Ausgang z_1 der Wert 0 anliegt.[2]

2. Es gibt einen stuck-at-0 Fehler auf der h-ten Spalte des AND-Feldes. Legt man das Testmuster 5 an, so sind im fehlerfreien Fall alle Spalten des PLA's auf 1 gesetzt, d.h. der Ausgang z_1 liefert eine 0. Im fehlerhaften Fall wird die h-te Spalte auf 0 zurückgesetzt, d.h. am Ausgang z_1 liegt der Wert 1 an.

---

[2]Man überlegt sich leicht, daß man diesen Fehler ebenfalls mit dem Testmuster 4 hätte aufdecken können. Die Fallunterscheidung rührt daher, daß wir bei der Untersuchung der stuck-at Fehler in der OR-Ebene auf den Beweis zurückgreifen wollen.

3. Es gibt einen stuck-at-1 Fehler in einer Zeile des AND-Feldes. Legt man das Testmuster 5 an die Schaltung an, so liefert der Ausgang z_3 eine 1, während im fehlerfreien Fall eine 0 anliegt.

4. Es gibt einen stuck-at-0 Fehler in der zu x_g beziehungsweise der zu $\overline{x}_g$ gehörigen Zeile. Durch Anlegen des Testmusters 1_g beziehungsweise 2_g liefert z_3 im fehlerhaften Fall eine 0 und im fehlerfreien Fall eine 1.

Lemma 4.4.4 *Besitzt das programmierbare logische Feld einen einfachen stuck-at Fehler, der sich in dem OR-Feld befindet, so entdeckt man diesen einfachen Fehler, indem man die Testmuster 1_j, 2_j für alle $j \in \{1, \ldots, p\}$, die Testmuster 3_j für alle $j \in \{0, \ldots, q\}$ und das Testmuster 4 anlegt.*

Beweis: Gibt es im PLA einen einfachen stuck-at Fehler im OR-Feld, so liegt einer der drei folgenden Fälle vor:

1. Es gibt einen stuck-at-0 Fehler beziehungsweise einen stuck-at-1 Fehler in einer Spalte des OR-Feldes. Diese beiden Fälle werden genauso behandelt wie die stuck-at Fehler in einer Spalte des AND-Feldes.

2. Es gibt einen stuck-at-1 Fehler in der k-ten Zeile des OR-Feldes. Dann muß sich in der gleichen Zeile zwischen dem V_{dd}-Anschluß und dem Fehler ein B-Schalter befinden. O.B.d.A. befinde sich dieser Schalter auf dem Gitterpunkt (a_k, t_h). Legt man das Testmuster 3_h an, so werden ungerade viele Zeilen der OR-Ebene von den B-Schaltern auf 0 gezogen. Im fehlerhaften Fall wird eine dieser Zeilen wieder auf 1 zurückgesetzt, d.h. im fehlerhaften Fall liegt an dem Ausgang z_2 der Wert 0 und im fehlerfreien Fall der Wert 1 an.

3. Es gibt einen stuck-at-0 Fehler in einer Zeile des OR-Feldes. Durch Anlegen von Testmuster 4 liefert der Ausgang z_2 im fehlerfreien Fall den Wert 0, da keine der Zeilen von einem B-Schalter auf 0 gezogen wird. Im fehlerhaften Fall wird genau an einem der Ausgänge $a_1, \ldots, a_{n+1}$ eine 1 anliegen, d.h. am Ausgang z_2 liegt der Wert 1 an.

Nachdem wir nun gezeigt haben, daß man den Kern des programmierbaren logischen Feldes mit den oben aufgeführten Eingabewerten auf Einzelfehler überprüfen kann, muß man noch zeigen, daß diese Testmuster auch die Zusatzlogik, mit der wir das PLA erweitert haben, auf einfache stuck-at Fehler überprüfen. Hier wollen wir aber die Einschränkung in Kauf nehmen, daß wir nur die Fehler finden wollen, die im *Normalbetrieb* Auswirkungen auf das Verhalten des programmierbaren logischen Feldes haben. Diese Fehler wollen wir *wesentlich* nennen. Offensichtlich kann in unserem Fehlermodell nur dann ein Fehler in dem Kern des programmierbaren logischen Feldes auftreten, wenn es keinen Fehler in der Zusatzlogik gibt. Befindet sich in der Zusatzlogik ein unwesentlicher Fehler, so kann dieser als Auswirkung falsche Testergebnisse produzieren. In diesem Fall würden wir das Exemplar als fehlerhaft erkennen und aussortieren. Sind dagegen (trotz dieses unwesentlichen Fehlers) alle Testergebnisse korrekt, so können wir das Exemplar als fehlerfrei betrachten, da es im Normalbetrieb fehlerfrei arbeitet.

Es gilt nun folgendes Lemma.

Lemma 4.4.5 *Mit den oben aufgeführten Eingabewerten findet man jeden einfachen wesentlichen Fehler in der Zusatzlogik des erweiterten programmierbaren logischen Feldes.*

Beweis: Da wir die Schaltung nur auf wesentliche Fehler überprüfen wollen, interessieren uns stuck-at Fehler in den Exor-Ketten nicht, da diese Fehler keine Auswirkungen auf das Verhalten des PLA's im Normalbetrieb haben. Ebenso verhält es sich mit stuck-at-1 Fehlern im Shiftregister und auf den Leitungen y_1 und y_2, da diese Leitungen im Normalbetrieb auch das Signal 1 tragen. Es bleiben also nur noch folgende Fälle übrig:

1. Es gibt einen stuck-at-0 Fehler auf einem der Ausgänge $a_1, \ldots, a_{n+1}$. Legt man das Testmuster 5 an, so schalten alle B-Schalter der OR-Ebene, d.h. alle Zeilen der OR-Ebene werden auf 0 gezogen. (Dies gilt natürlich nur dann, wenn sich in jeder der Zeilen wenigstens ein B-Schalter befindet.) Im fehlerfreien Fall sind also alle Ausgänge der Schaltung 1. Im fehlerhaften Fall liegt an dem fehlerhaften Ausgang eine 0 an.

2. Es gibt einen stuck-at-1 Fehler auf einem der Ausgänge $a_1, \ldots, a_{n+1}$. Liegt das Testmuster 4 an der Schaltung an, so sind im fehlerfreien Fall alle Ausgänge auf 0 gesetzt, während im fehlerhaften Fall an dem entsprechenden Ausgang eine 1 anliegt.

3. Es gibt einen stuck-at-0 Fehler auf der y_1 Leitung oder auf der y_2 Leitung. Dieser Fehler hat offensichtlich die gleichen Auswirkungen wie ein stuck-at-0 Fehler auf einer Zeile des AND-Feldes (s. Lemma 4.4.3).

4. Es gibt einen stuck-at-0 Fehler im Shiftregister. Dieser Fehler sei o.B.d.A. links der h-ten Spalte, also links von dem Register S_h. Legt man das Testmuster 3_h an, so werden im fehlerfreien Fall ungerade viele Zeilen der OR-Ebene auf 0 gezogen, d.h. an ungeraden vielen Ausgängen $a_1, \ldots, a_{n+1}$ liegt der Wert 1 an, d.h. $z_2 = 1$. Im fehlerhaften Fall schaltet keiner der B-Schalter, d.h. die Ausgänge $a_1, \ldots, a_{n+1}$ tragen den Wert 0, d.h. $z_2 = 0$.

Damit ist der Satz 4.4.1 vollständig bewiesen. Legt man also die $2p + q + 3$ verschiedenen Eingabewerte der Tabelle 4.1 an das erweiterte PLA an und zeigt sich hierbei kein fehlerhaftes Verhalten an den Ausgängen, so folgt daraus, daß sich in der Schaltung kein einfacher wesentlicher Fehler befindet. In der Praxis hat es sich sogar gezeigt, daß ein vollständiger Test auf Einzelfehler auch die meisten Mehrfachfehler überdeckt.

In Tabelle 4.2 ist die vollständige Testmenge, die in den Lemmata 4.4.3, 4.4.4 und 4.4.5 bewiesen wurde, mit den zugehörigen Fehlern und Fehlerursachen nochmals zusammengefaßt.

4.4.4 Aufgaben

Sei eine Exor-Kette wie folgt aufgebaut:

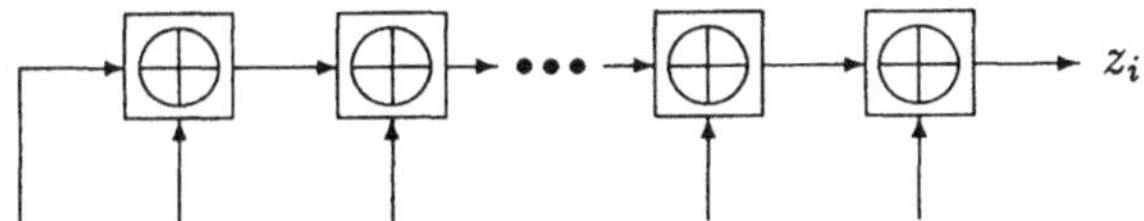

wobei jede dieser Zellen das logische *Exklusiv-Oder* seiner zwei Eingänge berechnet.

Aufgabe 1 Überlegen Sie sich einen kleinen Test, der eine Exor-Kette mit n Eingängen auf einfache stuck-at Fehler überprüft!

Aufgabe 2 Überlegen Sie sich, ob man mit den Testmustern der Tabelle 4.1 die zu z_3 gehörige Exor-Kette in dem erweiterten PLA auf einfache stuck-at Fehler überprüfen kann!

Aufgabe 3 Welche Testmuster benötigt man, um die zu z_1 gehörige Exor-Kette in dem erweiterten PLA auf einfache stuck-at Fehler zu überprüfen?

Aufgabe 4 Wie muß man das PLA (zusätzlich) erweitern, damit man das Shiftregister, die y_1 und y_2 Leitung, sowie die zu z_2 gehörige Exor-Kette auf einfache stuck-at Fehler überprüfen kann?

Eingabewerte	Ausgabewerte im fehlerfreien Fall				Fehler und Fehlerursachen
	z_1	z_2	z_3	a_i	
Testmuster 1_j	1	—	1	—	*Fehlerursache bei* $z_1 = 0$ crosspoint-A Fehler oder stuck-at-1 in PLA-Spalte. *Fehlerursache bei* $z_3 = 0$ stuck-at-0 in einer AND-Zeile oder stuck-at-0 auf y_1.
Testmuster 2_j	1	—	1	—	*Fehlerursache bei* $z_1 = 0$ crosspoint-A Fehler oder stuck-at-1 in PLA-Spalte *Fehlerursache bei* $z_3 = 0$ stuck-at-0 in einer AND-Zeile oder stuck-at-0 auf y_2.
Testmuster 3_j	—	1	—	—	*Fehlerursache bei* $z_2 = 0$ crosspoint-B Fehler oder stuck-at-1 in einer OR-Zeile oder stuck-at-0 in dem Shiftregister.
Testmuster 4	—	0	—	0	*Fehlerursache bei* $z_2 = 1$ stuck-at-0 in einer OR-Zeile oder stuck-at-1 in einer PLA-Spalte. *Fehlerursache bei* $a_i = 1$ stuck-at-1 am i-ten Ausgang.
Testmuster 5	0	—	0	1	*Fehlerursache bei* $a_i = 0$ stuck-at-0 am i-ten Ausgang. *Fehlerursache bei* $z_1 = 1$ stuck-at-0 in einer PLA-Spalte. *Fehlerursache bei* $z_3 = 1$ stuck-at-1 in einer AND-Zeile.

Tabelle 4.2: *Zusammenfassung des Verhaltens eines erweiterten programmierbaren Feldes bei Anlegen der vollständigen Testmenge unter der Annahme des Einzelfehlermodells*

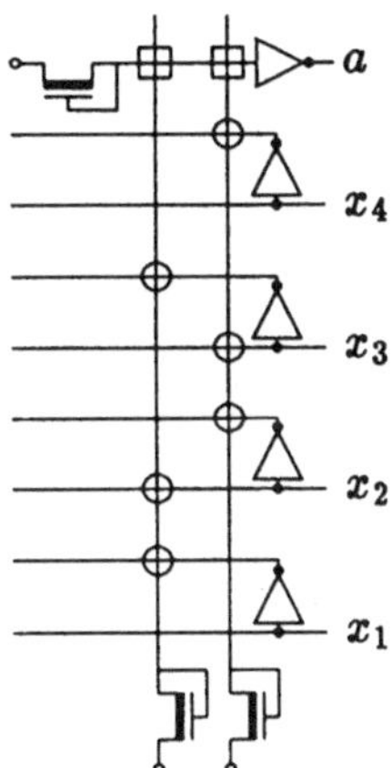

Abbildung 4.13: *Programmierbares logisches Feld, das genau dann an seinem Ausgang a den Wert 1 trägt, wenn die Bitkette 101 Teilwort des Eingabewortes $x_1 x_2 x_3 x_4$ ist.*

4.5 Abänderbare PLA's

Programmierbare logische Felder sind also gut testbare Realisierungen von nicht-regulärer Logik. Jedes programmierbare logische Feld wertet genau eine feste boolesche Funktion aus. Ändert sich die benötigte boolesche Funktion, so muß man ein neues PLA realisieren. Man denke zum Beispiel an das Problem, bestimmte Bitketten in einem Bitstrom zu erkennen. Offensichtlich läßt sich diese Aufgabe hardwaremäßig gut mit einem PLA lösen (s. Abbildung 4.13). Die PLA-Lösung ist aber nicht mehr anwendbar, wenn sich die gesuchten Bitketten je nach Anwendung ändern dürfen. Wünschenswert wäre in diesem Fall ein *abänderbares PLA*, das es erlaubt, die *AND*-Ebene und die *OR*-Ebene bei Bedarf neu zu konfigurieren. Eine solche Hardwarelösung wird in [Har88b] vorgeschlagen. Wir werden im folgenden auf diese Idee näher eingehen.

Wir bringen an jedem Gitterpunkt der *AND*-Ebene einen erweiterten A-Schalter (wir wollen ihn *ext*A nennen) und an jedem Gitterpunkt der *OR*-Ebene einen erweiterten B-Schalter (*ext*B-Schalter) an. Der *ext*B-Schalter ist hierbei der im Uhrzeigersinn um 90 Grad gedrehte Baustein *ext*A. Die Schalter lassen sich von außen über eine Steuerleitung *s* steuern (s. Abbildung 4.14). Liegt an *s* eine 0 an, so berechnet der Schalter die Identität. Im anderen Falle verhält sich *ext*A wie der alte A-Schalter. Man kann also über die Steuerleitung *s* einen solchen Schalter aktivieren oder deaktivieren.

Um von außen auf die Steuerleitungen zuzugreifen, kann man verschiedene Struk-

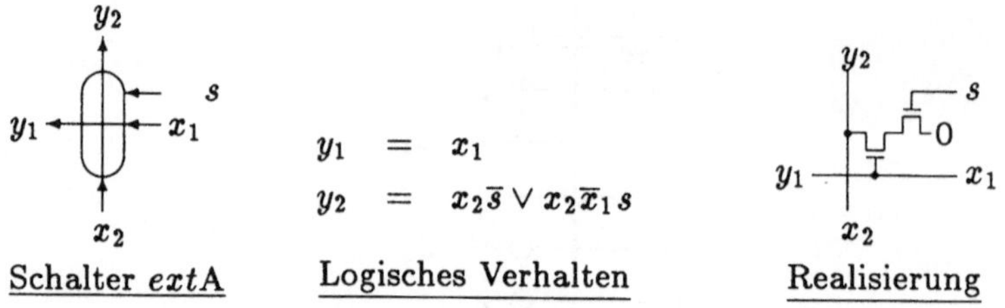

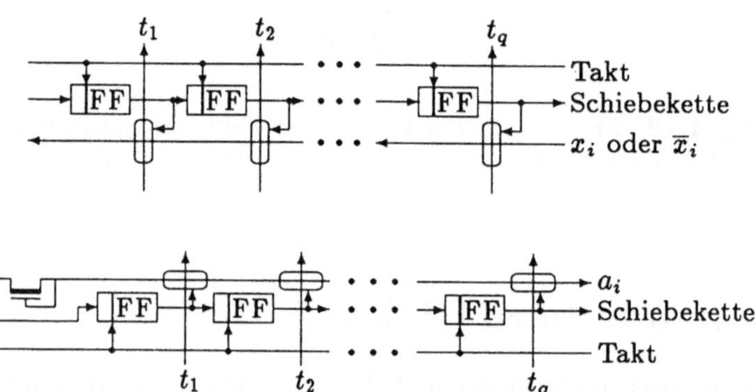

Abbildung 4.14: *Schnittstelle und Realisierung des Schalter $extA$*

Abbildung 4.15: *Zeile der AND-Ebene (obiges Bild) und der OR-Ebene (unteres Bild) eines abänderbaren PLA's. Die Zelle FF bezeichnet ein Master-Slave Flipflop.*

turen verwenden. Eine baumartige Ansteuerung zum Beispiel würde einem einen schnellen Zugriff zur Verfügung stellen, so daß man laufend das PLA abändern könnte. Man überlegt sich leicht, daß man sich hiermit schnelle assoziative Speicher ([Koh77,Koh84]) bauen kann. Eine einfachere Struktur, auf die Steuerleitungen zuzugreifen, besteht darin, neben jede Zeile des PLA's ein Schieberegister einzufügen. Die Ausgänge der Register werden mit den s-Eingängen elektrisch verbunden. (Siehe Abbildung 4.15, in der je eine Zeile der AND-Ebene und der OR-Ebene gezeigt wird.) Die Programmierung des PLA geschieht, indem eine $q \times (2p + n)-$Matrix mit Werten aus $\{0, 1\}$ über die Schieberegister in das Feld eingelesen wird. Hierzu benötigt man q Takte.

Beispiel Die zu unserem Beispiel aus Abbildung 4.13 gehörige (transponierte) Eingabematrix sieht wie folgt aus:

$$\left(\begin{array}{c|cccccccc} 1 & 0 & 0 & 1 & 0 & 0 & 1 & 1 & 0 \\ 1 & 1 & 0 & 0 & 1 & 1 & 0 & 0 & 0 \end{array}\right).$$

Programmiert man das PLA dagegen mit der (transponierten) Matrix

$$\left(\begin{array}{c|cccccccc} 1 & 0 & 0 & 1 & 0 & 1 & 0 & 1 & 0 \\ 1 & 1 & 0 & 1 & 0 & 1 & 0 & 0 & 0 \end{array}\right),$$

so liegt am Ausgang a genau dann der Wert 1 an, wenn die Bitkette 111 Teilwort des Eingabewortes $x_1 x_2 x_3 x_4$ ist.

4.5.1 Aufgaben

Aufgabe 1 Realisieren Sie folgende boolesche Funktion mit einem abänderbaren PLA. Seien g und h beliebige, aber feste, natürliche Zahlen. Gegeben sei dann eine beliebige Menge $M = \{pr_1, \ldots, pr_k\} \subset \{0,1\}^*$, wobei $k \leq g$ und die Länge von pr_i ($\forall i$) kleiner gleich h ist. Das Argument der auszuwertenen booleschen Funktion sei eine Bitkette b der Länge h. Die Funktion angewendet auf b soll genau dann den Wert 1 liefern, wenn es ein $pr_i \in M$ gibt, so daß pr_i Präfix von b ist. (Bemerkung: Die Menge M soll austauschbar sein!)

Aufgabe 2 Die Voraussetzungen seien die gleichen wie in Aufgabe 1. Realisieren Sie aber in dieser Aufgabe die boolesche Funktion, die angewendet auf b genau dann den logischen Wert 1 liefert, wenn ein Wort aus M Teilwort von b ist.

Aufgabe 3 Erweitern Sie das abänderbare PLA in der Weise, daß man einen einfachen Test auf Einzelfehler beweisen kann!

Aufgabe 4 Realisieren Sie einen baumartigen Zugriff auf die Steuerleitungen des abänderbaren PLA's! Überlegen Sie sich, ob zu Ihrem Entwurf ein einfacher Test auf Einzelfehler existiert!

4.6 Weinberger Arrays

Eine Realisierung boolescher Funktionen durch ein programmierbares logisches Feld hat den Nachteil, daß ihre Fläche stark von der Anzahl der verschiedenen Monome, die die disjunktiven Normalformen der Funktionen benötigen, abhängt. Boolesche Ausdrücke, die nicht in disjunktiver Normalform (bzw. konjunktiver Normalform) sind, können mit dieser Technik nicht realisiert werden. (Es sei denn, man formt sie in disjunktive oder konjunktive Normalform um, was exponentiellen Aufwand haben kann.) So ist zum Beispiel die Fläche des zu der

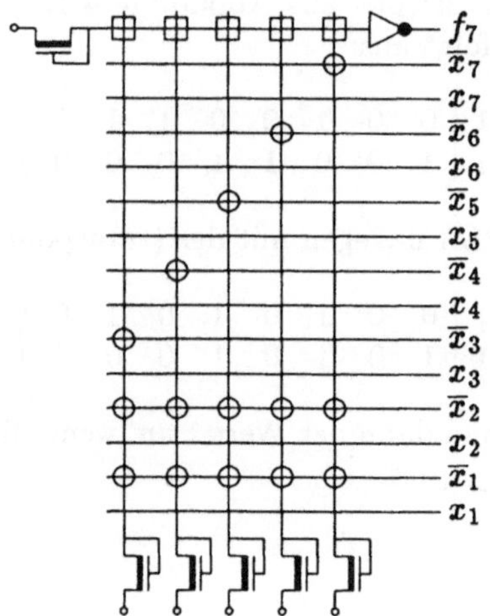

Abbildung 4.16: *PLA-Realisierung der booleschen Funktion f_7*

booleschen Funktion

$$f_n = \bigvee_{i=3}^{n} (x_1 \cdot x_2 \cdot x_i)$$

gehörigen programmierbaren logischen Feldes $(2n+1)(n-2)$ (s. Abbildung 4.16). (Entfernt man die überflüssigen Zeilen in der AND-Plane, so ist die Fläche immer noch $(n+1)(n-2)$.)

An diesem Beispiel sieht man, daß bei der Realisierung boolescher Funktionen durch programmierbare logische Felder Teilausdrücke immer wieder neu berechnet werden müssen. In unserem Beispiel wird der Teilausdruck $x_1 x_2$ $(n-2)$−mal im PLA berechnet. Klammert man diesen Teilausdruck aus, so erhält man den booleschen Ausdruck

$$(x_1 \cdot x_2)(x_3 \vee \ldots \vee x_n).$$

Durch Anwenden der DeMorgan'schen Regel erhält man dann den Ausdruck

$$\overline{\overline{x_1 \cdot x_2} \vee \overline{x_3} \vee \ldots \vee \overline{x_n}}.$$

In Abbildung 4.17 ist ein Schaltkreis angegeben, der diesen booleschen Ausdruck für $n = 7$ realisiert. In der vierten Spalte von links wird das Monom $b_1 = \overline{\overline{x_1} \vee \overline{x_2}} = x_1 x_2$ berechnet. In der dritten Spalte wird dieses Monom negiert, d.h. $b_2 = \overline{x_1 x_2}$. Der boolesche Ausdruck $b_3 = \overline{x_3} \vee \ldots \vee \overline{x_7}$ wird in der zweiten Spalte berechnet. In der ersten Spalte werden dann b_2 und b_3 abgegriffen, um $f_7 = \overline{b_2 \vee b_3}$ auszuwerten. Im Unterschied zum PLA wird in dieser Realisierung

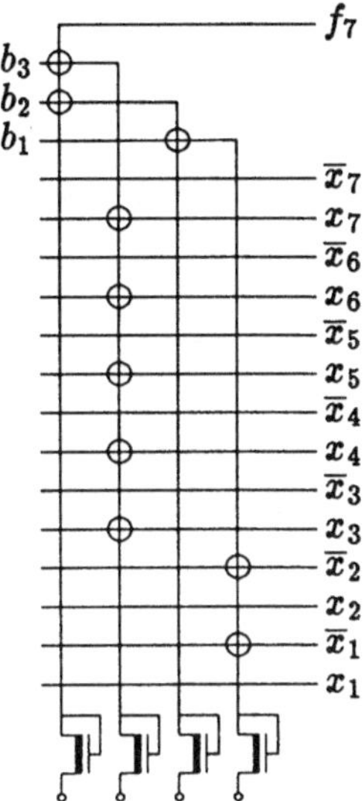

Abbildung 4.17: *Realisierung der Funktion f_7 durch ein Weinberger Array*

jeder Teilausdruck nur einmal berechnet. Allgemein kann man sich überlegen, daß eine solche Realisierung für f_n den Platz $4(2n+4)$ belegt. (Entfernt man hier ebenfalls die überflüssigen Zeilen, dann ist die Fläche sogar nur noch $4(n+4)$.) Realisierungen dieser Art werden *Weinberger Arrays* genannt [Wei67].

Allgemein berechnet jede Spalte eines Weinberger Arrays einen Ausdruck der Form $b_i = \overline{b_1^{(i)} \vee \ldots \vee b_{k_i}^{(i)}}$, wobei $b_j^{(i)}$ eine (einfache oder negierte) Variable oder ein boolescher Ausdruck der gleichen Form ist. Wir sagen, daß ein solcher boolescher Ausdruck in NOR-Form ist. Dies ergibt ein rekursives Beschreibungsschema der Form (über allgemeinere Formen von Weinberger Arrays kann man in [Ull83] nachlesen):

$$b_1 \;=\; \overline{b_1^{(1)} \vee \ldots \vee b_{k_1}^{(1)}}, \quad \text{wobei } b_j^{(1)} \in \{x_1, \overline{x}_1, x_2, \overline{x}_2, \ldots, x_p, \overline{x}_p\}$$

$$b_2 \;=\; \overline{b_1^{(2)} \vee \ldots \vee b_{k_2}^{(2)}}, \quad \text{wobei } b_j^{(2)} \in \{x_1, \overline{x}_1, \ldots, x_p, \overline{x}_p\} \cup \{b_1\}$$

$$\vdots$$

$$b_i \;=\; \overline{b_1^{(i)} \vee \ldots \vee b_{k_i}^{(i)}}, \quad \text{wobei } b_j^{(i)} \in \{x_1, \overline{x}_1, \ldots, x_p, \overline{x}_p\} \cup \{b_1, \ldots, b_{i-1}\}$$

$$\vdots$$

$$b_n \;=\; \overline{b_1^{(n)} \vee \ldots \vee b_{k_n}^{(n)}}, \quad \text{wobei } b_j^{(n)} \in \{x_1, \overline{x}_1, \ldots, x_p, \overline{x}_p\} \cup \{b_1, \ldots, b_{n-1}\}.$$

Ein Schaltkreis zur Berechnung der booleschen Ausdrücke $b_1, \ldots, b_n$ läßt sich nun einfach als Weinberger Array realisieren, indem man in der i-ten Spalte (von rechts nach links gezählt) den Ausdruck b_i auswertet und das Resultat den folgenden Spalten zur Verfügung stellt. Der Leser kann diese Konstruktion an der Abbildung 4.17 nachvollziehen. Hierbei hat das Beschreibungsschema folgendes Aussehen:

$$
\begin{aligned}
b_1 &= \overline{\overline{x}_1 \vee \overline{x}_2} \\
b_2 &= \overline{b}_1 \\
b_3 &= \overline{x_3 \vee x_4 \vee x_5 \vee x_6 \vee x_7} \\
b_4 &= \overline{b_2 \vee b_3}.
\end{aligned}
$$

Dadurch eröffnet sich die Möglichkeit, mehrstufige Logik zu realisieren. Im Vergleich dazu sei nochmals angemerkt, daß mit programmierbaren logischen Feldern nur disjunktive Normalformen realisiert werden können. Die Schwierigkeiten bei der Realisierung einer Logik durch Weinberger Arrays haben wir in folgenden zwei Fragen zusammengefaßt.

1. Wie findet man zu einer Logik ein möglichst kleines Weinberger Array, das diese Logik realisiert?

2. Wie testet man ein Weinberger Array auf Einzelfehler beziehungsweise auf Mehrfachfehler?

Das Ziel der in der ersten Frage angedeuteten Optimierung ist die Minimierung der Anzahl der Spalten im Weinberger Array. Dieses Optimierungsproblem, d.h. die Umsetzung einer vorgegebenen Logik in ein günstiges Berechnungsschema, läuft darauf hinaus, die Logik als möglichst "kleines" x-kategorielles oder D-kategorielles Netz [Cla70,Hot74], das nur NOR-Bausteine mit unbeschränktem Fan-In, d.h. mit beliebig vielen Eingängen, benutzt, zu realisieren. Das Minimierungskriterium ist hierbei die Anzahl der benutzten NOR-Gatter (falls man von Faltungen der Weinbergerarrays (s. [Ull83]) absieht). Die Abbildung 4.18, in dem das zu unserem Beispiel aus Abbildung 4.17 gehörige x-kategorielle Netz abgebildet ist, soll diesen Zusammenhang verdeutlichen.

Das Testbarkeitsproblem bei Weinberger Arrays erweist sich als wesentlich schwieriger als bei programmierbaren logischen Feldern, da es sich hier um mehrstufige Logik handelt, und einige Monome nur sehr schwer zugänglich sind. Es stellt sich auch hier die Frage nach einer (nicht allzu großen) Erweiterung, die einen (kleinen) funktionsunabhängigen Test erlaubt.

Sowohl zu der Optimierungsfrage als auch zu der Testbarkeitsfrage gibt es (nach unseren Literaturkenntnissen) keine zufriedenstellende Lösungen. Beide Problemstellungen sind Teil der aktuellen Forschung.

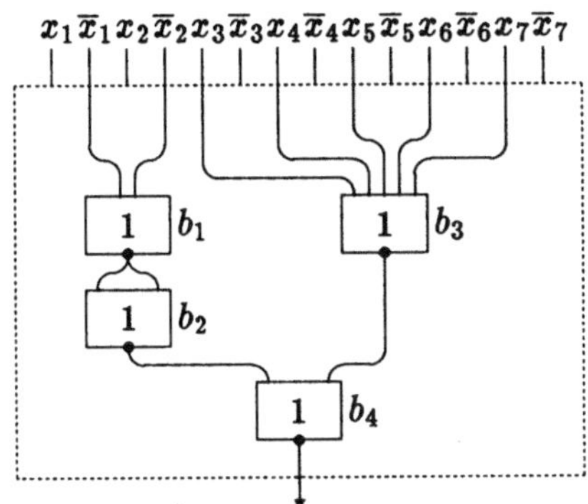

Abbildung 4.18: *x-kategorielles Netz mit NOR-Gatter*

4.6.1 Aufgaben

Aufgabe 1 Sei $f_{2n} : \{0,1\}^{2n} \to \{0,1\}$ die boolesche Funktion, die durch den booleschen Ausdruck $(x_1 \vee x_2) \cdot (x_3 \vee x_4) \cdot \ldots \cdot (x_{2n-3} \vee x_{2n-2}) \cdot (x_{2n-1} \vee x_{2n})$ definiert wird. Realisieren Sie die Funktion f_{20} durch ein Weinberger Array! Überlegen Sie sich, wie groß ein programmierbares logisches Feld, das diese Funktion realisiert, sein müßte!

Aufgabe 2 Sei die Parityfunktion $P_n : \{0,1\}^n \to \{0,1\}$ definiert durch $P_n(x_1, \ldots, x_n) = 1$ genau dann, wenn $\sum_{i=1}^{n} x_i = 1 \bmod 2$. Realisieren Sie die Funktion P_n durch ein möglichst kleines Weinberger Array! Wie groß wird eine Realisierung von P_n durch ein programmierbares logisches Feld?

Kapitel 5

Rechnergestützte Analyse

5.1 Einführung

Das Gebiet der Analyse von Entwürfen integrierter Schaltkreise hat so viele Facetten, daß es ein ganzes Buch erfordern würde, eine einigermaßen detaillierte Übersicht darüber zu geben. Ursache hierfür ist die Vielzahl von Interessen, die man damit verfolgt. Dies beginnt beim Hersteller, der die Eigenschaften seines Fertigungsprozeßes kennen möchte, um seinerseits Anwendern die nötigen Fakten zu vermitteln, die sie brauchen, um Entwürfe erfolgreich durchführen zu können, und gipfelt in der Vielzahl möglicher Problemstellungen und Vorgehensweisen beim Schaltkreisentwickler.

Spätestens nach Erstellung eines Entwurfs eines VLSI-Bausteines oder eines Teils desselben, sei es in Form von Fertigungsdaten oder einer höheren Spezifikation, die automatisch in Fertigungsdaten übersetzt werden kann, stellt sich das Problem, diesen Entwurf zu verifizieren, d.h. nachzuprüfen, ob er alle an ihn gestellten Anforderungen erfüllt. Dies kann nicht dadurch geschehen, daß man einen Prototyp anfertigt und ihn dann im Detail auf einem Testbett durch entsprechende Messungen untersucht. Ursache hierfür ist zum einen, daß das Anfertigen eines Prototyps teuer und langwierig ist und eine anschliessende Veränderung seines Aufbaus eine vollständige Neuanfertigung bedeutet. Schwerwiegender ist es aber, daß bei wachsender Integrationsdichte die Beobachtung eines Signals, das an keinem äußeren Anschluß liegt, wenn überhaupt, sehr aufwendig ist, und daß die Komplexität einer VLSI-Schaltung eine Verifikation durch wenige einfache Messungen und Sichtkontrollen außer Betracht stellt. Demgegenüber steht eine große Zahl verschiedenartiger Fehlerquellen und Unsicherheiten, die bei der Umsetzung eines Konzeptes in Fertigungsdaten gegeben sind, wie auch hohe fertigungstechnische Anforderungen, beispielsweise effektive Tests auf Fertigungsfehler. Letzteres erfordert Analysen, die Auskunft darüber geben, wie gut geplante Fertigungstests sind. Ersteres spannt einen weiten Bogen: Ausgangspunkt ist ein Problem aus einem Anwendungsgebiet, das zunächst auf hoher, abstrakter Ebene definiert ist. Die Entwicklung und Verifikation eines Konzepts erfolgt demgemäß ebenfalls auf einer hohen Abstraktionsebene. Den größten Teil der Entwicklungszeit nimmt dann die Umsetzung dieses Konzeptes in einen VLSI-Baustein, die aus Optimalitätsgründen in vielen Teilen manuell erfolgen muß, in Anspruch, und genau in diesem Prozeß liegen die Quellen von Entwurfsfehlern oder Fehleinschätzungen. Man begegnet diesem Problem mit zweierlei Methoden: Zum einen versucht man, trotz möglichen Verlusts an Optimalität, die Fertigungsdaten von einer möglichst hohen Abstraktionsebene aus automatisch und per Konstruktion fehlerfrei zu erzeugen (sofern das Generierungsprogramm korrekt ist). Ausgewählte Methoden der rechnergestützten Synthese von Schaltungen behandeln wir im 6. und 7. Kapitel. Daneben bleiben Methoden der rechnergestützten Analyse, denen wir uns in diesem Kapitel widmen. Sie sollen dem Entwerfer durch entsprechende Analyseprogramme die Möglichkeit bieten, seinen Entwurf auf bestimmte Entwurfsfehler, aber auch auf Leistungsmerkmale, wie zum Beispiel Geschwindigkeit, Testbarkeit, zu erwartende Fläche usw. hin zu überprüfen. Je nachdem, wie weit die Fertigungsdaten dabei manuell entwickelt werden, öffnet sich ein breitgefächertes Feld von Analyseproblemen und Methoden. Die folgenden Abschnitte geben eine Auswahl möglicher Fehlerquellen und begleitend dazu die entsprechenden Analysewerkzeuge an. Es würde, wie schon eingangs erwähnt, den Umfang und die Intension dieses Buches sprengen, wollte man auf alle diese Methoden genau eingehen. Wir beschränken uns daher vor allem in den Fällen, zu denen in den früheren Abschnitten keine detaillierten Grundlagen erarbeitet wurden, wie z.B. der Analyse von Fertigungsdaten, auf eine kurze Zusammenfassung und verweisen den interessierten Leser auf weiterführende Literatur.

5.2 Strukturanalyse

Wir widmen uns zunächst Analysemethoden, die allein Aussagen und Kontrollen über die Struktur von Entwürfen machen, da gewisse strukturelle Eigenschaften notwendige Voraussetzungen dafür sind, daß ein Entwurf überhaupt erfolgreich gefertigt werden kann. Man betrachte dazu zunächst die Fertigungsdaten, die im wesentlichen aus einer Beschreibung der Maskengeometrien für die einzelnen Fertigungsschritte bestehen. Da der Fabrikationsprozeß nur bis zu einer gewissen Toleranz hin verschiedene Schichten und Zonen voneinander trennen kann, schreibt der Hersteller für Fertigungsmasken gewisse geometrische Regeln vor, die dieser Ungenauigkeit Rechnung tragen. Verletzungen dieser Regeln können mit erhöhter Wahrscheinlichkeit zu Fehlfunktionen führen, die z.B. durch unerwünschte Kurzschlüsse oder Unterbrechungen von Leiterbahnen oder Transistoren verursacht werden, und so zu niedrigerer Ausbeute oder gar ausschließlich zu funktionsuntüchtigen Exemplaren führen. Werkzeuge, die solche Regelverletzungen aufdecken, bezeichnet man als *design rule checker*.

Es ist leicht einzusehen, daß, wenn auch die Aufgabe, Abstandsregeln und Mindestausdehnungen auf Fertigungsdaten abzuprüfen, zunächst sehr einfach erscheint, die Effizienz solcher Werkzeuge bei VLSI-Bausteinen kritisch ist. Man betrachte dazu zum Beispiel die Prüfung von Abstandsregeln. Nehmen wir an, daß wir eine Fertigungsmaske betrachten und für diese die Regel gilt, daß zwei Objekte darauf einen Mindestabstand μ haben müssen. Eine naheliegende Methode wäre es nun, die Objekte einfach um den Betrag $\frac{\mu}{2}$ zu vergrößern und auf Schnitte zu prüfen. Eine Regelverletzung läge dann vor, wenn der Schnitt zweier Objekte nicht leer ist. Nehmen wir ferner an, daß die Objekte einfache geschlossene Polygone sind. Dann ist dies einfach zu erledigen, indem man jedes Paar von Polygonen auf nichtleeren Schnitt testet. Aber gerade hier kommen Effizienzfragen zum Tragen. Diese naive Vorgehensweise würde bei sagen wir 100.000 Polygonen schon zu etwa 5.000.000.000 Vergleichen führen, was ein unerträgliches Maß an Rechenzeit bedeutet. So kommen beim design rule check effizientere Verfahren zum Einsatz, die auf Paradigmen der algorithmischen Geometrie [Meh84c] beruhen. Eine einstimmende Übersicht dazu findet sich in [Ull83,Yos86]. Aber selbst schnellste sequentielle design rule checks scheinen bei höchstintegrierten Schaltkreisen überfordert zu sein. Dies hat sogar bis zur Entwicklung spezieller Hardware, sog. design rule check Maschinen [Neb85], geführt. Ein anderes fundamentales Konzept, diesem Aufwand zu begegnen, findet sich in der Ausnutzung der Hierarchie von VLSI-Schaltungen, auf die wir im Kapitel 8 genauer eingehen.

Da die Maskengeometrie, wurde sie manuell erstellt, kaum noch eine Übersicht über die Funktion des Ganzen zuläßt, ist aber auch ein Fehler bei der Erstellung der Maske, der keine fertigungstechnischen Regeln verletzt, wie zum Beispiel eine ungewollte Verbindung oder ein vergessener Kontakt, möglich. Einige solcher Fehler lassen sich durch Plausibilitätskontrollen finden, wie zum Beispiel durch einen Test auf Kurzschlüsse zwischen den Polen der Versorgungsspannungen. Andere Fehler entdeckt man allenfalls durch Analyse des Verhaltens des durch die Fertigungsdaten definierten, elektrischen Schaltkreises. Dies wirft also zunächst zwei weitere Strukturanalyseprobleme auf, nämlich das Problem der Erkennung des elektrischen Schaltkreises aus den Fertigungsdaten, *Schaltkreisextraktion* genannt, und das Problem, die Einhaltung elektrischer Regeln zu prüfen, *electrical rule check* genannt. Ersteres basiert im wesentlichen auf dem Erkennen gewisser Muster, wie Transistoren, Kontakte und Verbindungen, was selbst wieder auf Methoden der algorithmischen Geometrie, verbunden mit Fachwissen über die betrachtete Technologie, basiert. Hinzu kommt dabei noch die Näherungsberechnung von Modellparametern, Widerständen und Kapazitäten aus den erkannten geometrischen Strukturen. Das Überprüfen elektrischer Regeln setzt auf einem solchen extrahierten Schaltplan oder einer Vereinfachung desselben auf und untersucht je nach Technologie die Einhaltung gewisser Grundregeln.

Neben diesen Strukturanalysen der untersten Abstraktionsebene gibt es eine

Fülle von Werkzeugen, die sich mit höheren Abstraktionsebenen und deren Umsetzung auf niedrigere Abstraktionsebenen auseinandersetzen. Zu erwähnen wären hier zum Beispiel *Netzlistenvergleicher*. Dies sind Programme, die feststellen, ob ein aus den Fertigungsdaten extrahierter Schaltplan dem Schaltplan entspricht, den der Entwerfer für Verhaltensanalysen vor der Erstellung der Fertigungsdaten benutzt hat. Solch ein Vergleich läuft im allgemeinen auf das Isomorphieproblem von Graphen hinaus, für das man in allgemeiner Form keine effizienten Algorithmen kennt [GJ79]. Vorabzuordnungen von Knoten wie z.B. Spannungsversorgung, Takt und Ein/Ausgänge helfen aber häufig, die Isomorphie mit wenig Aufwand zu überprüfen. Das Problem der Extraktion stellt sich auch auf höheren Entwurfsebenen, will man, wie im nächsten Abschnitt beschrieben, Verhaltensanalysen vornehmen. Dies ist schwierig oder gar unmöglich, wenn der Übergang von einer höheren Abstraktionsebene manuell vollzogen wurde. So ist zum Beispiel die Extraktion eines Gatterschaltplans (Logikplans) aus einem Transistorschaltplan nicht möglich, wenn dieser Teilschaltungen enthält, wie z.B. bidirektionale Schalternetzwerke oder dynamische Logik (siehe z.B. [WE85]), die sich auf der Basis statischer Gatter nicht beschreiben lassen. Wurde die Synthese automatisch vollzogen, so erübrigt sich der Extraktionsvorgang sowie ein Netzlistenvergleich, weil sich das Verhaltensmodell dann direkt aus der abstrakteren Definition ableiten läßt. Voraussetzung ist dann aber, daß das Resultat der Synthese auch diesem Verhaltensmodell genügt (ein Aspekt, dem meist nicht konsequent Rechnung getragen wird).

Schließlich sind auf abstrakterer Ebene auch noch weitere Strukturanalysen denkbar. Kann man zum Beispiel bei Synthesewerkzeugen Eigenschaften nur für eine Teilmenge der möglichen Strukturen garantieren, so sind Werkzeuge sinnvoll, die prüfen, ob ein gegebener Entwurf zu dieser Teilmenge gehört. Ein Beispiel dazu sind Testbarkeitsanalysen. So erfordern Werkzeuge zur Testvorbereitung die Einhaltung gewisser prüftechnischer Regeln. Diese Regeln sind zum Teil struktureller Natur, verbietet man zum Beispiel die Verknüpfung von Takt und Daten. Hier tritt aber auch schon eine Mischung mit Verhaltensfragen zutage, womit wir bei einer weiteren Gruppe von Analyseproblemen sind.

5.3   Verhaltensanalyse

Die Hauptursache für die Vielfalt von Methoden und Werkzeugen auf diesem Gebiet ist die Notwendigkeit, sich und andere von der Korrektheit eines Entwurfs, d.h. von der Erfüllung gewisser vorgegebener Eigenschaften, zu überzeugen. Die Benutzung eines gefertigten Musters zur Analyse kommt dazu, wie eingangs bemerkt, nicht in Frage. So hat man versucht, Analysen nicht durch Beobachtungen des Verhaltens von Mustern, sondern durch Simulation von Entwürfen im Rechner zu vollziehen. Die Vielfalt entstand nun dadurch, daß Entwürfe, wie im Kapitel 2 eingehender geschildert, meist von höheren Abstraktionsebenen hin zu konkreten Realisierungen entwickelt werden, man aber in jedem Ent-

wicklungsschritt Analysen über diesen Schritt und über seine Verträglichkeit mit
vorausgegangenen Analysen auf höheren Ebenen durchführen möchte. So beginnt das Feld der Werkzeuge zur Verhaltensanalyse mit Spezifikationssprachen,
die im gewissen Sinne "ausführbar" sind, und dazu dienen, Eigenschaften des
gewünschten Verhaltens formal zu definieren und diese Definition, die im allgemeinen sehr komplex ist, durch Simulation zu überprüfen. Diese Methode fällt in
das Gebiet der Hardwarebeschreibungssprachen (HDL), die meist auch möglichst
universell ausgelegt sind, d.h. sie erlauben Verhaltensdefinitionen aus System-
sicht bis hin zu Gattern oder gar einfachen Transistormodellen. Geschlossen wird
das Feld von Schaltkreisanalyseprogrammen, die physikalische Modelle der einzelnen Komponenten dazu benutzen, das Verhalten eines durch Fertigungsdaten
gegebenen Teils möglichst exakt vorherzusagen.

Grundsätzlich sind Simulationen natürlich kein Mittel, die Korrektheit nachzuweisen, sondern lediglich das Vorhandensein von Fehlern bzw. nicht erwar-
teten Abweichungen, es sei denn, man simuliert alle möglichen Konfigurationen, was für große Schaltkreise undurchführbar ist. Man rechnet leicht nach,
daß ein Multiplizierwerk für 32-bit Zahlen, selbst wenn es wenige Nanosekunden
Laufzeit hat, im Zeitraum seiner Lebensdauer niemals alle möglichen Multipli-
kationen durchführen kann, geschweige denn ein schneller Simulator. Es gibt
auch Ansätze, die Korrektheit automatisch mit formalen Methoden zu beweisen [MS85]. Dies gilt aber auch nur für mehr oder weniger grobe Eigenschaften
und läuft nichtsdestotrotz vom komplexitätstheoretischen Standpunkt her auf
das Analysieren aller möglichen Konfigurationen hinaus.

Man kann zusammenfassend sagen, daß der Nachweis der Korrektheit vor allem
durch manuelle Analysen des Problems, d.h. gründliches Nachdenken und Beweisen wichtiger Eigenschaften, erfolgt. Da man dabei nicht alle Eigenschaften,
wie zum Beispiel Laufzeiten und Laufzeitbedingungen neben funktionalen Eigenschaften, im Detail im Auge behalten oder auch wegen fehlender Information
noch nicht einbeziehen kann, prüft man diese mittels rechnergestützter Analysen
nach.

Schließlich gibt es aber auch Fragestellungen, die Verhaltensanalysen erfordern,
und dabei nicht auf das Korrektheitsproblem hinzielen, sondern fertigungstechnisch nicht vermeidbar sind. So will man zum Beispiel für einen Fertigungstest
entscheiden können, wie zuverlässig dieser Test fehlerhafte Exemplare findet.
Dies wird meist durch Simulation von Fehlern eines gewissen Fehlermodells untersucht. Hier benötigt man sehr viele Simulationen, so daß die Effizienz des
Simulators sehr kritisch ist. Man beschränkt sich deswegen auf einfache Fehler-
und Verhaltensmodelle, die effiziente Analysen erlauben. Wir verweisen den Leser hierzu auf [Bec89].
Wir wollen uns nun den Problemen, die Verhaltensanalysen aufwerfen, etwas
genauer zuwenden und dabei einige Analysemethoden anreißen. Hier stellt sich
zunächst die Frage, was das Verhalten eines Schaltkreises überhaupt sein soll. Ein
Schaltkreis ist letztlich ein physikalisches Gebilde, das man nach der Fertigung

erhält. Sein Verhalten ist die Menge aller Beobachtungen, die man an gewissen Punkten machen kann. Das heißt, das Verhalten ist im mathematischen Sinne eine Teilmenge $V \subset \Sigma^n$, wobei Σ ein Wertebereich, in den man die Beobachtungen einordnet, und jedes Element von V eine beobachtbare Konfiguration des Schaltkreises ist. Σ kann zum Beispiel die Menge der glatten Funktionen von $\mathbf{R}$ nach $\mathbf{R}$, d.h der zeitabhängigen Spannungen $u(t)$ an den Beobachtungspunkten, die Menge der binären Impulse oder gar nur die statischen Werte $0, 1$ sein, je nachdem welche Art von Beobachtungen man in Betracht zieht. Aufgabe eines Analysewerkzeuges ist es nun, Aussagen über die Menge V unter gewissen Bedingungen zu machen. Im Falle einer Simulation etwa gibt man die Werte für einige Beobachtungspunkte vor, d.h. man stimuliert den Schaltkreis und fragt, was an anderen Punkten zu beobachten ist. Dabei wird natürlich die Frage aufgeworfen, wieweit dies überhaupt möglich ist. Grundsätzlich ist die genaue Vorhersage und damit eine genaue Analyse des Verhaltens nicht möglich. Dies liegt schon allein daran, daß es nicht möglich ist, dasselbe Exemplar eines Schaltkreises physikalisch zweimal herzustellen, was hier nicht nur philosophische Spitzfindigkeit ist. Bei der Fertigung kommen Streuungen in den Eigenschaften der gefertigten Schaltkreise in einem gewissen Rahmen vor. Interessiert man sich also für Eigenschaften eines Entwurfs, so kann man diese ohnehin nur in einem gewissen Rahmen genau fassen. *Man sollte sich als Benutzer eines Analysewerkzeuges deshalb stets darüber klar werden, wie sicher die getroffenen Vorhersagen sind und wie empfindlich getroffene Aussagen gegenüber kleinen Änderungen im tatsächlichen Verhalten sind.* Neben der Genauigkeit und Gültigkeit von Analysen spielt aber auch die Effizienz von Analysewerkzeugen eine große Rolle, da man es mit großen Schaltkreisen zu tun hat. Häufig werden daher Einschränkungen an die Struktur der analysierbaren Schaltkreise und an die Aussagekraft von Analysen in Kauf genommen, um die Komplexität handhaben zu können. Wir wollen die wichtigsten Analysemethoden im einzelnen nun kurz vorstellen.

Die wohl genaueste Vorhersage des Verhaltens erhält man durch die Simulation des aus den Fertigungsdaten extrahierten, elektrischen Schaltkreises. Hierzu werden für die Transistoren, Kontakte und Leitungen physikalische Modelle eingesetzt. Man erhält so ein Netzwerk, dessen Knotenspannungen $u_i(t)$ auf Anregungen $u_{in}(t)$ gewisser Knoten hin zu berechnen sind, und dessen Zweige durch Widerstände, Kapazitäten, spannungsgesteuerte Stromquellen usw. gegeben sind. (Bei integrierten, digitalen Schaltungen vernachlässigt man in der Regel parasitäre Induktivitäten wegen ihrer bei heutigen Strukturbreiten und Frequenzen noch untergeordneten Rolle.) Mit Hilfe der kirchhoffschen Gesetze erhält man daraus ein Differentialgleichungssystem, das mit numerischen Methoden gelöst wird [HN85]. Die Definition des Verhaltens ist hier klar. Beobachtungspunkte sind (kirchhoffsche) Knoten des Schaltkreises, Werte sind die Knotenspannungen in Abhängigkeit von der Zeit, also Funktionen von $\mathbf{R}$ nach $\mathbf{R}$. Das Verhalten V ist die Menge aller n-Tupel von Funktionen, die die durch die physikalischen Modelle definierten Differentialgleichungen erfüllen. Diese genaueste Art der

Vorherberechnung des Verhaltens ist auch zugleich die aufwendigste und wird daher nur für kleinere Schaltungsteile – etwa zur Berechnung von Kenngrößen eines vereinfachten diskreten Verhaltensmodells – oder bei mittleren Schaltungen für wenige kritische Muster – etwa zur genauen Analyse von Laufzeiten in bestimmten Schaltungsteilen – benutzt.

Eine Vergröberung der physikalischen Modelle bei der Analyse von VLSI Schaltkreisen ist aus Gründen der Handhabbarkeit letztlich unerläßlich. Ein erster Schritt, der der physikalischen Modellierung noch relativ nahe kommt, geschieht etwa durch folgende Vergröberung, die speziell bei MOS-Technologien vorgenommen werden kann: Man modelliert die Transistoren nicht als ideale Schalter wie im Kapitel 1, sondern als Schalter in Serie mit einem effektiven Widerstand. Ferner modelliert man Transistorgates und Leitungen durch Kapazitäten beziehungsweise RC-Glieder. Verfeinert man die effektiven Widerstände der Transistoren in diesem einfachen Schaltermodell zusätzlich noch in Abhängigkeit der Steilheit einer steuernden Signalflanke, so lassen sich mit diesem einfachen Modell recht effizient Laufzeiten von eingestellten kritischen Pfaden schätzen, die nahe an die exakt simulierten Laufzeiten herankommen [Ous83,Ous84].

Geht es nicht um die Bestimmung von Laufzeiten sondern um das statische, logische Verhalten von MOS Schaltungen, so gibt es für eine weitere Vergröberung dieses Schaltermodells schnelle Simulationsverfahren [Bry84,MNN82]. Man nennt diese Abstraktionsebene wegen der Modellierung durch Schalter auch Schalterebene *(switch level)*. Switch level Analysetechniken sind entwickelt worden, da sich gewisse im VLSI-Bereich oft benutzte MOS-Schaltungstechniken nicht auf der Basis von logischen Gattern und Flipflops beschreiben lassen, man aber wegen der Komplexität eine genaue Schaltkreissimulation nicht oder nur mit sehr großem Aufwand vornehmen konnte. Der Zusammenhang zwischen dem Verhalten und den berechneten Vorhersagen ist hier nicht so klar und hängt von den angewandten Algorithmen ab. Betrachtet man das "reale Verhalten", so können je nach Schaltungstyp und Modell falsche Vorhersagen gemacht oder keine verwertbaren Ergebnisse geliefert werden.

Bei der Gatterebene beschränkt man sich auf die Benutzung von Zellen mit statischem Logikverhalten, die jede für sich durch Schaltkreissimulationen genau ausgemessen wurden. Dies ist schon allein wegen der Reduktion in der Anzahl der Komponenten des Simulationsmodells (ein Gatter enthält stets mehrere Transistoren) effizienter. Man abstrahiert hier wie folgt von einem physikalischen Modell eines Schaltkreises: Da wir die Klasse der betrachteten Schaltkreise so einschränken, daß sie nur aus Grundbausteinen zusammengesetzt sind, die ein zusicherbares Verhalten, auf das wir noch zu sprechen kommen, in einem gewissen Umfang auch garantieren, wie z.B. Gatter oder FlipFlops, betrachten wir nicht mehr alle Knoten des physikalischen Modells, sondern lediglich Stellen, die die Kopplung dieser Grundbausteine herstellen. Entscheidend ist nun, wie man das Verhalten eines Schaltkreises auf der Basis von solchen Grundbausteinen definiert. Ein Schaltkreis ist dabei gegeben durch eine Menge von Zellen, auf deren Rand Anschlüsse liegen, und eine Verknüpfung dieser Zellen untereinander durch Verbinden dieser Anschlüsse. Wir interessieren uns für die Werte auf solchen Anschlüssen, wobei zwei Anschlüsse den gleichen Wert haben sollen, wenn sie miteinander verbunden sind. Folgende Definition spiegelt eine solche Struktur wieder.

Definition 5.3.1 *Ein Schaltkreis C ist gegeben durch (M, S, r, ρ), wobei M eine endliche Menge von Zellen und S eine endliche Menge von Signalen ist. r sei eine ausgezeichnete Zelle aus M und $\rho : M \longrightarrow S^*$ eine Zuordnung von Signalen zu den Anschlüssen von Zellen (der Rand der Zellen).*

Nach dieser Definition wird die Kopplung der Zellen untereinander durch die Zuordnung von Signalen[1] zu Anschlüssen beschrieben. Ist $\rho(m)_i = s = \rho(m')_j$, so heißt das, daß der i-te Anschluß der Zelle m mit dem j-ten Anschluß der Zelle m' verbunden ist. Beide tragen das gleiche Signal s. Die Verbindung des Schaltkreises zur Außenwelt behandeln wir durch eine ausgezeichnete Zelle r. Diese formale Modellierung kommt Modellierungen von Schaltkreisstrukturen durch Hypergraphen oder bipartite Graphen gleich, wobei die für das Verhalten wichtige Reihenfolge der Anschlüsse durch die Zuordnung von Folgen von Signalen anstelle von Mengen gewährleistet ist.

Das Verhalten eines Schaltkreises ergibt sich nun sehr einfach, wenn man das Verhalten seiner Komponenten kennt. Das Verhalten einer Zelle m mit $n = |\rho(m)|$ Anschlüssen ist ja die Menge aller beobachtbaren Konfigurationen von Werten an ihrem Rand, also eine Teilmenge aus Σ^n. Damit ergibt sich das Verhalten eines Schaltkreises wie folgt:

Definition 5.3.2 *Sei $C = (M, S, r, \rho)$ ein Schaltkreis. Gegeben sei ferner eine Abbildung ξ, die jedem Element m aus $M \setminus \{r\}$ ein Verhalten $\xi(m) \subseteq \Sigma^{|\rho(m)|}$ zuordnet. Dann heißt eine Abbildung $\beta : S \longrightarrow \Sigma$ eine Signalbelegung von C, wenn für alle $m \in M \setminus \{r\}$ gilt: Ist $\rho(m) = s_1 \cdots s_k$ dann ist $(\beta(s_1), \dots, \beta(s_k)) \in \xi(m)$.*
Das Verhalten $V(C)$ von C ist damit gegeben durch die Menge aller Signalbelegungen β von C. Das Ein/Ausgabeverhalten ist gegeben durch

$$V(r) := \{(\beta(s_1), \dots, \beta(s_n)) \mid \beta \text{ ist Belegung von } C \text{ und } \rho(r) = s_1 \cdots s_n\}.$$

Diese Definition ist sehr allgemein und büßt zunächst gegenüber physikalischen Modellen nichts an Genauigkeit ein, sofern man als Werte die zeitabhängigen Spannungen nimmt, die man an einer beliebigen aber festen Stelle des zu einem Signal gehörigen Leiterbaumes beobachtet, und als Verhalten einer jeden Zelle genau ihr physikalisches Verhalten für ihren Kontext im Schaltkreis einsetzt. Aber gerade diese Abhängigkeit des Verhaltens von der physikalischen Umgebung ist

---

[1] diese werden in der Literatur häufig (Verbindungs-) Netze genannt. Wegen der Verwechslung mit den in Kapitel 3 definierten Netzen verzichten wir hier auf diese Bezeichnung.

es, die man bei der Konstruktion digitaler Schaltkreise nicht bzw. nicht genau
beachten will und die den Kern der Vergröberung mit all seinen Konsequenzen
ausmacht. Man möchte nämlich von einer kleinen Menge von Grundbausteinen gleichen Typs und damit gleichen bekannten Verhaltens ausgehen und dabei
dennoch in einfacher Weise auf das Verhalten des Gesamtschaltkreises schliessen
können. Man kann daher nur den Weg gehen, Eigenschaften über das Verhalten einer Zelle eines bestimmten Typs zu formulieren, die von jedem Verhalten
der Zelle in einem bestimmten Kontext tatsächlich erfüllt werden. Das heißt,
man definiert nicht das genaue Verhalten eines Vorkommens einer Zelle, sondern
lediglich Eigenschaften ihres Typs, die zur Lösung von Entwurfsaufgaben ausreichen. Es ist klar, daß man damit das tatsächliche physikalische Verhalten stark
vergröbert und so auch in Kauf nehmen muß, daß gewisse optimalere Realisierungen aus Sicherheitsgründen ausgeschlossen werden. Wir wollen uns hier nicht
allgemein festlegen, sondern diese Vorgehensweise am Beispiel eines einfachen
Gatters erläutern:

Man betrachte ein Und-Gatter mit zwei Eingängen. Die Anordnung der Anschlüsse sei ($Eingang_1$, $Eingang_2$, Ausgang). Dann ist das Verhalten gegeben
durch die Menge aller $in_1 in_2 out \in \Sigma^3$, die folgende Eigenschaft erfüllen:

$$\Phi_{andgate} :=$$
$$\forall t_1, t_2 \in \mathbf{R} :$$
$$(high(in_1, t_1, t_2) \& high(in_2, t_1, t_2)) \Longrightarrow high(out, t_1 + t_{set1}, t_2 + t_{hold1})$$
und
$$low(in_1, t_1, t_2) \Longrightarrow low(out, t_1 + t_{set0}, t_2 + t_{hold0})$$
und
$$low(in_2, t_1, t_2) \Longrightarrow low(out, t_1 + t_{set0}, t_2 + t_{hold0}).$$

Hierin bedeuten die Prädikate[2]

$$high(\alpha, t_1, t_2) \quad := \quad \forall t \in [t_1, t_2) : \alpha(t) \geq u_H$$
$$low(\alpha, t_1, t_2) \quad := \quad \forall t \in [t_1, t_2) : \alpha(t) \leq u_L,$$

worin u_H, u_L Schwellenspannungen für die logischen Werte 1 und 0 sind.
Wir bemerken an dieser Beschreibung folgendes: Es gibt Anschlußpunkte,
über deren Belegung Aussagen in Abhängigkeit von Eigenschaften anderer An-
schlußbelegungen gemacht werden. Wir nennen diese Punkte auch Ausgänge der
Zelle. Die Aussagen sind in Form von Implikationen gegeben. Das heißt insbesondere, daß dadurch alle Belegungen, die die Voraussetzungen dieser Implikationen
nicht erfüllen, als Verhalten in Betracht gezogen werden. Für unser Und-Gatter
oben bedeutet dies folgendes. Man hat Zeiten t_{set1}, t_{set0} gemessen, die das Gatter schlimmstenfalls benötigt, um seinen Ausgang infolge einer Anregung, die
den Wert 1 bzw. 0 am Ausgang erfordert, entsprechend zu setzen. Ferner hat

---

[2]$[t, t')$ bedeutet hierbei das links abgeschlossene und rechts offene Intervall von t bis t'.

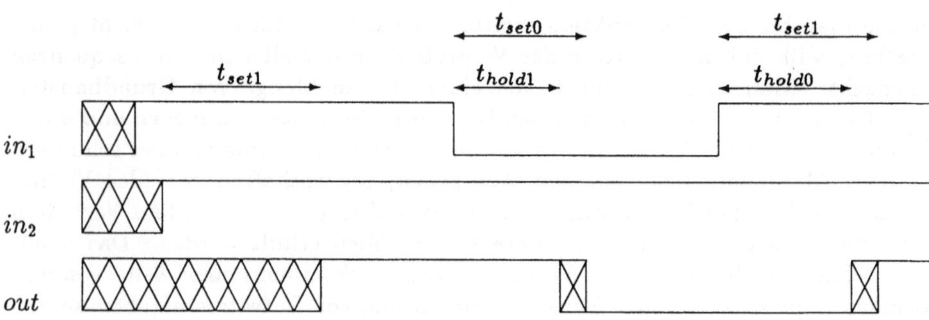

Abbildung 5.1: *Zeitdiagramm für das Verhalten des Und-Gatters*

man Zeiten t_{hold1}, t_{hold0} gemessen, die das Gatter mindestens den Wert 1 bzw. 0 halten läßt, sofern es ihn einmal angenommen hat. Man entnimmt der Definition auch, daß der Ausgang den Wert 1 nur annimmt, wenn

$$t_2 + t_{hold1} > t_1 + t_{set1},$$

d.h. wenn die Inputs wenigstens $t_{set1} - t_{hold1}$ lang stabil 1 waren (es gilt vernünftigerweise $t_{hold1} < t_{set1}$). Welche gesicherten Zustände sich daraus für Wellenformen in_1, in_2 ergeben, zeigt Abbildung 5.1. Die mit 'X' versehenen Bereiche geben an, daß hier jeder Spannungsverlauf für $out(t)$ zulässig ist.

Nimmt man nun an, daß für alle Gatter solche Prädikate gegeben sind und daß sie dergestalt sind, daß die dadurch beschriebenen Verhaltensmuster einer Zelle in jedem vorkommenden Kontext eingehalten werden, so kann man damit zuverlässige Analysen vornehmen. Ob die Eigenschaften in jedem Kontext eingehalten werden, ließe sich sogar durch Strukturanalysen prüfen (z.B. Test auf Einhaltung eines gewissen maximalen Fan-outs), oder man könnte durch Strukturanalysen auf einer konkreten Realisierung die Zeitkonstanten für jedes Vorkommen auf seinen Kontext hin nachbessern. Die Probleme der Verifikation oder Simulation stellen sich dann wie folgt:

Verifikationsproblem: Gegeben sei ein Schaltkreis C und eine Aussage über sein Verhalten $V(C)$. Folgere diese Aussage aus den Eigenschaften der Bausteine.

Simulationsproblem: Gegeben sei ein Schaltkreis C und Vorgaben für die Belegungen einzelner Signale $s_1, \ldots, s_k$ der Form

$$\Phi(s_i) = high(s_i, t_{i,1}, t'_{i,1}) \wedge low(s_i, t_{i,2}, t'_{i,2}) \wedge \ldots; \quad i = 1, \ldots, k,$$

Stimuli genannt. Folgere aus den Eigenschaften der Grundbausteine Stabilitätseigenschaften der Belegungen $\beta(s'_i)$ an gewissen Beobachtungspunkten $s'_1, \ldots, s'_n,$

mit $\beta \in V(C)$ und $\beta(s_i)$ erfüllt $\Phi(s_i)$ für die stimulierten Punkte $s_1, \ldots, s_k$. Hierbei kann es vorkommen, daß es keine solche Belegung gibt, d.h. widersprüchliche Aussagen sich für ein Signal ableiten. (Man denke an ein Signal, das zwei Ausgänge verbindet, die zu einem bestimmten Zeitintervall jeweils stabil 0 und stabil 1 sein sollten.)

Ein Verhaltensmodell dieser Art ist auf der Gatterebene wohl das sicherste, wenn die Eigenschaften der Bausteine richtig definiert und in jedem Kontext einer möglichen oder gegebenen Realisierung tatsächlich eingehalten werden. Das Zeitdiagramm aus Abbildung 5.1 würde etwa einer Simulation des oben definierten Verhaltens eines Und-Gatters auf die vorgegebenen Impulse an den Inputs entsprechen. Man erkennt nun aber auch, daß diese Betrachtungsweise sehr unscharf ist und für gewisse Klassen von Schaltkreisen kaum Schlußfolgerungen über das Verhalten zuläßt. Die Modellierung etwa von flankengesteuerten Flipflops erfordert die Einhaltung von strengeren Zeitbedingungen bei der steuernden Taktflanke, als man sie mit dem hier geschilderten Ansatz herleiten kann. Würde man zum Beispiel in diesem Modell Takte über Gatter berechnen, so ergäben sich zwangsweise anstelle einer Flanke Intervalle, in denen für den Takt jedes Verhalten zugelassen ist, und damit die Einhaltung von Zeitbedingungen wie Mindestbreite des Taktes, Setup- und Hold-Zeiten, nicht mehr exakt formuliert oder nicht mehr abgeleitet werden kann. Damit wird die Analyse von Schaltungen, die nicht synchron sind, erschwert, es sei denn, man realisiert Flipflops direkt durch Gatter. Aber auch dann sind Korrektheitsaussagen nicht immer in diesem Modell möglich, da man zum Beispiel zeitliche Abhängigkeiten unterschlägt. Man betrachte etwa die Situation, daß zwei Inverter in einem Teil einer Schaltung hintereinandergeschaltet sind und die Korrektheit der Gesamtschaltung darauf beruht, daß eine steigende Flanke am Eingang des ersten Inverters stets vor einer steigenden Flanke am Ausgang des Nachfolgeinverters kommt. Dann kann dies bei entsprechender Wahl der Zeitkonstanten in unserem einfachen Modell verwischt werden, d.h. Korrektheit ist damit nicht nachweisbar (siehe Abbildung 5.2). Damit sind asynchrone Schaltkreise bei einem sicheren Zugang dieser Art nur beschränkt analysierbar. (Aus Testbarkeitsgründen schließt man solche Techniken bei VLSI-Schaltkreisen ohnehin meist aus [EW78].)

Neben Zuverlässigkeit von Analysen spielt aber auch die Effizienz von Analysen eine Rolle. Daher hat man eine Vielzahl von Modellen und Werkzeugen entwickelt, die sich aus diesem allgemeinen Zugang für die Logikebene ableiten lassen und Gültigkeit von Analysen gegen Effizienz und Einsetzbarkeit opfern. Wir wollen der Kürze wegen hier nicht auf Analysealgorithmen und deren Komplexität eingehen und unter der Vielzahl von speziellen Modellen auch nicht alle nennen. Meistens wird das Verhaltensmodell auch nicht wie hier definiert und Analyseaufgaben daraus abgeleitet, sondern man stellt Analysesysteme vor, zeigt, wie sie mit gewissen Standardsituationen zurechtkommen, und überläßt dem Benutzer das schwerwiegende Urteil darüber, was das System genau be-

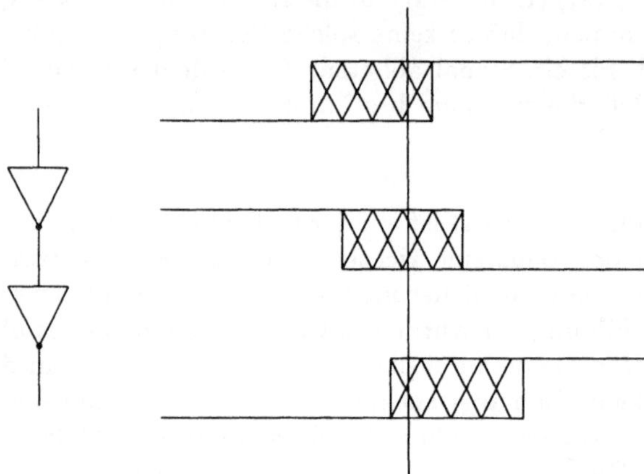

Abbildung 5.2: *Verwischung von Abhängigkeiten*

rechnet und wie verläßlich damit gewonnene Analyseergebnisse sind. So findet man etwa Modelle, in denen stets $t_{set1} = t_{hold0}$ und $t_{hold1} = t_{set0}$ angenommen wird. Damit vermeidet man inhärente Unsicherheitsintervalle, macht allerdings unter Umständen Vorhersagen, die nicht zutreffen, weil die Laufzeiten nicht exakt eingehalten werden. Weitere Vereinfachungen, die sogar alle Zeitkonstanten gleich setzen (unit delay Modelle), sind noch weitaus unrealistischer und machen eine Analyse von Zeitbedingungen unmöglich. Bei Analysen von synchronen Schaltkreisen kann man, da es dort keine ungetakteten Rückkopplungen gibt, Zerlegungen in kombinatorische Teilschaltungen und Flipflops vornehmen. Interessiert man sich nun nur für das statische Verhalten der kombinatorischen Teile, so kann man, setzt man als Stimuli an den Eingängen stets Spannungen x mit $high(x, -\infty, \infty)$ bzw. $low(x, -\infty, \infty)$ an, alle Signale als Konstanten modellieren, da man wegen der Rückkopplungsfreiheit an allen Punkten konstante Werte erhält. In diesem Fall genügt also $\Sigma = \{0, 1\}$ und boolsche Funktionen für die Grundbausteine. Dies liefert die effizientesten Simulationsverfahren und wird daher meist bei Fehlerüberdeckungsanalysen von Tests, was viele Simulationen erfordert, eingesetzt.

Wir wollen es bei dieser Kurzbetrachtung belassen. Zusammenfassend bleibt zu sagen, daß man sich als Benutzer von Analysewerkzeugen vorher genau überlegen sollte, welche Art von Werkzeug man wofür benutzen möchte und wie verläßlich damit gewonnene Ergebnisse sind. Demgegenüber sollte der Entwerfer von Analysewerkzeugen genau schildern, in welchem Zusammenhang sein Modell mit dem realen Verhalten steht, insbesondere für welche Typen von Schaltkreisen immer gültige Aussagen gemacht werden.

Kapitel 6

Rechnergestützte Synthese in Semi-Custom Systemen

Neben den beiden bisher behandelten Problemkreisen, nämlich dem der Spezifikation, d.h. der Diskussion von Beschreibungsebenen und Beschreibungsmethoden, und dem der Analyse, d.h. der Prüfung eines Entwurfes, wollen wir uns mit einem dritten Problemkreis, dem der Synthese, d.h. der automatischen und manuellen Erzeugung detaillierter Darstellungen aus weniger detaillierten, befassen. Ein erstes Beispiel eines Synthesewerkzeuges wurde schon im Kapitel über unregelmäßige Logik vorgestellt, nämlich das der Übersetzung eines endlichen Automaten in ein programmierbares logisches Feld. Man überlegt sich sogar leicht, daß man dieses Verfahren automatisieren kann, d.h. daß man ausgehend von einer graphischen Beschreibung des endlichen Automaten das fertige PLA automatisch generiert. Ähnlich wie die Analyse ist die Synthese eng mit dem Problem der Spezifikation verwoben: je höher die Beschreibungsebene, umso einfacher ist im allgemeinen ein Entwurf zu analysieren (s. vorheriges Kapitel) und umso schwieriger ist das Syntheseproblem zu lösen.

Es gibt verschiedene Optimierungskriterien bei der Synthese. Diese Kriterien müssen naturgemäß der Forderung nach Korrektheit genügen, d.h. das funktionale Verhalten des erzeugten Schaltkreises muß der formalen Verhaltensinterpretation der Spezifikation genügen. Kriterien sind unter anderem ([Tre87]):

Fläche : Es handelt sich hierbei um ein klassisches Komplexitätsmaß. Ziel von fast allen Optimierungsprogrammen, die während der Synthese ablaufen, ist die Minimierung der "Fläche", da die Fabrikationskosten stark von ihr abhängen. Unter "Fläche" kann man hierbei die benötigte Gatteranzahl, den Verdrahtungsaufwand oder die Siliziumfläche, die die Schaltkreisrealisierung belegt, verstehen.

Geschwindigkeit : Neben der Forderung der Korrektheit muß der zu generierende Schaltkreis normalerweise strengen Laufzeitanforderungen genügen. Hierbei handelt es sich um die Reaktionszeit des Schaltkreises, d.h. die Zeit, die der Schaltkreis benötigt, um die zu den an den Eingängen neu angelegten Stimuli gehörige Antwort an den Ausgängen bereitzustellen. Wir werden später sehen, daß ein "trade-off" zwischen Laufzeit und Fläche besteht, d.h. daß man (oft) zwischen Laufzeit und Fläche abwägen muß.

Testbarkeit : Obschon die Generierung flächen- und laufzeit-effizienter Lösungen nach wie vor eine entscheidende Rolle spielt, nimmt man doch zunehmend Einschränkungen an den Entwurf in Kauf, die seine Testbarkeit erhöhen. In früheren Jahren wurde die Entwicklung und Abwicklung der Fertigungtests in der Regel nach dem Entwurf des Schaltkreises vorgenommen. Mit dem Fortschreiten der VLSI-Technologie ist aber der Test eines Chips wesentlich erschwert worden: die Anzahl der Gatterfunktionen, die auf einem Chip realisiert werden können, ist stark gestiegen; sie wächst, asymptotisch gesehen, quadratisch zur Anzahl der Input/Output-Ports auf dem Rand des Chips, d.h. relativ gesehen stehen immer weniger Stellen am Rande des Chips zur Verfügung, um die Korrektheit im Innern zu zeigen. Die Notwendigkeit, die Testbarkeitsfrage parallel zum Entwurfsprozeß zu betrachten und gut testbare Schaltungen zu synthetisieren, ist also deutlich.

Eine zweite Klasse von Kriterien, die erfüllt sein sollten, stellt Anforderungen an die Synthesewerkzeuge selbst. Hier ist insbesondere zu nennen:

Laufzeit/Platz : Aufgrund der großen benötigten Datenmengen müssen Synthesewerkzeuge nicht nur effiziente Schaltkreise generieren, sondern sie müssen dies sogar mit vertretbarem Aufwand in bezug auf Laufzeit und Speicherplatz tun. Aus diesem Grunde wird die Ausnutzung der Hierarchie (s. Kapitel 3 und 8) bei der Synthese wirklich großer Schaltungen zwingend, selbst wenn man schnelle Syntheseverfahren benutzt. Der geringe Speicherbedarf hierarchischer Darstellungen ist schon ein beträchtlicher Vorteil und kann sich auf die Rechenzeit der Verfahren auswirken, da unter Umständen auch bei großen Netzen die ganze Beschreibung noch im Hauptspeicher gehalten werden kann. Hierarchische Darstellungen werden aber vor allem dann interessant, wenn auch hierarchische Verfahren zur Weiterverarbeitung benutzt werden können, d.h. Verfahren, die hierarchische Darstellungen in andere (synthetisierte) hierarchische Darstellungen transformieren. Hier läßt sich, im Vergleich zu nicht-hierarchischen Verfahren, häufig ein großer Laufzeitgewinn erzielen.

Das ideale Entwurfssystem wäre ein *Silicon Compiler*. Darunter versteht man ein System, das in angemessener Zeit aus einer Funktionsbeschreibung, d.h. einem Programm in einer höheren, ALGOL ähnlichen Programmiersprache und

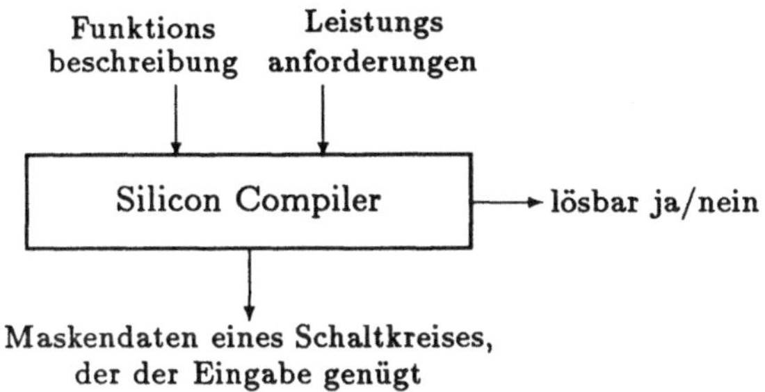

Abbildung 6.1: *Verhalten eines Silicon Compilers*

aus Leistungsanforderungen über Fläche und Geschwindigkeit, die der zu generierende Schaltkreis erfüllen muß, ein Stück Silizium fertigt, das der eingegebenen Funktionsbeschreibung und den Leistungsspezifikationen genügt oder die Nichtlösbarkeit der Aufgabe mitteilt (s. Abbildung 6.1).

Ein erster Ansatz, der zur Lösung dieses Problems gewählt wurde, ist die automatische Übersetzung von ALGOL ähnlichen Programmen in Mikroprozessor ähnliche Schaltungen, bestehend aus einer Steuereinheit, die üblicherweise durch ein programmierbares logisches Feld realisiert wird, und aus einem Datenpfad, der aus Registerbänken und Funktionsscheiben, die untereinander über Busse verbunden sind, aufgebaut ist. Die Register repräsentieren die Programmvariablen; die Operationen, die auf diesen Variablen ausgeführt werden müssen, werden durch die Funktionsscheiben realisiert. Die Steuereinheit steuert den Ablauf, d.h. sie gibt an, wann welche Registerinhalte an eine Funktionsscheibe angelegt werden, beziehungsweise wann welche Signale in die Register übernommen werden sollen. Bei diesem Ansatz dürfen die Eingabeprogramme nicht von der allgemeinsten Form sein; die Programme dürfen zum Beispiel keine dynamischen Datenstrukturen benutzen. Stellvertretend kann man für diese Art von Silicon Compilern das System FLAMEL [Tri87] erwähnen, das an der Universität von Stanford entwickelt und implementiert wurde.

Kernstück dieser Systeme sind Verfahren, die die ALGOL-ähnlichen Eingabeprogramme in einen möglichst guten Microcode übersetzen. Hierbei greift man zum einen auf Codeoptimierungsverfahren aus konventionellen Übersetzern zurück, zum Beispiel zur Eliminierung von Kontrollstrukturen und zur Optimierung von Schleifen; zum anderen versucht man, mithilfe von Datenflußanalyse Operationen zu entdecken, die man parallel ausführen kann. (Informationen über Codeoptimierungsverfahren und Datenflußanalyse bei konventionellen Übersetzern findet der Leser in [AU77].)

Der Parallelitätsgrad (Verhältnis der Anzahl der Operationen zur Anzahl der Schritte) ist natürlicherweise stark abhängig vom Hardwareaufwand, also von

der Fläche, die der Chip belegen darf. Je mehr Busse zwischen den Registerbänken und den Funktionsscheiben existieren, desto mehr Funktionsscheiben können gleichzeitig zu einem Zeitpunkt mit Operanden versorgt werden.
Existieren im Datenpfad mehrere Funktionsscheiben, die die gleiche Funktion
realisieren, so besteht die Möglichkeit, die entsprechende Operation parallel auf
voneinander unabhängigen Operandenpaaren auszuführen. Man denke zum Beispiel an den algebraischen Ausdruck $x = (\ldots((x_1 + x_2) + x_3) + \ldots + x_8)$. Existiert nur eine Funktionsscheibe, die die Addition zweier Zahlen realisiert, so
benötigt man zur Berechnung von x 7 Schritte. Existieren dagegen zwei solche Funktionsscheiben, so formt man den obigen Ausdruck mithilfe algebrai-
scher Axiome, in diesem Fall des Assoziativgesetzes, in den Ausdruck $x =
(((x_1 + x_2) + (x_3 + x_4)) + ((x_5 + x_6) + (x_7 + x_8)))$ um und benötigt nur noch
4 Schritte zur Berechnung von x.

Zusammenfassend muß man aber feststellen, daß (heute) die von sogenannten
Silicon Compilern erzeugten Chips um Größenordnungen schlechter sind als die
Realisierungen, die ausgehend von detaillierteren Beschreibungen, wie zum Beispiel Netzlisten oder booleschen Ausdrücken, generiert werden. Wir wollen uns
deshalb im folgenden mit der Synthese befassen, die auf tieferen Beschreibungsebenen aufsetzt und die zum Teil mit manuell erzeugten Realisierungen vergleich-
bare Ergebnisse liefert.

In diesem Kapitel werden wir uns mit den Synthesewerkzeugen beschäftigen, die
man zur Realisierung von Schaltkreisen durch Gatearrays, Standardzellen, Makrozellen und Sea-of-Gates benötigt. Hier werden wir von der Abstraktionsebene
der Netzlisten ausgehen, da die Netzlistendarstellung[1] in den heute kommerziell
verfügbaren Standardentwurfssystemen normalerweise als Eingabe dient (s. zum
Beispiel das VENUS System [HNS86]). Die Netzliste gibt die verwendeten Funktionszellen und ihre Vernetzung untereinander wieder. Für die Layouterstellung
stehen noch die Zellgrößen, die Schicht der Anschlußpunkte usw. zur Verfügung.

Die Aufgabe, die in diesem Fall gelöst werden muß, besteht darin, die in den
Netzlisten vorkommenden Zellen zu plazieren und die zur Kommunikation zwischen den Komponenten notwendigen Verbindungswege auszulegen. Man spricht
hier von *Plazieren* und *Verdrahten*. Das Problem der Verdrahtung wird dabei
üblicherweise in die drei Teilprobleme, nämlich das *globale Verdrahten*, das *lokale Verdrahten* und die *Schichtzuweisung*, aufgeteilt. Das globale Verdrahten
bestimmt die Topologie der Verbindungswege, das lokale Verdrahten ihre genaue
Lage und die Schichtzuweisung bestimmt, in welcher Materialschicht das einzelne
Leitungsstück verlaufen soll. Wie wir in einem früheren Kapitel gesehen haben,
braucht man sich bei diesem Ansatz über das Verlegen der Spannungsversorgung

---

[1]In diesem Kapitel werden wir der Kürze halber die Begriffe *Netzliste* bzw. *Netz* verwenden.
Der Begriff *Netz* steht hierbei für eine Menge von Anschlüssen, die untereinander elektrisch zu
verbinden sind. Sie sind also nicht zu verwechseln mit den entsprechenden Bezeichnungen in
den Kapiteln über logisch topologische Netze.

keine Gedanken zu machen.

6.1 Plazierung bei Gate-Arrays und Standardzellen

Bei den im folgenden vorgestellten Heuristiken zur Plazierung von Zellen in Reihen machen wir keinen Unterschied zwischen Gate-Array- und Standardzellenentwurf. Dies läßt die Tatsache unberücksichtigt, daß die Kanalhöhe bei Gate-Arrays durch den Master vorgegeben wird.

Ziel dieser Heuristiken ist es, eine Aufteilung der Zellen in die Reihen zu finden, die den Verdrahtungsaufwand minimiert. Um dieses zu erreichen, ist es üblich, eine Plazierung zu suchen, die die Gesamtverdrahtungslänge minimiert. Dieser Kostendefiniton liegt die "Hoffnung" zugrunde, daß die Layoutfläche im Unterschied zum Makrozellen- und Sea-of-Gate Entwurf, die aufgrund der großen Unterschiede in den Zellgrößen hohen Verschnitt aufweisen, hauptsächlich durch den Verdrahtungsanteil bestimmt wird. Der Leser mag dabei jedoch bedenken, daß eine Plazierung, die die Gesamtverdrahtungslänge minimiert, hohe Kanalhöhen durch ungleichmäßige Auslastung der Verdrahtungskanäle und damit große Layoutflächen erzeugen kann.

Bei der Aufteilung der Zellen in Zeilen lassen sich die Verdrahtungsnetze in Netze, die nur Zellen in derselben Reihe und solche, die auch Zellen zwischen verschiedenen Reihen verbinden, unterteilen. Seien die Zeilen von oben nach unten und die Zellen in jeder Zeile von links nach rechts durchnumeriert. Unter *Netzdichte* zwischen zwei aufeinanderfolgenden Zellen i und $i+1$ innerhalb einer Zeile verstehen wir dann die Anzahl der Netze, die eine Zelle $k, k \leq i$, mit einer Zelle $l, l > i$, verbinden. Analog ist die Netzdichte zwischen den Zeilen definiert: Die Netzdichte zwischen zwei aufeinanderfolgenden Zeilen i und $i+1$ ist die Anzahl der Netze, die eine Zelle einer Zeile $k, k \leq i$, mit einer Zelle einer Zeile $l, l > i$, verbinden. Viele in der Literatur bekannte Heuristiken versuchen, die Verdrahtungsfläche dadurch zu minimieren, daß sie entweder die maximale Netzdichte in jeder Zeile oder die maximale Netzdichte zwischen den Zeilen minimieren. In einem zweiten Schritt wird dann die jeweils andere Komponente betrachtet. Im folgenden skizzieren wir je ein Verfahren aus beiden Gruppen [SLS88b].

6.1.1 Minimierung der maximalen Netzdichte innerhalb der Zeilen

Ein bekannter Vertreter dieser Gruppe ist die *Lineare Anordnung mit Faltung*. Alle Zellen werden auf einem Strahl so aufgereiht, daß die maximale Netzdichte minimiert wird. Anschließend wird dieser Strahl entsprechend der Anzahl der Zeilen gefaltet. Dabei gibt es mehrere Möglichkeiten, von denen wir einige auf-

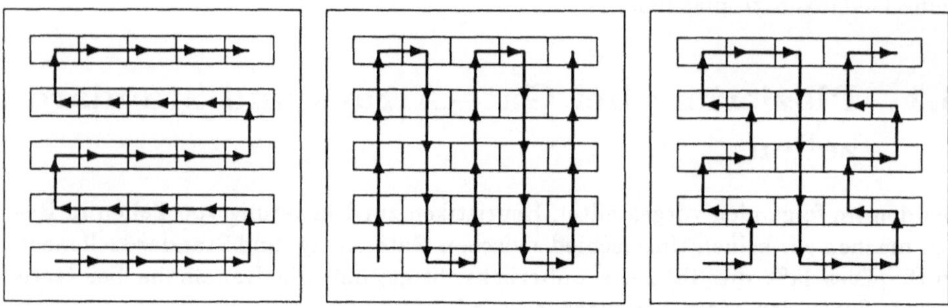

Abbildung 6.2: *Beispiele für Faltungen*

zeigen. Da das lineare Anordnungsproblem NP-vollständig [2] ist, werden Heuristiken zur Problemlösung verwendet. Ein Vorgehen, das vielen Algorithmen zugrundeliegt [Kan83,GCT77], konstruiert die Anordnung, indem es als nächste Zelle aus den noch nicht plazierten Zellen die hinzunimmt, die möglichst viele Netze der bisher angeordneten Zellen beendet und möglichst wenige neu beginnt. Versucht wird also, lokal die Dichte minimal zu halten. Solche Algorithmen bezeichnet man als "gefräßig" (*greedy algorithms*), da sie lokal versuchen, optimal vorzugehen. Sie berücksichtigen also nicht die globalen Auswirkungen bei ihrem Vorgehen.

proc lineare Anordnung

    while es gibt noch unplazierte Zellen
    do
        wähle als nächste Zelle der Anordnung die Zelle mit:
        die Differenz aus beendeten und neu gestarteten Netzen wird maximiert
    od

end

Für die Faltung dieser Anordnung in die Zeilen des Chips gibt es viele Möglichkeiten [Kan83,CC80,SBP84]. In Abbildung 6.2 sehen wir Beispiele mit unterschiedlichen Faltungsbreiten.

---

[2]NP-vollständig besagt, daß jeder bekannte Algorithmus zur Lösung dieses Problems exponentiellen Zeitbedarf bezüglich der Problemgröße, in diesem Fall der Anzahl der Zellen, hat.

6.1.2 Minimierung der maximalen Netzdichte zwischen den Zeilen

Hier besteht das Problem darin, die Zellen in soviele Gruppen aufzuteilen, wie es Zeilen gibt. Nach dieser Aufteilung wird in einem zweiten Schritt die Anordnung innerhalb der Zeilen vorgenommen.

Analog zur linearen Anordnung versuchen viele Heuristiken sukzessive die Zeilen mit Zellen zu belegen, wobei die aktuell zu besetzende Zeile mit einer Menge von Zellen besetzt wird, die möglichst viele Netze der darüber bereits belegten Zeilen beendet und möglichst wenig Netze neu startet. Die Grundidee dabei ist, eine Menge von Zellen so in zwei Teilmengen aufzuteilen, daß möglichst wenige Netze Verbindungen zu Zellen aus beiden Mengen aufweisen [SK72,Bre79]. Solche Verfahren werden *Min-cut* Heuristiken genannt.

Folgende Prozedur beschreibt die sukzessive Zuordnung zu Zeilen. Wie die Plazierung der Zellen innerhalb einer Zeile erfolgt, wird später beschrieben.

proc Min-Cut

    P sei die Menge der bereits plazierten Zellen;
    F sei die Menge der noch nicht plazierten Zellen;

    while alle Zeilen sind noch nicht belegt
    do
        wähle zufällig aus der Menge F eine Menge A
        von Zellen für die aktuelle Zeile aus;
        while es gibt zwei Zellen $a \in A$ und $b \in F$ mit: (*)
            durch Vertauschen von a und b wird die Anzahl der
            Netze zwischen $A \cup P$ und F vermindert
        do
            vertausche a und b;
        od

        plaziere die gefundenen Zellen in der aktuellen Zeile; (**)
        erweitere P um A;
        gehe zur nächsten Zeile;
    od

end

In der Schleife (*) sind mehrere Variationen möglich. In den klassischen Verfahren werden die Zellen vertauscht, die den Schnitt maximal vermindern. Kernighan und Lin [KL70] vertauschen probeweise noch weitere Zellen, auch wenn der

Schnitt vergrößert wird, in der Hoffnung, aus einem lokalen Minimum heraus-zukommen. Wird nach einer vorgegebenen Anzahl von Schritten dann noch ein geringerer Schnitt erreicht, wird die Vertauschung vorgenommen. Für eine effi-ziente Realisierung der Schleife (*) sei der Leser auf die Arbeit von Fiduccia und Mattheyses [FM82] verwiesen.

Sind die Padzellen auf dem Chiprand bereits vorgegeben, können deren Positio-nen bei der Min-cut Prozedur berücksichtigt werden. Die Menge der plazierten Zellen wird mit den Padzellen des oberen Randes initialisiert, so daß bei der Auswahl der Zellen für die erste Zeile Zellen mit direkter Verbindung mit den I/O-Ports ausgewählt werden. Analog werden die noch nicht plazierten Zellen um die Pads des unteren Chiprandes ergänzt. Die Pads des linken und rechten Randes werden entsprechend vor jeder Betrachtung einer neuen Zeile den freien Zellen entnommen und fest der aktuellen Zeile zugeschlagen.

Shragowitz, Lin und Sahni [SLS88b] schlagen vor, die Zellen für die aktuelle Zeile so auszuwählen, daß sie maximal viele Netze mit den bereits plazierten Zellen aufweist, um so die Verdrahtungslänge möglichst klein zu halten.

Nachdem die Zellen für die aktuelle Zeile gefunden sind, werden sie plaziert (**). Zur Minimierung der Netzdichte innerhalb einer Zeile bietet sich die lineare Anordnung an. Dabei können auch die Netze berücksichtigt werden, die Zellen aus der aktuellen Zeile mit Zellen aus bereits plazierten Zeilen verbinden, da deren Positionen festliegen. Somit wird der horizontale Anteil der Verdrahtung zwischen Zellen in verschiedenen Reihen berücksichtigt.

In [SLS88b] wird dabei folgendermaßen vorgegangen: Sortiere die Zellen nach der Anzahl der Netze, die sie mit den bereits plazierten Reihen haben. Plaziere die Zellen in absteigender Reihenfolge so, daß die Verdrahtungslänge (horizon-taler Anteil) minimiert wird, bzw. nächstmöglich zu dieser Position, wenn es zu Überschneidungen führt.

Bei Gate-Arrays mit inselförmiger Anordnung der Grundzellen werden ebenfalls Min-Cut Verfahren angewandt. Allerdings wird bei der Aufteilung so verfahren, daß die Zellenmenge jeweils halbiert wird, wobei die Schnittlinie abwechselnd vertikal und horizontal gewählt wird.

Der Einfachheit halber haben wir die unterschiedlichen Breiten der Zellen außer acht gelassen (die Höhe ist einheitlich). Sollen die Breiten berücksichtigt werden, so muß durch eine Gewichtung der Zellen eine gleichmäßige Aufteilung der Zellen durch Min-cut erfolgen, z.B. durch Vertauschen von einer mit mehreren Zellen.

6.1.3   Weitere Plazierungstechniken

In den beiden oben vorgestellten Plazierungsverfahren geht die Reihenstruktur des Layouts direkt in das Verfahren ein. Andere Verfahren suchen erst eine gute Verteilung der Zellen innerhalb eines Rechtecks, bevor sie die Zellen auf-grund ihrer Lage Reihen zuordnen. Das Verfahren von Dunlop und Kernighan [DK85] z.B. teilt zuerst nach dem Min-cut Prinzip die Zellenmenge in einem Rechteck durch abwechselnd horizontale und vertikale Schnitte auf und sucht danach erst eine Reihenzuordnung. Einen anderen Zugang zu einer solchen Verteilung der Zellen auf ein Rechteck verwenden die Verfahren, die nach einem *Kräftemodell* vorgehen. Die Grundidee ist, daß Zellen, die stark untereinander vernetzt sind, nahe beieinander zu plazieren sind. Solche "Cluster" von Zellen können durch folgendes Verfahren gewonnen werden: Den Padzellen werden Punkte auf einem fest vorgegebenen Rand eines Rechteckes zugeordnet. Jede Zelle wird durch einen Knoten repräsentiert. Zwei Punkte werden durch eine Feder verbunden, wenn die zugehörigen Zellen zu einem gemeinsamen Netz gehören. Die Federkräfte sorgen dann dafür, daß sich ein stabiler Zustand herausbildet, d.h. daß jeder Punkt den Platz innerhalb des Rechtecks einnimmt, in dem die Summe der angreifenden Kräfte gleich Null ist. Knoten, die stark untereinander vernetzt sind, werden durch viele Federn eng beieinander plaziert, während schwach vernetzte Knoten auseinandergezogen werden. Auf diesem physikalischen Modell beruht eine Vielzahl von Plazierungsverfahren [AA88,Bla84,Bla85,JJK86,AJJ83,QB79,Qui79,WWM82,WK88]. Diesen Gleichgewichtszustand zu finden, ist äquivalent zu dem Problem, die Summe $\sum_E |c_{ij} \cdot e_{ij}|^p$ mit $p = 2$ zu minimieren, wobei E die Menge aller Federn, e_{ij} der euklidische Abstand der Knoten v_i und v_j und c_{ij} die Federkonstante ist. Potenziert man die Abstände der Knoten mit einer wesentlich größeren Zahl p, fallen lange "Federn" stärker ins Gewicht. Im Gleichgewichtszustand führt dies dazu, daß relativ lange Federn vermieden werden. Wählen wir $p = \infty$, wird die längste Feder minimiert. Statt Cluster von Knoten erhält man dann eine gleichmäßigere Verteilung der Knoten im Rechteck, woraus leichter eine Reihenstruktur gewonnen werden kann. Grundlagenuntersuchungen in dieser Richtung findet der Leser in [BH87,Gro83,BO87].

Im Federmodell führt das Einsetzen der Zellen auf die Knotenpositionen zu Überlappungen, was die Suche nach einer Plazierung wieder erschwert. Bei *Simulated Annealing* [KGV83,GRB85] geht man von einer beliebigen Anfangsplazierung aus und versucht durch Vertauschen von Zellen die Plazierung zu verbessern. Als Maß werden z.B. die Anzahl der Überkreuzungen von Kanten, Kantenlängen, Überlappungen von Zellen, die Fläche etc. genommen. Der Begriff Simulated Annealing soll die Analogie zum Kristallisationsprozeß widerspiegeln: Zellen werden mit einer gewissen Wahrscheinlichkeit auch dann vertauscht, wenn dadurch eine schlechtere Zwischenlösung erzielt wird, mit dem Ziel, lokale Minima zu überwinden. Mit fortschreitender Zeitdauer sinkt diese Wahrscheinlichkeit. Beim Kristallisationsprozeß entspricht dies dem Abkühlungsprozeß. Bei hoher Temperatur "bewegen" sich die Moleküle stark. Die sinkende Temperatur bewirkt eine allmähliche Kristallisierung. In Kapitel 7 wird am Beispiel der Schichtzuweisung genauer auf dieses Verfahren eingegangen.

Es gibt noch eine Fülle von Plazierungsvorschlägen, auf die wir hier nicht eingehen können. Der Leser sei deshalb auf weiterführende Literatur verwiesen, wie sie in den Übersichten in [Har86,PK86] zu finden ist.

6.2 Globales Verdrahten bei Standardzellen und Gate-Arrays

Wie das Problem der Verlegung der Verdrahtungsnetze über Zeilen hinweg auf reine Kanalverdrahtungsprobleme reduziert wird, ist Gegenstand des globalen Verdrahtens. Sind Zellen eines Netzes durch Zeilen getrennt, so können nicht alle Verbindungen die senkrechten Verdrahtungskanäle links und rechts von den Zeilen verwenden.

In einigen Fällen ist die Überquerung von Zeilen über eine in den Zellen nicht benutzte Verdrahtungsebene möglich. Sind zum Beispiel zwei Metallverdrahtungsschichten in einem Entwurfsprozeß vorhanden, so könnte die Intrazellenverdrahtung (einschließlich Spannungsversorgung) der Zellen in Metall_1 und Poly realisiert sein. Ist die Interzellenverdrahtung so ausgelegt, daß die horizontalen Leitungen in den Kanälen in Metall_1 verlegt sind, so können die vertikalen Verbindungen, ausgelegt in Metall_2, an fast allen Stellen die Zeilen überqueren. (Probleme gibt es, wenn Zellanschlüsse direkt mit Metall_2 kontaktiert werden müssen, um in den Kanälen horizontale Leitungen (in Metall_1) zu überqueren.)

Werden auf einem Master Grundzellen nicht oder nur zum Teil für Funktionszellen verwendet, so können die funktionslosen Gates (s. Abbildung 2.5) zur Überbrückung der Zeile verwendet werden. Solche Brücken werden *Feedthrus*[3] genannt.

Das Pendant zu diesen Feedthrus im Standardzellenkonzept bilden "Verdrahtungszellen", ebenfalls Feedthrus genannt, die in die Zeilen als Platzhalter eingebaut werden, um die verschiedenen Verdrahtungskanäle miteinander zu verbinden, falls es zu den oben erwähnten Konflikten zwischen zwei Metallschichten kommt oder nur eine Metallschicht zur Verfügung steht. Die Anzahl und die Plazierung solcher Platzhalter und damit die Layoutfläche (Zeilenlängen, Kanaldichten) hängen von der Aufteilung der Zellen in die Zeilen ab.

Letztlich sind Funktionszellen in beiden Entwurfsstilen so entworfen, daß die Zellanschlüsse am oberen und unteren Rand zur Verfügung stehen (s. Abbildung 2.5) und dasselbe Potential haben (*elektrisch äquivalente Pins*). Sie schaffen somit eine Verbindung zwischen den benachbarten Kanälen und bilden (nur für das zugehörige Netz) einen Feedthru. Diese Eigenschaft soll im folgenden vorausgesetzt werden.

Suchen wir eine globale Verdrahtung für unsere Plazierungen, die nach den Verfahren im letzten Abschnitt gefunden wurde, kann man folgendermaßen verfah-

---

[3]übliche Schreibweise für *Feedthrough*

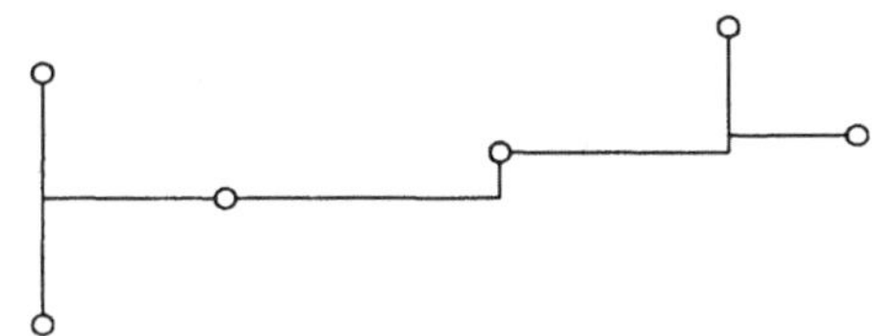

Abbildung 6.3: *Rechtwinkliger Steinerbaum*

ren: Für jedes Netz wird eine längenoptimale, rechtwinklige Auslegung ohne Rücksicht auf Zeilenüberquerungen konstruiert. Dies führt jedoch zu einem NP-vollständigen Problem, dem rechtwinkligen *Steinerbaumproblem*. Gesucht wird dabei eine längenoptimale, rechtwinklige Verbindungsstruktur für eine Punktmenge, wobei auf den Kanten Verzweigungen erlaubt sind. In Abbildung 6.3 sehen wir ein Beispiel für einen Steinerbaum über 6 Punkte. Gute Heuristiken zur Berechnung von Steinerbäumen findet man in [Sch87,Hwa78,Han65].

Haben wir gute Auslegungen der Netze gefunden, treten zwei Probleme auf:

1. An den ermittelten Übergängen über die Zeilen gibt es keine Brücken (elektrisch äquivalente Anschlüsse) oder keine freien Gates (im Gate-Array Konzept) bzw. sie liegen an anderen Stellen.

2. Die Kanaldichte kann an einigen Stellen, meistens zur Mitte hin, unverhältnismäßig ansteigen, was speziell bei Verwendung von Mastern zu Problemen führt.

Im ersten Fall müssen die Netze den nächstgelegenen Brücken zugeordnet bzw. es müssen Feedthrus generiert und zwischen die Zellen eingeschoben werden. Der zweite Fall kann bei der lokalen Verdrahtung zu nichtverdrahtbaren Verbindungen führen, die der Entwerfer in der interaktiven Nacharbeitungsphase selbst verdrahten muß.

Ein ähnliches Konzept zur Aufspaltung der Verdrahtungsnetze in lokale Kanalnetze verfolgen Aoshima und Kuh [AK83] bei ihrer globalen Wegesuche im Gate-Array. Es wird vorausgesetzt, daß die Plazierung bereits erfolgt ist. Damit sind Lage und Anschlüsse der Zellen (auf beiden Seiten des Kanals zugänglich) und Feedthrus bekannt. Die Netze werden sequentiell verdrahtet. Um den globalen Verlauf eines Netzes zu bestimmen, wird folgender Graph zu dem Netz aufgebaut:

Die Knotenmenge besteht aus allen verfügbaren Feedthrus und den Zellanschlüssen des Netzes. Zwei Knoten werden durch eine Kante verknüpft, wenn die entsprechenden Terminals oder Feedthrus innerhalb eines Kanals direkt benachbart sind, wobei benachbart sich auf den horizontalen Abstand bezieht und somit

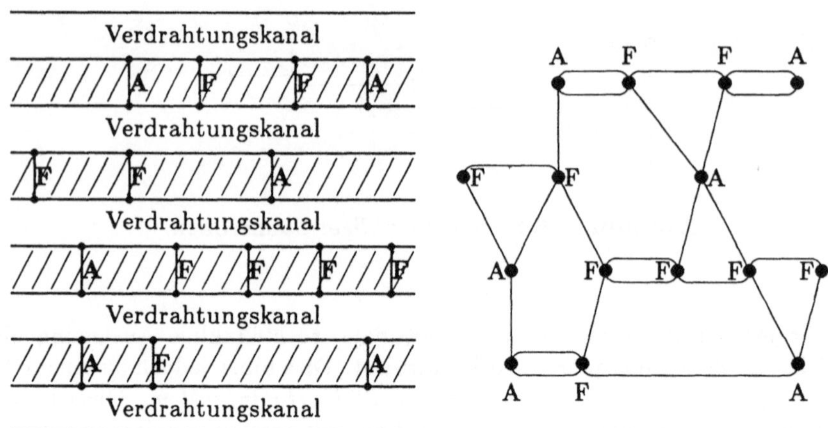

Abbildung 6.4: *Zellenanschlüsse und Feedthrus – zugehöriger Netzgraph*

Anschlüsse an beiden Kanalrändern umfaßt. In Abbildung 6.4 sehen wir links die
Zeilenstruktur mit den plazierten Zellen und rechts den zugehörigen Netzgraph.
Die senkrechten Striche im linken Bild geben die Lage der verfügbaren Feedthrus
und die Terminals eines bestimmten Netzes an. Die Anschlüsse des Netzes sind
mit A und die Feedthrus mit F markiert.

Während wir oben nur eine längenoptimale Verbindungsstruktur für die Anschlußpunkte (Terminals) eines Netzes gesucht haben, verlangen wir jetzt zusätzlich, daß die Zeilen nur über die vorgegebenen Feedthrus überquert werden. Dazu
suchen wir eine längenminimale Verbindungsstruktur, die nur die vorgegebenen
Kanten benutzen darf. Eine gute Heuristik für dieses Steinerbaumproblem auf
einem Graphen findet der Leser in [Che83].

Werden die Kanten des Graphen, die ja die einzelnen Abschnitte der Verdrahtungskanäle repräsentieren, mit der Anzahl der noch freien Verdrahtungstracks
gewichtet und wird diese Information nach der Zuweisung eines Netzes aktualisiert, können in Abhängigkeit von der Kanaldichte Netze ausgewählt und zugewiesen werden (s. auch die Arbeit von Winter und Mlynski [WM87]).

Ein großes Problem solcher sequentieller Verfahren ist die Bestimmung die Reihenfolge, in der die Netze eingebettet werden. Aufgrund der vorgegebenen
Kanalbreiten hat diese einen großen Einfluß auf die Verdrahtbarkeit. Eine
gleichmäßige Auslastung der Kanäle mit der Verdrahtung erhöht die Wahrscheinlichkeit der Verdrahtbarkeit bzw. bewirkt, daß die zuletzt behandelten Netze
keine allzu großen Umwege machen. Mögliche Auswahlkriterien sind z.B. zuerst
die kurzen Netze (Maß für *kurz* wäre etwa das kleinste umschließende Rechteck)
oder die Netze mit den meisten Anschlüssen oder die kritischen Netze einzubet-

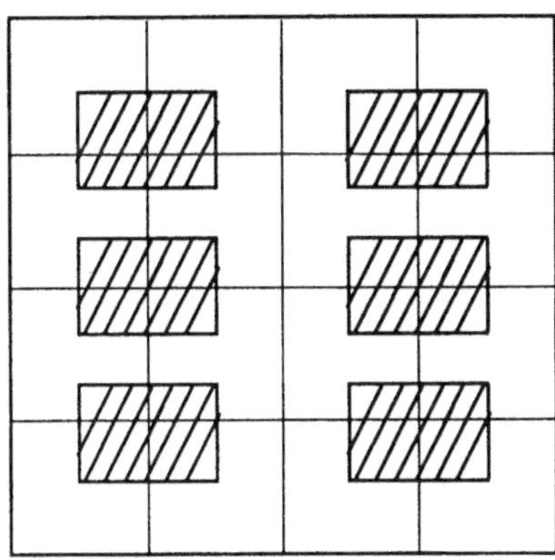

Abbildung 6.5: *Aufteilung des Masters in 16 globale Zellen*

ten.

Burstein und Pelavin [BP83b] sowie Marek-Sadowska [Mar84] stellen hierarchische Verfahren zur globalen Verdrahtung vor. Ihre Algorithmen skizzieren wir anhand eines Gate-Arrays mit inselförmiger Anordnung der Grundzellen. Wir teilen dazu den Master in sogenannte globale Zellen auf. In Abbildung 6.5 zeigen die dünn gezeichneten Linien die Aufteilung.

Aus der Anzahl der horizontalen und vertikalen Verdrahtungsspuren in den Kanälen ergibt sich die Anzahl der über die Ränder der globalen Zellen verlegbaren Netze. Die Verdrahtung muß in den Kanälen erfolgen, Überzellverdrahtung sei nicht erlaubt. Die Terminals eines Netzes werden den jeweiligen globalen Zellen zugeordnet. Besitzt ein Netz mehrere Terminals in einer globalen Zelle, so werden diese zu einem Terminal verschmolzen. Die genaue Verdrahtung innerhalb einer globalen Zelle bleibt der lokalen Verdrahtung überlassen. Die globale Verdrahtung muß für alle Netze festlegen, durch welche globalen Zellen die Verdrahtung erfolgt. Die Zuordnung von Netzen zu diesen Zellen muß so geschehen, daß die Verdrahtungskapazitäten der Ränder nicht überschritten werden. Im weiteren vereinfachen wir die Notation, indem wir die globalen Zellen als Gitterelemente und ihre Ränder als Gitterkanten betrachten.

In beiden Arbeiten ist die Verdrahtung eines Netzes in einem (2×2)-Gitter ein wesentlicher Bestandteil. Für dieses Problem gibt es nur 11 verschiedene Netztypen (Netze, die nur innerhalb eines Gitterelements liegen, interessieren uns nicht): Abbildung 6.6 zeigt die möglichen Verdrahtungen der 2-, 3- und

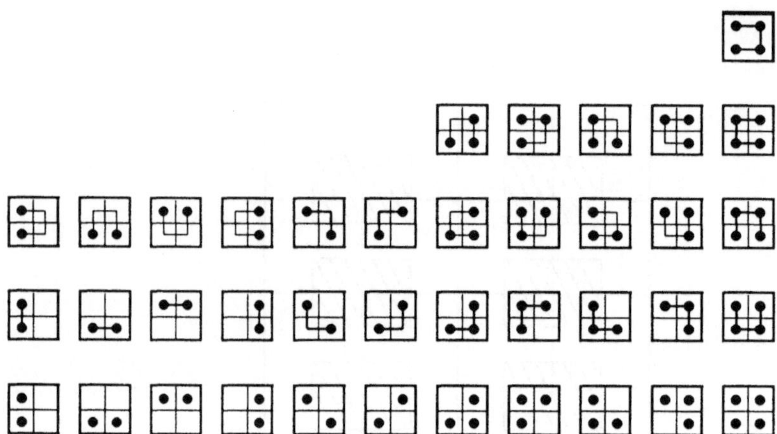

Abbildung 6.6: *die 11 Netztypen mit ihren Verdrahtungsarten*

4-Punktnetze.

Sollen nun mehrere Netze in einem (2×2)-Gitter verdrahtet werden, muß für alle Netze die Verdrahtungsart entschieden werden, wobei die Kapazitäten der Gitterkanten nicht überschritten werden dürfen. Das führt u.U. zu "schlechteren" Auslegungen eines Netzes gemäß Abbildung 6.6, wo die ungünstigeren Verdrahtungen dünn gezeichnet sind. Dieses Problem kann durch ganzzahlige Programmierung gelöst werden.

Burstein und Pelavin gelangen nun zu einer globalen Verdrahtung, indem sie den gesamten Chip in ein (2×2)-Gitterproblem aufteilen und dort die "grobe" Verdrahtung lösen. Abbildung 6.7 zeigt diese Vorgehensweise am Beispiel eines Netzes.

Alle Terminals des Netzes in den vier Gitterfeldern werden jeweils verschmolzen. Ist eine Verdrahtung gefunden, wird topdown das Problem weiter in (2×2)-Probleme verfeinert, wobei Pseudoterminals eingeführt werden, die die Verbindung zwischen zwei Teilproblemen herstellen. Bei diesem hierarchischen Vorgehen werden natürlich die Kapazitäten der Gitterkanten aus den Kapazitäten der Gitterkanten im Grundraster hochgerechnet.

Marek-Sadowska verfährt umgekehrt. Sie teilt das komplette Gitter in (2×2)-Probleme auf und bestimmt die lokale Verdrahtung in allen (2×2)-Gittern. Dann verfährt sie bottom-up, indem sie vier (2×2)-Probleme in ein (2×2)-Problem transformiert. In Abbildung 6.8 sind drei Hierarchieebenen aufgezeichnet, wobei die fett gezeichneten Linien die (2×2)-Probleme trennen.

Beim Übergang zur nächsthöheren Hierarchieebene werden die bisher gefundenen

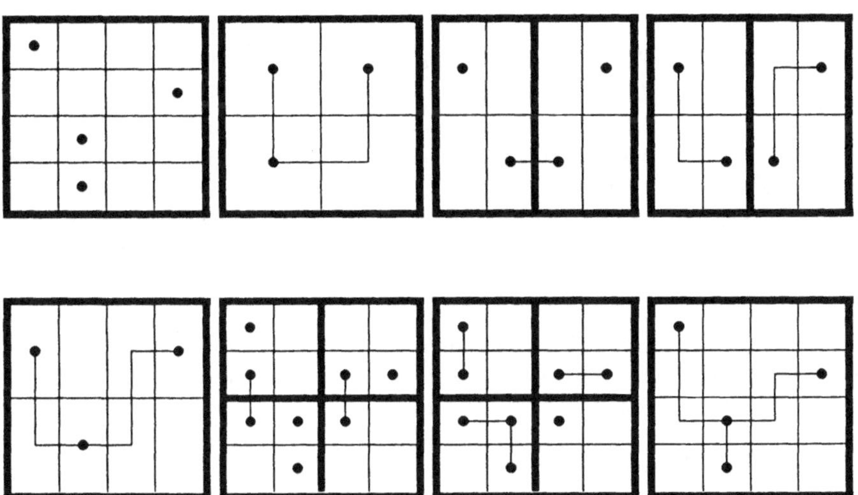

Abbildung 6.7: *top–down Wegesuche*

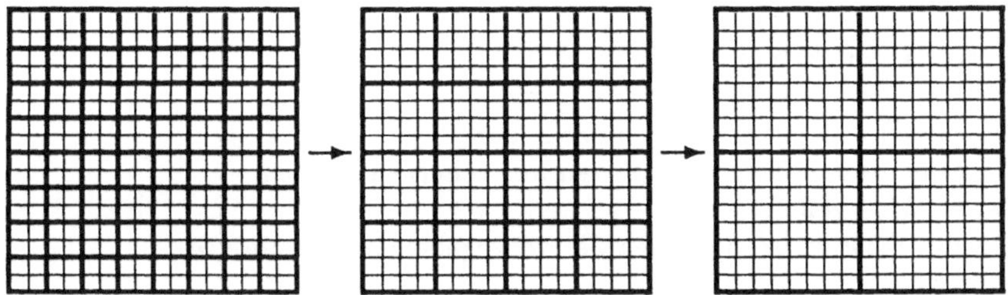

Abbildung 6.8: *bottom–up Wegesuche*

Teilnetze in den vier Gitterfeldern durch ein Terminal ersetzt. Dann wird eine Verbindung der Terminals in diesem (2×2)-Verdrahtungsproblem gesucht.

Neuere Verfahren nehmen die Plazierung unter Berücksichtigung der globalen Verdrahtung vor. Cho und Kyung [CK88] versuchen in ihrem Verfahren für den Standardzellenentwurf, die Plazierung so zu gestalten, daß möglichst wenige Feedthru-Zellen notwendig werden. Die Grundidee dabei ist folgende:

Mit einem Min-Cut Verfahren werden die Zellen in zwei gleichgroße Hälften aufgeteilt. Wie bereits erwähnt, ist unter "gleich" die Berücksichtigung der Zellbreiten miteinzubeziehen. Wir wollen jedoch von einheitlichen Zellbreiten ausgehen, da deren Berücksichtigung keine grundsätzlichen Probleme bereiten. Die Anzahl der Zeilen und die ungefähre Länge der Zeilen sei vorgegeben. Diese Größen werden aus der Anzahl, den Breiten und den Höhen der Zellen und einer aus Erfahrungswerten geschätzten mittleren Kanalbreite (in Abhängigkeit der Anzahl der Netze bzw. Netzanschlüsse) gewonnen. Von den beiden mittleren Zeilen ausgehend, werden die Zuordnungen der Zellen zu den Zeilen vorgenommen. Sind m und $m + 1$ die beiden mittleren Zeilennummern, so wird sukzessive die Zellenzuordnung zu m, zu $m - 1$, ... bis zur obersten Zeile bzw. zu $m + 1$, zu $m + 2$, ... bis zur untersten Zeile durchgeführt. Dabei dient je eine der durch Min-cut gewonnenen Zellenmengen für die oberen und die unteren Zeilen. Welche Menge für die obere und welche für die untere Chiphälfte genommen wird, ergibt sich durch die Initialisierung der Min-cut Prozedur mit den Padzellen der oberen bzw. unteren Chiphälfte (vgl. Plazierung in Abschnitt 6.2.1), wenn deren Lage auf dem Chiprand vorgegeben ist.

Wir skizzieren kurz die Zeilenzuweisung für die obere Chiphälfte; analog erfolgt die Zuweisung für die unteren Zeilen.

proc Zeilenzuordnung

    seien M_o und M_u die durch Min-cut gewonnenen Mengen;
    zeile(m+1) := M_u;
    for i **from** m **downto** 1
    do
      sei zeile(i) $\subset M_o$ die Menge aller Zellen,
      die gemeinsame Netze mit Zellen aus zeile(i+1) haben;
      $M_o := M_o$ - zeile(i);
      if zeile (i) ist zu groß (wegen der vorgegebenen Zeilenbreite)
      then
        while zeile(i) ist zu groß
        do
          zeile(i) := zeile(i) - z + $feed_i(z)$;
          $M_o := M_o + z$;
            wobei die Zelle z so gewählt wird, daß die Menge $feed_i(z)$ der
            Feedthrus, die dadurch in zeile(i) notwendig wird, minimal ist;

```
            (die Anzahl der Feedthrus, die durch Herausnahme von z aus zeile(i)
            notwendig werden, ist die Anzahl der Netze, die z mit Zellen aus
            zeile(i+1) gemeinsam hat und die keine Verbindungen zu sonstigen
            Zellen aus zeile(i) haben)
      od
      verbinde die Feedthru-Zellen jeweils mit den betroffenen Netzen;
      (die Feedthrus "kanalisieren" die Netze durch zeile(i), die
      keine Verbindungen zu Zellen in zeile(i) haben)
   fi
   else if zeile(i) ist zu klein
      then
         while zeile(i) ist zu klein
         do
            M_o := M_o - z;
            zeile(i) := zeile(i) + z
               wobei z so gewählt wird, daß die Differenz
               aus der Anzahl der gemeinsamen Netze von
               z und zeile(i)  und  z und M_o maximal ist;
         od
      fi
   od
end
```

Nachdem durch diese Heuristik die Aufteilung der Zellen in die Zeilen unter
Minimierung der Anzahl der Feedthrus erfolgt ist, sind alle Netze mit Hilfe der
Feedthrus den Kanälen zugeordnet, d.h. Zellen haben nur noch Verbindungen zu
Zellen in der eigenen und den direkt benachbarten Zeilen. Im nächsten Schritt
wird die Reihenfolge der Zellen (einschließlich Feedthrus) innerhalb der Zeilen
bestimmt. Dies erfolgt für alle Zeilen gleichzeitig von links nach rechts. Dabei
wird so vorgegangen, daß eine Zelle in der Zeile plaziert wird, die den geringsten
plazierten Anteil hat (wobei die unterschiedlichen Breiten von Zellen berücksichtigt werden müssen). Es wird immer die Zelle aus der Menge der noch nicht
plazierten Zellen einer Zeile gewählt, die maximal viele Netze, die die Zelle mit
bereits plazierten Zellen gemeinsam hat, beendet. Wie schon angemerkt, liegen
die bereits plazierten Zellen in derselben oder in den direkt benachbarten Zeilen.
Diese Vorgehensweise soll die Kanaldichte minimieren.

Durch diese Plazierungsstrategie ist die globale Verdrahtung, d.h. der Verlauf
der Netze über die Zeilen hinweg, festgelegt und die horizontalen Kanäle können
verdrahtet werden.

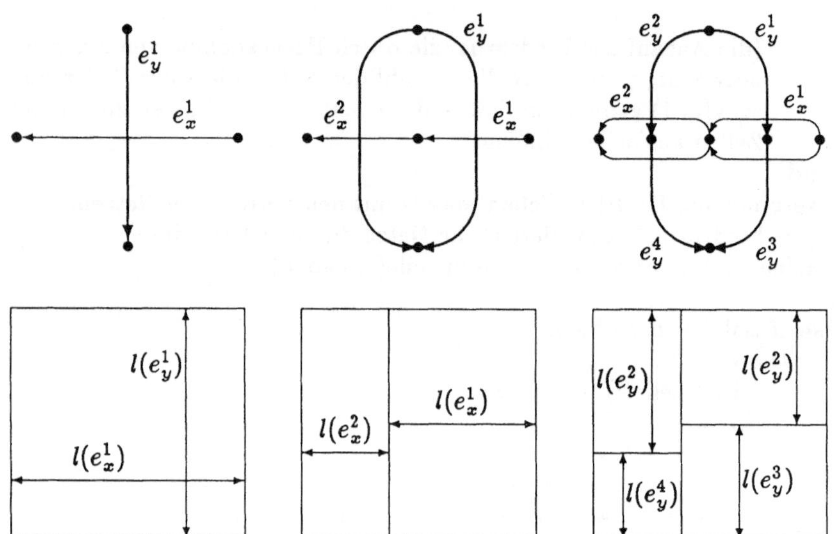

Abbildung 6.9: *Flächen mit zugehörigen Polargraphen*

6.3 Plazierung im Makrozellen- und Sea-of-Gates Konzept

Ein bekanntes Min-cut Verfahren zur Plazierung von Makrozellen stammt von Lauther [Lau79]. Hierbei werden die unterschiedlichen Größen der Makrozellen dadurch berücksichtigt, daß parallel zur Min-cut Prozedur zwei zueinander duale *Polargraphen* $G_x = (V_x, E_x)$ und $G_y = (V_y, E_y)$ aufgebaut werden, die die Zellgrößen verwalten. Es handelt sich dabei um planare, azyklische, gerichtete Graphen mit jeweils einer Quelle und einer Senke. Jeder Kante $e_x^i \in E_x$ entspricht eine Kante $e_y^i \in E_y$ derart, daß ihre Kantenbeschriftungen $l(e_x^i)$ und $l(e_y^i)$ die x- bzw. y-Ausdehnung eines Rechteckes A_i beschreiben. Der Algorithmus startet mit jeweils einer Kante in beiden Graphen. Als zugehöriges Rechteck wird ein Quadrat genommen, dessen Flächeninhalt die Summe der Flächeninhalte der Makrozellen ist. Die Seitenlänge bildet entsprechend die Kantenbeschriftungen. Die Quellknoten repräsentieren die obere bzw. rechte Seite und die Zielknoten die untere bzw. linke Seite des Quadrats (Abbildung 6.9).

Die Makrozellen werden nun durch Min-cut in zwei Gruppen aufgeteilt, so daß die Anzahl der aufgetrennten Netze möglichst klein und die Summe der Flächen in beiden Gruppen ungefähr gleich ist. In der Graphdarstellung wird entsprechend das Kantenpaar in zwei neue Kantenpaare aufgesplittet, die jeweils die beiden Gruppen repräsentieren. Diese Prozedur wird abwechselnd mit horizontalen und vertikalen Schnitten auf die entstehenden Gruppen solange angewandt, bis jede Gruppe nur noch eine Zelle enthält. Als Ergebnis erhält man eine Flächenaufteilung des Chips, deren Teilflächen zwar dieselbe Größe wie die zugehörigen Makrozellen haben, aber das Breiten/Längenverhältnis nicht korrekt wiedergeben. Deshalb werden jetzt die korrekten Größen eingesetzt. Dadurch entsteht in der Regel Verschnitt. Durch Nachoptimierungen wie Spiegeln und Drehen kann dieser verkleinert werden. Die dadurch notwendigen Änderungen in den Polargraphen sind einfach zu realisieren. In den Polargraphen läßt sich auch berechnen, welche Schnittlinien aufzubrechen sind, damit Zellen aus ihren durch die Schnittlinien festgelegten Positionen in günstigere Stellungen rücken können. Die Flexibilität der Darstellung der Plazierung durch Polargraphen ermöglicht es, die Plazierung in der Verdrahtungsphase noch rückwirkend zu verbessern [Lau85].

Shragowitz, Lee und Sahni [SLS88a] betrachten bei ihrem Verfahren für Sea-of-Gates die Plazierung und globale Verdrahtung gleichzeitig[4]. Sie bestimmen die Plazierung und globale Verdrahtung sukzessive von links nach rechts, wobei versucht wird, die Trennlinie zwischen gefüllter und freier Masterfläche geradlinig (vertikal) zu halten. Dann können Verfahren, wie wir sie bereits bei der Plazierung von Reihen bei den Gate-Arrays und Standardzellen beschrieben haben, zum Einsatz gelangen. Aufgrund der unterschiedlich großen Funktionszellen ist dies nur beschränkt möglich. Um trotzdem ein "eindimensionales" Vorgehen zu ermöglichen, werden Zellen immer so plaziert, daß eine vertikale Trenngerade angenähert wird. In Abbildung 6.10 ist die bereits durch Zellen und globale Verdrahtung belegte Fläche weiß eingezeichnet, der Rest bildet die unbelegte Chipfläche. Die als nächstes zu besetzende Fläche, als *Slice* bezeichnet, ist in zwei dick eingerahmte Gebiete aufgeteilt.

Die Autoren geben zwei Verfahren an, wie aus den noch nicht plazierten Zellen die Kandidaten für den Slice ausgewählt werden können. Beide haben das Ziel, die Gesamtverdrahtungslänge im Layout zu minimieren. Wir haben beide Approximationsverfahren bereits vorgestellt. Das eine Verfahren wählt Zellen für den Slice aus, die maximal viele gemeinsame Netze mit den bereits plazierten Zellen haben. Das zweite Verfahren wählt die Zellen so aus, daß die Differenz aus terminierten und neu gestarteten Netzen maximal ist.

Der wichtigste Aspekt des Verfahrens ist die Einbeziehung globaler Verdrahtungsinformationen. Nach jeder Plazierung von Zellen im Slice reserviert die globale Verdrahtung Verdrahtungstracks, um so die Verdrahtung von Netzen, die Zellen im bereits plazierten Teil mit noch nicht plazierten Zellen verbinden, zu ermöglichen. Bei der Plazierung des nächsten Slices wird dies berücksichtigt. Die Plazierung einer Funktionszelle im Slice wird davon abhängig gemacht, ob ihre Intrazellenverdrahtung die reservierten Verdrahtungstracks benötigt bzw. wieviele Netze sie terminiert, wodurch reservierte Spuren frei werden.

---

[4]Zur Erinnerung sei angemerkt, daß die Verdrahtungsspuren in einer Grundzelle sowohl von der Intra- als auch von der Interzellenverdrahtung genutzt werden können.

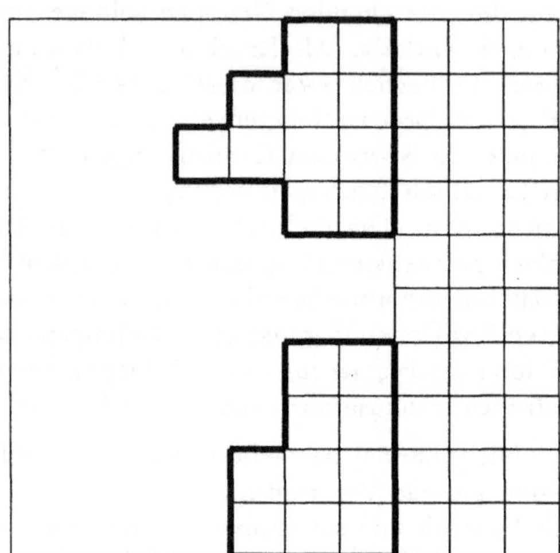

Abbildung 6.10: *belegte Fläche – Slice – freie Fläche*

6.4   Globales Verdrahten bei Makrozellen und Sea-of-Gates

Um die Verdrahtungsregionen zwischen Makrozellen zu beschreiben, werden spezielle Nachbarschaftsgraphen konstruiert. In Abbildung 6.11 sehen wir ein Beispiel zur Darstellung der Verdrahtungsregionen. Die Zellen sind schwarz markiert. Die Verdrahtungskanäle sind in Regionen aufgeteilt, deren Nachbarschaftverhältnisse im Graphen repräsentiert werden.

Den Kanten werden Gewichte zugeordnet, die sich z.B. aus der Belegung, Auslastung oder Länge der entsprechenden Verdrahtungsregionen errechnen. Um nun eine bzgl. der Summe der Kantengewichte optimale Zuordnung eines Netzes zu Verdrahtungsregionen zu finden, muß das Steinerbaumproblem auf Graphen gelöst werden. Dazu werden Heuristiken benutzt, die gute Näherungen liefern.

In [LST*87] wird die hierarchische Vorgehensweise von Burstein und Pelavin bei der globalen Verdrahtung von Gate-Arrays auf Makrozellen übertragen. Die regelmäßige, hierarchische Aufteilung der Chipfläche wird durch eine Slicing-Struktur, wie wir sie bereits bei der Plazierung von Makrozellen kennengelernt haben, ersetzt: Die Chipfläche wird durch eine horizontale oder vertikale Linie in zwei Teile zerlegt. Rekursiv werden dann beide Hälften durch abwechselnd horizontale und vertikale Schnitte aufgeteilt. Eine Grundzelle (das frühere (2 × 2)-Problem) hat nun die Form, wie sie das rechte Quadrat in Abbildung 6.9 aufweist. Zusätzlich zu den Nachbarschaften bei der regelmäßigen Aufteilung gibt

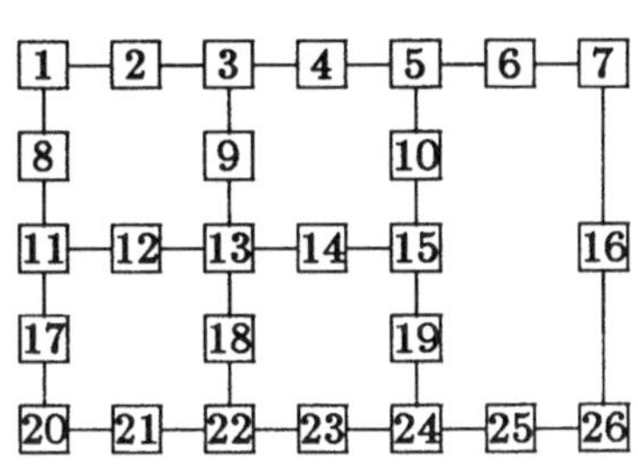

Abbildung 6.11: *Verdrahtungsregionen – Graphdarstellung*

es eine "Überkreuznachbarschaft": In dem rechten Quadrat von Abbildung 6.9 sind auch das linke obere und das rechte untere Rechteck benachbart. Dadurch ergeben sich zusätzliche Verdrahtungsarten für die entsprechenden Netztypen in Abbildung 6.6.

Lauther [Lau87] beschreibt ein hierarchisches Verfahren für die globale Verdrahtung von Sea-of-Gates. Im Gegensatz zum üblichen Gate-Array gibt es hier keine regelmäßige Struktur der Verdrahtungsflächen. Die Chipfläche wird durch eine vertikale oder horizontale Schnittlinie in zwei Teile von ungefähr gleicher Größe aufgeteilt. Diese Schnittlinie schneidet in unregelmäßigen Abständen Funktionszellen und Verdrahtungsregionen. Die letzteren bilden sogenannte Sektionen auf der Schnittlinie. Die Dichte der Schnittlinie ist die Anzahl der Netze, die durch die Linie aufgeschnitten werden. Die Kapazität der Schnittlinie ist die Anzahl der über die Schnittlinie verlaufenden Verdrahtungsspuren; sie errechnet sich aus den Kapazitäten der einzelnen Sektionen. Unter den möglichen horizontalen und vertikalen Schnittlinien wird diejenige gewählt, die die Differenz aus Kapazität und Dichte maximiert. Die aufgeschnittenen Netze werden den einzelnen Sektionen zugeordnet. Ähnlich wie bei Burstein und Pelavin (Abschnitt 6.2.2) werden dann zwei Pseudoterminals eingeführt. Dadurch reduziert sich das Gesamtproblem auf zwei Teilprobleme und das Verfahren wird rekursiv auf diesen fortgesetzt, wobei abwechselnd horizontal und vertikal geschnitten wird. Die Kernfrage ist, wie die schnittüberquerenden Netze den Sektionen zugeordnet werden.
Wird jedes Netz so ausgelegt, daß seine Verdrahtungslänge möglichst klein wird, werden eventuell mehr Netze einer Sektion zugeordnet, als deren Kapazität zuläßt. Deshalb müssen einige Netze Umwege über schlechter postierte Sektionen machen. Die Kosten, die ein Netz beim Übergang über eine Sektion verursacht, lassen sich wie folgt herleiten:
Sie ergeben sich als Summe der Kosten auf den beiden Seiten der Schnittlinie. Wir diskutieren sie für eine der Seiten. Das kleinste einschließende Rechteck

um die Terminals und Pseudoterminals (auf der einen Seite der Schnittlinie) des
Netzes wird auf die Schnittlinie projiziert, wo es ein Intervall bildet. Wenn die
Verdrahtung eines Netzes dieses Rechteck verläßt, definieren wir dies als *Umweg*.
Die Kosten für das Netz bei Verwendung einer Sektion im Intervall sind 0, da
dadurch kein Umweg erzwungen wird. Die Kosten bei Verwendung von Sektionen
außerhalb wachsen mit der Entfernung vom Intervall. Dabei fließt die Entfernung
des Rechteckes von der Schnittlinie mit ein: Je kleiner der Abstand ist, umso eher
soll ein Übergang im oder nahe des Intervalls benutzt werden. Ist der Abstand
groß, kann eher ein Umweg in Kauf genommen werden.

Eine kostenoptimale Zuordnung der Netze zu den Sektionen unter Berücksichtigung deren Kapazitäten zu finden, führt zu einem *Min-cost Max-flow Problem*:
Wir konstruieren einen vollständigen, bipartiten Graphen, wobei eine Knotenmenge die Netze $(n_1, ..., n_m)$, die andere die Sektionen $(s_1, ..., s_n)$ darstellt.
Die Kante, die Netz n_i mit Sektion s_j verbindet, ist mit den dadurch verbundenen Kosten $cost(i, j)$ gewichtet. Ihre Kapazität ist 1. Zusätzlich gibt es die
Knoten Quelle **Q** und Senke **S**. Die Quelle ist mit allen Netzen verbunden; die
entsprechenden Kanten haben Kosten 0 und Kapazität 1. Die Senke ist mit allen
Sektionen verbunden; die zugehörigen Kanten haben Kosten 0. Die Kapazität
einer solchen Kante ist die Kapazität der entsprechenden Sektion $cap(s_j)$ (Abbildung 6.12). In diesem Graphen suchen wir einen maximalen Fluß von der
Quelle zur Senke unter der Nebenbedingung, daß er minimale Kosten hat. Die
(ganzzahlige) Lösung dieses Problems [PS82] gibt die optimale Zuordnung der
Netze zu den Sektionen an.

Das vorgestellte Verfahren erlaubt pro Netz nur einen Übergang über die Schnittlinie. Lauther gibt dazu einen Verbesserungsvorschlag an. Es wird ein *minimal
aufspannender Baum* über alle Terminals auf beiden Seiten der Schnittlinie gebil-
det. Dies ist ein minimales Verbindungsnetz, wobei im Gegensatz zum Steinerbaum keine Verzweigungen von Kanten aus erfolgen dürfen. Durch Herausnahme
der Kanten, die die Schnittlinie überqueren, zerfällt das Netz u.U. in mehrere
Teilnetze, auf die dann das oben beschriebene Verfahren angewandt wird.

6.5   Lokales Verdrahten

Liegt der globale Verlauf der Verbindungsnetze vor, muß noch die Verdrahtung
in den einzelnen Kanälen erfolgen. Dazu werden *Channelrouter* verwandt, die
wir später vorstellen. Zunächst gehen wir auf Verfahren ein, die globales und
lokales Verdrahten gleichzeitig festlegen. Diese Algorithmen verdrahten sequentiell Netz für Netz. Die Verdrahtungsfläche liegt in Form eines rechtwinkligen
Gitters vor. Je nach Bedarf (zum besseren Verständnis der Algorithmen) wird
über die Gitterfelder oder die Gitterlinien verdrahtet. In diesem klassischen
Modell werden einheitliche Leiterbreiten und einheitliche Mindestabstände zwischen den horizontalen bzw. vertikalen Leitern zugrundegelegt. Dieses Modell

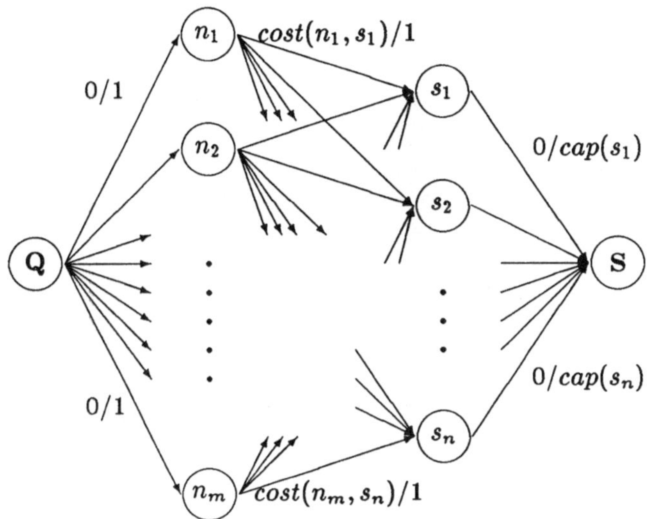

Abbildung 6.12: *Umsetzung in ein Min–cost Max–flow Problem*

kann weder die abgestufte Breite von Spannungsversorgungsleitungen noch nicht-rechtwinklige Verdrahtung modellieren. Auf diese Fragen wird in einem anderen Zusammenhang in Kapitel 7 noch eingegangen.

6.5.1 Labyrinthrouter und Liniensuchalgorithmen

Die grundlegende Idee für alle Algorithmen geht auf Lee [Lee61] zurück:
Sind zwei Punkte zu verbinden, werden von einem dieser beiden Punkte aus wellenförmig die freien Gitterplätze mit wachsender Entfernung durchnumeriert, bis der andere Punkt erreicht ist. Von diesem Punkt ausgehend kann dann über eine absteigende Folge von Markierungen der kürzeste Weg festgelegt werden. In Abbildung 6.13 sehen wir ein Beispiel, wobei die Hindernisse (z.B. bereits verlegte Leitungen) schwarz eingezeichnet sind.

In [Oht86] werden verschiedene Modifikationen des Lee-Algorithmus beschrieben, die versuchen, die *Wellenausbreitung* durch

1. Kodierung der Markierungen

2. Verringerung der zu markierenden Felder bei der Wellenausbreitung

effizienter zu gestalten bzw. das Verfahren an

1. Mehrpunktnetze

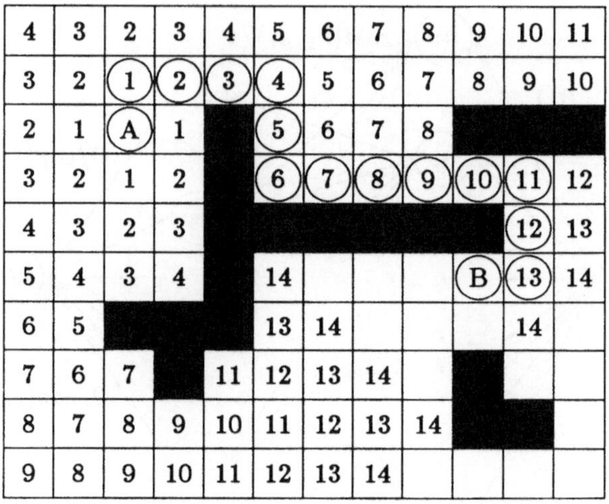

4	3	2	3	4	5	6	7	8	9	10	11
3	2	(1)	(2)	(3)	(4)	5	6	7	8	9	10
2	1	(A)	1	■	(5)	6	7	8	■	■	■
3	2	1	2	■	(6)	(7)	(8)	(9)	(10)	(11)	12
4	3	2	3	■	■	■	■	■	■	(12)	13
5	4	3	4	■	14				(B)	(13)	14
6	5	■	■	■	13	14				14	
7	6	7	■	11	12	13	14		■		
8	7	8	9	10	11	12	13	14	■		
9	8	9	10	11	12	13	14				

Abbildung 6.13: *Lee–Wellenausbreitung*

2. Mehrschichtverdrahtung

3. Beeinflussung der Wellenausbreitung durch Gewichtung

anzupassen.

Durch eine *Kodierung der Markierungen* kann man den benötigten Speicherplatz reduzieren. In Abbildung 6.14 werden z.B. nur 2 Bits pro zu besetzende Zelle verwendet.

Eine *begrenzte Wellenausbreitung* kann durch

- gleichzeitige Wellenausbreitung von beiden Punkten aus

- Begrenzung des Ausbreitungsgebietes auf ein Rechteck, das beide Punkte umschließt; wird keine Lösung gefunden, wird das Gebiet vergrößert

erreicht werden.

Der Lee-Algorithmus findet eine längenoptimale Verbindung für 2-Punkt Netze. Für *Mehrpunktnetze* (NP-vollständiges Problem) kann folgendermaßen vorgegangen werden: von jedem Punkt aus wird gleichzeitig die Wellenausbreitung gestartet. Treffen sich zwei Wellen, so werden die Wellenfronten vereinigt. Dies wird solange fortgesetzt, bis jeder Punkt einen Anschluß gefunden hat.

Bisher haben wir nur die Wegesuche in einer Schicht betrachtet. Falls es einen Weg gibt, findet der Lee-Algorithmus diesen Weg. Wenn jedoch ein *Schichtwechsel* notwendig wird, d.h. es keinen Pfad zwischen den Punkten in der betrachteten

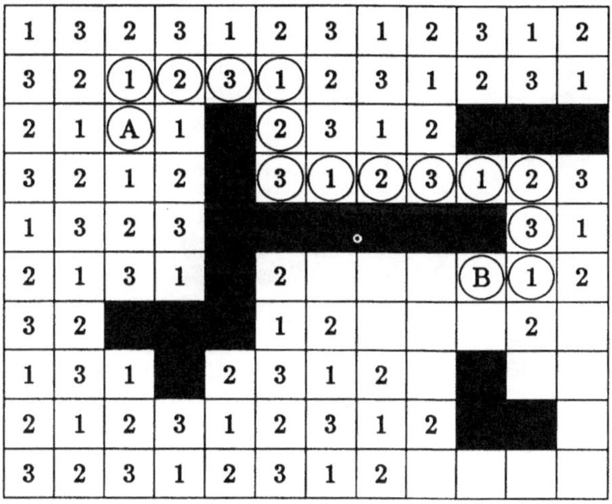

1	3	2	3	1	2	3	1	2	3	1	2

Abbildung 6.14: *1–2–3 Kodierung*

Schicht gibt, muß das Verfahren erweitert werden. Wir erläutern dies an zwei Schichten. Eine einfache Methode arbeitet auf zwei Gittern, in denen jeweils die Hindernisse bzgl. der speziellen Schicht eingetragen sind. Vom Startpunkt wird dann in beiden Gittern gleichzeitig die Welle gestartet, wobei gleiche Felder in beiden Gittern mit derselben Nummer markiert werden. Ein Beispiel sieht man in Abbildung 6.15. Die *Kontaktlöcher* sind hierbei mit **K** markiert. Sie können nur an Stellen, die in beiden Schichten nicht belegt sind, plaziert werden. Die beiden miteinander zu verdrahtenden Punkte liegen in Schicht 1 (A) und Schicht 2 (B). Wir wechseln wegen des Hindernisses auf Schicht 1 in die andere Schicht (Feld 1), aus dem gleichen Grund auf Feld 3 wieder in Schicht 1 und anschließend wieder in Schicht 2 (Feld 5).

Den kürzesten Weg als neuen Pfad zwischen zwei Punkten festzulegen, ist nicht immer wünschenswert, da dadurch evtl. Fläche verschenkt wird und nachfolgende Wege blockiert werden. Deshalb geht man zu *gewichteter Wellenausbreitung* über. Jedem freien Feld wird als Gewicht die Anzahl der noch freien Nachbarfelder vermindert um 1 zugeordnet. Bei der Wellenausbreitung werden dann diese Gewichte addiert. Dadurch werden u.U. in der Anzahl der Schritte längere Wege attraktiver. Zu berücksichtigen ist allerdings, daß Marken, die auf kürzeren Wegen errechnet wurden, später durch kleinere Marken über längere Wege überschrieben werden müssen. In Abbildung 6.16 wird das Ziel im 7. Schritt erreicht, jedoch erst im neunten Schritt über den zu bevorzugenden Weg.

Trotz der bis jetzt vorgestellten Verbesserungsvorschläge für den originalen Lee-

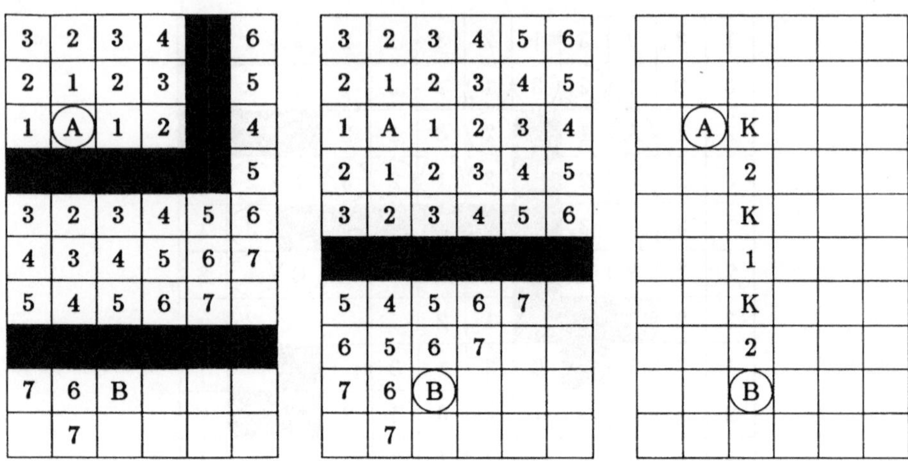

Abbildung 6.15: *Schichtwechsel zwischen Schicht 1 und Schicht 2*

Algorithmus, orientiert sich die Wellenausbreitung nicht nach dem jeweiligen Zielpunkt. Deswegen wollen wir Verfahren vorstellen, die in Richtung Zielpunkt nach einem Weg suchen. Die grundsätzlichen Ideen werden an 2-Punkt Netzen und Einschichtverdrahtung skizziert.

Hadlock [Had77] markiert die freien Felder nach dem bisher gemachten *Umweg*, wobei Umweg bedeutet, daß man sich dem Ziel aufgrund eines Hindernisses nicht direkt nähert, d.h. den Manhattan-Abstand nicht verkürzen konnte. Am Beispiel in Abbildung 6.17 beschreiben wir kurz das Verfahren:

A sei mit 0 markiert. Die beiden Felder unter A verkürzen den Abstand zu B, deshalb werden sie ebenfalls mit 0 markiert. Da das Hindernis den weiteren Weg blockiert, wird von den bisher erreichten Punkten durch die Wellenausbreitung ein Weg gesucht, der den Abstand wieder verkürzt. Danach werden wieder nur solche Felder markiert, die den Abstand verkürzen. Sind alle verkürzenden Wege wieder blockiert, wird wieder ein Umweg in Kauf genommen, bis ein Weg den Abstand wieder verkürzt. Wie bei Lee findet dieses Verfahren einen kürzesten Weg, falls es einen gibt.

Gibt es im Verdrahtungsgebiet lange geradlinige, freie Strecken, so betrachten die vorgestellten Lee-Algorithmen alle Zwischenfelder. Die im folgenden vorgestellten Verfahren arbeiten in solchen Fällen platz- und zeiteffizienter.

Der *Liniensuchalgorithmus* von Mikami und Tabuchi [MT68] legt horizontale und vertikale Linien durch die beiden Punkte, die jedoch an Hindernissen stoppen. Schneiden sich Linien, ist ein Weg gefunden. Andernfalls wird das Verfahren mit den Linienpunkten als neue Startpunkte fortgesetzt (Abbildung 6.18).

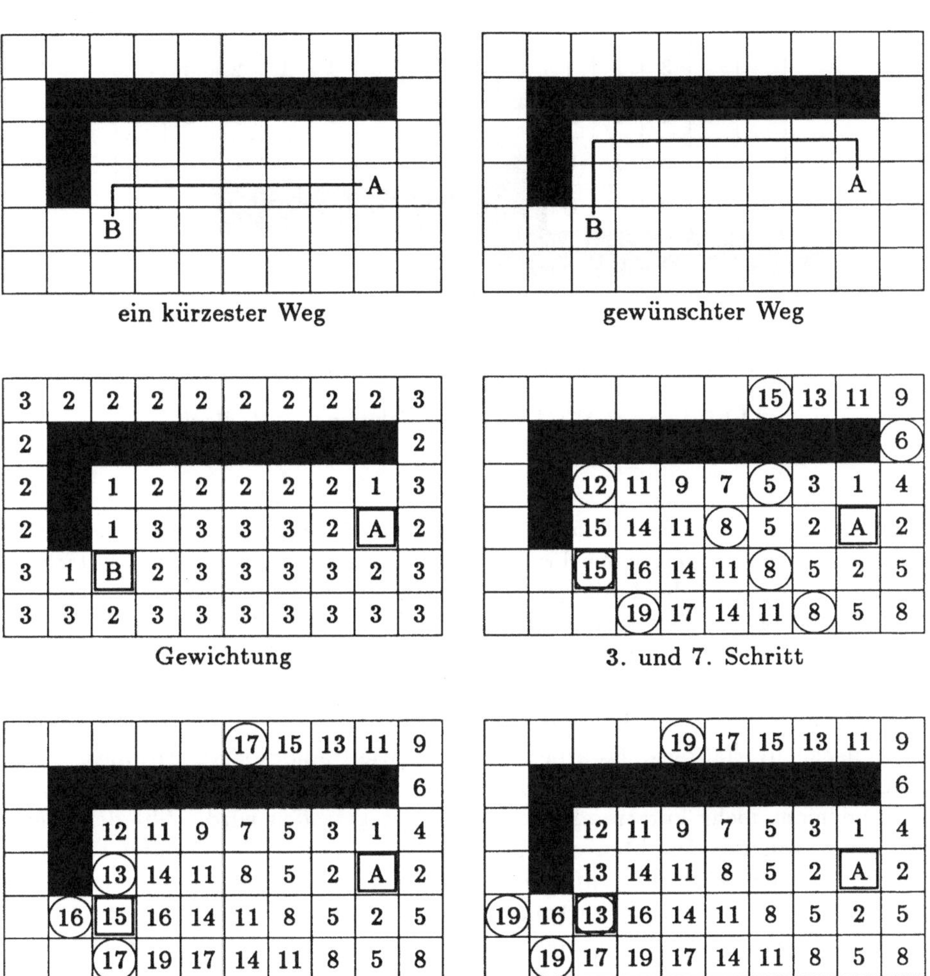

Abbildung 6.16: *Gewichtete Wegesuche*

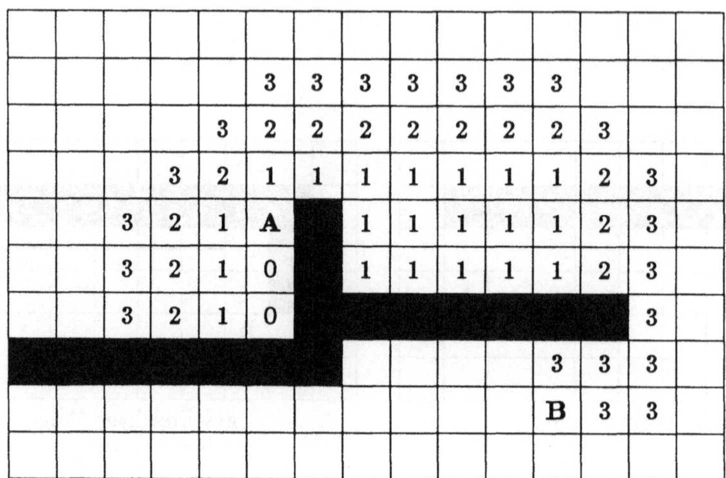

Abbildung 6.17: *Detouralgorithmus von Hadlock*

Hightowers Liniensuchalgorithmus [Hig69] errichtet jeweils nur eine orthogonale
Linie auf den bisher gezogenen Linien, wenn Hindernisse ein Aufeinandertreffen
verhindern. Es wird die Linie genommen, die als erste das Hindernis passiert.
Dieses Verfahren arbeitet wesentlich effizienter als das von Mikami und Tabuchi,
u.U. wird jedoch im Gegensatz zu jenem eine existierende Lösung nicht gefunden.

Soukup's Algorithmus [Sou78] ist eine Kombination des Lee-Algorithmus und
des Liniensuchverfahrens. Es arbeitet ähnlich wie Hadlock's Algorithmus. Vom
Ausgangspunkt wird eine Linie in Richtung Ziel gestartet, bis der Manhattan-
Abstand nicht mehr kürzer oder ein Hindernis getroffen wird. Mit dem Lee-
Verfahren, von den Punkten auf der Linie aus startend, wird dann ein Feld
gesucht, das den Abstand zum Ziel wieder verkürzt. Das Verfahren wird dann
mit diesem Feld als neuem Startpunkt fortgesetzt. Dieses Verfahren findet eine
– nicht notwendigerweise längenoptimale – Lösung.

Für eine genauere Analyse bzw. einen Vergleich der Verfahren verweisen wir
auf [Oht86]. Wir wenden uns jetzt einem speziellen Verdrahtungsproblem zu,
das wegen seines häufigen Auftretens und seiner "Einfachheit" schon intensiv
untersucht wurde.

6.5.2　Channelrouter

Liegen Plazierung und globaler Verlauf der Netze beim Standardzellen- bzw.
Gate-Array Chip vor, sind die einzelnen Kanäle noch zu verdrahten. Dies führt

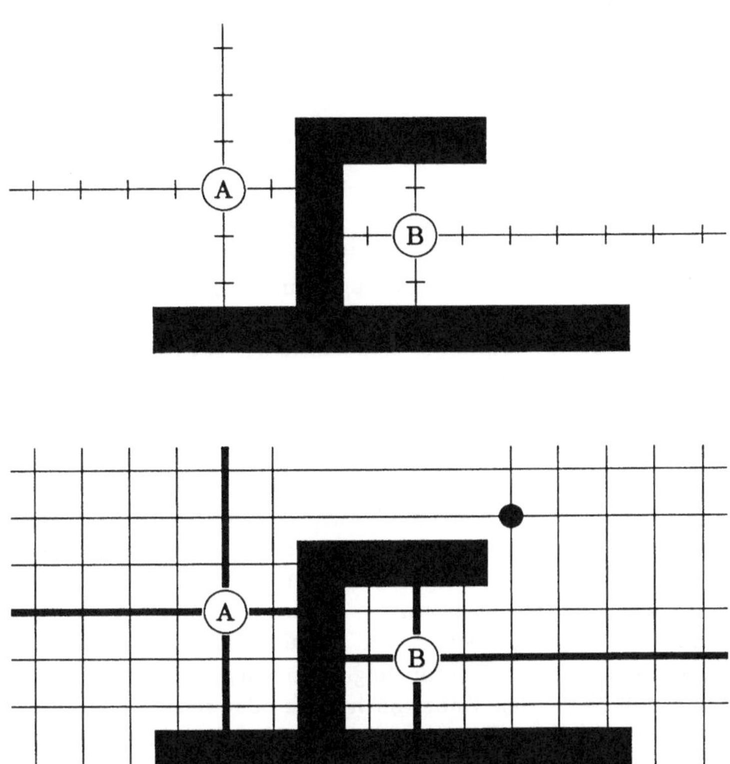

Abbildung 6.18: *Liniensuche nach Mikami und Tabuchi*

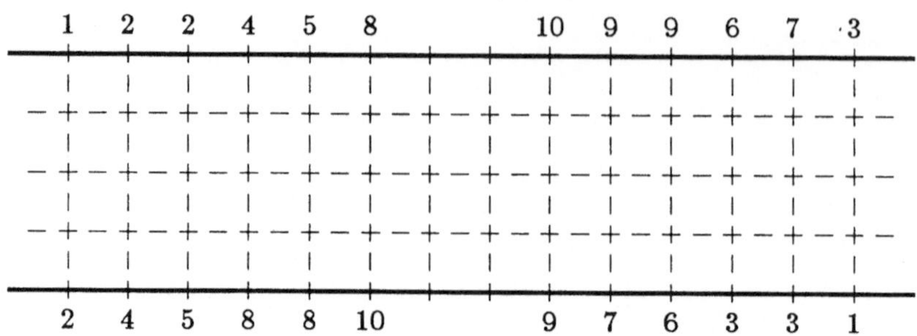

Abbildung 6.19: *Beispiel eines Kanalverdrahtungsproblems*

zu folgendem klassischen Kanalverdrahtungsproblem:

Die Verdrahtungsfläche liegt wieder in Form eines regelmäßigen, rechtwinkligen Gitters vor. Die Terminals der Netze liegen auf vertikalen Gitterkanten an den beiden Kanalrändern. In Abbildung 6.19 sehen wir ein Beispiel, wobei die Terminals mit gleicher Nummer zum gleichen Netz gehören. Die Breite des Verdrahtungskanals ist die Anzahl der Spalten zwischen den am weitesten links und rechts liegenden Terminals.

Wir gehen von folgendem, häufig verwendetem Verdrahtungsmodell aus: Es wird in zwei Schichten verdrahtet, wobei die horizontalen und vertikalen Teile der Verdrahtung jeweils in einer Schicht geführt sind und an jedem Knickpunkt entsprechend ein Kontakt gesetzt wird. Dies ist ein in der Praxis sehr häufig verwendetes Modell. Einen Überblick in weitere Verdrahtungsmodelle findet der Leser in [Oht86,Meh86]. Weiterhin setzen wir voraus, daß alle Terminals der Netze innerhalb des Kanals liegen. Die im folgenden vorgestellten Verfahren können auch den Fall, daß Netze den Kanal nach links oder rechts "verlassen", behandeln, wenn die vertikale Reihenfolge der den Kanal verlassenden Netze nicht vorgegeben wird.

Die Problemstellungen bei Gate-Array- und Standardzellenverdrahtung unterscheiden sich darin, daß für die erstere die Anzahl der horizontalen Gitterkanten vorgegeben ist und eine Verdrahtung in dem vorhandenen Raum gesucht wird, während bei der zweiten die Kanalhöhe variabel ist und eine Verdrahtung mit möglichst kleiner Kanalhöhe gesucht wird. Zu berücksichtigen ist, daß nicht immer eine Verdrahtung in der Kanalbreite trotz beliebig vieler horizontaler Spuren existiert. In Abbildung 6.20 muß eine Spalte außerhalb des Verdrahtungsgebietes benutzt werden. Die folgenden Verdrahtungsstrategien versuchen, möglichst wenig Spuren und Spalten außerhalb des Verdrahtungsgebietes zu verwenden.

Eine klassische Verdrahtungsstrategie, *Restrictive Routing*, erlaubt jedem Netz

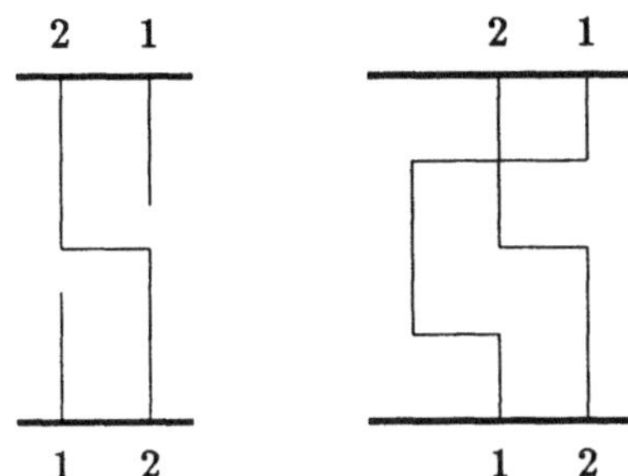

Abbildung 6.20: *Beispiel für einen Zyklus in VG und eine Verdrahtung*

die Belegung von nur einer Zeile, von wo aus vertikale Segmente zu den Terminals ausgehen. Jedes Netz belegt folglich ein horizontales Segment, das von dem am weitesten links liegenden Terminal bis zu dem am weitesten rechts liegenden Terminal des Netzes reicht. Die Zeilenzuordnung der Netze muß so erfolgen, daß sich keine Segmente in einer Zeile überschneiden. Diese Bedingungen werden durch den *horizontalen Bedingungsgraphen* (HG) kodiert: Die Knoten des Graphen repräsentieren die Netze. Eine Kante zwischen zwei Knoten besagt, daß sich die horizontalen Segmente der entsprechenden Netze überschneiden. Desweiteren dürfen sich die vertikalen Segmente zweier Netze nicht überlappen. Diese Bedingung drückt sich im *vertikalen Bedingungsgraphen* (VG) aus: Wieder entsprechen die Knoten den Netzen. Eine gerichtete Kante von Knoten i nach Knoten j besagt, daß es eine Spalte gibt, in der Netz i ein Terminal am oberen Kanalrand und Netz j ein Terminal am unteren Kanalrand besitzt. Das horizontale Segment von Netz i muß also über dem von Netz j im Kanal liegen. Gibt es einen Zykel in diesem Graphen (s. Abbildung 6.20), so findet man keine Lösung mit dieser Verdrahtungsstrategie. Die Abbildungen 6.21 und 6.22 zeigen die Intervalle und Bedingungsgraphen für unser Beispiel (VG enthält einen Zykel !). Die maximale Anzahl von Intervallen, die dieselbe Spalte belegen, ist eine untere Schranke für die Kanalhöhe (in diesem Verdrahtungsmodell). Sie wird *Kanaldichte* genannt. In unserem Beispiel ist die Dichte d=4; die Netze 1,3,6,7 benötigen die 12. Spalte. Bei Restrictive Routing ist der längste Pfad in VG eine weitere untere Schranke für die Kanalhöhe.

Werden die "vertikalen Bedingungen" nicht berücksichtigt, findet der *Left Edge Algorithmus* eine Zuordnung der Intervalle zu Spuren in Kanaldichte: Die Intervalle werden nach der kleinsten belegten Spaltennummer aufsteigend sortiert. Dann werden sie in dieser Reihenfolge beliebig auf d Spuren verteilt. Daß die Anzahl der benötigten Spuren die Kanaldichte d nicht überschreitet, kann man sich

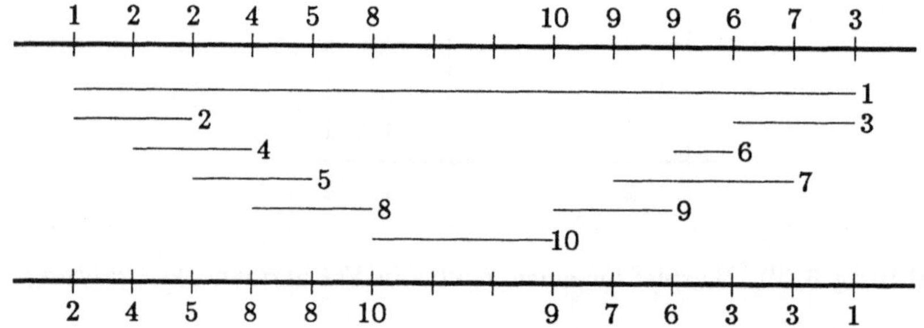

Abbildung 6.21: *Intervallzuordnung zu den Netzen*

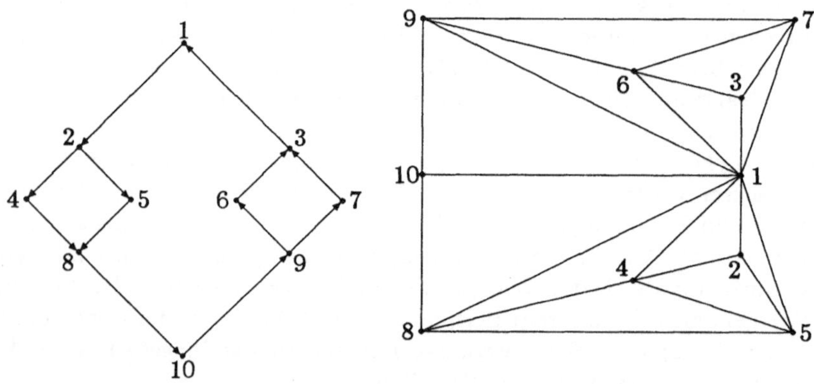

Abbildung 6.22: *vertikaler und horizontaler Bedingungsgraph*

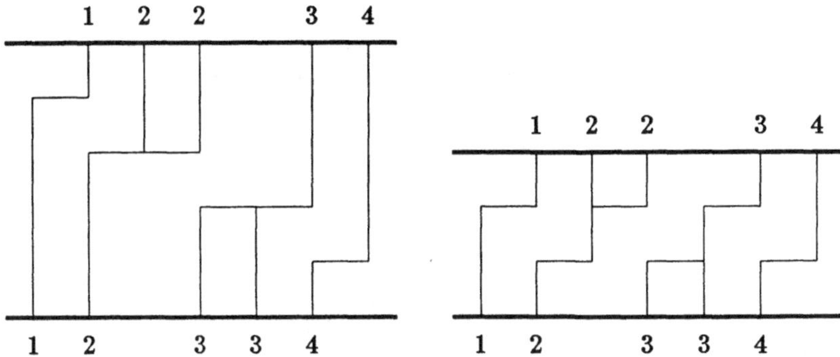

Abbildung 6.23: *Verbesserung durch 'Doglegs'*

leicht klarmachen. Gäbe es eine Situation, daß ein Intervall mit kleinster Spaltennummer i alle d Spuren besetzt vorfände, würden d+1 Intervalle die Spalte i kreuzen, was ein Widerspruch zur Kanaldichte ist.

Eine optimale Lösung unter Berücksichtigung der (zyklusfreien) vertikalen Bedingungen zu finden, ist ein NP-vollständiges Problem [LaP80]. Wir wollen deshalb eine Heuristik zur Lösung des Problems vorstellen.

Der *Constrained Left Edge Algorithmus* geht topdown Zeile für Zeile vor. Aus der Menge der Intervalle, die in VG keinen Vorgänger haben, wird die aktuelle Zeile gefüllt. Die horizontalen Bedingungen geben dann an, ob sich ein Segment mit einem bereits in dieser Zeile plazierten Segment schneidet. Wenn aufgrund der horizontalen Bedingungen kein weiteres Intervall mehr in die Zeile paßt oder es keine vorgängerlosen Intervalle mehr gibt, werden die den plazierten Intervallen (Netzen) entsprechenden Knoten in VG gelöscht und das Verfahren wendet sich der nächsten Spur zu. Dieses Vorgehen findet immer eine Lösung.

Durch die Vorgabe, daß Netze nur eine horizontale Spur benutzen dürfen, kann bei Vorhandensein von langen Pfaden in VG die Kanalhöhe sehr hoch werden. Wenn ein Netz mehrere Spuren benutzen darf, kann die Kanalhöhe oft erheblich reduziert werden. Abbildung 6.23 zeigt an einem Beispiel eine solche Verbesserung.

Solche Verdrahter werden auch *Dogleg-Router* genannt, benannt nach dem Aussehen der Netzaufsplittung in mehrere Spuren. Durch die Verwendung von Doglegs ist jede Drahtführung möglich[5]. Um die dadurch gewachsene Problemkomplexität in den Griff zu bekommen, hat Deutsch [Deu76] seinem Dogleg Router

---

[5] Das Problem, eine Verdrahtung mit minimaler Kanalhöhe zu finden, bleibt jedoch NP-vollständig [Szy85].

Beschränkungen auferlegt. Er zerlegt jedes n-Punktnetz in n-1 2-Punktnetze, wobei die 2-Punktnetze jeweils aus zwei bezüglich der Spaltennummer aufeinanderfolgenden Terminals des Netzes bestehen. Entsprechend ändern sich die Bedingungsgraphen, wobei jedoch in VG keine Kante zwischen dadurch benachbarte Netze gezogen wird. Danach wird der Constrained Left Edge Algorithmus angewandt, wobei natürlich aufgesplittete Netze dieselbe Spur verwenden können. Trotz dieser Erweiterung kann es weiterhin Zykel in VG geben.

Die folgenden beiden Heuristiken verbinden Doglegging mit einem modifizierten Constrained Left Edge Algorithmus.

Yoshimura und Kuh [YK82] versuchen, den vertikalen Bedingungsgraphen zu verkleinern. Sie "verschmelzen" Netze, die weder in HG benachbart sind, noch in VG Nachfolger bzw. Vorgänger voneinander auf irgendeinem Pfad sind. In HG und VG werden die entsprechenden Knoten verschmolzen. Dies bewirkt, daß beide Intervalle als ein Intervall behandelt werden: Sie werden in dieselbe Spur plaziert und übernehmen gegenseitig die horizontalen und vertikalen Bedingungen. Dabei werden bevorzugt solche Intervalle verschmolzen, die den längsten Weg in VG so geringfügig wie möglich verlängern. Dieser Verschmelzungsprozeß endet, wenn VG nur noch aus einem einfachen Pfad besteht oder nur noch sich überlappende Intervalle übrigbleiben. Die Zuordnung der Intervalle zu Spuren ist dann einfach.

Yoshimura [Yos84] modifiziert den Constrained Left Edge Algorithmus durch eine bessere Auswahl der zu plazierenden Intervalle. Stärker berücksichtigt werden Netze, die auf dem längsten Pfad in VG liegen, bzw. solche Netze, die den vorhandenen Platz in der Zeile möglichst gut ausnutzen.

Der *Greedy Router* von Rivest und Fiduccia [RF82] findet immer eine Verdrahtung. Die Bedingungen, daß ein Netz jede Spalte nur einmal überquert und nicht über die Kanalbreite hinausgeht, sind hier aufgehoben. Der Algorithmus startet mit der ersten Spalte links und verdrahtet dann Spalte um Spalte. Um die Verdrahtung zu komplettieren, kann der Algorithmus rechts über die Kanalbreite hinaus Verdrahtungssegmente plazieren. Das Vorgehen des Algorithmus wollen wir kurz skizzieren. In Abbildung 6.24 sehen wir verschiedene Situationen beim Verdrahten durch den Greedy-Router.

1. Ein Netz wird beendet, wenn kein anderes Netz behindert wird. In Szene 1 und 2 können die Netze in der betrachteten Spalte abgeschlossen werden. Eine Behinderung wäre bei einer Vertauschung der Terminals der Netze 1 und 4 in Szene 1 gegeben.

2. Ist ein Terminal am Rand und gibt es das zugehörige Netz bereits im Kanal, so wird eine Verbindung hergestellt, falls keine leere Spur näher zum Terminal liegt. In dem Fall wird das Terminal nur zu dieser Spur geführt (Szene 3 und 4). Durch eine solche Aufteilung eines Netzes auf mehrere Spuren,

können lokal z.B. am oberen und am unteren Kanalrand Verbindungen
zu weiteren Terminals des Netzes hergestellt werden, ohne daß komplette
Spalten von dem Netz belegt werden, was notwendig wäre, wenn nur eine
Spur verwendet würde und Terminals am oberen und unteren Kanalrand
aufträten.

3. Besitzen Netze Segmente auf mehr als einer Spur, werden sie, wenn möglich,
   durch vertikale Segmente verbunden. Dadurch wird eine Spur eingespart
   bzw. ein Netz beendet (Szene 5). Dieser Schritt verknüpft aufgesplittete
   Netze, wie sie in Szene 3 oder 4 entstanden sind, wenn für die nächste
   Spalte möglichst viele freie Spuren benötigt werden.

4. Ist eine Vereinigung nicht möglich, werden diese Netze jedoch so nahe wie
   möglich zusammengeführt, wenn freie Spuren dies ermöglichen (Szene 6).

5. Ist das nächste Terminal eines Netzes am oberen bzw. unteren Rand zu erwarten, so wird mit Hilfe eines Doglegs das Netz näher zum entsprechenden
   Rand geführt, wenn freie Spuren dies ermöglichen (Szene 7).

6. Wenn weder eine freie Spur noch eine Verbindung zu einem Netz im Kanal
   möglich ist, wird eine neue Spur hinzugefügt (Szene 8).

Der *Hierarchische Channelrouter* von Burstein und Pelavin [BP83a] ist ein Spezialfall der in 6.2.2 vorgestellten globalen Verdrahtungsstrategie der beiden Autoren. Das Kanalverdrahtungsproblem wird dabei von einem $(m \times n)$-Gitter auf
das $(2 \times n)$-Gitter reduziert, wobei n die Anzahl der Spalten und m die Anzahl der zur Verfügung stehenden Spuren (Gate-Array) oder einen Default-Wert,
z.B. die Kanaldichte, darstellt. Im $(2 \times n)$-Gitter wird der globale Verlauf der
Netze, festgelegt. Das heißt, es erfolgt die Zuordnung der horizontalen Segmente
eines Netzes zur oberen bzw. unteren Kanalhälfte. Dadurch liegen die Spalten fest, in denen der Spurwechsel der Netze zwischen den beiden Kanalhälften
erfolgt. (Im $(2 \times n)$-Gitter wird die Anzahl der horizontalen Spuren aus dem
$(n \times m)$-Gitter hochgerechnet.) Rekursiv werden nun die beiden Gitterzeilen
zu jeweils $(2 \times n)$-Gittern verfeinert und das Verfahren neu aufgerufen. Als
neue Terminals kommen jeweils die "Spurwechselpins" zu den Netzen hinzu. Im
letzten Schritt dieser Verfeinerung liegt dann die genaue Zuordnung von Netzen zu Spuren und Spalten fest. Das Verfahren erfolgt analog zu dem der globalen Wegesuche der beiden Autoren. Die Unterschiede liegen zum einen in den
rein horizontalen Hierarchielinien, zum anderen in einer Verdrahtungsvariante
im $(2 \times n)$-Verdrahtungsproblem. Für die Auslegung der Netze im $(2 \times n)$-Gitter
bieten sich zwei Verfahren an:

1. Optimale Auslegung der Netze im $(2 \times n)$-Gitter

2. Reduktion des $(2 \times n)$- auf ein (2×2)-Verdrahtungsproblem

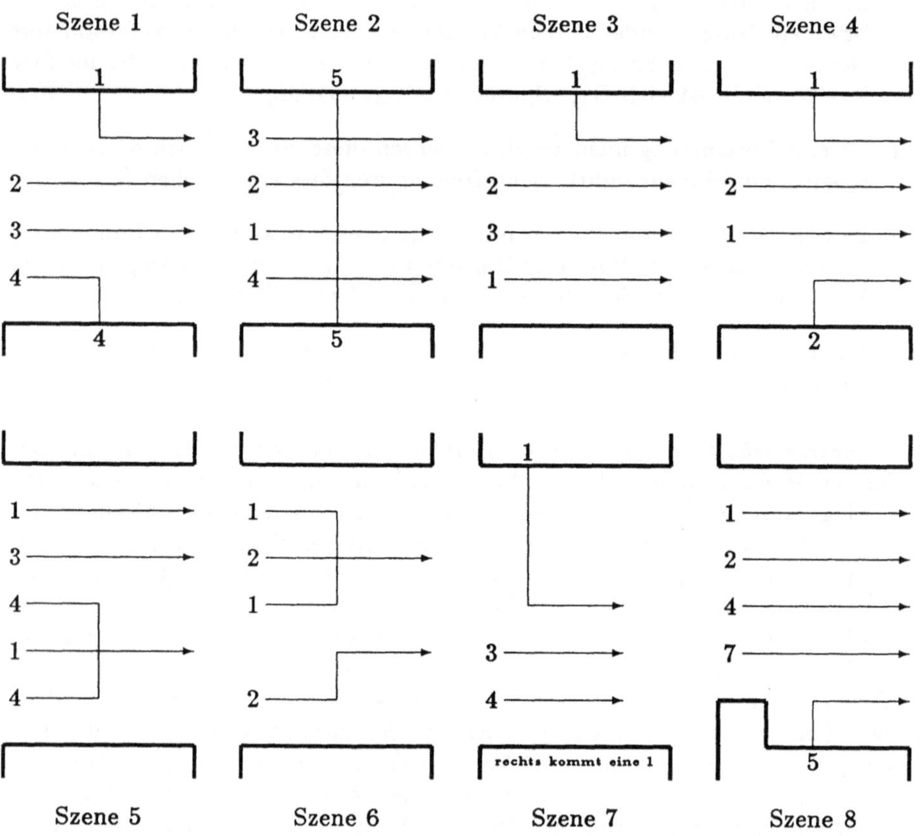

Abbildung 6.24: *Verhalten des 'Greedy–Routers' an Beispielen*

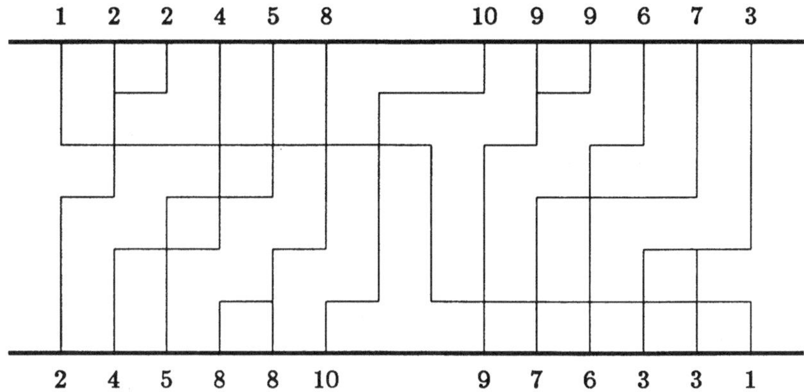

Abbildung 6.25: *Verdrahtung unseres Beispielkanals*

Die optimale Auslegung eines Netzes in einem $(2 \times n)$-Gitter ist der rechtwink-lige Steinerbaum, der für diesen Spezialfall einfach zu berechnen ist [AGH77]. Das sich daraus ergebende Verfahren, nacheinander für jedes Netz den Steiner-baum zu berechnen und entsprechend die Anzahl der freien Spuren für die nach-folgenden Netze zu reduzieren, kann dazu führen, daß keine gleichmäßige Ver-teilung der Netze in die beiden Zeilen des $(2 \times n)$-Gitters erfolgt. Um diesen Umstand zu berücksichtigen, geben die Autoren eine Modifikation des Verfah-rens von [AGH77] an, das bei der Zuordnung von neuen Netzen zu den beiden Gitterzeilen die Auslastung berücksichtigt.

Die andere Alternative reduziert das Problem auf ein (2×2)-Verdrahtungspro-blem, indem es analog zu dem skizzierten Vorgehen auch die Spalten komprimiert und dann durch sukzessives Verfeinern die Verdrahtung im $(2 \times n)$-Gitter gene-riert. Eine ausführliche Ausarbeitung hierfür gibt [Mul87]. Die Verdrahtung im (2×2)-Gitter haben wir bei der globalen Verdrahtung bereits beschrieben.

Wenn in einem $(2 \times n)$-Problem auf einer beliebigen Hierarchiestufe die Anzahl der Spuren nicht ausreicht, werden neue Spuren hinzugenommen. Reicht die Anzahl der Spalten nicht aus, können zusätzliche Spalten links oder rechts vom Verdrahtungsgebiet hinzugenommen werden. Abbildung 6.25 zeigt die durch den Algorithmus von Burstein und Pelavin erzeugte Verdrahtung unseres anfangs vorgestellten Beispiels.

Beim Makrozellen- bzw. Sea-of-Gate Entwurf bestehen die Verdrahtungsregio-nen aus Kanälen und *Switchboxen*. Unter Switchbox versteht man eine Ver-drahtungsregion, an der an allen vier Seiten die Terminals fest vorgegeben sind.

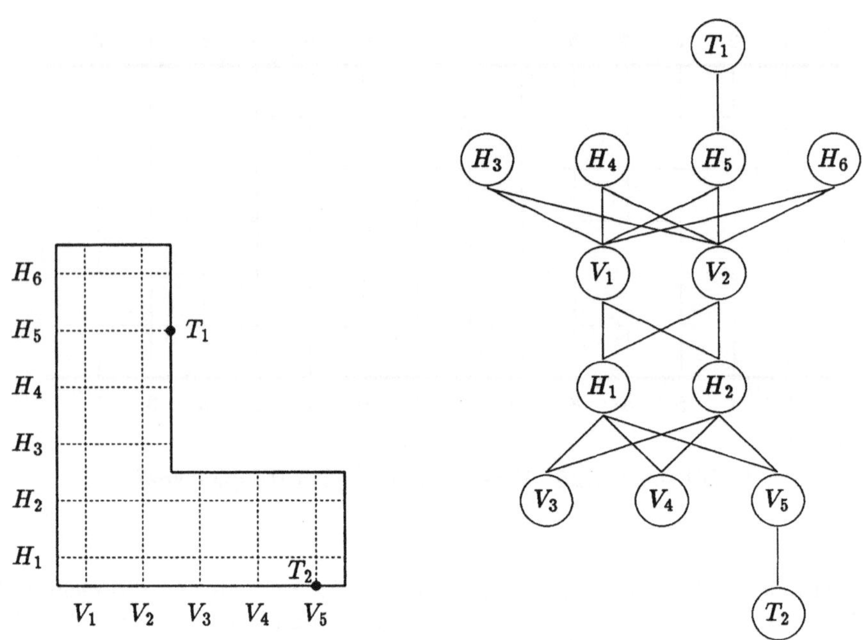

Abbildung 6.26: *Wegesuche nach Hsu*

Wir haben oben schon erwähnt, daß die Kanalverdrahter auch mit Netzen zurechtkommen, die den Kanal verlassen. Voraussetzung war, daß die Reihenfolge dieser Netze dem Verdrahter überlassen wurde. Die Verdrahter sind aber auch soweit modifizierbar, daß sie mit einer festen Reihenfolge an einem der Ränder zurechtkommen. In Abbildung 6.11 z.B. sind somit bei geeigneter Reihenfolge alle Regionen bis auf die Switchbox 13 für die Kanalverdrahter geeignet. Zur Verdrahtung von 13 kann der hierarchische Channelrouter von Burstein und Pelavin benutzt werden. Sie schlagen vor, die (2×2)-Probleme durch abwechselndes vertikales und horizontales Aufschneiden des Gitters (ähnlich dem Vorgehen beim globalen Verdrahten) zu generieren. Hamachi und Ousterhout [HO84] greifen die Grundidee des Greedy-Routers auf und passen sie an das Switchboxproblem an.

Hsu's 2D-Router [Hsu82] - 2D steht für zweidimensional - kann sogar für abknickende Verdrahtungsregionen verwendet werden. Die horizontalen und vertikalen Verdrahtungsspuren liegen jeweils wieder in einer Schicht. In Abbildung 6.26 sehen wir ein Beispiel einer Verdrahtungsregion mit zugehöriger Graphdarstellung. Der Graph repräsentiert alle Wege über horizontale und vertikale Verdrahtungsspuren. Um eine Verdrahtung zu finden, werden die Terminals

an die entsprechenden Verdrahtungsspuren angehängt und eine Wegesuche im
Graphen (z.B. eine modifizierte Lee-Wellenausbreitung) gestartet. Einem Pfad
zwischen den beiden Terminals T_1 und T_2 mit minimaler Anzahl von Knicken
entspricht im Graphen ein in der Anzahl der Kanten minimaler Weg. Mehrpunktnetze werden wie bei Lee verdrahtet. Sind zwei Terminals des Mehrpunktnetzes
durch einen Pfad bereits verbunden, werden sukzessive von den anderen Terminals des Netzes Wege zum bisher verlegten Teilnetz gesucht.

Das Verfahren arbeitet folgendermaßen:

Für jedes Netz wird die Anzahl der benötigten Knicke im (leeren) Verdrahtungsgebiet berechnet. Die Netze werden nach aufsteigender Anzahl der Knicke verdrahtet. Die Terminals jedes Netzes werden nach der Begrenzungsseite der Ver-
drahtungsregion und dort nach ihrer Reihenfolge sortiert. Mit den ersten beiden
Terminals der am dichtesten besetzten Seite wird begonnen.

Gibt es mehrere Verbindungspfade zwischen zwei Anschlußpunkten, sind folgende
Auswahlkriterien zu beachten:

1. Länge des Pfades.

2. Die Verdrahtung nachfolgender Netze.

   Abbildung 6.27 zeigt Beispiele: In der linken Figur wird das horizontale
   Segment des Pfades H_2 zugeordnet, da auf H_1 noch zu verdrahtende Terminals liegen. In der rechten Figur wird H_1 gewählt, da das Terminal auf
   H_1 weiter entfernt ist als das Terminal auf H_2.

3. Verwendung von "leeren" Spuren.

   In der linken Figur von Abbildung 6.28 sei Netz 1 bereits verdrahtet. Für
   den horizontalen Anteil von Netz 2 wird dann H_2 gewählt, um kurze Segmente auf Spuren, die keine Terminals haben, zu "verbrauchen".

4. Die Beachtung von zu erwartenden Verdrahtungsengpässen.

   Jedem Gitterknoten wird ein Gewicht zugeordnet. In der rechten Figur von
   Abbildung 6.28 müssen über die durch Punkt A verlaufende horizontale
   Linie 2 Netze und über die durch A gehende vertikale Linie 3 Netze geführt
   werden. Das ergibt ein Gewicht von 5 für A.

Für jeden Pfad läßt sich aus diesen Faktoren ein Gewicht errechnen. Es wird der
Pfad mit minimalem Gewicht gewählt.

Als untere Schranken für die Kanalhöhen wurden bisher die Kanaldichte und,
bei Restrictive Routing, der längste Pfad im vertikalen Abhängigkeitsgraphen
erwähnt. In Abbildung 6.20 haben wir gesehen, daß es nichtlösbare Verdrahtungsprobleme gibt, wenn keine zusätzlichen Spalten verwendet werden. Es
gibt Verdrahtungsprobleme, die geringe Dichte haben und trotzdem viele Spuren

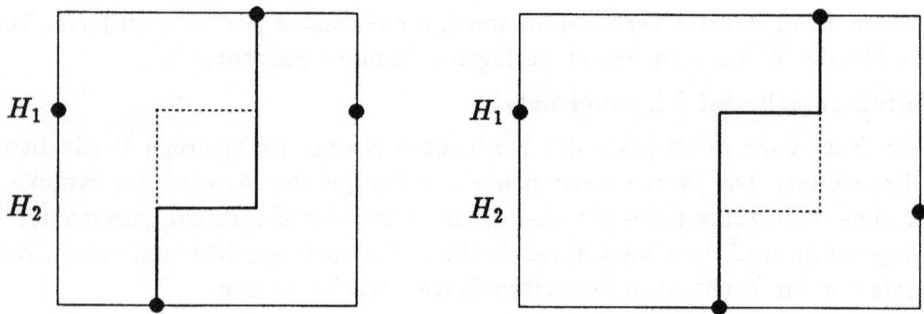

Abbildung 6.27: *Kriterien bei der Pfadauswahl*

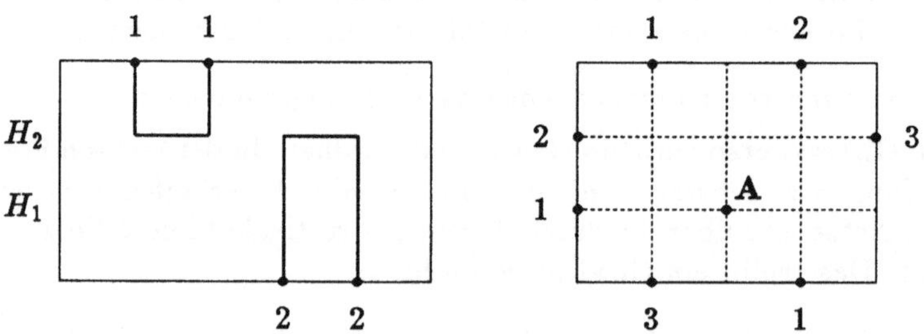

Abbildung 6.28: *Kriterien bei der Pfadauswahl*

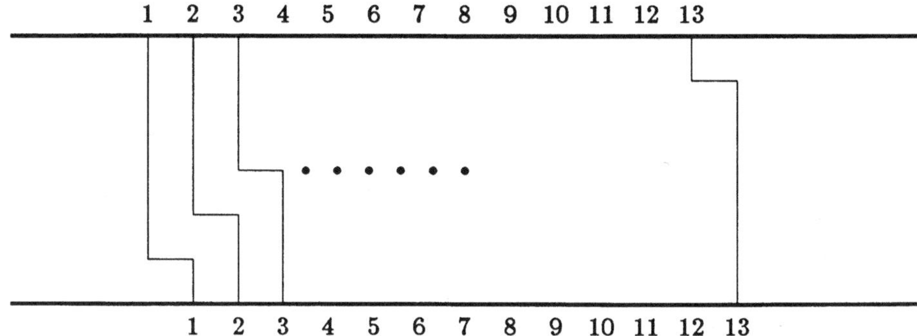

Abbildung 6.29: *Verdrahtung innerhalb der Kanalbreite mit 13 Spuren*

benötigen. Betrachten wir hierzu das Problem in Abbildung 6.29, wo die Anschlußpunkte der 2-Punktnetze durch einen "Rechtsshift" jeweils in benachbarten Spalten liegen. Erlaubt man keine Verwendung von Spalten rechts oder links des Verdrahtungsgebietes, werden genau soviele Spuren benötigt, wie es Netze gibt, obwohl das Problem Dichte 2 hat. Erlaubt man die Verwendung von zusätzlichen Spalten, werden wesentlich weniger Spuren benötigt. Abbildung 6.30 zeigt eine optimale Verdrahtung [BR81].

Baker, Bhatt und Leighton [BBL83] führten eine neue untere Schranke für die Kanalhöhe, *Flux* genannt, ein. Während die Kanaldichte die Anzahl der Netze, die über eine Spalte führen, betrachtet, wird hier die Anzahl der Netze, die bei der "Durchquerung" des Kanals eine horizontale Spur verwenden müssen, berücksichtigt. Es werden die Netze betrachtet, die an beiden Kanalrändern Terminals in unterschiedlichen Spalten besitzen. Das Verdrahtungsproblem hat dann Flux f, wenn es einen horizontalen Schnitt der Breite $2 \times f^2$ gibt, der mindestens $2 \times f^2 - f$ solcher Netze schneidet. Die minimale Kanalhöhe ergibt sich folglich aus dem Maximum von Dichte und Flux. Unser "Rechtsshiftproblem" hat bei n Netzen Flux $\sqrt{n}$. Die Autoren geben einen Algorithmus an, der *asymptotisch* auch nicht mehr Spuren benötigt, als die untere Schranke angibt. Allerdings benötigt er in praktischen Beispielen mehr Spuren als die oben beschriebenen Router [Oht86,Meh86]

Dies führt uns zur Frage des Einsatzes der Algorithmen, wobei dies auch die Plazierung und das globale Verdrahten miteinbezieht. Da aus den erwähnten Gründen keine Algorithmen, die das Optimum erzielen, eingesetzt werden können, müssen die aufgeführten Probleme durch Heuristiken gelöst werden. Je nach Problem arbeiten diese unterschiedlich gut. Deshalb hat sich der Brauch eingebürgert, neue Verfahren an *Benchmarks*, d.h. an Problemen, die anerkannt

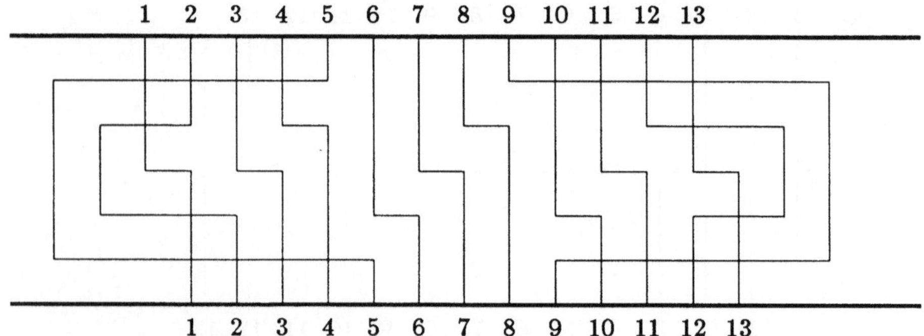

Abbildung 6.30: *Optimale Verdrahtung mit 5 Spuren*

schwierig sind, zu erproben. Ein berühmter Benchmark, an dem sich jeder neu entwickelte Router mißt bzw. an dem er gemessen wird, ist *Deutsch's schwieriges Beispiel*: Es enthält 72 Netze auf einer Kanalbreite von 175 Spalten, hat Kanaldichte 19, aber nur Flux 3. Der längste Pfad im zykelfreien, vertikalen Abhängigkeitsgraphen ist 28. Die vorgestellten Kanalverdrahter benötigen alle zwischen 19 und 21 Spuren, außer natürlich Restrictive Routing.

Kapitel 7

Syntheseverfahren bei logisch topologischen Netzen

In diesem Kapitel wollen wir auf Werkzeuge und Methoden, die man bei dem Übergang von der logisch topologischen Beschreibungsebene auf die physikalische Ebene benötigt, genauer eingehen. Wir werden dabei jedoch nicht auf den Hierarchieaspekt eingehen. Den Hierarchiebegriff erachten wir als so wichtig, daß wir ihm ein eigenes Kapitel widmen, in dem wir genauer auf die Ausnutzung des Hierarchiebegriffes, den der in Kapitel 3 eingeführte Kalkül in einfacher und natürlicher Weise beinhaltet, eingehen. Man überlegt sich leicht, daß die in diesem Kapitel vorgestellten Verfahren vom praktischen Standpunkt her bei großen Schaltkreisen nicht anwendbar sind, falls die konsequente Ausnutzung der Hierarchie vernachlässigt wird (obwohl einige von ihnen lineare Laufzeit haben).

Auf der logisch topologischen Abstraktionsebene sind Logik und Geometrie in einem Kalkül erfaßt. Um die Schaltkreisspezifikation zu vereinfachen, ohne wesentliche Information zu verlieren, wurde von Teilen der Geometrie, wie zum Beispiel von der genauen Lage der Zellen, von der lokalen Verdrahtung beziehungsweise von den Schichten, in denen die einzelnen Verbindungsstücke verlaufen, abstrahiert. Diese Information muß bei der Synthese erzeugt werden.

Bei der Spezifikation eines Schaltkreises als logisch topologisches Netz steht die Beschreibung der Topologie der Signalleitungen mittels Verdrahtungsbausteinen im Vordergrund. Es wäre mühsam, die Topologie der Stromversorgungsleitungen, die zwar für die Realisierung notwendig sind, aber wenig mit der logischen Struktur zu tun haben, stets spezifizieren zu müssen. Es sollte also neben den oben angedeuteten Synthesewerkzeugen ein Werkzeug zur Verfügung stehen, das die Topologie der Stromversorgungsleitungen automatisch generiert. Hierbei ist bei der Führung der Versorgungsleitungen zu berücksichtigen, daß diese untereinander kreuzungsfrei verlaufen, was den Vorteil hat, daß sie in eine Schicht besonderer Leitfähigkeit eingebettet werden können und damit unerwünschte Spannungsabfälle durch Kontakte und die Benutzung von Schichten geringerer Leitfähigkeit vermieden werden. Die Topologie der Spannungsversorgung kann also entweder nach der Schichtzuweisung generiert werden, falls bei der Einbettung der Logikverbindungen in Schichten eine schnelle Schicht, d.h. eine Aluminiumschicht, frei bleibt, oder aber vor der Einbettung der Logikverbindungen in Schichten, falls man dem Schichtzuweisungsalgorithmus untersagen kann, auf bestimmten Leitungsstücken einen Schichtwechsel einzufügen.

Bevor wir auf diese Synthesewerkzeuge genauer eingehen, wollen wir uns überlegen, wie man logisch topologische Netze im Rechner abspeichern kann.

7.1 Datenstrukturen für log.-top. Netze

Wir werden bei den nun folgenden Algorithmen mit zwei Datenstrukturen für logisch topologische Netze auskommen, nämlich der Repräsentation von Netzausdrücken durch abstrakte Syntaxbäume und der Darstellung der logisch topologischen Netze selbst durch (erweiterte) planare Graphen.

Manche Verfahren, zum Beispiel zur Generierung der Topologie der Spannungsversorgungsleitungen und zur Plazierung und lokalen Verdrahtung sind *divide and conquer* Verfahren, die eine vorgegebene Zerlegung eines Netzes verwenden. Eine mögliche Zerlegung ist die, die durch den Netzausdruck gegeben und durch den abstrakten Syntaxbaum dargestellt wird. Andere Verfahren, zum Beispiel zur logischen Simulation von Netzen oder zur Schichtzuweisung, die sich durch ein globales Vorgehen auszeichnen, benötigen hingegen keine Zerlegung des Netzes, sondern nur die Information über die Inzidenzstruktur oder die planare Topologie.

Wir werden in diesem Abschnitt die beiden Datenstrukturen formal einführen. Bei der Beschreibung der dann folgenden Synthesewerkzeuge werden wir uns aus Lesbarkeitsgründen nicht sklavisch an diese Definitionen halten. Der Leser kann sich überlegen, daß man die Algorithmen auf die hier beschriebenen Datenstrukturen ohne größere Komplexitätsverluste zuschneiden kann.

7.1.1 Darstellung durch abstrakte Syntaxbäume

Wie die arithmetischen Ausdrücke in konventionellen Übersetzern durch abstrakte Syntaxbäume dargestellt werden, kann man die in Kapitel 3 eingeführten Netzausdrücke, also auch die logisch topologischen Netze selbst, durch abstrakte Syntaxbäume darstellen ([AU77]).

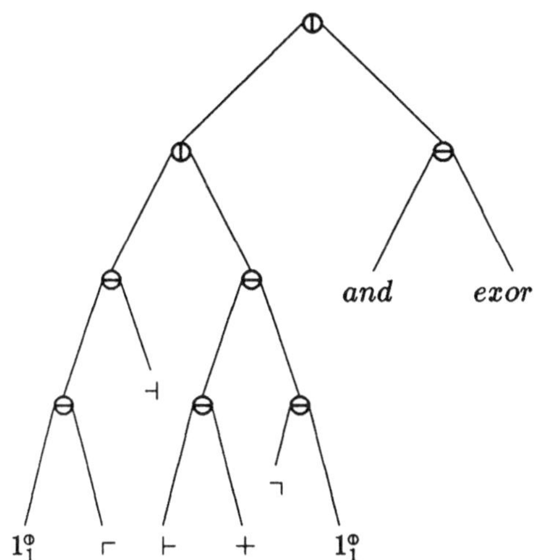

Abbildung 7.1: *Ein zum Halbaddierer gehöriger abstrakter Syntaxbaum*

Beispiel 7.1.1 In Kapitel 3 wurde gezeigt, daß man einen Halbaddierer durch den Netzausdruck

$$(((1_1^\oplus \ominus \ulcorner) \ominus \dashv) \oplus ((\vdash \ominus +) \ominus (\neg \ominus 1_1^\oplus))) \oplus (and \ominus exor)$$

beschreiben kann, wobei *and* und *exor* für Grundzellen, die das logische Und und das logische Exklusiv-Oder berechnen, stehen, und $1_1^\oplus$, $\ulcorner$, $\neg$, $\dashv$, $\vdash$ und $+$ die entsprechenden Verdrahtungsnetze darstellen. Ein zu diesem Netzausdruck gehöriger Syntaxbaum ist in Abbildung 7.1 gegeben.

Formal ist ein abstrakter Syntaxbaum wie folgt definiert:

Sei A eine Menge von Grundbausteinen und O eine Menge von Signaltypen. $Net(O, A)$ bezeichne die Menge der logisch topologischen Netze über den Grundbausteinen aus A und Signaltypen über O (s. Kapitel 3).

Definition 7.1.1 *Sei T ein binärer Baum mit Knotenmenge V, Wurzel w und einer Markierung*

$$\mu : V \longrightarrow A \cup \{1_a^\oplus, 1_a^\ominus, \dashv_a, \vdash_a, \neg_a, \ulcorner_a \mid a \in O^*\} \cup \{\ominus, \oplus\}$$

mit $\mu(v) \in \begin{cases} A \cup \{1_a^\oplus, 1_a^\ominus, \dashv_a, \vdash_a, \neg_a, \ulcorner_a \mid a \in O^*\} & \text{, falls } v \text{ ein Blatt ist} \\ \{\ominus, \oplus\} & \text{, sonst.} \end{cases}$

Wir definieren einen abstrakten Syntaxbaum T und das durch den Syntaxbaum definierte Netz $f(T) \in Net(O, A)$ induktiv:

1. *Besteht T nur aus dem Knoten w, so ist T ein abstrakter Syntaxbaum und es soll gelten $f(T) = \mu(w)$.*

2. *Besteht T aus mehr als zwei Knoten und ist der linke (rechte) Sohn von w die Wurzel eines abstrakten Syntaxbaumes T_l (T_r), so ist T ein abstrakter Syntaxbaum, falls die Operation $f(T_l)\mu(w)f(T_r)$ definiert ist. In diesem Fall gilt: $f(T) = f(T_l)\mu(w)f(T_r)$.*

Der Leser überlege sich, daß die Abbildung f surjektiv ist, d.h. daß es zu jedem logisch topologischen Netz N einen abstrakten Syntaxbaum T gibt, so daß $f(T) = N$ gilt.

7.1.2 Darstellung durch erweiterte planare Graphen

Im Gegensatz zu der Darstellung durch abstrakte Syntaxbäume, stellen wir nun eine Darstellung logisch topologischer Netze vor, die nur von dem logisch topologischen Netz selbst und nicht auch von einer speziellen Zerlegung des Netzes abhängt. Sei hierzu F ein Repräsentant eines logisch topologischen Netzes aus $Net(O, A)$. Wir bezeichnen mit B_F die *Menge der Zellvorkommen in F*, mit S_F die *Menge der Leitungen in F*. Für $b \in B_F$ betrachten wir den Rand der Zelle von der linken Ecke der nördlichen Seite des Rechteckes ausgehend und numerieren die Anschlußpunkte im Uhrzeigersinn durch. $b(i)$ bezeichne dann den *i-ten Anschluß auf dem Rand von b*. Ebenso numerieren wir die *Anschlußpunkte auf dem Rand von F* durch und bezeichnen diese mit $\rho(i)$.

Zwischen Anschlußpunkten verlaufen *Verbindungsstrecken*. Wir schreiben $b(i) \leftrightarrow s$, falls die Verbindungsstrecke s im Anschluß $b(i)$ auf dem Bausteinvorkommen b mündet. Ebenso schreiben wir $\rho(i) \leftrightarrow s$, falls die Verbindungsstrecke s in den äußeren Anschluß $\rho(i)$ von F mündet. Die Verbindungsstrecken verlaufen im Repräsentanten F untereinander kreuzungsfrei und zerteilen zusammen mit den Zellvorkommen die euklidische Ebene in Gebiete, wobei wir den äußeren Rahmen des Repräsentanten F nicht betrachten. G_F sei die *Menge dieser Gebiete*. Ist $g \in G_F$, dann schreiben wir $s \in g$ für ein $s \in S_F$, falls s Teil des Randes von g ist.

Diese Beziehungen können als ungerichteter Graphen aufgefaßt werden. Die Knotenmenge des Graphens ist hierbei die Menge

$$V_F = G_F \cup S_F \cup El_F$$

mit $El_F = B_F \cup \{\rho(1), \ldots, \rho(q)\}$, wobei q die Anzahl der äußeren Anschlußpunkte ist. Die Knotenmenge besteht also aus den Gebieten, den Bausteinvorkommen, den äußeren Anschlüssen und den Verbindungsstrecken. Die Kanten des Graphen kann man in zwei Klassen einteilen: Kanten zwischen Bausteinvorkommen, äußeren Anschlüssen und Verbindungsstrecken sowie Kanten zwischen Gebieten und Verbindungsstrecken.

Da die Kanten die oben beschriebenen Beziehungen repräsentieren, ist der Grad der Knoten aus B_F gleich der Anzahl der Anschlußpunkte des dazugehörigen Bausteins, der der Knoten aus S_F drei oder vier (es gibt genau zwei Kanten, die einen solchen Knoten mit Knoten aus El_F verbinden, und wenigstens eine, die ihn mit einem Gebiet verbindet) und der der Knoten, die die äußeren Anschlußpunkte repräsentieren, gleich eins.

Der so definierte planare ungerichtete Graph enthält offensichtlich nicht alle in einem logisch topologischen Netz verfügbaren Informationen. Die Datenstruktur muß hierzu um folgende Komponenten erweitert werden:

- Eine Abbildung $\beta : B_F \longrightarrow A$, die jedem Knoten $b \in B_F$ seinen Typ aus A zuordnet.

- Eine Abbildung $\omega : S_F \longrightarrow O$, die jedem Knoten $s \in S_F$ seinen Signaltyp aus O zuordnet.

- Die Anzahl $N(F)$ $(S(F), W(F), E(F))$ der äußeren nördlichen (südlichen, westlichen, östlichen) Anschlußpunkte.

- Auf der Menge E_b der zu einem Knoten $b \in B_F$ adjazenten Kanten muß eine sternförmige Anordnung definiert werden, um neben der Inzidenzstruktur des Netzes die Topologie verfügbar zu machen. Sei hierzu e_i die zu $b(i) \leftrightarrow s$ gehörige Kante (für entsprechendes $s \in S_F$), dann wird die gewünschte Anordnung durch die Abbildung $stern_b : E_b \to E_b$ mit

$$stern_b(e_i) = \begin{cases} e_{i+1}, & \text{falls } i < N(F) + S(F) + W(F) + E(F) \\ e_1, & \text{sonst} \end{cases}$$

definiert.

Diese Datenstruktur enthält alle zu einem logisch topologischen Netz gehörige Information, wenn jeder Knoten mit einem äußeren Anschlußpunkt verbunden ist. Im folgenden setzen wir diese Eigenschaft voraus, da Teilnetze, die keine Verbindung zum Netzrand haben, keinen Einfluß auf das logische Verhalten haben können.

Der Leser überlege sich, daß diese Datenstruktur (bis auf Isomorphie) für ein logisch topologisches Netz eindeutig ist. Der erweiterte planare Graph ist unabhängig von dem speziellen Repräsentanten F und hängt nur von dem logisch topologischen Netz selbst ab.

7.2 Generierung der Stromversorgung

Bei den bisher ausgeführten Beispielen zur Spezifikation von Schaltkreisen durch logisch topologische Netze haben wir die Leitungen für die Stromversorgung unterschlagen. Grundsätzlich könnte man die angegebenen Beispiele diesbezüglich ergänzen, insbesondere dann, wenn man besonderen Wert auf die Topologie der Leitungsführung legt. In diesem Abschnitt wollen wir uns dem Problem zuwenden, die Stromversorgung automatisch zu verdrahten. Dazu müssen wir zunächst klären, welche Bedingungen dabei zu beachten sind.

Nur eine Teilmenge der Bausteine, aus denen logisch topologische Netze aufgebaut werden, benötigt Stromversorgung. (Verdrahtungsbausteine brauchen sicherlich keine Stromversorgung.) Wir nennen diejenigen Bausteine, die keine Stromversorgung benötigen, im folgenden *passive Bausteine*, und logisch topologische Netze, die nur aus passiven Bausteinen bestehen, *passive Netze*. Bausteine wie Gatter oder Flipflops tragen als physikalische Zellen im allgemeinen Anschlüsse für die Stromversorgung. Wir nennen solche Bausteine *aktive Bausteine* und nehmen an, daß zu jedem aktiven Baustein a eine Vorlage $V_S(a)$ existiert, die auf ihrem Rand Anschlüße für die beiden Versorgungspole hat. Ferner beschränken wir uns auf den Fall, daß jeder aktive Baustein jeweils genau einen Anschluß für den Versorgungspol, dem wir im folgenden den Typ "VDD" zuordnen, und genau einen Anschluß für den Bezugspol, dem wir im folgenden den Typ "VSS" zuordnen, hat. (Konzeptuell sind auch andere Annahmen möglich).

Gegeben sei also ein logisch topologisches Netz F ohne Stromversorgung. Bei der Generierung von Fertigungsdaten besteht die Aufgabe nun darin, eine elektrische Verbindung eines äußeren Anschlusses für den Versorgungspol mit allen "VDD"-Anschlüssen der aktiven Bausteine und eine elektrische Verbindung des "VSS"-Anschlusses des Schaltkreises mit allen "VSS"-Anschlüssen der aktiven Bausteine herzustellen. Dabei fordert man für die elektrische Verbindung, daß sie möglichst verlustfrei arbeitet, denn eine zu hohe Potentialdifferenz an den Zellanschlüssen kann zu einer Beeinträchtigung der Schaltzeiten und im Extremfall gar zu einem Fehlverhalten einer Zelle führen.

Man betrachte dazu beispielsweise zwei hintereinandergeschaltete NMOS-Inverter wie in Abbildung 7.2, bei denen die Verbindung der "VSS"-Anschlüße stark ohmsch belastet ist. Gilt für die Spannung v_g zwischen den "VSS"-Anschlüssen im Falle, daß v_{in} den Wert "high" trägt, $v_g > v_{th} - v_{ds}$, wobei v_{th} die Schwellenspannung des Nachfolgetransistors ist, so bleibt der Nachfolgetransistor leitend. Dies bewirkt einen zu niedrigen Pegel am Ausgang des zweiten Inverters, der sogar als low-Pegel interpretiert werden könnte.

Ein einfacher Weg, dies zu vermeiden, liegt darin, für jede aktive Zelle a nur einen beschränkten Spannungsabfall zuzulassen, der garantiert, daß solche Situationen nicht auftreten. Die Stromversorgung erfülle also die folgende Bedingung: Am "VSS"-Anschluß eines Vorkommens einer Zelle a liegt höchstens die Spannung $v_l(a)$, am "VDD"-Anschluß liegt mindestens die Spannung $V_{dd} - v_h(a)$.

Der Spannungsabfall über einem Leitungsstück der Länge l und Breite w ist gegeben durch

$$\Delta v = \rho \frac{l}{w} I,$$

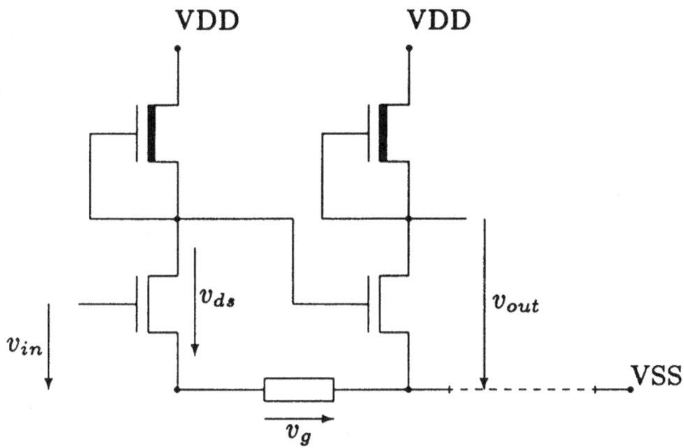

Abbildung 7.2: *Verluste auf der Stromversorgung*

wobei I der Strom durch diese Leitung und ρ eine Materialkonstante ist. Um diesen klein genug zu halten, müssen Breite und Länge entsprechend eingestellt werden. Dabei bleibt für die Länge meist nicht sehr viel Spielraum, weil man ja zu allen aktiven Zellen hin verdrahten muß. Um die Fläche der Verdrahtung bei vorgegebenen Längen klein zu halten, ist es demnach günstig, möglichst eine Verdrahtungsschicht besonders guter Leitfähigkeit, d.h. mit kleinem ρ, zu benutzen und Kontakte wegen ihres ohmschen Widerstandes zu meiden. Man nimmt daher vorzugsweise Metalleitungen zur Verdrahtung. Diese bergen jedoch ein weiteres Problem, nämlich das der Metallwanderung: Bei hohen Stromdichten in einem Metalleiter beginnen die Metallionen in Richtung des Elektronenflusses zu wandern, was eine Verjüngung der Leitung bewirkt und somit zu noch höherer Stromdichte, also zu einer Verstärkung dieses Effektes, führt, bis die Leitung schließlich aufreißt. Um eine gewisse Mindestlebensdauer zu gewährleisten, wird dieser Effekt durch eine Beschränkung der Stromdichte, d.h. durch Einhaltung einer von I abhängigen Mindestbreite, kontrolliert.

Wir kennen die Problemstellung nun etwas genauer. Sie ist ein Teil der Layoutsynthese, der sehr komplexe Anforderungen stellt: Eine Entscheidung für die Leitungsführung hat Einfluß auf die Leiterlängen, die durch obige Bedingungen an die Leiterweiten gekoppelt sind. Die Leiterweiten ihrerseits bestimmen aber wiederum wegen der Einhaltung geometrischer Regeln die Leitungsführung. Ferner ist auch die genaue Bestimmung der Ströme in den einzelnen Zweigen nicht möglich, da diese je nach Technologie mehr oder weniger stark von den Werten, mit denen gerechnet wird, und von Betriebsbedingungen, wie etwa der Taktfrequenz, abhängen. Man zieht daher keine zeitabhängigen Ströme, sondern erwartete Durchschnittswerte in Betracht. Ob und wie man die Bestimmung von Leitungsführung und Dimensionierung der Leiterbreiten simultan in einem

Syntheseschritt unter Minimierung der Layoutfläche erledigen kann, ist offen.

Überläßt man die Verantwortung für die korrekte Auslegung der Stromversorgung nicht ohnehin dem Entwerfer (was viele Entwurfssysteme tun), so werden daher die Versorgungsleitungen entweder überdimensioniert, d.h. man ordnet ihnen Breiten zu, so daß sie die oben geschilderten Bedingungen für jede bei der Verdrahtung zu erwartende Länge und alle zu erwartenden Ströme einhalten, oder man erfüllt die Metallwanderungsbedingungen für eine grobe Schätzung der Ströme und hofft, daß es nicht zur Beeinträchtigung der Funktionsfähigkeit durch zu hohe Spannungsabfälle kommt. Wir wollen hier das Problem so angehen, daß wir die einzelnen Teilaufgaben voneinander trennen. So betrachten wir zunächst das Problem, die Topologie für die Versorgungsleitungen zu erzeugen und darauf basierend Schätzungen für die Längen der Verbindungszweige und die Ströme in diesen Zweigen abzuleiten. Anschließend betrachten wir das Problem, ausgehend von vorgegebener Topologie und Schätzungen für Leiterlängen und Ströme, die Leiterweiten so zu bestimmen, daß die Verdrahtungsfläche der Stromversorgung unter Einhaltung der obigen Anforderungen möglichst klein bleibt. Die endgültige Layoutgenerierung überlassen wir dann einem Plazierungs- und Verdrahtungsverfahren, das – unter Vorgabe der Realisierung von Bausteinen, Leiterbreiten und Abstandsregeln – zu einem planaren Netz ein möglichst flächeneffizientes Layout erzeugt. Wegen dieser, aus Machbarkeitsgründen durchgeführten, Trennung von Dimensionierung und Layout ist eine nachfolgende automatische Analyse notwendig, die die Einhaltung der oben geforderten Bedingungen am so generierten Layout überprüft und im Falle ihrer Verletzung eine Neugenerierung mit revidierten Schätzungen anwirft. Da sich die genannten Bedingungen, wenn das Layout generiert wurde, leicht auf den geometrischen Angaben der Stromversorgungsleitungen überprüfen lassen, verzichten wir hier auf eine eingehendere Schilderung eines solchen Verfahrens.

7.2.1 Generierung der Topologie

Man betrachte also ein logisch topologisches Netz F ohne Stromversorgung. Gegeben sei ferner zu jedem aktiven Baustein a eine Vorlage $V_S(a)$, die angibt, an welchen Stellen auf seinem Rand die Anschlüsse für die Stromversorgung liegen. Diese Anschlüsse seien durch die Signaltypen "VDD" und "VSS" gekennzeichnet. Gesucht ist ein logisch topologisches Netz $V_S(F)$, das aus F hervorgeht, indem man zwei äußere Anschlüsse für die Stromversorgung, die wir kurz "VDD"-Anschluß und "VSS"-Anschluß nennen, hinzufügt und eine Verbindung zwischen dem "VDD"-Anschluß und allen "VDD"-Anschlüssen sowie dem "VSS"-Anschluß und allen "VSS"-Anschlüssen der aktiven Bausteine realisiert. Da die Breite, die Länge und das Material der Leitungen auf dieser Ebene nicht berücksichtigt sind, können wir die oben angegebenen Bedingungen nicht genau in Betracht ziehen. Wie aber schon bemerkt, scheint es günstig, die Stromversorgung in eine einzige Verdrahtungschicht einzubetten, die zudem eine gute

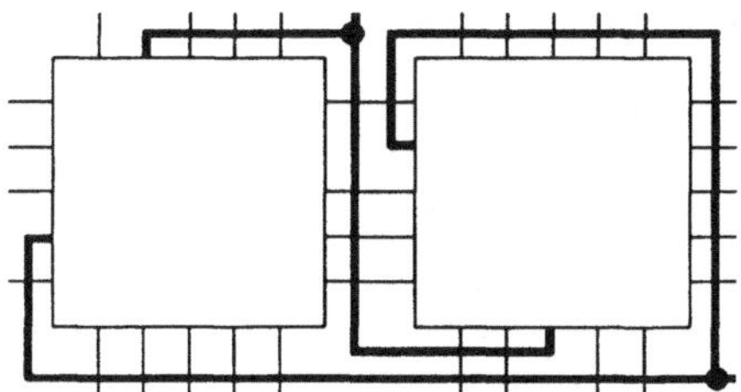

Abbildung 7.3: *zur kreuzungsfreien Verdrahtbarkeit der Stromversorgung*

Leitfähigkeit besitzt. Diese Anforderung können wir berücksichtigen, indem wir verlangen, daß sich die Verdrahtung für die Stromversorgung nicht kreuzt. Damit ist zumindest die Einbettbarkeit in eine einzige Schicht gewährleistet. Dies hat aber auch zur Folge, daß nicht alle Strukturen für die Leitungsführung in Frage kommen. So sollte die Verdrahtung für "VSS" bzw. "VDD" jeweils keine Kreise enthalten, da diese aktive Bausteine einschließen und somit eine kreuzungsfreie Verbindung mit dem anderen Pol verhindern könnten. Solche Strukturen sind nur durch Benutzung mehrerer Schichten möglich, tolerieren aber Unterbrechungen (z.B. durch Fertigungsfehler), d.h., wenn ein Verbindungsstück auf dem Kreis unterbrochen wird, besteht weiterhin eine Verbindung mit allen Anschlüssen. Wir wollen uns hier jedoch auf kreislose Verbindungen, d.h. Baumstrukturen, beschränken.

Ist das Netz durch einen arithmetischen Ausdruck gegeben, so spiegelt dieser eine Zerlegung des Netzes wider. Damit bietet sich ein *Teile und Beherrsche* Verfahren zur Generierung der Verdrahtungsbäume an. Nehmen wir an, daß – gegeben eine Zerlegung – für die Teilnetze die Stromversorgungsleitungen schon erzeugt wurden. Dann ist nur noch die Frage zu klären, wie wir diese zusammensetzen können und dabei die Stromversorgung untereinander kreuzungsfrei zum Rand führen können. Nehmen wir zum Beispiel an, daß beide Teilnetze jeweils genau einen "VDD"-und einen "VSS"-Anschluß haben. Dann überlegt man sich leicht, daß in diesem Fall eine untereinander kreuzungsfreie Weiterführung zum Rand möglich ist, unabhängig davon, wo die einzelnen Anschlüsse liegen. Dies zeigt, daß eine Verdrahtung in einer Schicht prinzipiell möglich ist (s. Abbildung 7.3). Allerdings kann diese Vorgehensweise eine ziemlich verworrene Leitungsführung liefern, die nicht unbedingt zufriedenstellt, wenn den Leiterstücken größere Breiten zugewiesen werden. Wir versuchen hier, ein Verfahren anzugeben, das je nach Zerlegung eine geradlinige, einfache Leitungsführung erzeugt.

Gegeben sei also ein Netz F durch einen arithmetische Ausdruck. Man betrachte nun folgendes rekursive Verfahren, das die Topologie der Stromversorgung erzeugt und dabei folgende Fälle unterscheidet:

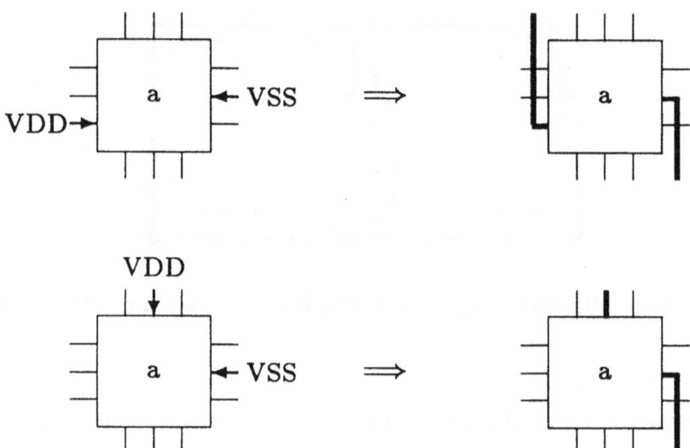

Abbildung 7.4: *Behandlung aktiver Zellen*

(a) F besteht nur aus einem Baustein.

Ist $F = a$ ein aktiver Baustein, so nehme als Baustein $V_S(a)$ und führe die Versorgungsanschlüsse zum Rand und zwar den "VDD"-Anschluß[1] zur nördlichen oder östlichen, den "VSS"-Anschluß zur westlichen oder südlichen Seite. Bevorzuge dabei eine Verdrahtung, die möglichst wenig Kreuzungen mit Signalleitungen verursacht, wie an Beispielen in Abbildung 7.4 gezeigt wird. Erfüllt die Vorlage $V_S(a)$ schon die Eigenschaft, daß der "VDD"-Anschluß auf der nördlichen oder östlichen Seite, der "VSS"-Anschluß auf der westlichen oder südlichen Seite liegt, so ist, wie generell auch bei passiven Bausteinen, in diesem Schritt nichts zu tun. Das resultierende Netz sei mit TR(a) bezeichnet.

(b) Sei $F = L \ominus R$ bzw. $F = L \oplus R$.

Berechne zunächst Tr(L) und Tr(R). Für passive Netze X setzen wir dabei $X = \text{Tr}(X)$. Nun enthalten Tr(L) und Tr(R)) gegebenenfalls "VDD"- und "VSS"-Anschlüsse auf ihrem Rand, und zwar erreichen wir rekursiv, daß "VDD"-Anschlüsse nur auf der nördlichen oder östlichen und "VSS"-Anschlüsse nur auf der westlichen oder südlichen Seite liegen. Um die Verknüpfung durchführen zu können, müssen wir also gegebenenfalls Anschlüsse auf den an der Verknüpfung beteiligten Seiten miteinander verbin-

---

[1]Läßt man auch Zellen mit mehreren "VDD"- bzw. "VSS"-Anschlüssen zu, so kann dies je nach Lage dieser Anschlüsse dazu führen, daß diese nicht kreuzungsfrei miteinander verdrahtbar sind. Häufig ist bei solchen Zellen jedoch nur eine "VDD"- bzw. "VSS"-Verbindung mit jeweils einem dieser Anschlüsse nötig, d.h. man gibt durch die Anschlüsse lediglich potentielle Anschlußstellen vor, von denen nur eine benutzt werden muß. In diesem Fall wähle man das "günstigste" Paar.

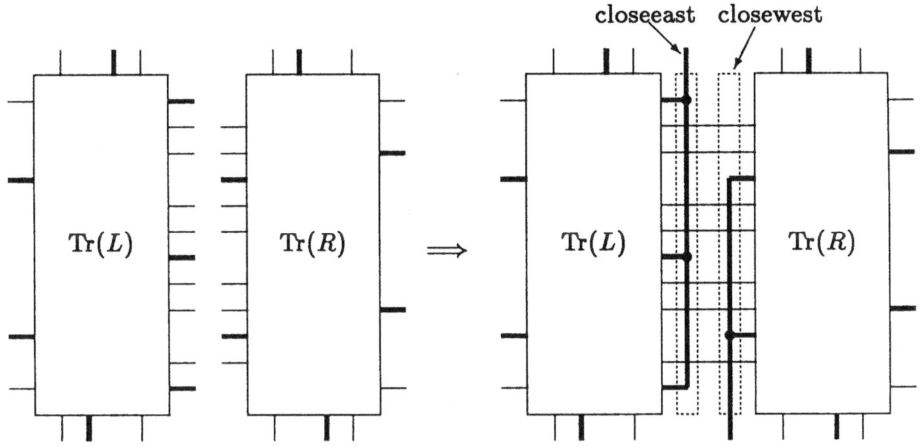

Abbildung 7.5: *Zusammensetzungschritt bei der Generierung der Stromver-*
sorgung

den und zum Rand führen. Abbildung 7.5 illustriert folgende Operation:
Setze

$$\mathrm{Tr}(F) = \mathrm{Tr}(L) \ominus \mathrm{closeeast}(E(\mathrm{Tr}(L))) \ominus \mathrm{closewest}(W(\mathrm{Tr}(R))) \ominus \mathrm{Tr}(R)$$

bzw.

$$\mathrm{Tr}(F) = \mathrm{Tr}(L) \oplus \mathrm{closesouth}(S(\mathrm{Tr}(L))) \oplus \mathrm{closenorth}(N(\mathrm{Tr}(R))) \oplus \mathrm{Tr}(R).$$

Dabei sei für eine Folge w von Signaltypen[2]

$$\mathrm{closeeast}(w) \quad := \quad \begin{cases} \mathrm{clseast}(u) \oplus \dashv \oplus 1_v^{\ominus} & \text{falls } v \text{ minimal mit} \\ & w = u \cdot \text{``VDD''} \cdot v \\ 1_w^{\ominus} & \text{falls ``VDD''} \notin w \end{cases}$$

$$\mathrm{clseast}(w) \quad := \quad \begin{cases} + \oplus \mathrm{clseast}(w_1 \setminus w) & \text{falls } w_1 \neq \text{``VDD''} \\ \dashv \oplus \mathrm{clseast}(w_1 \setminus w) & \text{falls } w_1 = \text{``VDD''} \\ 1_{\text{``}VDD\text{''}}^{\oplus} & \text{falls } w = \varepsilon. \end{cases}$$

Zum Abschluß des Verfahrens muß man nur noch die verbleibenden Versorgungsanschlüsse für "VDD" und "VSS" miteinander verbinden und an den Rand führen, so daß das entstandene Netz nur einen "VDD"- und nur einen "VSS"-Anschluß hat, was sich zum Beispiel durch die Funktionen closexxxx bewerkstelligen läßt.

---

[2]Für eine Folge $w = u \cdot v$ ist $u \setminus w := v$.

Man kann dieses Verfahren leicht auf einer Darstellung logisch topologischer
Netze durch abstrakte Syntaxbäume durchführen, indem man es rekursiv für
die Teilbäume aufruft, die zum Zusammensetzen notwendige Verdrahtung durch
die Funktionen closexxxx in Form von Syntaxbäumen erzeugt, und das Ganze
zusammensetzt. Bezeichnen wir mit $deg(a) := |N(a)S(a)W(a)E(a)|$ die An-
zahl der Anschlüsse auf dem Rand eines Bausteines oder elementaren Netzes
$(1^\circ, 1^\circ, \ulcorner, \ldots)$, *Grad* von a genannt, und mit

$$\Sigma_{deg}(T) := \sum_{v \text{ Blatt in } T} deg(\mu(v))$$

für einen Syntaxbaum T die Summe der Grade über alle Blätter von T, so gilt:

Lemma 7.2.1 *Sei F ein logisch topologisches Netz ohne Stromversorgung und
T_F ein Syntaxbaum zu F. Dann gilt:*

*(i)   Mit obigem Schema kann man einen Syntaxbaum zu einem Netz $TR(F)$
       berechnen, das die Stromversorgung in F kreuzungsfrei realisiert.*

*(ii) Die Zahl der dabei eingefügten Kreuzungen beträgt höchstens $2 \cdot \Sigma_{deg}(T_F)$,
       wenn die Versorgungsanschlüsse der Grundbausteine noch nicht auf den
       geforderten Seiten liegen, sonst höchstens $\Sigma_{deg}(T_F)$.*

(iii) Die Erzeugung läßt sich in Laufzeit $O(|T_F| + \Sigma_{deg}(T_F))$ durchführen.

Beweis: Eigenschaft (i) gilt offensichtlich, da wir in keinem Schritt eine Kreuzung der "VDD"-Verdrahtung mit der "VSS"-Verdrahtung erzeugen und das Resultat wieder ein korrektes Netz ergibt. Man beobachtet weiter, daß Kreuzungen
nur beim Zusammensetzen von Teilnetzen an deren Rand eingefügt werden. Die
Anschlüsse auf dem Rand kann man aber Blättern in T_F zuschlagen, die diese
Anschlüsse erzeugen. Da nach dem Zusammensetzen diese Anschlüsse "nach
innen" verschwinden, kann man also jede eingefügte Kreuzung im Schritt (b)
einem Anschluß auf einem Baustein oder elementaren Netz in T_F zuschlagen.
Damit ist der in (b) getriebene Aufwand mit Σ_{deg} abzuschätzen. Der in (a) getriebene Aufwand an Kreuzungen ist ebenfalls grob mit Σ_{deg} abzuschätzen, falls
die Vorlage der Bausteine nicht ohnehin schon die Versorgungsanschlüsse auf
den vorgegebenen Seiten hat, in diesem Schritt also keine Anpassung erfordert.
Damit gilt Teil (ii). Offensichtlich lassen sich alle oben angegebenen Aktionen
in einem Zeitaufwand bewerkstelligen, der proportional zur Zahl der eingefügten
Teile und zur Größe des Baumes selbst ist. Besteht das Netz (ein unrealistischer
Fall) aus vielen Bausteinen ohne Anschlüsse, so liefert $|T_F|$ die Schranke, sonst
Σ_{deg}. ∎

Dies ist ein simples und schnelles Verfahren, um die Topologie der Stromversorgung zu erzeugen, und schließt die erste Teilaufgabe ab. Es bleibt nun, die
Breiten der Versorgungsleitungen richtig einzustellen.

7.2.2   Dimensionierung der Leiterbreiten

Wie schon bemerkt, kann man die Leiterbreiten eigentlich nur dann dimensionieren, wenn man die Längen der einzelnen Zweige kennt. Die Längen wiederum werden durch das fertige Layout des Schaltkreises bestimmt, das von den Breiten der Leitungen abhängt. Bis heute gibt es kein Verfahren, das Layout und Dimensionierung simultan behandelt, denn Layoutgenerierungsverfahren setzen in der Regel voraus, daß die Ausdehnungen der einzelnen Komponenten (Zellengrößen, Leiterbreiten) vorgegeben sind. Wir beschreiten deshalb hier folgenden Weg: Zunächst bestimmen wir eine Startdimensionierung der Leitungsbreiten, die auf Längenschätzungen beruht, und erzeugen dazu ein Layout. Anschließend überprüfen wir, ob alle zu erwartenden Spannungsabfälle zulässig sind. Sind sie dies nicht, so muß eine Abweichung der geschätzten Längen von den tatsächlichen Längen vorliegen. Wir revidieren die Schätzungen und generieren das Ganze erneut.

Bei dieser Vorgehensweise bleibt die Topologie, für die wir ein einfaches Generierungsverfahren angegeben haben, fest. Bevor wir uns dem Problem der Dimensionierung der Breiten zuwenden wollen, sind noch einige Bemerkungen zur Schätzung der Längen und Ströme nötig. Die Ströme sind, wie schon erwähnt, von vielen Faktoren abhängig. Einfache Schätzungen erhält man, wenn man brauchbare Abschätzungen über den Stromverbrauch der einzelnen Zellen kennt. Dieser hängt von der Art ab, wie die Zellen angesteuert werden, d.h. wie sich die Eingangssignale zeitlich ändern, aber auch von Parametern wie der Temperatur oder den Spannungen an den Zellen selbst, die ja wiederum von Verlusten auf den Versorgungsleitungen beeinflußt werden. Es hat offensichtlich keinen Sinn, hier genaue Werte einzusetzen. Man sollte sich deshalb auf pessimistische Schranken stützen, deren Einhaltung Funktionstüchtigkeit verspricht. Die Ströme durch die einzelnen Zweige ergeben sich dann in einfacher Weise: Führt ein Zweig direkt zu einer Zelle, so ist der Strom gegeben durch die Stromaufnahme der Zelle selbst. Führt ein Zweig zu einer Verzweigung, so ist der Strom gegeben durch die Summe der Ströme in den daraus austretenden Zweigen. Man bemerke hier, daß bei der Schätzung nicht unbedingt die kirchhoffsche Knotenregel benutzt werden muß. Es könnte auch sein, daß die aus einer Verzweigung austretenden Zweige Teile versorgen, in denen Aktivität jeweils unter gegenseitigem Ausschluß stattfindet, so daß sich die Schranken für die Ströme nicht addieren. Abgesehen vom Problem, solche Situationen automatisch zu erkennen, ist das im folgenden geschilderte Dimensionierungsverfahren auch in solchen Fällen nutzbar.

Es bleibt noch, eine Anfangsschätzung für die Längen der einzelnen Zweige vorzunehmen. Eine einfache, gegebenenfalls sehr ungenaue Schätzung ergäbe zum Beispiel das Zählen der Kreuzungen auf einem Leiterstück und ein Abschätzen der Länge proportional zu dieser Zahl. Ein anderer Ansatz wäre, die Leitungen zunächst auf die (längenunabhängigen) Mindestbreiten bezüglich der Metallwanderungsbedingungen zu bringen, das Ganze einzubetten und dann die entstandenen Längen als Startwerte zu nehmen. Sind Spannungsabfallbedingungen verletzt, so nehme man eine anschließende Dimensionierung mit dem im folgenden geschilderten Verfahren vor.

Zunächst definieren wir dazu das Dimensionierungsproblem genauer und beschränken uns dabei auf den "VDD"-Baum. Die Dimensionierung des "VSS"-Baumes ist analog vorzunehmen. Gegeben ist also ein gerichteter Baum mit einer Wurzel vom Ausgrad 1, die den äußeren "VDD"-Anschluß des zu bearbeitenden Netzes darstellt. Die inneren Knoten entsprechen den im letzten Abschnitt erzeugten Verzweigungen und haben Ausgrad 2. Die Blätter schließlich entsprechen den "VDD"-Anschlüssen von Zellen. Wir ordnen nun den Knoten des Baumes Nummern $i \in \{1, \dots, n+1\}$ wie folgt zu: Die Wurzel sei der Knoten $n+1$. Für die übrigen Knoten gelte, daß alle Nummern im linken Unterbaum kleiner sind als die im rechten Unterbaum und die Wurzel eines Unterbaumes stets die größte Nummer im Unterbaum hat. Damit erhält man eine Numerierung wie in Abbildung 7.6. Da jeder Knoten mit Ausnahme der Wurzel Eingrad 1 hat, können wir den Kanten des Baumes eindeutig die Nummer ihres Endknotens zuordnen. Eine Kante i repräsentiert jeweils ein Leiterstück der (geschätzten) Länge l_i, das den Strom I_i führt. Seien i und j zwei Knoten in einem solchen gerichteten Baum T. Dann bezeichne $P(i,j) \subseteq \{1, \dots, n\}$ die Menge aller Kanten auf dem Pfad von i nach j (der eindeutig bestimmt ist, falls er existiert). Wir betrachten ferner zu einem Knoten i häufig den Unterbaum T_i mit Wurzel i, Knotenmenge $V(T_i)$ und Kantenmenge $E(T_i)$. M bezeichne die Menge aller Blätter (Anschlüsse auf Zellen). Für jeden Zellanschluß $i \in M$ sei nun ein maximal zulässiger Spannungsabfall $v_1(i)$ gegenüber der Spannung an der Wurzel gegeben. Ferner sei eine maximal zulässige Stromdichte σ für die benutzte Verdrahtungsschicht und der Widerstand ρ eines λ_l langen und λ_w breiten Leiterstückchens dieser Schicht gegeben. Dabei seien λ_l die kleinste Längeneinheit und λ_w die kleinste Breiteneinheit, in der wir die Dimensionen der Verdrahtung der Versorgungsspannung variieren wollen. (Wir werden später sehen, das diese nicht notwendig die kleinsten fertigungstechnischen Einheiten sind, sondern aus Gründen der Praktikabilität auch größer gewählt werden können.) Dann stellt sich das folgende Problem:

Finde eine Zuordnung $w = (w_1, \dots, w_n) \in \mathbf{N}^n$ von Breiten w_i zu den Leitungen i, deren Verdrahtungsfläche

$$A(w) = \sum_{i=1}^{n} l_i w_i$$

minimal ist für alle Zuordnungen, die folgende Bedingungen erfüllen:

- Metallwanderungs- und Minimalweitenbedingungen:

  Jede Leitung i erfüllt die Bedingungen $\frac{I_i}{w_i} \leq \sigma$ und $w_i \geq \beta$, wobei β die

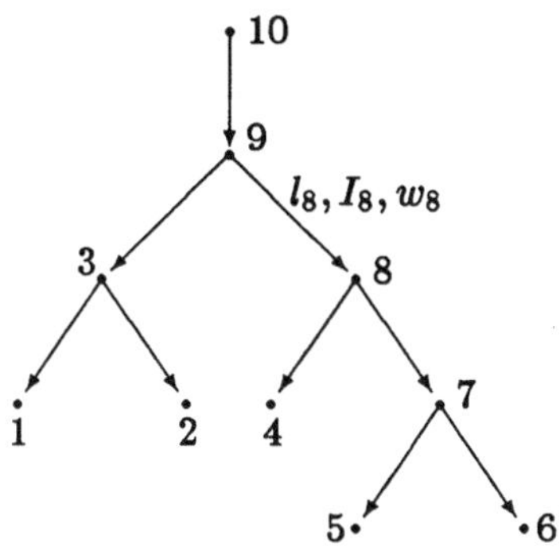

Abbildung 7.6: *gerichteter Baum der "VDD"-Verbindung*

fertigungstechnisch zulässige Mindestbreite ist. Also ist

$$w \in S_{min} := \{u \in \mathbf{N}^n \mid \forall i = 1, \ldots, n : u_i \geq \mu_i := \max(\frac{I_i}{\sigma}, \beta)\}.$$

- Spannungsabfallbedingungen:

  An jedem Bausteinanschluß $i \in M$ liegt mindestens die Spannung $V_{dd} - v_1(i)$. Demnach gilt

$$w \in S_{IR} := \{u \in \mathbf{N}^n \mid \forall i \in M : \sum_{\nu \in P(n+1,i)} \rho \frac{l_\nu}{u_\nu} I_\nu \leq v_1(i)\}.$$

Damit ist unser Suchraum, in dem ein flächenminimales Element zu bestimmen ist, gegeben durch die Menge

$$S = S_{min} \cap S_{IR} \subseteq \mathbf{N}^n.$$

Bevor wir uns der Lösung dieses Problems zuwenden, betrachten wir zunächst einen Sonderfall, für den eine sehr einfache und effiziente Lösungsmethode existiert. Man nehme an, daß alle aktiven Bausteine die gleichen Anforderungen an die Stromversorgung stellen, d.h. für alle i sei der erlaubte Spannungsabfall $v_1(i) = v_0$ gleich. Dies scheint realistisch, wenn man etwa gleich komplexe Funktionen in alle Bausteine packt. Betrachtet man nun darüberhinaus auch reellwertige Breiten und läßt man Metallwanderungs- und Minimalweitenbedingungen zunächst außer acht, so gilt

Lemma 7.2.2 *Gegeben sei ein gerichteter Baum für die Stromversorgung. Dann läßt sich eine flächenoptimale Dimensionierung w über dem Suchraum*

$$\mathbf{R}_+^n \supseteq \tilde{S}(v_0) := \{w \mid \forall i \in M : \textstyle\sum_{\nu \in P(n+1,i)} \rho \frac{l_\nu}{w_\nu} I_\nu \leq v_0\}$$

in Linearzeit bestimmen.

Dieses Lemma legt also folgende Vorgehensweise für diesen Spezialfall nahe: Man berechne zunächst eine reellwertige Lösung über $\tilde{S}(v_0)$. Anschließend suche man mit pragmatischen Methoden eine ganzzahlige Lösung über $S(v_0) := \tilde{S}(v_0) \cap S_{min} \subseteq \mathbf{N}^n$. Die Vorgehensweise, zuerst ein reellwertiges Minimum zu bestimmen und dann mit pragmatischen Methoden ein ganzzahliges Minimum daraus abzuleiten, wurde von Chowdury und Breuer in [CB85] vorgeschlagen, wenn zu jedem Blatt i ein maximaler Spannungsabfall $v_1(i)$ vorgegeben ist. Lösungsmethoden, die ebenfalls den Weg über reellwertige Dimensionierungen nehmen, jedoch auch allgemeinere Spannungsabfallbedingungen und Topologien (Graphen statt Bäume) zulassen, finden sich in Nachfolgearbeiten [Cho87,CB86]. Sie basieren auf Methoden der numerischen Mathematik und garantieren Optimalität nur bezüglich der reellwertigen Lösung sowie explizite Laufzeitschranken nur für einen Iterationsschritt, nicht aber für deren Anzahl. Bevor wir ein Verfahren für das hier beschriebene ganzzahlige Problem, das sowohl Optimalität als auch Laufzeitschranken garantiert, herleiten, wollen wir uns zunächst dem oben angegebenen Sonderfall und dem Beweis des Lemmas zuwenden:

Beweis: Die Schlüsselbeobachtung ist, daß es in diesem Sonderfall eine sehr einfache Beziehung zwischen dem Wert v_0, einer flächenoptimalen Lösung und deren Fläche gibt:

u ist genau dann eine flächenoptimale Dimensionierung über $\tilde{S}(v_0)$, wenn $\frac{1}{\delta}u$ für $\delta > 0$ eine flächenminimale Dimensionierung aus $\tilde{S}(\delta v_0)$ ist.

Offensichtlich gilt: $u \in \tilde{S}(v_0) \Longleftrightarrow \frac{1}{\delta}u \in \tilde{S}(\delta v_0)$. Darüberhinaus ist

$$
\begin{aligned}
u \text{ flächenminimal in } \tilde{S}(v_0) &\Longleftrightarrow \quad \forall w \in \tilde{S}(v_0) : A(u) \leq A(w)\\
&\Longleftrightarrow \quad \forall w \in \tilde{S}(v_0) : \tfrac{1}{\delta}A(u) = A(\tfrac{u}{\delta}) \leq A(\tfrac{w}{\delta}) = \tfrac{1}{\delta}A(w)\\
&\Longleftrightarrow \quad \forall \bar{w} \in \tilde{S}(\delta v_0) : A(\tfrac{u}{\delta}) \leq A(\bar{w})\\
&\Longleftrightarrow \quad \tfrac{1}{\delta}u \text{ ist flächenminimal in } \tilde{S}(\delta v_0).
\end{aligned}
$$

Sei $u(v_0)$ eine flächenminimale Dimensionierung aus $\tilde{S}(v_0)$ für ein beliebiges aber festes v_0. Dann können wir demnach aus $u(v_0)$ für jeden Spannungsabfall v eine flächenminimale Lösung $u(v) = \frac{v_0}{v}u(v_0)$ in einfacher Weise berechnen. Kennt man flächenminimale Dimensionierungen der Teilbäume für einen festen Spannungswert, so legt dies nahe, daß man beim Zusammensetzen von Teilbäumen durch diese Eigenschaft ein einfaches Minimierungproblem erhält, was sich in folgendem Algorithmus bewahrheitet:

Betrachte für jeden Knoten i, der kein Blatt ist, die Menge

$$\tilde{S}(1)_i := \{w \mid \forall j \in M \cap V(T_i) : \sum_{\nu \in P(i,j)} \rho \frac{l_\nu}{w_\nu} I_\nu \leq 1\}.$$

$\tilde{S}(1)_i$ ist die Menge aller Dimensionierungen, die in diesem Teilbaum einen Spannungsabfall von höchstens 1 zu den Blättern zulassen. Sei im weiteren

$$A_i(w) := \sum_{\nu \in E(T_i)} l_\nu w_\nu$$

stets die Fläche des Unterbaumes mit Wurzel i bei Dimensionierung w und

$$a_i := \min_{w \in \tilde{S}(1)_i} A_i(w)$$

die minimale Fläche des Unterbaumes T_i bei einer Dimensionierung aus $\tilde{S}(1)_i$. Dann ist nach obigen Betrachtungen die minimale Fläche einer Dimensionierung aus $\tilde{S}(v)_i$ gegeben durch $\frac{1}{v}a_i$, für beliebiges $v > 0$. Wir berechnen nun bottom-up den Wert a_i für jeden inneren Knoten i wie folgt:

(i)   Wenn i ein Blatt ist, so gilt $a_i = 0$.

(ii)   Wir betrachten zunächst den Fall $i = n + 1$, d.h. wir befinden uns schon an der Wurzel, die nur einen Sohn hat, nämlich den Knoten n. Gibt man der Kante n von $n + 1$ nach n die Breite w_n, so fällt darüber die Spannung $\rho \frac{l_n}{w_n} I_n$ ab. Da insgesamt nur ein Spannungsabfall kleiner gleich 1 zugelassen ist, muß also $\rho \frac{l_n}{w_n} I_n < 1$ sein, was $w_n > \rho l_n I_n$ liefert. (Ist n schon ein Blatt, d.h. der Baum besteht aus genau einem Zweig, so ist $w_n = \rho l_n I_n$ die flächenminimale Dimensionierung für den Spannungsabfall ≤ 1). Nach obigen Betrachtungen ist nun die minimale Fläche einer Dimensionierung von T_{n+1} für ein festes w_n durch $l_n w_n + \frac{a_n}{1 - \rho \frac{l_n}{w_n} I_n}$ gegeben. Demnach erhalten wir die minimale Fläche einer Dimensionierung mit Spannungsabfall ≤ 1 durch Minimierung dieses Ausdruckes für w_n, d.h.

$$a_{n+1} = \min_{w_n > \rho l_n I_n} \left(l_n w_n + \frac{a_n}{1 - \rho \frac{l_n}{w_n} I_n} \right).$$

(iii)   Man betrachte nun einen inneren Knoten i mit linkem und rechtem Sohn l und r. Dann gilt für die Teilbäume bestehend aus der Kante l und T_l bzw. der Kante r und T_r das gleiche wie im Fall (ii). Insgesamt erhalten wir also die Fläche einer optimalen Dimensionierung von T_i über $\tilde{S}(1)_i$ durch

$$a_i = \min_{w_l > \rho l_l I_l} \left(l_l w_l + \frac{a_l}{1 - \rho \frac{l_l}{w_l} I_l} \right) + \min_{w_r > \rho l_r I_r} \left(l_r w_r + \frac{a_r}{1 - \rho \frac{l_r}{w_r} I_r} \right).$$

(Ist $a_l = 0$ bzw. $a_r = 0$, so liefern wieder $w_l = \rho l_l I_l$ bzw. $w_r = \rho l_r I_r$ die flächenminimalen Dimensionierungen.)

Die Minima in (ii), (iii) lassen sich in Zeit $O(1)$ durch die Bedingung

$$\frac{d}{dw_\nu} \left(l_\nu w_\nu + \frac{a_\nu}{1 - \rho \frac{l_\nu}{w_\nu} I_\nu} \right) (w_{\nu,min}) = 0$$

berechnen, was jeweils die Werte

$$w_{\nu,min} = \rho l_\nu I_\nu + \sqrt{\rho I_\nu a_\nu}, \ \nu \in \{l, r\},$$

als eindeutig bestimmte Lösungen für $w_\nu \geq \rho l_\nu I_\nu$ ergibt.

Somit ist der Zeitaufwand zur Berechnug von a_{n+1} linear, da wir in diesem bottom-up Pass für jeden Knoten nur $O(1)$ Aufwand betreiben. Betrachtet man nun ein gegebenes v_0, so läßt sich eine optimale Dimensionierung über $\tilde{S}(v_0)$ durch folgenden top-down Pass in Linearzeit bestimmen:

Setze $w_n = \frac{1}{v_0}(\rho l_n I_n + \sqrt{\rho I_n a_n})$ und rufe report1$(n, v_0 - \rho\frac{l_n}{w_n}I_n)$ auf.

report1(i, v);

begin /* Berechnet rekursiv die Breiten aller Zweige von T_i für eine flächen-minimale Dimensionierung bei einem Spannungsabfall von höchstens v in T_i. */

if i ist Blatt **then return**; **fi**;

Seien l, r linker, rechter Sohn von i, dann setze

$w_l := \frac{1}{v}(\rho l_l I_l + \sqrt{\rho I_l a_l})$;　$w_r := \frac{1}{v}(\rho l_r I_r + \sqrt{\rho I_r a_r})$;

report1$(l, v - \rho\frac{l_l}{w_l}I_l)$; report1$(r, v - \rho\frac{l_r}{w_r}I_r)$;

return;

end

　■

Damit haben wir ein Linearzeitverfahren für diesen Sonderfall angegeben. Die damit gefundene Dimensionierung erfüllt aber nicht notwendig auch Mindestweiten- bzw. Metallwanderungsbedingungen und ist auch nicht ganzzahlig. Wir wollen daher eine einfache Heuristik angeben, wie man davon ausgehend eine Lösung über $S(v_0) := \tilde{S}(v_0) \cap S_{min}$ berechnen kann. Diese Heuristik kann auch zur Berechnung einer korrekten Dimensionierung für den allgemeinen Fall, d.h. bei individuellen Spannungsabfallbedingungen, herangezogen werden. Wir schildern das Verfahren deshalb für beide Fälle.

Sind die Spannungsabfallbedingungen nicht homogen, so setze zunächst

$$v_0 := \min_{i \in M} v_1(i)$$

und berechne dafür eine flächenoptimale Lösung über $\tilde{S}(v_0)$. Sei u diese Dimensionierung. Sie erfüllt dann sicherlich alle Spannungsabfallbedingungen. Der folgende Algorithmus liefert zu u eine Dimensionierung y über S, die nicht mehr lokal verbessert werden kann, d.h. man kann keine einzelne Leitung mehr um eine Einheit verschmälern, ohne eine der Bedingungen zu verletzen:

(1)　Konstruiere zu u eine Lösung $x \in S$ mit $x_i = \max\{\mu_i, \lceil u_i \rceil\}$.[3]

---

[3] $\lceil u_i \rceil$ sei die kleinste ganze Zahl $\geq u_i$. μ_i war die durch Stromdichte oder Fertigungstechnik vorgegebene Mindestbreite des Zweiges i.

(2) Berechne bottom-up für jeden Knoten i den Spielraum

$$F_i(x) := \min\{v_1(j) - \sum_{\nu \in P(i,j)} \rho \frac{l_\nu}{w_\nu} I_\nu \mid j \text{ ist Blatt in } T_i\},$$

den er bezüglich der Spannungsabfallbedingungen hat, d.h.

$$F_i(x) = \left\{ \begin{array}{ll} \min\{F_l(x) - \rho\frac{l_l}{x_l}I_l, F_r(x) - \rho\frac{l_r}{x_r}I_r\} & \text{falls } l,r \text{ Söhne von } i \\ v_1(i) & \text{falls } i \text{ Blatt.} \end{array} \right.$$

(3) Wir schrumpfen nun die Weiten x_i top-down so weit wie möglich durch die rekursive Prozedur 'shrink(n,0)'. Ergebnis dieses Schrittes ist dann eine Dimensionierung y, bei der kein Zweig mehr lokal verschmälert werden kann.

shrink(i,v);
/* Schrumpft den Zweig i soweit wie möglich, wenn v der Spannungsabfall zwischen der Wurzel $n+1$ und der Quelle der Kante i ist. */
begin $y_i := \max\{\mu_i, \lceil \frac{\rho l_i I_i}{F_i(x)-v} \rceil\}$;
/* Der Term $\lceil \frac{\rho l_i I_i}{F_i(x)-v} \rceil$ liefert die kleinste ganze Zahl k, so daß $v + \rho\frac{l_i}{k}I_i \leq F_i(x)$ gilt, d.h. y korrekt gegenüber Spannungsabfallbedingungen bleibt */
Setze $v := v + \rho\frac{l_i}{y_i}I_i$;
if i ist innerer Knoten **then**
    Seien l und r linker und rechter Sohn von i;
    shrink(l,v); shrink(r,v);
fi;
return
end

Mit den obigen Methoden läßt sich also sehr effizient eine korrekte Dimensionierung bestimmen, die zumindest nicht mehr lokal verbessert werden kann. Wir wollen uns zum Abschluß nun der Frage zuwenden, ob und mit welchem Aufwand man eine optimale Lösung berechnen kann. Zunächst können wir davon ausgehen, eine obere Schranke der benötigten Fläche zu kennen. So liefert etwa obige korrekte Dimensionierung y eine solche Schranke. Sei also $A_{max} \leq A(y)$ gegeben. Ein naiver Algorithmus zur Bestimmung des Optimums bestünde nun im exzessiven Durchsuchen aller Dimensionierungen mit Flächen $\leq A_{max}$. Dies würde auf eine exponentielle Laufzeit hinausführen. Eine effizientere Methode, das Optimum zu suchen, ist hier durch dynamisches Programmieren gegeben, d.h. wir gestalten das Durchsuchen unseres Suchraumes effizienter, indem wir ausnutzen, daß nur wenige verschiedene Flächen für die Dimensionierung eines Teilbaumes in Frage kommen, wenn A_{max} klein ist.

Man betrachte dazu einen Teilbaum T_i. Dann muß man zu jeder in Frage kommenden Fläche a nur eine Dimensionierung von T_i der Fläche a kennen, wenn diese Dimensionierung gegenüber allen anderen Dimensionierungen gleicher Fläche "gleichwertig" ist, d.h. daß wir sie für jede andere Dimensionierung der Fläche a einsetzen können, ohne einen größeren Spannungsabfall in T_i zu erhalten. Eine Dimensionierung ist aber sicher austauschbar gegenüber allen anderen Dimensionierungen gleicher Fläche, wenn sie den größten Spielraum bezüglich Spannungsabfallbedingungen hat. Demnach ist für einen Unterbaum T_i zu jeder in Frage kommenden Fläche a die Größe

$$gap_i(a) := \max_{\substack{w \in S_{min} \\ A_i(w) = a}} F_i(w)$$

interessant. Für die minimale Fläche einer Dimensionierung aus S gilt dann insbesondere:

$$A_{opt} = \min\{a \mid gap(a) := gap_{n+1}(a) \geq 0\},$$

d.h. die miniminale Fläche ist die Fläche einer Dimensionierung von T mit nicht negativem, maximalem Spielraum. $gap_j(a)$ läßt sich nun leicht berechnen, wenn $gap_i(a)$ für jeden Unterbaum T_i von T_j und jede dazu in Frage kommende Fläche a schon berechnet wurde. Dies kann wie folgt geschehen:

Berechne zunächst für jeden Sohn s von j ($s < j$ nach unserer Numerierung des Baumes) den Wert

$$(*) \qquad Z_s(a) := \max_{\text{mögliches } w_s} \left(gap_s(a - l_s w_s) - \rho \frac{l_s}{w_s} I_s \right).$$

$Z_s(a)$ ist der maximale Spielraum einer Dimensionierung der Fläche a des Baumes, der aus T_s und dem Zweig s allein besteht. Ist $j = n + 1$, dann hat j nur den Sohn n und damit ist $gap_{n+1}(a) = gap(a) = Z_n(a)$. Ist j ein innerer Knoten, so hat er genau zwei Söhne l und r. In diesem Fall ist

$$(**) \qquad gap_j(a) = \max_{a_1 + a_2 = a} \min\{Z_l(a_1), Z_r(a_2)\}.$$

Der Zeit- und Platzbedarf dieser Berechnungen hängt stark davon ab, welche Flächen bzw. Breiten in Betracht gezogen werden müssen. Da alle Dimensionierungen in S_{min} liegen müssen, bildet die Fläche, die aus Mindestweiten- und Metallwanderungsbedingungen resultiert, eine untere Schranke, d.h. $A(\mu) := \sum_{i=1}^{n} l_i \mu_i$ ist eine untere Schranke für die Gesamtfläche und $A_j(\mu)$ ist jeweils eine untere Schranke für die Teilbäume. Sei nun $\Delta A := A_{max} - A(\mu)$. Dann braucht man sicherlich nur die Situationen zu betrachten, wo höchstens die gesamte Fläche ΔA schon in einen Teilbaum investiert wurde. Würde man mehr als ΔA Fläche in die Dimensionierung eines Teilbaums investieren, so erhielte man allein aufgrund der Einhaltung der Mindestweiten- bzw. Metallwanderungsbedingung im verbleibenden Rest insgesamt eine schlechtere Fläche als A_{max}.

Damit können wir einen Algorithmus angeben, der die Fläche einer optimalen
Dimensionierung berechnet. Benötigt wird aber nicht nur die Fläche, sondern
auch eine dazugehörige, flächenminimale Dimensionierung. Wir ergänzen die Berechnung deshalb noch um die Werte $L_i(a), R_i(a)$ und $W_i(a)$. Für einen inneren
Knoten i stehe dabei in $L_i(a), R_i(a)$ jeweils die Flächen a_1, a_2 mit $a = a_1 + a_2$,
die das Maximum in $(**)$ liefern. $W_i(a)$ gebe für alle Zweige $i \leq n$ die Breite an,
welche das Maximum in $(*)$ liefert.

Wir betrachten nun zunächst den Algorithmus zur Berechnung der minimal
benötigten Fläche:

```
for i := 1 to n
do if i ist Blatt
     then /* Der "leere Baum" hat stets maximalen Spielraum v₁(i) */
          gapᵢ(0) := v₁(i); for a := 1 to ΔA do gapᵢ(a) := −∞ od
          /* Wir setzen gapᵢ(a) = −∞, weil es keine Dimensionierung mit
          Fläche > 0 gibt.*/
     else /* Da i < n + 1, ist i ein innerer Knoten. */
          Seien l und r der linke und rechte Sohn von i.
          /* Wir berechnen zuerst Zₗ(a) und Zᵣ(a) (siehe (*)) */
(z1)      for a := Aₗ(μ) + lₗμₗ to Aₗ(μ) + lₗμₗ + ΔA
          do Zₗ(a) := −∞; wₗ := μₗ;
(z2)           while a − lₗwₗ ≥ Aₗ(μ)
               do   if Zₗ(a) < gapₗ(a − lₗwₗ) − ρ(lₗ/wₗ)Iₗ
                    then Zₗ(a) := gapₗ(a − lₗwₗ) − ρ(lₗ/wₗ)Iₗ;
                         Wₗ(a) := wₗ;
                    fi;
                    wₗ := wₗ + 1;
               od;
          od;
          Berechne auf gleiche Weise Zᵣ(a) (ersetze l durch r).
          /* Nun können wir gapᵢ(a) berechnen (siehe (**)). */
(g1)      for a := Aᵢ(μ) to Aᵢ(μ) + ΔA
          do gapᵢ(a) := −∞;
(g2)           for a₁ := Aₗ(μ) + lₗμₗ to a − (Aᵣ(μ) + lᵣμᵣ)
               do if gapᵢ(a) < min{Zₗ(a₁), Zᵣ(a − a₁)}
                    then gapᵢ(a) := min{Zₗ(a₁), Zᵣ(a − a₁)};
                         Lᵢ(a) := a₁; Rᵢ(a) := a − a₁;
                    fi;
               od;
          od;
     fi;
od;
```

Wir berechnen nun $Z_n(a) = gap_{n+1}(a) = gap(a)$ für die Wurzel. Dies entspricht der Berechnung von Z_l für innere Knoten l. Da wir an der minimalen Fläche a interessiert sind, für die $gap(a)$ größer gleich 0 wird, und da $gap(a)$ monoton wächst, bestimmen wir $gap(a)$ mit aufsteigendem a aber nur, bis ein Wert größer gleich 0 erreicht wird. a liefert dann die Fläche einer flächenminimalen Dimensionierung. (Die Suche endet spätestens bei $a = A_{max}$, da für A_{max} eine korrekte Dimensionierung, d.h. eine Dimensionierung mit nichtnegativem Spielraum, existiert.)

```
(z1')  a := A(μ) − 1
       repeat a := a + 1;
               gap(a) := −∞; wₙ := μₙ;
(z2')          while a − lₙwₙ ≥ Aₙ(μ)
               do    if gap(a) < gapₙ(a − lₙwₙ) − ρ(lₙ/wₙ)Iₙ
                     then gap(a) := gapₙ(a − lₙwₙ) − ρ(lₙ/wₙ)Iₙ; Wₙ(a) := wₙ;
                     fi;
                     wₙ := wₙ + 1;
               od;
       until gap(a) ≥ 0;
       A_opt := a;
```

Zum Schluß bleibt nur noch, eine optimale Dimensionierung w unter Zuhilfenahme der Werte L, R und W auszugeben. Dies geschieht wieder durch einen einfachen, rekursiven top-down Pass:

Setze $w_n := W_n(A_{opt})$ und rufe die Prozedur report2$(n, A_{opt} - l_n w_n)$ auf;

```
report2(i, a);
begin /* Gibt die Breiten aller Zweige eines Unterbaums Tᵢ für eine Dimensio-
          nierung der Fläche a mit maximalem Spielraum aus, falls es eine Dimen-
          sionierung der Fläche a gibt. */
      if i ist Blatt then return; fi;
      Seien l und r linker und rechter Sohn von i.
      wₗ := Wₗ(Lᵢ(a)); wᵣ := Wᵣ(Rᵢ(a));
      report2(l, Lᵢ(a) − lₗwₗ); report2(r, Rᵢ(a) − lᵣwᵣ);
      return;
end;
```

Der Platzaufwand dieses Verfahrens ist im wesentlichen der Aufwand zur Berechnung der Werte $Z_i(a), gap_i(a), L_i(a), R_i(a)$ und $W_i(a)$, wobei, wie oben erläutert, $A_i(\mu) \leq a \leq A_i(\mu) + \Delta A$. Damit braucht die Berechnung Platz $O(\Delta A \cdot n)$. Die Laufzeit für die Anweisungen der Form (z2) läßt sich durch ΔA mal einer Konstanten beschränken. Die Anweisungen vom Typ (z1) führen die (z2)-Anweisung höchstens ΔA mal aus. Damit läßt sich der Zeitaufwand für (z1) mit $O(\Delta A^2)$ beschränken. Man überzeugt sich leicht, daß diese Schranke auch für die Anweisungen (g1), (z1') gelten. Da diese allesamt höchstens n-mal ausgeführt werden, ergibt sich eine Laufzeit von $O(\Delta A^2 \cdot n)$. Die abschliessende Berechnung einer optimalen Dimensionierung w erfordert nur Linearzeit. Also gilt für das Dimensionierungsproblem

Satz 7.2.3 *Sei T ein Stromversorgungsbaum mit n Zweigen, und sei ΔA der Unterschied zwischen einer oberen Schranke und der durch Metallwanderungs- und Mindestweitenbedingungen gegebenen unteren Schranke der Fläche einer Dimensionierung. Dann gibt es einen Algorithmus mit Zeitkomplexität $O(\Delta A^2 \cdot n)$ und Platzkomplexität $O(\Delta A \cdot n)$ zur Berechnung einer flächenoptimalen Dimensionierung.*

Eine Anwendung unseres Dimensionierungsverfahrens auf sehr große Netze ist jedoch problematisch. Man betrachte dazu etwa einen Entwurf mit 50.000 Basiszellen (ein aufwendiges, für heutige Technologien aber durchaus denkbares Beispiel). Dann hätte der "VDD"-Baum schon 100.000 Zweige. Nehmen wir ferner optimistisch an, daß unsere Heuristik schon eine Lösung gefunden hat, die nahe bei der Mindestweiten- bzw. Metallwanderungsschranke liegt, d.h. ΔA sei auch etwa 100.000. Selbst in diesem "günstigen" Fall bräuchten wir 10.000.000.000 mal einige Byte Platz, sagen wir 100 Gigabyte, und Zeit 10^{15} mal eine kleine Konstante ($> 10^{-6}$ CPU-Sekunden). Hier stößt man also schnell an Grenzen des Machbaren.

In solchen Fällen sind Verfahren, die einen Zeitbedarf proportional zu einem Polynom vom Grad größer 2 oder mehr haben, nicht mehr geeignet. Sogar Linearzeitverfahren können problematisch werden. Um mit solch komplexen Entwürfen umgehen zu können, muß man andere fundamentale Techniken, wie die der Hierarchie (wir diskutieren diesen Aspekt in Kapitel 8) nutzen. Aber auch für kleinere n mag unser Verfahren aufwendig werden, wenn beispielsweise ΔA groß wird. Man sollte dies durch vernünftiges Auslegen der Längen- und Breiteneinheiten λ_l und λ_w verhindern. Wie schon bemerkt, kann man die Längen nicht genau vorab bestimmen, wenn man die Breiten nicht kennt, sondern nur schätzen. Man sollte sie daher so klassifizieren, daß man mit angemessen großem λ_l mißt. Ferner ist die kleinste Änderung in der Fläche durch Verändern der Breite eines Zweiges stets ein Vielfaches der Länge des Zweiges und damit ein Vielfaches des GGT aller Längen. Daher ist es sinnvoll, die Längeneinheit stets so zu definieren, daß der GGT der Längen 1 wird.

Ein Vorteil des obigen Verfahrens gegenüber anderen in der Literatur bekannten Methoden (siehe z.B. [Cho87]) ist es, daß man die Laufzeit vorher relativ genau abschätzen und daher die Entscheidung für eine genaue Berechnung des Optimums oder für eine Näherungsrechnung mit schnelleren Heuristiken davon abhängig treffen kann. Weitere Heuristiken dazu finden sich in [Kol88].

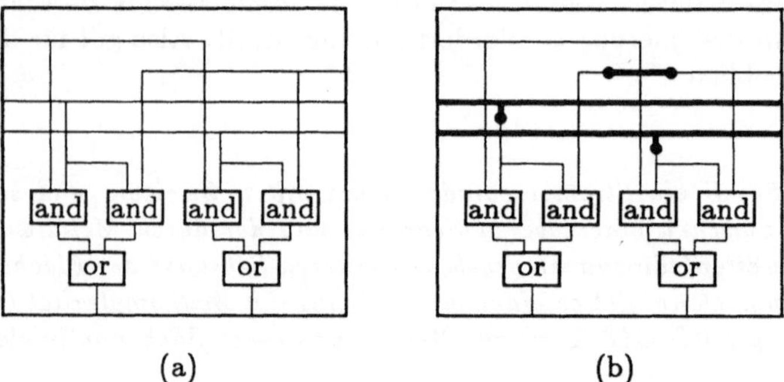

Abbildung 7.7: *Logisch topologischer Schaltkreis α mit einer Einbettung der Verbindungsstücke in zwei Schichten.*

7.3　Schichtzuweisung an die Verbindungswege

Nachdem ein Schaltkreis auf der logisch topologischen Ebene spezifiziert wurde, muß in einem ersten Schritt der Synthese bestimmt werden, welches Leitungsstück in welche Verdrahtungsschicht eingebettet werden soll. Wir wollen dieses Problem, das in der Literatur als *layer assignment problem* bekannt ist, an einem Beispiel erläutern.

Gegeben sei der in Abbildung 7.7.a abgebildete Schaltkreis α als logisch topologisches Netz. Wir wollen annehmen, daß in der Technologie, auf die wir aufsetzen, zwei Schichten zur Verfügung stehen, in denen die Logikverbindungen verlaufen müssen. Die Aufgabe, die zu lösen ist, kann dann informal wie folgt definiert werden:

> Ordne jedem Leitungsstück der Logikverdrahtung eine der beiden Schichten zu, so daß Leitungsstücke, die sich überkreuzen, in verschiedenen Schichten verlaufen, da sie (an dieser Stelle) nicht elektrisch miteinander verbunden sein dürfen, und (benachbarte) Leitungsstücke, die elektrisch miteinander verbunden sein sollen, nur dann in verschiedenen Schichten verlaufen, wenn zwischen diesen Leitungsstücken ein *Kontakt (Schichtwechsel)* eingefügt ist. Ein solcher Kontakt stellt die elektrische Verbindung zwischen den beiden in verschiedenen Schichten verlaufenden Leitungsstücken her.

In der Abbildung 7.7.b ist eine zu unserem Beispiel gültige Schichtzuweisung, die mit 4 Kontakten auskommt, abgebildet[4]. Alle Verdrahtungsknoten vom Grad 4 seien in dieser Schaltung Überkreuzungsknoten (keine Verzweigungsknoten).

---

[4]Die dicken Linien kennzeichnen eine Schicht, die einfachen Linien die zweite Schicht und die dicken Punkte die Kontakte.

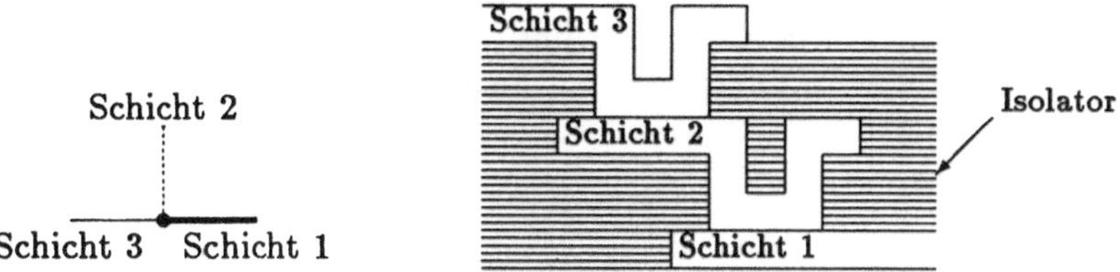

Abbildung 7.8: *Sicht von oben und schematischer Querschnitt der physikalischen Realisierung eines $via_{1,3}$-Kontaktes, der auf einen Verzweigungsbaustein vom Grad 3 plaziert wurde.*

Allgemein unterscheidet man bei n verfügbaren Schichten zwischen verschiedenen Kontakttypen $via_{i,j}$ mit $1 \leq i < j \leq n$. (Bei den heutigen Technologien ist üblicherweise $n = 2$ oder $n = 3$.) Der Kontakttyp $via_{i,j}$ verbindet die Schichten i bis j. Hierzu entfernt man den Isolator zwischen der k-ten und der $(k + 1)$-ten Schicht ($k = i, \ldots, j - 1$). Dadurch werden die einzelnen Ebenen direkt aufeinander gelegt, und eine (elektrische) Verbindung zwischen diesen Ebenen hergestellt. Ein Kontakt vom Typ $via_{i,j}$ verbindet also an der entsprechenden Stelle die Leitungen, die in den Schichten $i, i + 1, \ldots, j - 1, j$ verlaufen. In Abbildung 7.8 ist die physikalische Realisierung des Kontakttyps $via_{1,3}$ schematisch dargestellt. Man denke sich diesen Kontakt zum Beispiel auf einen Verzweigungsknoten vom Grad 3 plaziert. Die Leitungen sind dann elektrisch miteinander verbunden, auch wenn sie den Knoten in verschiedenen Schichten verlassen.

7.3.1 Anforderungen an die Schichtzuweisung

Da Kontakte breiter als Leitungen sind, unerwünschte ohmsche Lasten verursachen und eine zusätzliche Fehlerquelle in den heutigen Fabrikationsprozessen darstellen (das Verhältnis der Anzahl der funktionsfähigen Chips zur Anzahl der produzierten Chips ist insbesondere abhängig von der Anzahl der in dem Schaltkreis befindlichen Kontakte), sollte in der Schaltkreissynthese die Anzahl der Kontakte in einem Entwurf minimiert werden. Dieses Optimierungsproblem ist in der Literatur unter dem Namen *constrained via minimization problem* (CVM) bekannt. Stehen n Schichten zur Verdrahtung zur Verfügung, so wollen wir das Problem mit CVM_n bezeichnen.

Ein weiteres Problem tritt auf, wenn die zur Verfügung stehenden Schichten, in denen die Logikverdrahtung eingebettet werden soll, unterschiedliche Leitfähigkeiten haben. Um die ohmschen Lasten und Laufzeiten so klein wie möglich zu halten, sollte darauf geachtet werden, daß die Schichten mit den besseren Leitfähigkeiten bevorzugt benutzt werden. Läßt man hierbei die Anzahl der

Kontakte außer acht, so läßt sich dieses Problem in einfacher Weise lösen, indem man alle Leitungen in die Schicht mit der höchsten Leitfähigkeit einbettet; überkreuzen sich zwei Leitungen, so baut man mithilfe von zwei Kontakten eine *Brücke*.

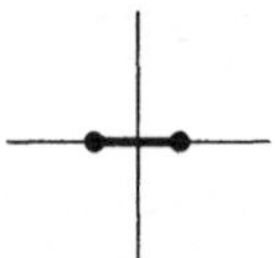

Dies kann jedoch zu einer nicht vertretbar hohen Anzahl von Kontakten führen, an denen, wie vorhin schon erwähnt, ein unerwünschter Spannungsabfall stattfindet, was wiederum Rückwirkungen auf die Laufzeiten hat. Das Problem muß deshalb gleichzeitig mit dem Problem der Kontaktminimierung betrachtet werden (*constrained via minimization problem with layer preference*).

Da die heutigen Technologien aber zwei bis drei Aluminiumschichten zur Verdrahtung zur Verfügung stellen, benötigt man die Polysiliziumschicht nicht mehr, um Leitungen zu verlegen; jedes Leitungsstück wird in eine der "schnellen" Aluminiumschichten eingebettet, so daß man davon ausgehen kann, daß alle zur Verfügung stehenden Schichten (ungefähr) gleiche Leitfähigkeit besitzen. Wir werden aus diesem Grunde nicht auf das CVM problem with layer preference eingehen.

Bei diesen Optimierungsproblemen kann der Suchraum durch Nebenbedingungen, die erfüllt sein müssen, eingeschränkt sein:

- Denkt man an vordefinierte Bausteine, bei denen die Ein- und Ausgänge fest in einer Schicht liegen, so erhält man als Nebenbedingung zur Schichtzuweisung, daß diese vordefinierten Schichten an den Anschlußpunkten respektiert werden müssen. Dieses Problem ist in der Literatur unter dem Namen *layer assignment problem with pin preassignment* bekannt. Ein einfacher Lösungsansatz wäre, ein Verfahren zu benutzen, das unabhängig von den vordefinierten Zuweisungen eine Schichtzuweisung berechnet, und dann an den Stellen, an denen die aktuelle Schicht nicht zu der vordefinierten Schicht paßt, Kontakte einzufügen. Offensichtlich kann dies wiederum zu einer nichtvertretbar hohen Anzahl von Kontakten führen.

- Sind die Leitungen der Spannungsversorgung in dem logisch topologischen Netz schon eingezogen, so muß darauf geachtet werden, daß alle diese Leitungen in der Schicht mit der höchsten Leitfähigkeit liegen. Schichtwechsel sind auf diesen Leitungen nicht erwünscht. (Voraussetzung ist natürlicherweise, daß die Versorgungsleitungen untereinander kreuzungsfrei verlaufen.)

Im wesentlichen werden wir uns mit dem Problem der Schichtzuweisung bei zwei zur Verfügung stehenden Schichten beschäftigen. Die Einschränkung auf zwei Schichten wird durch den momentanen Stand der Technologie gerechtfertigt, denn fast alle Prozesse, die heute im Einsatz sind, verwenden zwei Verdrahtungsschichten (Metallagen).

Bevor wir nun auf diese Problemstellungen genauer eingehen, wollen wir kurz die bis heute erzielten Ergebnisse auf dem Gebiet der Schichtzuweisung zusammenfassen.

7.3.2 Zusammenfassung der bekannten Resultate

In [Mol87] wird bewiesen, daß CVM_n für alle $n \geq 3$ NP-vollständig[5] ist. Dieses Resultat wurde von Choi, Nakajima und Rim [CNR87] auf zwei Schichten verallgemeinert. Verbietet man jedoch im logisch topologischen Netz Verzweigungsknoten von einem Grad echt größer als drei, so gibt es polynomielle Algorithmen, die CVM_2 lösen [KCS88,Mol87,NMN87,Pin82b]. Der momentan – bezüglich der Laufzeitkomplexität – beste Algorithmus ist der von Kuo, Chern und Wei-kuan Shih [KCS88], der in Zeit $O(N^{3/2}\log N)$ dieses eingeschränkte CVM_2 Problem löst. N steht hierbei für die Größe des Schaltkreises.

Man überlegt sich leicht, daß die Einschränkung auf Verzweigungsknoten vom Grad drei das CVM_2 Problem erheblich erleichtert: Jeder Kontakt, der auf einem Verdrahtungsbaustein plaziert ist, kann durch einen Kontakt auf einem Leitungsstück modelliert werden.

- Da nur zwei Schichten zur Verdrahtung zur Verfügung stehen, kann bei einer gültigen Schichtzuweisung kein Kontakt auf einen Überkreuzungsbaustein plaziert werden, da ansonsten die sich überkreuzenden Leitungen elektrisch miteinander verbunden wären.

- Liegt ein Kontakt auf einem Verzweigungsknoten vom Grad 3, so ist er nur dann sinnvoll, wenn eine der ausgehenden Leitungen in einer anderen Schicht verläuft als die anderen beiden. In diesem Fall kann man aber den Kontakt auf die entsprechende Leitung verschieben.

Verbietet man, auf gewisse Leitungsstücke einen Kontakt zu plazieren, wie zum Beispiel auf die zur Spannungsversorgung gehörigen Leitungen, so gibt es unter der obigen Einschränkung polynomielle Algorithmen, die in diesem eingeschränkten Lösungsraum eine optimale Lösung zu CVM_2 berechnen, falls eine solche existiert. Die Nichtexistenz kann in linearer Zeit festgestellt werden [Mol87].

---

[5] Eine gute Einführung in die Thematik der NP-Vollständigkeit findet der Leser in [Meh84b].

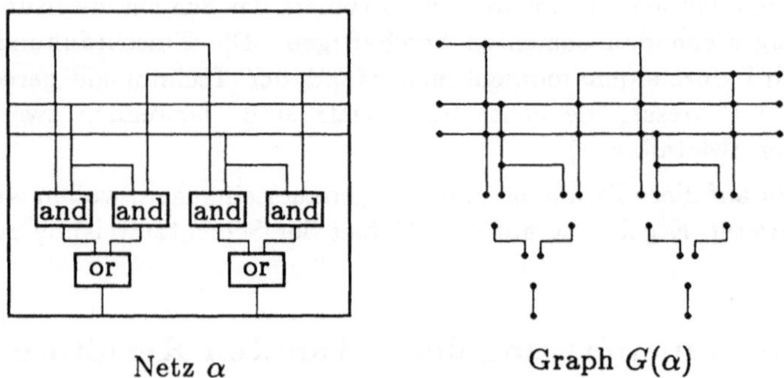

Netz α Graph $G(\alpha)$

Abbildung 7.9: *Logisch topologischer Schaltkreis α mit dazugehörigem planaren Graphen $G(\alpha)$*

Das *constrained via minimization problem with pin preassignment* ist bis heute offen.

7.3.3   Strukturelle Eigenschaften von CVM_2

Wir wollen uns im folgenden auf den Fall beschränken, daß jeder Verzweigungsknoten Grad 3 hat, d.h. daß an einem Punkt höchstens drei Leitungsstücke elektrisch miteinander verbunden werden dürfen. Wie wir in der obigen Diskussion gesehen haben, reicht es dann, Lösungen von CVM_2 zu betrachten, in denen alle Kontakte auf Leitungsstücken und nicht auf Verdrahtungsknoten plaziert sind.

Desweiteren wollen wir in diesem Abschnitt davon ausgehen, daß für die (inneren und äußeren) Anschlußpunkte keine vordefinierten Schichten vorgegeben sind und daß auf allen Leitungsstücken Kontakte plaziert werden dürfen.

Wie in Abbildung 7.9 angedeutet, ordnen wir jedem logisch topologischen Netz α einen planaren Graphen $G(\alpha) = (V(\alpha), E(\alpha))$ zu. Die Knotenmenge $V(\alpha)$ sei hierbei durch die Menge der Verdrahtungsbausteine und der (inneren und äußeren) Anschlußpunkte gegeben; die Kantenmenge $E(\alpha) \subseteq \{\{v, w\} \mid v, w \in V(\alpha)\}$ sei durch die Leitungsstücke gegeben, die diese Knoten in α untereinander verbinden. O.B.d.A. nehmen wir an, daß der Graph schlicht ist, d.h. daß für jede Kante $\{v, w\} \in E(\alpha)$ die Ungleichung $v \neq w$ gilt. Knoten vom Grad 1 stellen Anschlußpunkte dar, Knoten vom Grad 3 Verzweigungsknoten und Knoten vom Grad 4 Überkreuzungsknoten. Man überlegt sich leicht, daß man sich diesen Graphen in einfacher Weise aus der Darstellung eines logisch topologischen Netzes durch erweiterte planare Graphen extrahieren kann.

Da auf die Verdrahtungsknoten selbst keine Kontakte plaziert werden dürfen, kann man für jeden Knoten $v \in V(\alpha)$ eine Abbildung $\delta_v : E_v \times E_v \to \{0, 1\}$ definieren, die angibt, wie die Schichten der zu dem Verdrahtungsknoten v inzidenten Kanten voneinander abhängen. Sei hierzu

$$E_v = \{\{v, w\} \mid \{v, w\} \in E(\alpha)\}$$

die Menge der zu v inzidenten Kanten, dann ist δ_v für alle $e_1, e_2 \in E_v$ wie folgt definiert:

$$\delta_v(e_1, e_2) = 0 \iff e_1, e_2 \text{ müssen } v \text{ in der gleichen Schicht verlassen.}$$

Für Überkreuzungsbausteine, Verzweigungsbausteine beziehungsweise Anschlußpunkte hat diese Abbildung also folgendes Aussehen:

- **Überkreuzungsbaustein**

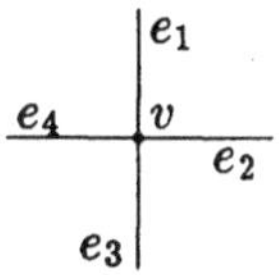

δ_v	e_1	e_2	e_3	e_4
e_1	0	1	0	1
e_2	1	0	1	0
e_3	0	1	0	1
e_4	1	0	1	0

- **Verzweigungsbaustein**

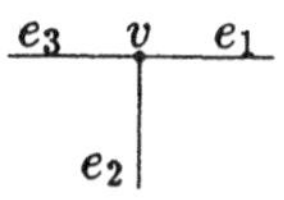

δ_v	e_1	e_2	e_3
e_1	0	0	0
e_2	0	0	0
e_3	0	0	0

- **Anschlußpunkt**
  Ist v ein (innerer oder äußerer) Anschlußpunkt und e die zu v inzidente Kante, dann gilt offensichtlich $\delta_v(e, e) = 0$.

Lemma 7.3.1 *Die Abbildung δ_v erfüllt folgende Eigenschaften:*

1. $\forall e \in E_v: \quad \delta_v(e, e) = 0.$

2. $\forall e_1, e_2 \in E_v: \quad \delta_v(e_1, e_2) = \delta_v(e_2, e_1).$

3. $\forall e_1, e_2, e_3 \in E_v: \quad \delta_v(e_1, e_2) + \delta_v(e_2, e_3) \equiv \delta_v(e_1, e_3) \quad (\text{mod } 2).$

Beweis: Den einfachen Beweis überlassen wir dem Leser. ∎

Es ist klar, daß man zur Bestimmung einer kontaktminimalen Schichtzuweisung von α nur den Graphen $G(\alpha)$ und die Abbildungsmenge $\Delta = \{\delta_v \mid v \in V(\alpha)\}$ benötigt. Diese Daten kann man in einfacher Weise aus einem logisch topologischen Netz extrahieren.

Betrachten wir zuerst das CVM_2 Problem an einem kleinen und einfachen Beispiel. Seien hierzu drei Leitungsstücke so angeordnet, daß sie sich paarweise überkreuzen:

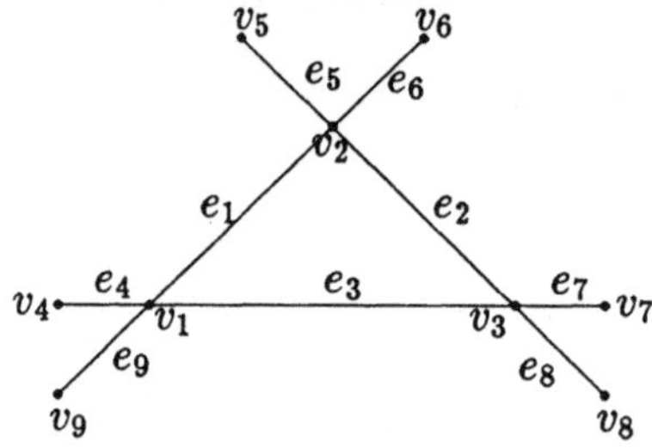

Man überlegt sich leicht, daß es keine gültige Schichtzuweisung dieser drei Leitungsstücke in zwei Schichten gibt, die ohne Kontakt auskommt. Der Grund hierfür ist, daß sich auf dem Rand der eingeschlossenen Fläche eine ungerade Anzahl von Überkreuzungsbausteinen befindet oder anders formuliert:

$$\delta_{v_1}(e_3, e_1) + \delta_{v_2}(e_1, e_2) + \delta_{v_3}(e_2, e_3) \equiv 1 \quad (\text{mod } 2).$$

Einen solchen Rand und die dazugehörige Fläche wollen wir *ungerade* nennen. Wir definieren diesen Begriff formal.

Definition 7.3.1 *Sei $G = (V, E)$ ein planarer Graph.*

Ein Tupel $(e_1, v_2, e_2, \ldots, v_m, e_m)$ heißt Pfad von G, wenn gilt:

- $\forall i \in \{1, \ldots, m\} : \quad e_i \in E.$
- $\forall j \in \{2, \ldots, m\} : \quad v_j \in V.$
- $\forall k \in \{2, \ldots, m-1\} : \quad e_k = \{v_k, v_{k+1}\}.$
- $e_1 \in E_{v_2}$ *und* $e_m \in E_{v_m}.$

Die Zahl m heißt Länge des Pfades $p = (e_1, v_2, \ldots, v_m, e_m)$.

Ein Knoten v heißt Randknoten *von p, falls $e_1 = \{v, v_2\}$ oder $e_m = \{v_m, v\}$ ist.*

Der Pfad p heißt einfach[6], *falls* $(\forall 1 \leq i < j \leq m-1)$ *das Tupel* (e_i, v_{i+1}, e_{i+1}) *verschieden von dem Tupel* (e_j, v_{j+1}, e_{j+1}) *ist.*

p heißt Kreispfad, *falls* $e_1 = e_m = \{v_m, v_2\}$ *gilt.*

Ein einfacher Kreispfad ist also kein im üblichen Sinne einfacher Kreis. In einem einfachen Kreispfad dürfen Kanten mehrmals durchlaufen werden; jeder Kantenübergang (e_i, v_{i+1}, e_{i+1}) darf jedoch nur einmal benutzt werden.

Beispiel 7.3.1 Für den oben dargestellten Graphen gilt zum Beispiel

- $(e_1, v_2, e_2, v_3, e_3, v_1, e_1)$ ist ein einfacher Kreispfad

- $(e_1, v_2, e_2, v_3, e_3)$ ist kein Kreispfad.

- $(e_1, v_2, e_2, v_3, e_3, v_1, e_1, v_2, e_2, v_3, e_3, v_1, e_1)$ ist zwar ein Kreispfad, aber kein einfacher.

Definition 7.3.2 *Ein Pfad* $p = (e_1, v_2, e_2, \ldots, v_m, e_m)$ *der Länge* $m \geq 2$ *heißt* gerade, *falls*

$$\delta(p) := \sum_{i=2}^{m} \delta_{v_i}(e_{i-1}, e_i) \equiv 0 \quad (\mathrm{mod}\ 2)$$

gilt, ansonsten heißt der Pfad ungerade.

Bettet man den planaren Graphen $G(\alpha)$ planar in die euklidische Ebene ein[7], so zerteilt der Graph die Ebene in Gebiete. Jedem solchen Gebiet g kann man in natürlicher Weise einen einfachen Kreispfad p zuordnen, der das Gebiet umrandet. Wir nennen *p einen zu g gehörigen Kreispfad*. So ist in dem obigen Beispiel der einfache Kreispfad $(e_1, v_2, e_2, v_3, e_3, v_1, e_1)$ zu dem inneren Gebiet gehörig, und der einfache Kreispfad

$$(e_1, v_2, e_5, v_5, e_5, v_2, e_6, v_6, e_6, v_2, e_2, v_3, e_7, v_7, e_7, v_3,$$
$$e_8, v_8, e_8, v_3, e_3, v_1, e_9, v_9, e_9, v_1, e_4, v_4, e_4, v_1, e_1)$$

ist zum äußeren Gebiet gehörig.

Man überlegt sich dann leicht, daß folgende Aussage gilt.

Lemma 7.3.2 *Seien p und p' zwei zu einem Gebiet g gehörige Kreispfade, so ist p genau dann gerade, wenn p' gerade ist.*

---

[6]Aus technischen Gründen handelt es sich hierbei nicht um die in der Literatur übliche Definition eines einfachen Pfades.

[7]Formal versteht man unter einer *(geradlinigen) Einbettung* eines Graphen $G = (V, E)$ in die euklidische Ebene eine Abbildung $\chi : V \to \mathbf{R}^2$. χ impliziert eine Abbildung auf den Kanten, indem jeder Kante $e = \{x, y\}$ die Verbindungsstrecke zwischen $\chi(x)$ und $\chi(y)$ zuordnet wird, d.h. $\chi(e) = \{z \in \mathbf{R}^2 \mid z = \lambda \cdot \chi(x) + (1 - \lambda) \cdot \chi(y),\ \lambda \in \mathbf{R},\ 0 \leq \lambda \leq 1\}$. Die Einbettung heißt *planar*, wenn keine Kante auf eine einelementige Menge abgebildet wird und der Durchschnitt der Einbettungen zweier Kanten leer ist, falls sie nicht zueinander adjazent sind, und aus einem Element besteht, falls sie zueinander adjazent sind.

Definition 7.3.3 *Ein Gebiet heißt gerade, falls die zugehörigen einfachen Kreispfade gerade sind, ansonsten heißt das Gebiet ungerade.*

Die Beobachtung, die wir im Beispiel der drei sich paarweise überschneidenden Leitungen gemacht haben, können wir nun zu folgender Aussage verallgemeinern.

Lemma 7.3.3 *Gibt es zu dem logisch topologischen Netz α eine gültige Schichtzuweisung in zwei Schichten, die keinen Kontakt benötigt, so gibt es in keiner planaren Einbettung des Graphen $G(\alpha)$ ein ungerades Gebiet.*

Beweis: Sei $\chi_{G(\alpha)}$ eine planare Einbettung von $G(\alpha)$, in der es ein ungerades Gebiet g gibt. Sei dann $p = (e_1, v_2, e_2, \ldots, v_m, e_m)$ ein zu g gehöriger Kreispfad. Dann gilt definitionsgemäß

$$\sum_{i=2}^{m} \delta_{v_i}(e_{i-1}, e_i) \equiv 1 \quad (\mathrm{mod}\ 2).$$

Jede Schichtzuweisung, die keinen Kontakt verwendet, muß deshalb auf diesem Pfad p die Schicht ungerade oft wechseln, d.h. die vom Knoten v_m ausgehende Kante e_m wird anders eingefärbt[8] als die in den Knoten v_2 eingehende Kante e_1. Dies ist aber ein Widerspruch, da nach Definition eines Kreispfades $e_1 = e_m$ ist und es eine Schichtzuweisung zu α gibt, die keinen Kontakt verwendet. ∎

Die andere Richtung des Lemmas gilt ebenfalls, so daß folgender Satz gilt.

Satz 7.3.4 *Sei α ein logisch topologisches Netz. Dann gibt es zu α genau dann eine gültige Schichtzuweisung in zwei Schichten, die keinen Kontakt benötigt, wenn es eine planare Einbettung $\chi_{G(\alpha)}$ des Graphen $G(\alpha)$ gibt, die kein ungerades Gebiet enthält.*

Beweis: Wegen Lemma 7.3.3 bleibt nur noch folgende Aussage zu zeigen: Sei $\chi_{G(\alpha)}$ eine planare Einbettung des Graphen $G(\alpha)$, die kein ungerades Gebiet enthält, dann gibt es zu α eine gültige Schichtzuweisung, die keinen Kontakt benötigt.

Zum Beweis dieser Aussage wollen wir zuerst ein Verfahren angeben, das zu α eine Schichtzuweisung berechnet, indem der Graph $G(\alpha)$ in einem breadth-first-search Verfahren ([Meh84b]) eingefärbt wird. Hierbei wollen wir o.B.d.A. annehmen, daß der Graph $G(\alpha)$ zusammenhängend ist.

Schritt 1: Falls noch keine Kante eingefärbt ist, wähle eine beliebige Kante $e \in E(\alpha)$ aus und färbe sie schwarz.

Schritt 2: Gibt es einen Knoten $v \in V(\alpha)$, so daß es eine zu v adjazente gefärbte Kante e_1 und eine ungefärbte Kante e_2 gibt, so färbe e_2 wie folgt ein:

---

[8]Der besseren Lesbarkeit wegen, schreiben wir für "bette das Leitungsstück e in Schicht 1 (beziehungsweise in Schicht 2) ein" auch "färbe e schwarz (beziehungsweise weiß)".

- Ist $\delta_v(e_1, e_2) = 0$, so färbe sie mit der gleichen Farbe wie e_1.

- Ist $\delta_v(e_1, e_2) = 1$, so färbe sie verschieden von der Kante e_1.

Schritt 2 wird solange wiederholt, bis alle Kanten eingefärbt sind.

Es ist klar, daß dieses Verfahren höchstens dann einen Kontakt einfügen muß, wenn in Schritt 2 eine Kante $e_2 = \{v, w\}$ ausgewählt wird, so daß es eine Kante $e_3 \in E_w$ gibt, die schon eingefärbt ist und für die eine der beiden folgenden Eigenschaften gilt:

- $\delta_v(e_1, e_2) = \delta_w(e_2, e_3)$ und e_1, e_3 sind verschieden gefärbt, oder

- $\delta_v(e_1, e_2) \neq \delta_w(e_2, e_3)$ und e_1, e_3 sind gleich gefärbt.

Betrachten wir die Konfiguration, in der diese Situation das erste Mal vorliegt, d.h. in der das erste Mal ein Kontakt benötigt wird. Da wir in einem breadth-first-search Verfahren den Graphen eingefärbt haben, muß es einen einfachen Kreispfad $p' = (e_2, v, e_1, v'_3, e'_3, \ldots, e'_{m-2}, v'_{m-1}, e_3, w, e_2)$ geben, so daß die Kanten $e_1, e'_3, \ldots, e'_{m-2}, e_3$ schon gefärbt sind. Da bis zum jetzigen Zeitpunkt noch kein Kontakt eingefügt worden ist, muß der Kreispfad p' ungerade sein. Dies ist aber ein Widerspruch zu dem nun folgenden Lemma 7.3.5. ∎

Lemma 7.3.5 *Sind in einer planaren Einbettung $\chi_{G(\alpha)}$ des Graphen $G(\alpha)$ alle Gebiete gerade, so sind alle Kreispfade gerade.*

Beweis: Sei $\chi_{G(\alpha)}$ eine planare Einbettung des Graphen $G(\alpha)$, bei der alle Gebiete gerade sind. Nehmen wir an, daß es einen ungeraden Kreispfad $p = (e_1, v_2, \ldots, v_m, e_1)$ in $G(\alpha)$ gäbe, dann kann man o.B.d.A. annehmen, daß p keinen Knoten vom Grad 1 enthält:

Gibt es in p einen Knoten v vom Grad 1, so sieht der Kreispfad p wie folgt aus:

$$p = (e_1, v_2, \ldots, e_{i-1}, v_i, e, v, e, v_i, e_{i+2}, \ldots, v_m, e_1).$$

Dann ist wegen Lemma 7.3.1 der Kreispfad

$$p' = (e_1, v_2, \ldots, e_{i-1}, v_i, , e_{i+2}, \ldots, v_m, e_1)$$

ebenfalls ungerade.

Diese Reduktion kann man immer anwenden, es sei denn, p ist ein Pfad der Form (e, v_2, e, v_1, e) für zwei Knoten $v_1, v_2 \in V(\alpha)$. In diesem Fall wäre p aber gerade. Widerspruch!

Weiter kann man o.B.d.A annehmen, daß in p kein Knoten zweimal vorkommt:

Kommen in p $n+1$ Knoten doppelt vor, so kann man p an einem dieser Knoten in zwei Kreispfade p' und p'' aufspalten, von denen wiederum einer ungerade ist, so daß in jedem dieser zwei neuen Kreispfade höchstens n Knoten doppelt vorkommen. Zum Beweis dieser Aussage bedarf es einer einfachen, aber umfangreichen Fallunterscheidung. Wir werden exemplarisch nur zwei dieser Fälle diskutieren.

- v sei ein Verzweigungsknoten, der von p zweimal durchlaufen wird. Einer der möglichen Unterfälle ist dann gegeben durch:

$$p = (e_1, v_2, \ldots, v_{i-1}, e_1', v, e_2', v_{i+1}, e_{i+1}, v_{i+2}, \ldots, e_{j-2},$$
$$v_{i+1}, e_2', v, e_3', v_{j+1}, \ldots, v_m, e_1).$$

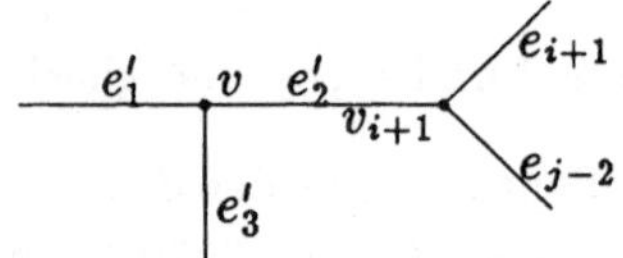

Dann gilt aber wegen

$$\delta_v(e_1, e_3) \equiv \delta_v(e_1, e_2) + \delta_v(e_2, e_3) \quad (\text{mod } 2),$$

daß entweder

$$p' = (e_1, v_2, \ldots, v_{i-1}, e_1', v, e_3', v_{j+1}, \ldots, v_m, e_1)$$

oder

$$p'' = (e_{i+1}, v_{i+2}, \ldots, e_{j-2}, v_{i+1}, e_{i+1})$$

ungerade ist.

- v sei ein Überkreuzungsbaustein, der von p zweimal durchlaufen wird. Einer der vielen möglichen Unterfälle ist dann gegeben durch:

$$p = (e_1, v_2 \ldots, v_{i-1}, e_2', v, e_1', v_{i+1}, \ldots, v_{j-1}, e_3', v, e_4', v_{j+1}, \ldots, v_m, e_1).$$

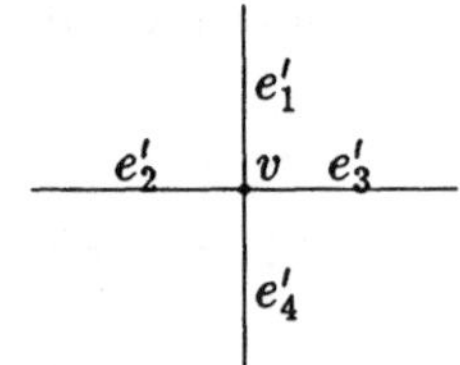

Dann ist aber entweder

$$p' = (e_1, v_2, \ldots, v_{i-1}, e_2', v, e_4', v_{j+1}, \ldots, v_m, e_1)$$

oder

$$p'' = (e_1', v_{i+1}, \ldots, v_{j-1}, e_3', v, e_1')$$

ungerade.

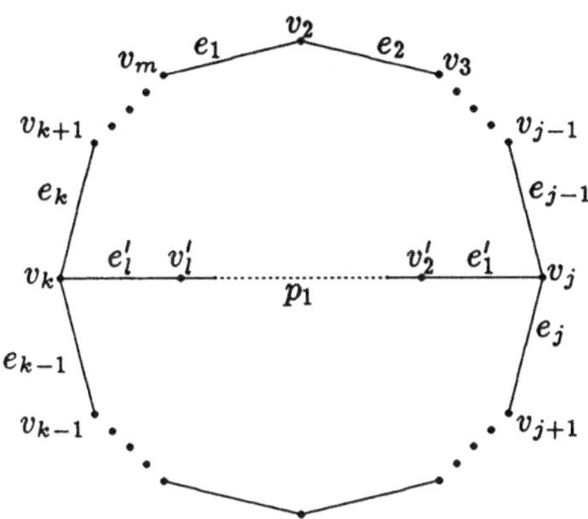

Abbildung 7.10: *Illustration zum Beweis*

Informal gesprochen, kann man also o.B.d.A. annehmen, daß p einen Kreis bildet, der in der Einbettung $\chi_{G(\alpha)}$ eine gewisse Fläche (bestehend aus mehreren Gebieten) umrandet. Wir unterscheiden dann zwei Fälle.

Fall 1: Es gibt einen einfachen Pfad p_1, so daß die in Abbildung 7.10 dargestellte Situation vorliegt, d.h. die von p eingeschlossene Fläche wird durch den Pfad $p_1 = (e_1', v_2', \ldots, v_l', e_l')$ in zwei Teile zerschnitten. Die beiden Flächen induzieren dann zwei Kreispfade

$$p' = (e_{j-1}, v_j, e_1', v_2', \ldots, v_l', e_l', v_k, e_k, v_{k+1}, \ldots, v_{j-1}, e_{j-1})$$

und

$$p'' = (e_j, v_j, e_1', v_2', \ldots, v_l', e_l', v_k, e_{k-1}, v_{k-1}, \ldots, v_{j+1}, e_j),$$

von denen einer wegen Lemma 7.3.1 ungerade sein muß. Man kann diese Überlegung für den neuen ungeraden Pfad wiederholen bis Fall 2 eintritt.

Fall 2: Ein solcher Pfad p_1 existiert nicht! Dann muß p (bis auf eventuelles Einfügen von Knoten vom Grad 1) zu einem Gebiet g gehörig sein. Dies ist aber ein Widerspruch, da jedes Gebiet gerade und p ungerade ist.

Wir haben also die Annahme, daß es einen ungeraden Kreispfad gibt, unter der Voraussetzung, daß alle Gebiete gerade sind, zum Widerspruch geführt. Es gelten also die Aussagen des Lemmas und des Satzes 7.3.4. ∎

Man überlegt sich nun auch leicht, daß folgendes Korollar gilt.

Korollar 7.3.6 *Sei α ein logisch topologisches Netz. Dann gibt es zu α genau dann eine Schichtzuweisung in zwei Schichten, die keinen Kontakt benötigt, wenn jede planare Einbettung des Graphen $G(\alpha)$ nur gerade Gebiete enthält.*

Nach der Aussage von Korollar 7.3.6 muß man, um zu einem logisch topologischen Netz α eine "gute" Schichtzuweisung zu finden, alle ungeraden Gebiete einer planaren Einbettung $\chi_{G(\alpha)}$ des Graphen $G(\alpha)$ durch geschicktes Einfügen von Kontakten in gerade Gebiete transformieren. Einen solchen Kontakt modellieren wir in kanonischer Weise als Knoten v vom Grad 2 in unserem Graphen. Sind e_1 und e_2 die zu v adjazenten Kanten, dann gelte $\delta_v(e_1, e_2) = 1$. Formal gesehen bedeutet dann das Einfügen eines Kontaktes auf eine Kante $e = \{x, y\}$, daß die Kante e durch den Knoten v und den dazugehörigen Kanten $\{x, v\}$ und $\{v, y\}$ im Graphen $G(\alpha)$ ersetzt wird. Die Menge Δ wird dabei in kanonischer Weise aktualisiert.

Das Einfügen eines Kontaktes kann also ein ungerades Gebiet in ein gerades und ein gerades Gebiet in ein ungerades transformieren. Wir wollen dies an einem Beispiel illustrieren.

Beispiel 7.3.2 Sei die in Abbildung 7.11 oben links abgebildete planare Einbettung $\chi_{G(\alpha)}$ eines logisch topologischen Netzes α gegeben. Man überlegt sich leicht, daß genau die Gebiete, die mit einem Stern markiert sind, ungerade sind.

Betrachten wir zum Beispiel das ungerade Gebiet mit der Nummer 2. Fügt man einen Kontakt in die "linke" Kante dieses Gebietes ein, so wird das Gebiet 2 gerade, und das Gebiet 1, das gerade war, wird ungerade. Man muß also Gebiet 1 wieder durch Einsetzen eines neuen Kontaktes in ein gerades transformieren. Plaziert man diesen Kontakt auf die "untere" Kante, so wird Gebiet 1 gerade und das Gebiet 6 ungerade. Wieder muß man einen Kontakt einfügen. Hierdurch wird Gebiet 6 gerade und Gebiet 8 ungerade. Das Gebiet 8 kann man dann auf Kosten von Gebiet 9 gerade machen. Jetzt ist man in der Situation, daß zwei ungerade Gebiete benachbart sind, nämlich die Gebiete 9 und 12. Plaziert man einen Kontakt auf die zu beiden Gebieten adjazente Kante, so werden beide Gebiete gerade. Sind alle Gebiete gerade, so gibt es nach Satz 7.3.4 eine Schichtzuweisung, die keinen weiteren Kontakt benötigt. Eine solche Schichtzuweisung ist in dem unteren Bild der Abbildung 7.11 dargestellt. Das Bild oben rechts in der Abbildung verdeutlicht die *Heirat der ungeraden Gebiete*. So ist Gebiet 2 mit dem Gebiet 12 liiert, 4 mit 10, 5 mit 7, 16 mit 17 und 15 mit 18.

Allgemein gilt: Ist ein Gebiet $g \in \chi_{G(\alpha)}$ ungerade und fügt man in dem zu g gehörigen Kreispfad einen Kontakt auf eine Kante ein, die auch noch zu einem anderen Gebiet g' adjazent ist, d.h. die Kante wird in einem zu g gehörigen Kreispfad nur einmal durchlaufen, so ist g nach dem Einfügen des Kontaktes

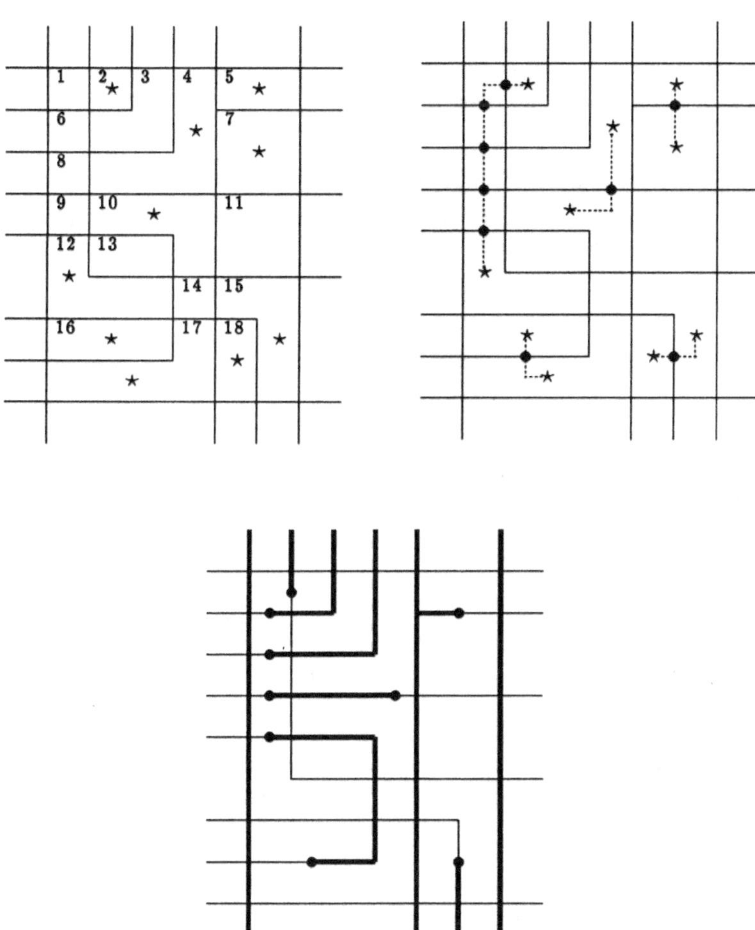

Abbildung 7.11: *Eliminierung der ungeraden Gebiete und eine zugehörige Schichtzuweisung in zwei Schichten*

gerade und g' wird genau dann ungerade, wenn es vor dem Einfügen des Kontaktes gerade war. Um also alle ungeraden Gebiete aus $\chi_{G(\alpha)}$ zu entfernen, muß jedes ungerade Gebiet mit genau einem anderen ungeraden Gebiet durch eine "Kontaktkette verbunden werden". Damit eine solche vollständige *Heirat der ungeraden Gebiete* möglich wird, muß natürlicherweise gelten, daß es eine gerade Anzahl ungerader Gebiete gibt.

Lemma 7.3.7 *In jeder planaren Einbettung $\chi_{G(\alpha)}$ des Graphen $G(\alpha)$ gibt es eine gerade Anzahl von ungeraden Gebieten.*

Beweis: In $\chi_{G(\alpha)}$ gibt es auf den zu einem Knoten v adjazenten Kanten eine sternförmige Anordnung: $e \in E_v$ heißt in $\chi_{G(\alpha)}$ *links benachbart* zu der Kante $e' \in E_v$, falls die Kante e' auf die Kante e im Uhrzeigersinn direkt folgt. Für jeden Knoten $v \in V(\alpha)$ definieren wir dann eine Abbildung $\delta_{\chi,v} : E_v \times E_v \rightarrow \{0,1\}$ mit

$$\delta_{\chi,v}(e_1, e_2) = \begin{cases} \delta_v(e_1, e_2) & \text{, falls } e_1 \text{ in } \chi \text{ links benachbart zu } e_2 \text{ ist} \\ 0 & \text{, sonst.} \end{cases}$$

Mit $\sum_\chi$ bezeichnen wir dann die Summe

$$\sum_{v \in V(\alpha)} \left(\sum_{e_1, e_2 \in E_v} \delta_{\chi,v}(e_1, e_2) \right).$$

Wegen Lemma 7.3.1 gilt $\sum_\chi \equiv 0 \pmod 2$.

Sei weiter p_i ein beliebiger zu dem Gebiet g_i gehöriger einfacher Kreispfad. Dann überlegt man sich, daß die Summe $\sum_\chi$ gleich der Summe der $\delta(p_i)$ über alle Gebiete g_i der Einbettung $\chi_{G(\alpha)}$ ist. Die geraden Gebiete liefern zu dieser Summe einen geraden Anteil. Daraus folgt aber, daß die Summe der $\delta(p_i)$ über alle ungeraden Gebiete g_i gerade ist. Da jedes ungerade Gebiet einen ungeraden Anteil zu dieser Summe beisteuert, gibt es eine gerade Anzahl von ungeraden Gebieten. ∎

Um eine kontaktminimale Schichtzuweisung zu einem logisch topologischen Netz α zu finden, muß man eine optimale Heirat der ungeraden Gebiete einer beliebigen planaren Einbettung von $G(\alpha)$ berechnen. Optimal heißt in diesem Zusammenhang, daß die Summe der Entfernungen zwischen den einzelnen "Ehepartnern" minimal ist. (Der Leser überlege sich, daß die in Abbildung 7.11 vorgestellte Heirat nicht optimal ist.) Um später einfacher argumentieren zu können, wollen wir diese Aussage formal fassen. Hierzu konstruieren wir zu der planaren Einbettung $\chi_{G(\alpha)}$ den *dualen Graphen* $G_\chi^{(d)} = (V_\chi^{(d)}, E_\chi^{(d)})$, wobei $V_\chi^{(d)}$ die Menge der Gebiete von $\chi_{G(\alpha)}$ ist. Ist $e \in E(\alpha)$ eine Kante, die zu zwei verschiedenen Gebieten g_1 und g_2 benachbart ist, dann sei $\{g_1, g_2\} \in E_\chi^{(d)}$. Andere

Kanten seien nicht in der Menge $E_\chi^{(d)}$ enthalten. Unter der *Distanz* $d(g_1, g_2)$ zwischen zwei Gebieten g_1 und g_2 in $\chi_{G(\alpha)}$ verstehen wir dann die Länge des kürzesten Pfades zwischen diesen Gebieten im dualen Graphen $G_\chi^{(d)}$. Unter einer *Heirat* versteht man dann eine Menge $P = \{p_1, \ldots, p_k\}$ von Pfaden in $G_\chi^{(d)}$, wobei die Randknoten der Pfade ungerade Gebiete sind und jedes ungerade Gebiet genau einmal als Randknoten von einem Pfad in P vorkommt. Eine Heirat heißt *optimal*, falls die Summe der Pfadlängen minimal ist.

Ist eine Heirat P der ungeraden Gebiete berechnet, so erhält man eine gültige Schichtzuweisung, indem man auf die den Pfaden von P entsprechenden Kanten Kontakte setzt. Diese Kontaktierung impliziert dann verschiedene Schichtzuweisungen in zwei Schichten, die ohne weiteren Kontakt auskommen.

7.3.4 CVM_2 bei vorgegebener Spannungsversorgung

Sind die Leitungen der Spannungsversorgung im logisch topologischen Netz α schon eingezogen, so darf man auf diese Leitungen keine Kontakte plazieren. In der vorherigen Sprechweise heißt das, daß eine Heirat der ungeraden Gebiete diese Kanten nicht benutzen darf. Dies wird dadurch erreicht, daß man die entsprechenden Kanten aus dem dualen Graphen[9] entfernt. Dieses Vorgehen ist in Abbildung 7.12 illustriert.

Durch das Entfernen von Kanten aus dem dualen Graphen, zerfällt der duale Graph in Zusammenhangskomponenten. Zwei Knoten des dualen Graphen, die zu verschiedenen Zusammenhangskomponenten gehören, kann man dann offenbar nicht miteinander verheiraten. Das Problem besitzt also nur dann eine Lösung, wenn jede Zusammenhangskomponente eine gerade Anzahl von ungeraden Gebieten enthält. So ist eine hinreichende Bedingung zur Existenz einer Schichtzuweisung in zwei Schichten, die keinen Kontakt auf einer Leitung der Spannungsversorgung benötigt, daß der Graph, der durch die Leitungen der Spannungsversorgung induziert wird, keinen Zykel enthält, d.h. wenn er einen Wald [Har74] bildet, da in diesem Fall auch nach dem Entfernen der zu der Spannungsversorgung gehörigen Kanten der duale Graph zusammenhängend ist. (Im Beispiel aus Abbildung 7.12 sind alle offenen Kanten mit dem Außengebiet adjazent, d.h. die "beiden Teile" des dualen Graphen nach dem Entfernen der verbotenen Kanten sind über das Außengebiet miteinander verbunden.)

7.3.5 Heuristischer Algorithmus zu CVM_2

Die Algorithmen, die eine exakte, d.h. eine optimale, Lösung zum (auf Verzweigungsknoten vom Grad 3 eingeschränkten) CVM_2 Problem berechnen, sind

---

[9]Man überlege sich, daß man hierzu die Definition des dualen Graphen auf Mehrfachkanten erweitern muß. Gibt es also in $G(\alpha)$ verschiedene Kanten aus $E(\alpha)$, die zu zwei Gebieten g_1 und g_2 adjazent sind, so muß der duale Graph genauso viele Kanten, die g_1 mit g_2 verbinden, enthalten.

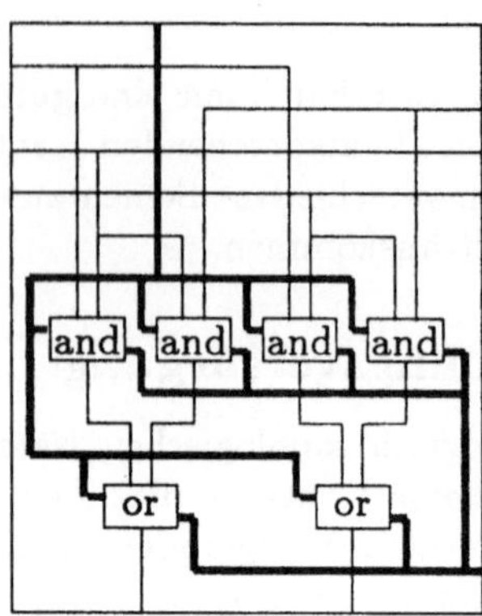
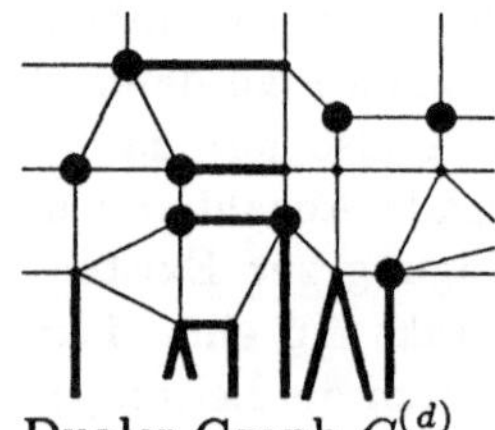

Netz α

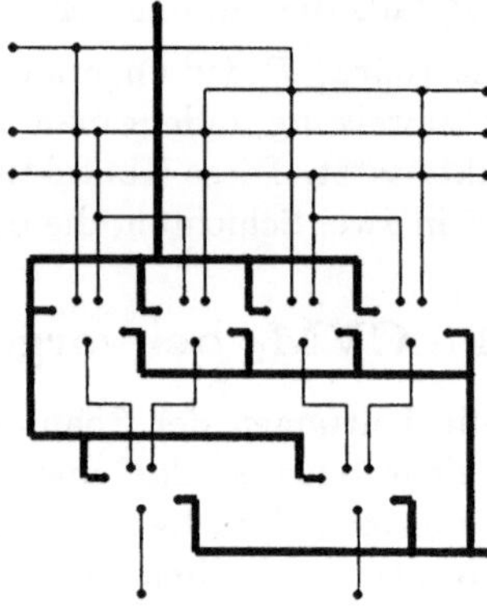
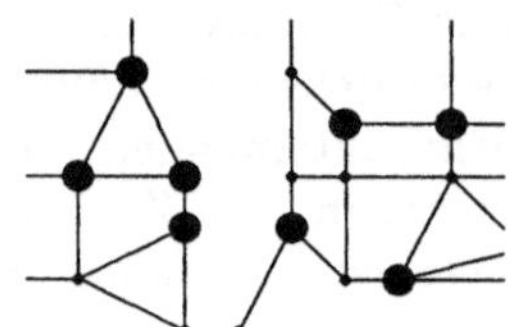

Einbettung $\chi_{G(\alpha)}$

Dualer Graph $G_\chi^{(d)}$.

Die offenen Kanten sind mit dem Außengebiet adjazent. Die dicken Knoten stehen für die ungeraden Gebiete

Dualer Graph $G_\chi^{(d)}$ nach Entfernung der verbotenen Kanten.

Abbildung 7.12: *Beispiel zu* CVM_2 *bei vorgegebener Stromversorgung. (Die Leitungen zur Stromversorgung sind mit dicken Linien eingezeichnet).*

sehr aufwendig. Es handelt sich hierbei im wesentlichen um die Berechnung gewichteter Kantenüberdeckungen ([Har74]) bei Graphen. Wir wollen deshalb an dieser Stelle nicht auf diese Verfahren eingehen, sondern den interessierten Leser auf die Originalarbeiten [Gab73,KCS88,Mol87,NMN87,Pin82b] verweisen. Wir wollen vielmehr ein probabilistisches Verfahren diskutieren, das eine möglichst gute Schichtzuweisung eines logisch topologischen Netzes α in zwei Schichten zu finden versucht. Der Leser überlege sich bei der Lektüre, daß man dieses Verfahren nicht nur auf den Fall, in dem die Spannungsversorgung schon eingezogen ist, sondern auch auf den, in dem die Schichten der Zellanschlußpunkte vordefiniert sind (layer assignment with pin preassignment), verallgemeinern kann. Das Verfahren wurde im Rahmen des CADIC-Systems implementiert und vermessen, wobei die Güte der generierten Schichtzuweisungen bei den meisten Beispielen zufriedenstellend war [Mol85].

Gegeben sei hierzu der Graph $G(\alpha) = (V(\alpha), E(\alpha))$ und die Abbildungsmenge $\Delta = \{\delta_v \mid v \in V(\alpha)\}$. Zu jedem Knoten $v \in V(\alpha)$ gebe es eine ausgezeichnete zu v adjazente Kante $e_v \in E_v$. Dann verstehen wir unter einer *Färbung* f des Graphen $G(\alpha)$ eine Abbildung

$$f : V(\alpha) \longrightarrow \{\text{schwarz}, \text{weiß}\}.$$

Eine solche Färbung induziert dann wie folgt eine Schichtzuweisung s_f des Netzes α: Die von $v \in V(\alpha)$ ausgehende Kante e wird genau dann mit der Farbe $f(v)$ gefärbt, wenn $\delta_v(e, e_v) = 0$ gilt, d.h. wenn die Kante e elektrisch mit der ausgezeichneten Kante e_v verbunden sein muß. Tritt dadurch auf einer Kante $\{v, w\}$ ein Konflikt auf, d.h. gilt

$$\delta_v(e_v, \{v, w\}) = \delta_w(e_w, \{v, w\}) \text{ und } f(v) \neq f(w)$$

oder

$$\delta_v(e_v, \{v, w\}) \neq \delta_w(e_w, \{v, w\}) \text{ und } f(v) = f(w),$$

wobei e_v (e_w) die zum Knoten v (w) ausgezeichnete Kante ist, so muß ein Kontakt auf diese Kante plaziert werden. Die Anzahl dieser Konflikte wollen wir mit $c(f)$ bezeichnen.

Das im folgenden vorgestellte Verfahren gehört zu der Klasse der iterativen Verfahren. Diese setzen voraus, daß eine Anfangskonfiguration, also in unserem Fall eine Anfangsfärbung, vorhanden ist. In einem iterativen Prozeß versuchen sie dann, diese zu verbessern.

Berechnung einer guten Anfangsfärbung

Um eine gute Färbung zu berechnen, wollen wir die im letzten Abschnitt gewonnenen Erkenntnisse über ungerade und gerade Gebiete anwenden. Hierzu berechnen wir in einem ersten Schritt den dualen Graphen $G_\chi^{(d)}$ und die dazugehörigen ungeraden Gebiete. Sei *odd* die Menge dieser ungeraden Gebiete, dann verheiraten wir die Elemente der Menge *odd* nach folgendem Algorithmus:

while *odd* $\neq$ {}
do Berechne zwei Elemente x und $y \in odd$, so daß das Prädikat $pr(x,y)$ gilt;
　　　Verheirate die ungeraden Gebiete x und y miteinander;
　　　Setze $odd := odd - \{x,y\}$;
od

Als Prädikat $pr(x,y)$ wären zum Beispiel

$$(d(x,y) = \max_{s \in odd} \min_{t \in odd \setminus \{s\}} d(s,t)) \wedge (\forall z \in odd \setminus \{x\} : d(x,z) \geq d(x,y)),$$

wobei $d(s,t)$ die Distanz zwischen den Gebieten s, t darstellt, oder

$$d(x,y) = \min\{d(s,t) \mid s,t \in odd,\ s \neq t\}$$

denkbar. Die erste Alternative verheiratet zuerst ein "Mauerblümchen", d.h. ein ungerades Gebiet x, dessen Entfernung zu dem nächstgelegenen ungeraden Gebiet maximal ist. Man beginnt also mit dem am schlechtesten zu verheiratenden Gebiet. Die zweite Alternative verheiratet dagegen zuerst ein " begehrtestes" ungerades Gebiet, d.h. ein Gebiet, dessen Entfernung zu dem nächstgelegenen ungeraden Gebiet minimal ist.

Solche Heiraten implizieren Färbungen des Graphen, die in vielen Fällen schon sehr nahe am Optimum liegen (s. [Avi83]). Trotzdem sollte man versuchen, diese Anfangsfärbung zu verbessern.

Iteratives Verbessern

Eine einfache Möglichkeit, eine Färbung zu verbessern, wird in dem nachfolgenden Pseudoprogramm angegeben. Man wählt hierbei in jedem Schritt zufällig einen Knoten $v \in V(\alpha)$ und überprüft, ob das Umfärben[10] dieses Knotens v keine Verschlechterung in der Anzahl der Kontakte ergibt. Ist dies der Fall, so übernimmt man die neue Färbung. Das Verfahren bricht ab, wenn eine gewisse Anzahl $\theta(V(\alpha))$ von Fehlversuchen hintereinander stattgefunden haben. $\theta(V(\alpha))$ sollte hierbei abhängig von der Größe des Graphen $G(\alpha)$ gewählt werden.

$i:=0;$
do Wähle zufällig einen Knoten $v \in V(\alpha)$;

　　Berechne $\Delta c := c(f') - c(f)$, wobei $f'(w) = \begin{cases} \overline{f(v)} & , \text{ falls } v = w \\ f(w) & , \text{ sonst} \end{cases}$

---

[10]Schreibweise: $\overline{\text{schwarz}} = $ weiß, $\overline{\text{weiß}} = $ schwarz.

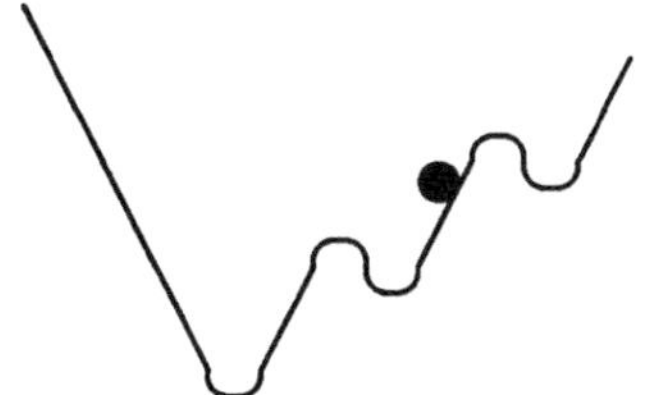

Abbildung 7.13: *Illustration zu Simulated Annealing*

```
    if Δc ≤ 0
    then f:=f'; i:=0;
    else i:=i+1;
    fi;
until i ≥ θ(V(α));
```

Simulated Annealing

Das oben angegebene Verfahren führt immer dann zum optimalen Ergebnis, wenn alle lokalen Minima[11] schon global[12] sind (falls $\theta(V(\alpha))$ ausreichend groß gewählt wurde). Dies ist aber normalerweise nicht der Fall, so daß man mit dem Verfahren in einem lokalen Minimum landen kann, das in der Güte wesentlich schlechter als das globale Minimum ist. (Dies ist natürlich insbesondere abhängig von der Anfangsfärbung, mit der man startet.) Die Kurve in Abbildung 7.13 soll dies erläutern. Man denke sich eine Kugel auf der Kurve, die der Schwerkraft folgt. Diese Kraft würde die Kugel in ein lokales Minimum führen und dort festhalten.

Erlaubt man der Kugel, daß sie zwar vorzüglich der Schwerkraft folgt, aber mit einer gewissen Wahrscheinlichkeit auch die Wand hochgehen, d.h. die Schwerkraft überwinden, kann, so kann die Kugel aus gewissen "Fallen" entkommen. Hat die Kurve, auf der sich die Kugel bewegt, eine Form wie in Abbildung 7.13, dann wird sie bei geeigneter Einstellung der freien Weglänge in dem absoluten Minimum landen. Diese Strategie ist in der Literatur unter dem Schlagwort *Simulated Annealing* bekannt und geht auf Arbeiten von Metropolis et al. [MRR*53] und von Kirkpatrick et al. [KGV83] zurück. Das Prinzip des Simulated Annealing wird bei vielen Optimierungsalgorithmen, wie zum Beispiel bei Plazierungs- und

---

[11]Unter einem lokalen Minimum verstehen wir in diesem Zusammenhang eine Färbung, bei der man durch Umfärben eines einzigen Knotens keine Verbesserung in der Anzahl der Kontakte erhält.

[12]Ein globales Minimum ist eine Färbung, die eine Schichtzuweisung mit minimal vielen Kontakten induziert.

Verdrahtungsproblemen [GRB85,RS85,SS85], mit gutem Erfolg angewandt. Wir wollen im folgenden diese Idee am CVM_2 Problem verdeutlichen.

Die oben gemachten Überlegungen kann man wie folgt in einen probabilistischen Algorithmus einbringen. Man wählt sich in jedem Schritt zufällig einen Knoten $v \in V(\alpha)$ aus und überprüft, ob das Umfärben dieses Knotens keine Verschlechterung ergibt. Ist dies der Fall, so wird die neue Färbung übernommen. Im Falle einer Verschlechterung würfeln wir, ob wir die neue Färbung übernehmen oder nicht. Die Wahrscheinlichkeit, mit der die Würfel eine Entscheidung für die Übernahme der neuen Färbung bewirken, sollte dabei abhängig von der Größe der Verschlechterung und von der Anzahl der schon durchgeführten Iterationen sein. Je größer die Verschlechterung und je weiter die Zeit fortgeschritten ist, desto unwahrscheinlicher sollte es sein, daß die Würfel zu der neuen Färbung raten. Dies hat zur Folge, daß anfangs noch relativ viele Verschlechterungen toleriert werden; zum Schluß verhält sich das Programm wie das oben beschriebene Verfahren, das nach dem Prinzip des iterativen Verbesserns arbeitet. Das folgende Pseudoprogramm faßt den Algorithmus zusammen. Die Variable t dient hierbei zur Abspeicherung der Anzahl der Schleifendurchläufe, das Prädikat $p(\Delta c, t, n)$ übernimmt die Rolle der Würfel, die in Abhängigkeit von Δc, t und der Kardinalität n der Knotenmenge $V(\alpha)$ entscheiden, ob eine Verschlechterung toleriert wird.

$i:=0;$
$t:=1;$
do Wähle zufällig einen Knoten $v \in V(\alpha)$;

$$\text{Berechne } \Delta c:=c(f') - c(f), \text{ wobei } f'(w) = \begin{cases} \overline{f(v)} & \text{, falls } v = w \\ f(w) & \text{, sonst} \end{cases}$$

    if $\Delta c \leq 0$ oder $p(\Delta c, t, n)$
    then $f:=f'$; $i:=0;$
    else $i:=i+1;$
    fi;
    $t:=t+1;$
until $i \geq \theta(V(\alpha))$;

Die Güte des Verfahrens hängt sehr stark von dem Prädikat $p(\Delta c, t, n)$ ab. Üblicherweise wählt man

$$p(\Delta c, t, n) \; := \; \left(\frac{1}{\Delta c \cdot \zeta(t, n)} > \text{random}(0, 1) \right)$$

oder

$$p(\Delta c, t, n) \; := \; \left(\exp^{-\Delta c \cdot \zeta(t, n)} > \text{random}(0, 1) \right).$$

Hierbei ist random$(0,1)$ eine Zufallsfunktion, die bei Aufruf eine zufällige rationale Zahl zwischen 0 und 1 liefert; ζ ist eine Abbildung mit der Menge der rationalen Zahlen als Zielbereich, die monoton steigend im ersten Parameter und monoton fallend im zweiten Parameter sein soll.

7.4   Lokale Plazierung und Verdrahtung

Bis hierhin haben wir schon verschiedene Schritte auf dem Wege zur automatischen Generierung von Fertigungsdaten aus Objekten unseres Kalküls kennengelernt. Es bleibt noch die Bestimmung einer geometrischen Einbettung, die aufgrund der Vorarbeiten auf lokale Entscheidungen zurückgeführt werden kann, d.h. auf Schritte, in denen nur noch örtlich begrenzte Information berücksichtigt wird. Diesen Themenkreis, der unter dem Schlagwort *lokales Plazieren und Verdrahten* geführt wird, wollen wir für unseren Netzkalkül im Detail betrachten. Wie bei fast allen Problemen der rechnergestützten Synthese gibt es dazu keine festen Standardverfahren, sondern eine Fülle verschiedener Ansätze, die angewandt werden. Daher ist auch die nachfolgende Ausarbeitung eines Realisierungsvorschlags zum lokalen Plazieren und Verdrahten eher als Beispiel anzusehen, das vermittelt, wie man eine solche Aufgabe angehen kann, so daß man letztlich zu einem flexiblen Konzept kommt, das sich in ein Entwurfswerkzeug umsetzen läßt.

Logisch topologische Netze sind Gebilde aus elementaren Zellen, die in einem umschließenden Rechteck eingebettet und untereinander durch Streckenzüge kreuzungsfrei miteinander verbunden sind. Die äußeren Anschlüsse befinden sich auf den Seiten des umschließenden Rechteckes und sind punktförmig. Die Einbettung ist bis auf Ausdehnungen der Zellen und Leitungen sowie Deformationen, die die planare Topologie der Einbettung nicht zerstören, eindeutig bestimmt. Wir haben in diesem Kapitel Methoden kennengelernt, wie man den Verbindungen automatisch Verdrahtungsschichten zuordnen und wie man Spannungsversorgungsleitungen automatisch erzeugen und ihre Breiten dimensionieren kann. Man gehe nun also davon aus, daß allen Leitungen Schichten und Breiten zugeordnet sind und zu jedem Elementarbaustein eine Realisierung durch Fertigungsdaten gegeben ist, die in einem Rechteck liegt und die äußeren Anschlüsse darauf in der Reihenfolge, wie sie auf der logisch topologischen Ebene vorgegeben sind, nach außen führt. Nun stehen wir vor der Aufgabe, diese Zellen so anzuordnen und die Leitungen dazwischen nach Vorgabe ihrer Breiten so zu verdrahten, daß korrekte Fertigungsdaten entstehen. Folgender einfacher Ansatz zerlegt diese Aufgabe in überschaubare Fragestellungen: Die Netze können leicht durch arithmetische Ausdrücke über Zusammensetzungsoperationen definiert werden. Ein solcher Ausdruck gibt gleichzeitig eine Zerlegung des Netzes in Teilnetze vor, die bis zu elementaren Bausteinen und Netzen geht. Nimmt man nun an, daß schon Fertigungsdaten für die Teilnetze einer solchen Zerlegung generiert wurden, so reduziert sich das Problem auf das geometrische Nachvollziehen der Zusammen-

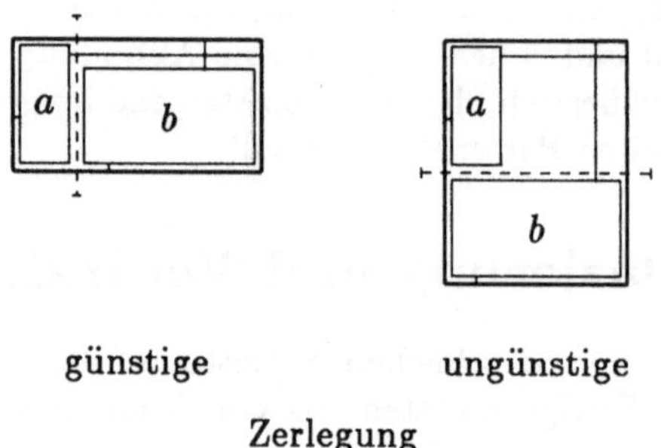

Abbildung 7.14: *Verschiedene Zerlegungen eines logisch topologischen Netzes*

setzung. Genauer gesagt: hat man die Fertigungsdaten der beiden Teile, und kann man diese so ergänzen, daß man die Fertigungsdaten des Gesamtnetzes erhält, so kann man rekursiv Fertigungsdaten für ein beliebiges Netz erzeugen, da Daten für die elementaren Teile vorgegeben sind.

Es stellen sich demnach zwei Aufgaben: Zum einen ist eine Zerlegung des Netzes über den Operationen $\oplus$ und $\ominus$ zu finden, die eine günstige Aufteilung in Teilprobleme schafft, zum anderen ist der Zusammensetzungsschritt möglichst gut zu lösen. Ersteres wollen wir hier nicht betrachten, da man die Ausdrücke, die zur Definition des Netzes benutzt wurden, direkt heranziehen und hoffen kann, daß diese Zerlegung schon günstig ist bzw. nach Durchsicht des Layouts manuell verbessert wird. Daß es je nach Ausdehnung der elementaren Zellen mehr oder weniger günstige Zerlegungen geben kann, zeigt Abbildung 7.14.

Betrachten wir also die Aufgabe, Fertigungsdaten für den Zusammensetzungsschritt zu erzeugen, wenn für beide Teile schon Fertigungsdaten gegeben sind, die innerhalb eines Rechteckes liegen, den Entwurfsregeln genügen und die äußeren Anschlüsse auf den entsprechenden Seiten in der richtigen Reihenfolge herausführen. Dann wird man beide Teile nicht ohne weiteres direkt geometrisch auf den entsprechenden Seiten zusammensetzen können, weil die Abstände der Anschlüsse untereinander nicht übereinstimmen. Es stellt sich also das Problem, die Anschlüsse untereinander so zu verdrahten, daß diese Verdrahtung keine Entwurfsregel verletzt, die vorgegebenen Leitungsbreiten einhält und möglichst geringe zusätzliche Fläche benötigt. So wird ein Kernstück dieses Schrittes die Lösung eines sehr einfachen und leicht analysierbaren Verdrahtungsproblems sein, das wir zunächst untersuchen wollen.

7.4.1 Kanalverdrahtung in einer Schicht

Man betrachte die Seiten zweier Teilnetze, die zusammengesetzt werden sollen, und nehme der Anschaulichkeit wegen an, daß die Netze übereinander gesetzt werden müssen. Wir beschränken uns zunächst auf den Fall, daß alle Anschlüsse in einer Schicht vorgegeben und der Reihe nach von links nach rechts paarweise zu verbinden sind, was in einer Schicht möglich ist, weil sich die Leitungen nicht kreuzen müssen. Da die Leitungen gewisse Breiten haben, haben auch die Anschlüsse diese Ausdehnung. Die Lage der Teilnetze zueinander sei fest, und ein Zwischenraum der Höhe h, den wir im folgenden (Verdrahtungs)kanal nennen, sei für die Realisierung der Verdrahtung vorgesehen. Die Aufgabe besteht nun darin, die Leitungen in einer Schicht, d.h. kreuzungsfrei, unter Berücksichtigung der Abstandsregeln im Kanal zu verlegen, falls dies möglich ist. Man bezeichnet diese Verdrahtungsdisziplin in der englischsprachigen Literatur auch als *river routing* (weil sich Flüsse in der Natur im allgemeinen nicht kreuzen). Vereinfachte Betrachtungen dazu, die zum Teil auch allgemeinere Problemstellungen als den Kanal diskutieren, findet man in [Pin82a,Pin83].

Unser Koordinatensystem sei so festgelegt, daß die x-Richtung parallel zum Rand ist, die untere Kanalseite y-Koordinate 0 und die obere h hat. Zu verdrahten seien n Anschlußpaare. Der linke Rand des i-ten Anschlusses auf der oberen Seite sei der Punkt $T_i = (t_i, h)$, der linke Rand des i-ten Anschlusses auf der unteren Seite $B_i = (b_i, 0)$. Wir sagen dazu auch kurz der "Anschluß T_i bzw. B_i". Die Breite der Leitung i sei gegeben durch w_i, der Mindestabstand der Leitungen in der betrachteten Schicht sei d. Abbildung 7.15 zeigt eine solche Problemstellung.

Die Teilnetze erfüllen die Entwurfsregeln. Die Kanalränder seien so gewählt, daß man eine Leitung bis zum Rand des Kanals führen darf. Gegeben sei ferner eine Metrik, die über eine Norm $\|.\|$ definiert sei, in der Mindestausdehnungen und Abstände gemessen werden. Demnach können wir voraussetzen, daß bei einer vernünftigen Problemstellung die rechten Ränder der Anschlüsse durch $T_i +
(w_i, 0)$ und $B_i + (w_i, 0)$ gegeben sind und die Bedingungen

$$\|T_i - T_{i+1}\| = |t_i - t_{i+1}| \cdot \|(1,0)\| = t_{i+1} - t_i \geq w_i + d$$

sowie

$$b_{i+1} - b_i \geq w_i + d$$

gelten. Jede Leitung i sei durch ein geschlossenes, zusammenhängendes Gebiet zu realiseren, das die Punkte $(t_i, h), (t_i + w_i, h), (b_i, 0)$ und $(b_i + w_i, 0)$ enthält, so daß folgende Entwurfsregeln gelten:

(e1) (Mindestbreite)
Sind P und P' zwei Punkte auf dem rechten und linken Rand der Leitung i, so gilt $\|P - P'\| \geq w_i$.

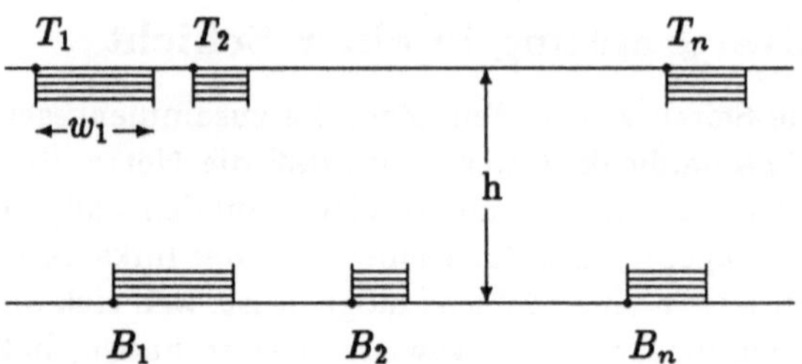

Abbildung 7.15: *Ein Kanalverdrahtungsproblem*

(e2) *(Kreuzungsfreiheit und Mindestabstand)*
Sind P und P' zwei Punkte auf zwei verschiedenen Leitungen i und j, so gilt $\|P - P'\| \geq d$.

(e3) *(Benutzung des Kanals)*
Ist $P = (p_x, p_y)$ ein Punkt auf einer Leitung i, so ist stets $0 \leq p_y \leq h$.[13]

Es stellt sich also folgendes

Problem: *Gegeben sei ein Kanal der Höhe h mit n Leitungen einer festen Schicht. Entscheide, ob es eine Realisierung der Verdrahtung gibt, die die Regeln (e1), (e2) und (e3) erfüllt, und, falls ja, bestimme eine solche Verdrahtung.*

Wir haben bis hierhin recht allgemein spezifiziert, wie die Leitungen auszusehen haben, und wollen wesentliche Schritte der Analyse des Problems auch mehr oder weniger allgemein vollziehen. Andererseits knüpft man an die Struktur der Leitungen meist gewisse Nebenbedingungen. So werden wir im folgenden bei Veranschaulichungen wie auch Laufzeitbetrachtungen häufig speziell den Fall betrachten, daß die Ränder der Leitungen nur durch rechtwinklige Polygone realisiert werden dürfen. Hat man solche Nebenbedingungen an die Struktur der Leitungen, so ist es sinnvoll, die Norm, auf die (e1) und (e2) bezogen sind, so zu definieren, daß eine Leitung der Breite w auch in Breite w, gemessen in dieser Norm, realisierbar ist. Dies sollen nachfolgende Betrachtungen verdeutlichen: Man erhält den "Einheitskreis" der zu einer speziellen Verdrahtungsart gehörigen Norm, d.h. die Menge der Punkte, die vom Nullpunkt den Abstand 1 haben, wenn man aufzeichnet, wie man eine Leitung der Breite 0 mit den entsprechenden Nebenbedingungen an die Art der Realisierung mit Mindestabstand 1 um den Nullpunkt herum verlegen kann. Für die Realisierung durch rechtwinklige Leitungen ergibt dies z.B. ein Quadrat der Seitenlänge 2 mit dem Nullpunkt als Mittelpunkt. Die angemessene Norm ist in diesem Falle also die Maximumsnorm, d.h.

$$\|(x,y)\| := \max\{|x|, |y|\}.$$

---

[13]Der Kanal darf demnach rechts vom rechtesten Anschluß und links vom linkesten Anschluß benutzt werden. Wir werden später sehen, daß dies jedoch nicht benötigt wird.

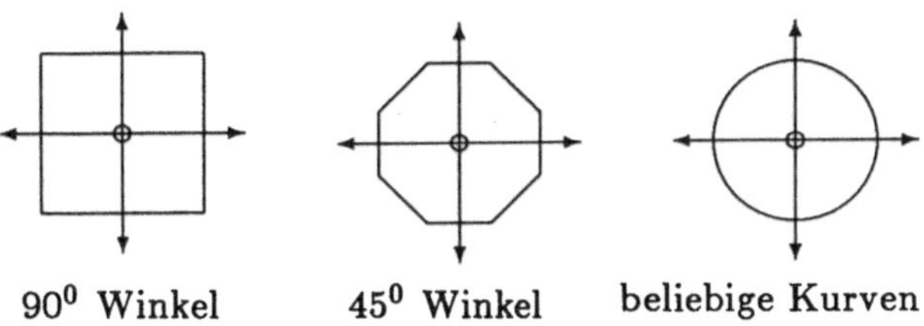

Abbildung 7.16: *"Einheitskreise" verschiedener Verdrahtungsmodelle*

Man erkennt, daß dies bei rechtwinkliger Verdrahtung genau das vernünftige Abstandsmaß ist. Knickt man etwa eine Leitung der Breite w um 90^0, so haben die beiden Eckpunkte den euklidischen Abstand $w\sqrt{2}$, können aber wegen der Nebenbedingung gar nicht dichter gelegt werden. In der Maximumsnorm gemessen, beträgt der Abstand der Eckpunkte hingegegen ebenfalls den Wert w. In diesem Abstandsmaß ist also jede Leitung auch unter den entsprechenden Nebenbedingungen in Minimalbreite realisierbar.

Figur 7.16 zeigt Einheitskreise für einige interessante Verdrahtungsmodelle. Erlaubt man etwa zur Realisierung des Randes einer Leitung beliebige stetige Kurven, so ist das gewöhnliche Abstandsmaß, d.h. die euklidische Norm vernünftig. Der Einheitskreis ist also ein Kreis im üblichen Sinne. Dazwischen sind Verfeinerungen möglich, so etwa, daß man nur Polygone als Rand zuläßt, deren Strecken im Vielfachen eines Winkels $\alpha \leq 90^0$, der Teiler von 90^0 ist, zueinander stehen. Bei rechtwinkliger Verdrahtung ist gerade $\alpha = 90^0$. Denkbar wäre auch, daß man $45^0, 30^0$ oder 15^0 Winkel erlaubt. Figur 7.17 zeigt Verdrahtungen im rechtwinkligen und im 45^0 Modell und verdeutlicht zudem, daß unterschiedliche Modelle eine korrekte Verdrahtung in unterschiedlichen Kanalhöhen erlauben. Die Normen sind hierbei

$$\|(x,y)\|_{90^0} := \max\{|x|,|y|\};$$
$$\|(x,y)\|_{45^0} := \begin{cases} \max\{|x|,|y|\} & , \text{ falls } \min\{|x|,|y|\} < (\sqrt{2}-1)\max\{|x|,|y|\} \\ \frac{1}{\sqrt{2}}(|x|+|y|) & , \text{ sonst.} \end{cases}$$

Wir werden viele Aussagen über Plazierung und Verdrahtung unabhängig von einer speziellen Verdrahtungsart herleiten. Dabei werden wir ausnutzen, daß das zugehörige Abstandsmaß auf einer Norm basiert, und daß der Einheitskreis dieser Norm auch achsensymmetrisch ist. Wir führen hier die Eigenschaften an, die für das Verdrahtungsmodell zu prüfen sind. Sei also $\|.\|$ derart, daß die Gleichung

$$\|(x,y)\| = w$$

gerade die Kurve liefert, die man erhält, wenn man eine Leitung der Breite 0 im

Abstand w um den Nullpunkt legt. Die Resultate dieses Abschnitts gelten, wenn $\|.\|$ folgende Eigenschaften erfüllt:

- $\|.\|$ ist eine Norm.

- $\|.\|$ ist symmetrisch, d.h. $\forall (x, y) : \|(x, y)\| = \|(-x, y)\| = \|(y, x)\|$.

Daraus leitet sich dann folgende Monotonieeigenschaft ab, die wir häufig benutzen werden:

$$(M) \qquad \forall x, y, z : |x| \leq |z| \implies \|(x, y)\| \leq \|(z, y)\|.$$

Wir zeigen (M) für $x > 0$, $\varepsilon > 0$ und $z = x + \varepsilon$. Die anderen Fälle ergeben sich aufgrund der Symmetrie. Mit den geforderten Eigenschaften rechnet man nun

$$
\begin{aligned}
\|(x, y)\| \;&=\; \left\| \frac{2x + \varepsilon}{2(x + \varepsilon)}(x + \varepsilon, y) + \frac{\varepsilon}{2(x + \varepsilon)}(-(x + \varepsilon), y) \right\| \\[2mm]
&\leq\; \left\| \frac{2x + \varepsilon}{2(x + \varepsilon)}(x + \varepsilon, y) \right\| + \left\| \frac{\varepsilon}{2(x + \varepsilon)}(-(x + \varepsilon), y) \right\| \\[2mm]
&=\; \frac{2x + \varepsilon}{2(x + \varepsilon)} \|(x + \varepsilon, y)\| + \frac{\varepsilon}{2(x + \varepsilon)} \underbrace{\|(-(x + \varepsilon), y)\|}_{=\,\|(x+\varepsilon,\,y)\|} \\[2mm]
&=\; \|(x + \varepsilon, y)\|.
\end{aligned}
$$

Weiter folgert man mit obigen Eigenschaften auch leicht die Abschätzung

$$|x| + |y| \geq \|(x, y)\| \geq \max\{|x|, |y|\}.$$

Wir wollen zunächst einen Satz beweisen, der in recht allgemeiner Form notwendige und hinreichende Bedingungen für die Verdrahtbarkeit in Abhängigkeit von $\|.\|$ gibt, womit das Entscheidungsproblem für alle Verdrahtungsmodelle gelöst ist. Der Beweis liefert zudem ein Verfahren, das eine Verdrahtung erstellt, löst damit also auch in allgemeiner Form das Konstruktionsproblem. Bevor wir uns diesem Satz zuwenden, wollen wir jedoch einige Vorbetrachtungen anstellen.

Bei den Verdrahtbarkeitsbedingungen spielt der Mindestanteil, den die Leitungen i bis j auf einer beliebigen Strecke vom linken Rand von i zum rechten Rand von j belegen müssen, nämlich

$$\phi(i, j) := \sum_{\nu=i}^{j-1}(w_\nu + d) + w_j = (j - i)d + \sum_{\nu=i}^{j} w_\nu,$$

eine herausragende Rolle. Man betrachte dazu eine beliebige aber legale Verdrahtung des Kanals, d.h. eine Realisierung der Leitungen, die (e1) bis (e3) erfüllt. Seien ferner i und j mit $i \leq j$ zwei Leitungen und P_i ein Punkt auf dem linken Rand der Leitung i, P_j' ein Punkt auf dem rechten Rand der Leitung j.

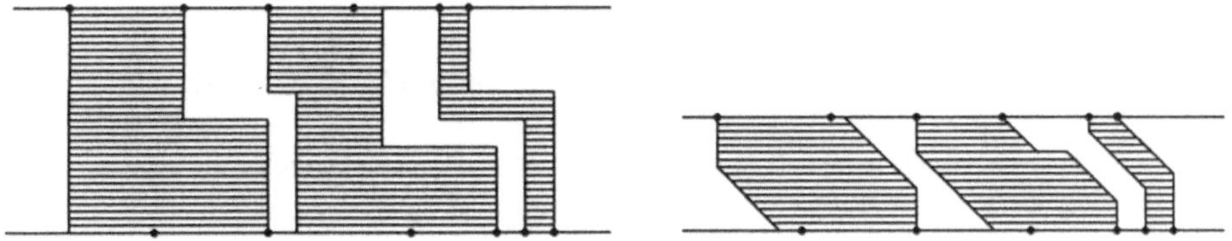

Abbildung 7.17: *Kanalverdrahtung unter verschiedenen Bedingungen*

Man lege nun durch die Punkte eine Gerade. Dann schneidet diese Gerade den rechten Rand der Leitung i im Punkt P_i', dann den linken Rand der Leitung $i+1$ im Punkt P_{i+1}, dann deren rechten Rand in P_{i+1}' usw., bis sie schließlich im Punkt P_j' die Leitung j verläßt. Mit (e1) gilt nun

$$\forall i \leq \nu \leq j : \|P_\nu' - P_\nu\| \geq w_\nu.$$

Ferner gilt mit (e2)

$$\forall i \leq \nu \leq j - 1 : \|P_{\nu+1} - P_\nu'\| \geq d.$$

Damit gilt

$$
\begin{aligned}
\|P_j' - P_i\| &= \left\|P_j' - P_j + \sum_{\nu=i}^{j-1}(P_{\nu+1} - P_\nu' + P_\nu' - P_\nu)\right\| \\
&= \|P_j' - P_j\| + \sum_{\nu=i}^{j-1}\left(\|P_{\nu+1} - P_\nu'\| + \|P_\nu' - P_\nu\|\right) \\
&\geq w_j + \sum_{\nu=i}^{j-1}(d + w_\nu) = \phi(i,j),
\end{aligned}
$$

wobei bei Anwendung der Dreiecksungleichung im zweiten Schritt "=" steht, da die Punkte aufeinanderfolgend auf einer Geraden liegen. Insbesondere gilt diese Bedingung natürlich für die linken und rechten Anschlußpunkte einer Leitung i bzw. j. Damit haben wir also schon eine notwendige Bedingung, die sich allein aus (e1) und (e2) ableitet. Eine weitere notwendige Bedingung liefert nun (e3). Man betrachte dazu den Anschlußpunkt B_i einer Leitung i und die senkrechte Strecke von B_i zum oberen Kanalende im Punkt (b_i, h). Diese hat die Länge $\|(b_i, h) - (b_i, 0)\| = \|(0, h)\| = h\|(0, 1)\| = h$. Solange $h \geq \phi(i,j)$ ist, kann die Leitung j mit $j \geq i$ diese Strecke noch schneiden, ohne (e3) zu verletzen. Dies ist aber nicht mehr möglich, wenn $h < \phi(i,j)$ ist, d.h. in diesem Falle darf sicher nicht die ganze Leitung j über diese Strecke laufen, was zumindest bedeutet, daß der Punkt $T_j + (w_j, 0)$ rechts von B_i liegen muß, also $\phi(i,j) > h \Longrightarrow t_j + w_j > b_i$ eine weitere notwendige Bedingung ist. Gleichermaßen gilt, daß für $i \leq j$ der Anschluß $(b_j + w_j, 0)$ rechts von T_i liegen muß, wenn $\phi(i,j) > h$ gilt, wonach

$$\phi(i,j) > h \Longrightarrow (b_j + w_j > t_i \text{ und } t_j + w_j > b_i)$$

eine notwendige Bedingung ist. Damit haben wir schon eine Richtung des folgenden Satzes gezeigt:

Satz 7.4.1 *Gegeben sei ein Verdrahtungsproblem obiger Art. Dann ist der Kanal genau dann verdrahtbar, wenn für je zwei Leitungen i und j mit $j \geq i$ gilt:*

$(W1)$ $\|T_j + (w_j, 0) - B_i\| \geq \phi(i,j)$ *und* $\|B_j + (w_j, 0) - T_i\| \geq \phi(i,j)$ *sowie*
        $\|T_j + (w_j, 0) - T_i\| \geq \phi(i,j)$ *und* $\|B_j + (w_j, 0) - B_i\| \geq \phi(i,j)$.

$(W2)$ $\phi(i,j) > h \Longrightarrow b_j + w_j > t_i$ *und* $t_j + w_j > b_i$.

Ferner gibt es einen Algorithmus, der eine Verdrahtung in Zeit $O(|output|)$ liefert, falls sie existiert, wobei $|output|$ die Grösse der Ausgabe ist.

Beweis: Wir haben oben schon die Notwendigkeit dieser Bedingungen gezeigt, wobei (W1) gerade die Mindestabstandsbedingungen bezogen auf linke und rechte Ränder der Anschlüsse sind. Um nun einzusehen, daß diese Bedingungen auch hinreichen, geben wir ein Verdrahtungsverfahren an, das eine Verdrahtung liefert, wenn (W1) und (W2) gelten:

Man beobachtet zunächst, daß man stets davon ausgehen kann, daß jede Leitung i im kleinsten rechteckigen Abschnitt des Kanals verläuft, der die Punkte $(t_i, h), (t_i + w_i, h), (b_i, 0), (b_i + w_i, 0)$ enthält. (Denn, wenn eine Leitung aus diesem von den Anschlußrändern aufgespannten Rechteck ausbricht, so muß sie auch wieder in dieses Rechteck zurück. Liegt im Bereich dieses Bogens, den die Leitung schlägt, keine andere Leitung, so kann man sie offensichtlich auch auf kürzerem Wege im Inneren des Rechtecks verlegen. Liegt in diesem Bogen eine andere Leitung, so bricht auch diese aus ihrem Rechteck aus. Man gehe also solange zur Nachfolgerleitung bzw. Vorgängerleitung über, bis die Vereinfachung durchgeführt werden kann.) Damit gliedert sich das Verdrahtungsproblem in drei Fälle:

- Gilt $t_i = b_i$, so kann man die Anschlüße direkt durch ein senkrechtes Leiterstück der Länge h und Breite w_i verbinden.

- Gilt $t_i < b_i$, so werden wir die Leitung monoton fallend von links oben nach rechts unten verdrahten. Wir sprechen dann von *fallenden Leitungen*.

- Gilt $t_i > b_i$, so wird die Leitung monoton steigend von links unten nach rechts oben verdrahtet. Wir nennen i eine *steigende Leitung*.

Die Rechtecke, in denen die Leitungen realisiert werden, sind für zwei Leitungen i und $i+1$ disjunkt und haben mit (W1) sogar mindestens den Abstand d, wenn i fällt (steigt), nicht aber $i+1$. Demnach zerfällt unsere Problem also in die unabhängigen Teilaufgaben, fallende, steigende und gerade Leitungen zu verdrahten. Wir werden nun einen Algorithmus angeben, der eine korrekte Verdrahtung konstruiert, wenn (W1) und (W2) gelten. Dabei wird nur der Fall betrachtet, daß eine Folge fallender Leitungen zu verdrahten ist. Die anderen Fälle sind davon unabhängig und lassen sich analog durchführen.

Die Grundidee unseres Konstruktionsverfahrens ist denkbar simpel und naheliegend: Verlegt man die Leitungen stets so dicht wie möglich bezüglich schon verlegter Leitungen und des unteren Kanalrandes, so muß offenbar eine zulässige Verdrahtung entstehen, sofern es eine gibt. Wie dicht man eine Leitung dabei führen darf, wird durch das untere Kanalende selbst und eine Schutzzone im Abstand d zum rechten Rand der zuletzt verlegten Leitung vorgegeben. Den Rand dieser Schutzzone nennen wir im folgenden *Kontur*.

Verdrahtung fallender Leitungen
Sei i die erste einer Folge fallender Leitungen.
Kontur := unterer Kanalrand bis zum Punkt B_i;
while $(b_i > t_i) \wedge (i \leq n)$
do if Es gibt P auf der Kontur mit $\|T_i + (w_i, 0) - P\| < w_i$
    then Melde Fehler: "keine Verdrahtung gefunden"; **exit**
    else if $T_i + (w_i, 0)$ hat $\|.\|$-Abstand $> w_i$ von der Kontur
        then Verlege den rechten Rand von i senkrecht bis zu einem Punkt
            im $\|.\|$-Abstand w_i von der Kontur;
        fi
        /* nun hat der rechte Rand von i genau $\|.\|$-Abstand w_i
        von der Kontur*/
        Folge der Kontur im $\|.\|$-Abstand w_i bis zum Punkt $B_i + (w_i, 0)$;
    fi
    Verlege den linken Rand im $\|.\|$-Abstand w_i links vom rechten Rand.
    Kontur := Kurve im $\|.\|$-Abstand d vom rechten Rand,[14] ggf. gefolgt vom
        unteren Kanalrand bis B_{i+1};
    $i := i + 1$;
od

Wir wollen zunächst prüfen, ob dieser Algorithmus stets eine Verdrahtung mit (e1) bis (e3) produziert, falls er nicht mit Fehler abbricht:

---

[14] Wird die Leitung zunächst noch senkrecht bis zur alten Kontur geführt, so nehmen wir das vertikale Segment im $\|.\|$-Abstand d vom rechten Rand nicht zur Kontur hinzu, denn, wenn die Abstandsbedingungen auf dem Kanalrand gelten, kann es bei dieser Vorgehensweise nicht zu Überlappungen der Nachfolgeleitung mit diesem Segment kommen. Es wird demnach nicht als Schutzzone benötigt.

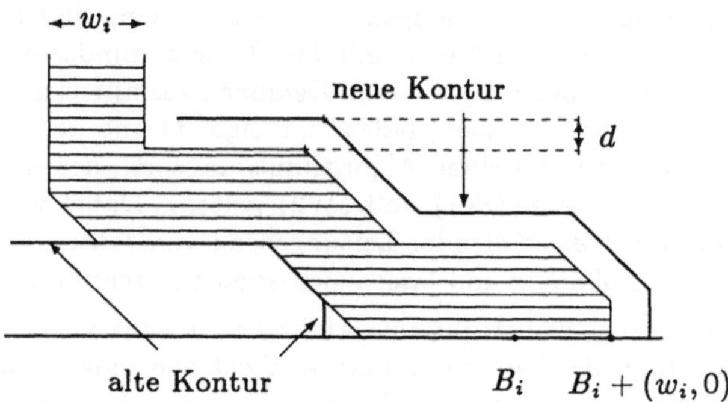

Abbildung 7.18: *Konstruktion vom rechtem, linken Rand und neuer Kontur*

Da wir den linken Rand einer Leitung i stets im Abstand w_i zum rechten Rand verlegen, gilt (e1) per Konstruktion.

Die Kontur ist stets eine Kurve im Abstand d zur Vorgängerleitung, d.h. jeder Punkt auf der Kontur hat einen Abstand $\geq d$ zu jedem Punkt auf der zuvor verlegten Leitung $i - 1$. Da wir den rechten Rand einer Leitung i nur solange senkrecht nach unten verlegen bis er den Abstand w_i zur Kontur hat, und dann der Kontur im Abstand w_i folgen, hat jeder Punkt auf dem rechten Rand zu jedem Punkt auf der Leitung $i - 1$ einen Abstand grösser gleich $w_i + d$. Da wir den linken Rand im Abstand w_i zum rechten Rand verlegen, gilt also für jeden Punkt auf der Leitung i, daß er zu jedem Punkt auf der Leitung $i - 1$ einen Abstand $\geq d$ hat. Damit folgt auch schon (e2), da wir nur Paare $i, i + 1$ betrachten müssen. (Man kann auch individuelle Mindestabstände für Paare i, j von Leitungen berücksichtigen. In diesem Falle müssen die Abstandregeln jedoch transitiv sein, d.h., wenn $i < j$ und $j < k$ schon die richtigen Abstände haben, so folgt dann schon der richtige Abstand für i, k. Damit kann man sich wieder auf die Betrachtung der Paare $i, i + 1$ und der Abstände $d_{i,i+1}$ beschränken).

Man überlegt sich ferner, daß per Konstruktion der rechte Rand stets so verlegt wird, daß er den Kanal nie verläßt. Da er ferner zum unteren Kanalende bis zum Punkt B_i den Abstand w_i einhält und dann erst in einem "Kreisbogen" im Abstand w_i um B_i nach $B_i + (w_i, 0)$ verlegt wird, bleibt auch der linke Rand stets im Kanal.

Abbildung 7.18 zeigt am Beispiel von 45^0 Verdrahtung noch einmal, wie der rechte und linke Rand sowie die neue Kontur als eine Folge von Strecken und "Kreisbögen" (die in diesem Falle Polygone mit 45^0 Winkeln sind), verlegt werden. Wenn $h < w_i$ ist, besteht das Folgen der Kontur sogar nur aus einem "Kreisbogen" um B_i herum.

Der Aufwand, den man beim Verlegen einer Leitung betreiben muß, wird im

wesentlichen durch die Zahl der zu erzeugenden Linien und "Bogen"-Segmente
für die Ränder der Leitungen sowie die Form der Kontur bestimmt, die wiederum
von der vorherigen Leitung abhängt. Die einzelnen Details, wie das Verlegen
von Segmenten in einem gewissen Abstand von anderen Segmenten oder der
Test auf einen gewissen Abstand, lassen sich mit elementaren Berechnungen in
konstanter Zeit pro Segment durchführen, so daß man die Kontur bzw. den
Rand der Leitungen im wesentlichen nur Segment für Segment von links nach
rechts bearbeiten muß. Der Zeitaufwand ist also durch die Größe der Ausgabe
beschränkt.

Es bleibt also noch zu zeigen, daß eine der Bedingungen (W1) oder (W2) verletzt
ist, wenn keine Verdrahtung gefunden wird. Zunächst sieht man, daß folgende
Invariante gilt:

*Nach Verlegen einer Leitung j gibt es zu jedem Punkt K auf der Kontur, der
nicht auf dem unteren Kanalrand liegt, einen Punkt $P_i = (p_i, 0)$ auf dem unteren
Kanalrand, der gleichzeitig auf dem linken Rand einer Leitung $i \leq j$ liegt, mit
$\|K - P_i\| = \phi(i, j) + d$.*

Vor Verlegen der ersten Leitung gilt dies sicher, da dann die Kontur nur auf dem
unteren Kanalrand verläuft. Die Invariante gelte nun vor Verlegen der Leitung
j. Wir folgern sie dann für die neue Kontur nach Verlegen von j:

Sei K ein Punkt auf der neuen Kontur, der nicht auf dem unteren Kanalrand
liegt. Dann gibt es einen Punkt P_j' auf dem rechten Rand der Leitung j im
Abstand d, und zu P_j' einen Punkt P_j im Abstand w_j auf der alten Kontur oder
auf dem Kanalrand.

Liegt P_j schon auf dem Kanalrand, so gilt

$$\begin{aligned}
\|K - P_j\| &= \|K - P_j' + P_j' - P_j\| \\
&\leq \|K - P_j'\| + \|P_j' - P_j\| \\
&= w_j + d \\
&= \phi(j, j) + d.
\end{aligned}$$

Andererseits muß $\|K - P_j\| \geq \phi(j, j) + d$ sein, betrachtet man die Gerade durch
P_j und K. Diese schneidet nämlich den rechten Rand der Leitung j in einem
Punkt P_j'' und es gilt

$$\|P_j - P_j''\| \geq \phi(j, j) \quad \text{sowie} \quad \|K - P_j''\| \geq d.$$

Da die Punkte aufeinanderfolgend auf einer Geraden liegen, ist

$$\|K - P_j\| = \|K - P_j''\| + \|P_j'' - P_j\| \geq \phi(j, j) + d,$$

und demnach

$$\|K - P_j\| = \phi(j, j) + d,$$

womit die Invariante in diesem Fall gilt.

Liegt P_j nicht auf dem unteren Kanalrand, dann liegt er auf der Kontur aus dem vorherigen Verdrahtungsschritt. Also gibt es, da die Invariante für die alte Kontur gilt, einen Punkt P_i, $i \leq j - 1$ auf dem Kanalrand, mit

$$\|P_j - P_i\| = \phi(i, j - 1) + d.$$

Demnach ist aber

$$\begin{aligned} \|K - P_i\| &\leq \|K - P_j'\| + \|P_j' - P_j\| + \|P_j - P_i\| \\ &= d + w_j + \phi(i, j - 1) + d \\ &= \phi(i, j) + d. \end{aligned}$$

Andererseits kann $\|K - P_i\|$ nicht echt kleiner sein. Man betrachte dazu wie im ersten Fall die Gerade durch K und P_i. Diese schneide den rechten Rand der Leitung j in Q_j', den linken in Q_j usw., bis sie die Leitung i in Q_i' und dann in $Q_i = P_i$ trifft. Wieder folgt, wie beim Beweis der Notwendigkeit von (W1), schon $\|K - P_i\| \geq \phi(i, j) + d$, weil K mindestens den Abstand d vom rechten Rand von j hat und die Mindestbreiten und Abstandsbedingungen für die anderen Leitungen, also insbesondere für Q_ν, Q_ν', gelten. Demnach gilt Gleichheit und somit die Invariante.

Wir betrachten nun den Fall, daß das Verdrahten nicht gelingt, d.h. daß beim Versuch, die Leitung j zu verlegen, ein Punkt K auf der Kontur existiert mit $\|T_j + (w_j, 0) - K\| < w_j$. Wir zeigen, daß dann eine unserer Bedingungen verletzt ist.

Liegt $K = (k_x, 0)$ schon auf dem unteren Kanalrand, dann gilt

$$\phi(j, j) = w_j > \|T_j + (w_j, 0) - K\| \geq \max\{|t_j + w_j - k_x|, h\} \geq h.$$

Mit (W2) ist also $t_j + w_j - b_j > 0$, und, da K auf der Kontur ist, gilt $k_x \leq b_j$, weswegen $t_j + w_j - k_x \geq t_j + w_j - b_j > 0$ gilt. Also folgt mit (M)

$$\|T_j + (w_j, 0) - B_j\| \leq \|T_j + (w_j, 0) - K\| < w_j = \phi(j, j)$$

im Widerspruch zu (W1).

Liegt K nicht auf dem unteren Kanalrand, dann gibt es mit der Invarianten einen Punkt P_i auf dem unteren Kanalrand mit $\|K - P_i\| = \phi(i, j - 1) + d$. Also ist

$$\begin{aligned} \|T_j + (w_j, 0) - P_i\| &\leq \|T_j + (w_j, 0) - K\| + \|K - P_i\| \\ &< w_j + d + \phi(i, j - 1) = \phi(i, j). \end{aligned}$$

Da $P_i = (p_i, 0)$ auf dem linken Rand der Leitung i liegt, und diese von links nach rechts verlegt wurde, gilt $p_i \leq b_i$. Da P_i auf dem unteren Kanalrand liegt, ist aber $h \leq \|T_j + (w_j, 0) - P_i\| < \phi(i, j)$, so daß mit (W2) $t_j + w_j - b_i > 0$ folgt. Mit Eigenschaft (M) gilt dann, da $p_i \leq b_i$,

$$\begin{aligned} \|T_j + (w_j, 0) - B_i\| &= \|(t_j + w_j - b_i, h)\| \\ &\leq \|(t_j + w_j - p_i, h)\| \\ &= \|T_j + (w_j, 0) - P_i\| < \phi(i, j), \end{aligned}$$

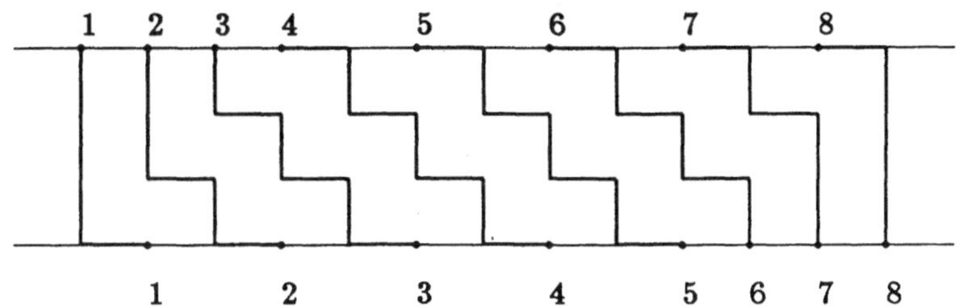

Abbildung 7.19: *Die Anzahl der Leitersegmente kann quadratisch in der Anzahl der Anschlüsse wachsen.*

was wiederum einen Verstoß gegen (W1) bedeutet. ∎

Die oben angegebenen insgesamt $O(n^2)$ Bedingungen, wenn n die Zahl der Leitungen ist, lassen sich offensichtlich in Zeit $O(n^2)$ prüfen, wenn man $\phi(i,j)$ schon berechnet hat (wir kommen noch darauf zurück). Dies ist auch die Größenordnung an Aufwand, den die Verdrahtung verursachen kann, was Abbildung 7.19 schematisch für einen Kanal mit Leitungen der Breite 0 und Abstand d bei rechtwinkliger Verdrahtung zeigt. Allerdings lassen sich diese Bedingungen für spezielle Verdrahtungsmodelle vereinfachen und speziell bei rechtwinkliger Verdrahtung sogar auf $O(n)$ Bedingungen reduzieren, was das Entscheidungsproblem einfacher als das Konstruktionsproblem werden läßt. Wir wollen im folgenden einige Vereinfachungen durchführen.

Die Bedingung (W1) für Punktepaare auf einer Kanalseite vereinfacht sich sogar für alle Verdrahtungsmodelle zu linear vielen Bedingungen, da aus

$$\begin{aligned}
t_{i+1} + w_{i+1} - t_i &= (t_{i+1} + w_{i+1} - t_i)\|(1,0)\| \\
&= \|T_{i+1} + (w_{i+1},0) - T_i\| \\
&\geq \phi(i,i+1)
\end{aligned}$$

induktiv folgt, daß

$$\begin{aligned}
\|T_j + (w_j,0) - T_i\| &= t_j + w_j - t_i \\
&= t_j + w_j - t_{j-1} - w_{j-1} + t_{j-1} + w_{j-1} - t_i \\
&\geq \phi(j-1,j) - w_{j-1} + \phi(i,j-1) \\
&= \phi(i,j)
\end{aligned}$$

gilt (analog für die untere Seite).

Da $t_{i+1} + w_{i+1} - t_i \geq \phi(i,i+1) \iff t_{i+1} \geq t_i + w_i + d$, sind für die Anschlußpaare auf der gleichen Kanalseite die Bedingungen

$$(W')\qquad t_{i+1} \geq t_i + w_i + d \ \text{ bzw. } \ b_{i+1} \geq b_i + w_i + d$$

notwendig und hinreichend. Für rechtwinklige Verdrahtung vereinfachen sich zudem auch die Bedingungen für Anschlußpaare auf verschiedenen Kanalseiten: Da $\|.\|$ hier die Maximumsnorm ist, schreibt sich (W1) als

$$\|T_j + (w_j, 0) - B_i\| = \max\{|t_j + w_j - b_i|, h\} \geq \phi(i, j)$$

(die Betrachtungen für umgekehrte Kanalseiten ergeben sich stets symmetrisch und werden daher von nun an unterschlagen). (W1) gilt also sicher, solange $h \geq \phi(i, j)$. Einen wichtigen Index liefert daher

$$\mu(i) := \min\{j \geq i \mid \phi(i, j) > h\}.$$

(W1) ist nur relevant, wenn $j \geq \mu(i)$. Mit (W2) gilt für $j = \mu(i)$ schon

$$t_{\mu(i)} + w_{\mu(i)} > b_i,$$

weswegen sich die Bedingung für $j = \mu(i)$ wie folgt schreibt:

$$t_{\mu(i)} + w_{\mu(i)} - b_i \geq \phi(i, \mu(i)).$$

Gilt schon (W'), dann ist für $j > \mu(i)$:

$$t_j + w_j - b_i \geq t_{\mu(i)} + \phi(\mu(i), j) - b_i \geq \phi(i, \mu(i)) + \phi(\mu(i), j) - w_{\mu(i)} = \phi(i, j).$$

Demnach genügt es also, diese Bedingungen nur für die Paare $\mu(i), i$ zu betrachten, womit also (RW) und (W') schon (W1) implizieren, mit

$$(RW) \qquad \forall 1 \leq i \leq n, \text{ für die } \mu(i) \text{ existiert}:$$
$$t_{\mu(i)} + w_{\mu(i)} - b_i \geq \phi(i, \mu(i)) \text{ und } b_{\mu(i)} + w_{\mu(i)} - t_i \geq \phi(i, \mu(i)).$$

Da andererseits $\phi(i, j)$ stets echt größer als 0 ist, deckt (RW) auch schon (W2) ab. Wir haben also nur noch, da μ nicht einmal für jedes i definiert sein muß, höchstens $2(n-1)$ Bedingungen für (W') und $2n$ für (RW), also $4n - 2$ Bedingungen zu prüfen. Damit gilt folgendes

Korollar 7.4.2 *Die Bedingungen (RW) und (W') sind bei rechtwinkliger Verdrahtung notwendig und hinreichend für die Verdrahtbarkeit des Kanals, und lassen sich in Linearzeit überprüfen.*

Beweis: Wir haben schon gesehen, daß $(W1) \wedge (W2) \Longleftrightarrow (RW) \wedge (W')$, wenn $\|.\|$ die Maximumsnorm ist. Es bleibt also nur zu zeigen, daß man (RW) und (W') in Linearzeit prüfen kann. Dies gilt sicher, wenn sich $\phi(i, j)$ und $\mu(i)$ schnell berechnen lassen, da es ja nur linear viele Bedingungen sind. ϕ berechnet sich leicht, da für $i \leq k \leq j : \phi(k, j) = \phi(i, j) - \phi(i, k) + w_k$ ist, d.h. kennt man $\phi(1, i)$ für $i = 1, \ldots, n$, so läßt sich daraus $\phi(i, j)$ in konstanter Zeit berechnen. Die Berechnung von $\phi(1, i)$ für alle i erfordert offensichtlich insgesamt Zeit $O(n)$. Da $\mu(i + 1) \geq \mu(i)$ ist, läßt sich μ für alle i in Linearzeit berechnen durch

```
i := 1; j := 1;
while i ≤ n
do j := max{i, j};
    while (j ≤ n) ∧ (φ(i, j) ≤ h) do j := j + 1; od;
    if j ≤ n and φ(i, j) > h
    then μ(i) := j;
    else /* μ(i) existiert nicht mehr*/
        for ν := i to n do μ(ν) := ∞ od;
        i := n;
    fi;
    i := i + 1;
od;
```

■

Auch für andere konkrete Verdrahtungsmodelle lassen sich aus den Bedingungen (W1) und (W2) einfachere, leicht überprüfbare Bedingungen ableiten. So gilt folgendes

Korollar 7.4.3 *Ein Kanal ist legal verdrahtbar*
(a) mit beliebigen Kurven genau dann, wenn (W') und

$$\forall n \geq j \geq \mu(i) : t_j + w_j - b_i \geq \sqrt{\phi(i,j)^2 - h^2}.$$
$$\forall n \geq j \geq \mu(i) : b_j + w_j - t_i \geq \sqrt{\phi(i,j)^2 - h^2}.$$

(b) mit Leitungen, deren Ränder in 45^0 Winkeln verlegt werden dürfen, genau dann, wenn (W') und

$$\forall \eta(i) > j \geq \mu(i) : \quad t_j + w_j - b_i \geq \sqrt{2}\phi(i,j) - h \text{ und}$$
$$b_j + w_j - t_i \geq \sqrt{2}\phi(i,j) - h$$
$$sowie \qquad t_{\eta(i)} + w_{\eta(i)} - b_i \geq \phi(i, \eta(i)) \text{ und}$$
$$b_{\eta(i)} + w_{\eta(i)} - t_i \geq \phi(i, \eta(i)),$$

wobei $\eta(i) = \min\{j \geq \mu(i) \mid \phi(i,j) > (1 + \sqrt{2})h\}$.

Beweis: Für Punkte auf der gleichen Kanalseite genügt, wie schon gezeigt, unabhängig von der Wahl von $\|.\|$ die Bedingung (W'). Da für unsere Normen stets gilt, daß $\|T_j + (w_j, 0) - B_i\| \geq \max\{|t_j + w_j - b_i|, h\} \geq h$, kann (W1) für verschiedene Kanalseiten nur verletzt werden, wenn $j \geq \mu(i)$. Mit (W2) gilt aber mit $\phi(i,j) > h$ auch schon, daß $t_j + w_j - b_i \geq 0$. (Wir zeigen die Bedingungen nur für die Anschlüsse j oben und i unten. Die symmetrische Bedingung ergibt sich wieder analog.)

Nun zu (a): In diesem Falle ist die Norm die euklidische Norm und wie eingangs erwähnt, gilt $j \geq \mu(i)$. Man erhält dann

$$\forall n \geq j \geq \mu(i) : \|(t_j + w_j - b_i, h)\| \geq \phi(i,j) \qquad \Longleftrightarrow$$
$$\forall n \geq j \geq \mu(i) : \sqrt{(t_j + w_j - b_i)^2 + h^2} \geq \phi(i,j) \qquad \Longleftrightarrow$$
$$\forall n \geq j \geq \mu(i) : t_j + w_j - b_i \geq \sqrt{\phi(i,j)^2 - h^2},$$

da ja mit (W2) schon $t_j + w_j - b_i \geq 0$ ist. Darüberhinaus deckt diese Bedingung ihrerseits auch schon (W2) ab, da $\sqrt{\phi(i,j)^2 - h^2} > 0$ für $j \geq \mu(i)$.

Zu (b): Die Norm für 45^0 Verdrahtung ist

$$\|(x,y)\|_{45^0} := \begin{cases} \max\{|x|,|y|\} & \text{falls } \min\{|x|,|y|\} < (\sqrt{2}-1)\max\{|x|,|y|\} \\ \frac{1}{\sqrt{2}}(|x| + |y|) & \text{sonst.} \end{cases}$$

(W1) schreibt sich, wie eingangs bemerkt, zunächst als

$$\forall j \geq \mu(i) : \|(t_j + w_j - b_i, h)\|_{45^0} \geq \phi(i,j).$$

Um $\|.\|_{45^0}$ weiter zu berechnen, unterscheiden wir die einzelnen Fälle.
Im Fall $t_j + w_j - b_i < (\sqrt{2}-1)h$ wäre für $j \geq \mu(i)$

$$\|(t_j + w_j - b_i, h)\|_{45^0} = h < \phi(i,j).$$

Also muß $t_j + w_j - b_i \geq (\sqrt{2}-1)h$ sein.

Betrachte nun den Fall $(\sqrt{2}-1)h \leq t_j + w_j - b_i \leq \frac{h}{(\sqrt{2}-1)} = (\sqrt{2}+1)h$:
In diesem Fall schreibt sich (W1) als

$$\frac{1}{\sqrt{2}}(t_j + w_j - b_i + h) \geq \phi(i,j),$$

was äquivalent ist zu

$$t_j + w_j - b_i \geq \sqrt{2} \cdot \phi(i,j) - h.$$

Wir verlassen diesen Fall, wenn $t_j + w_j - b_i > (\sqrt{2}+1)h$ wird. Dann muß $t_j + w_j - b_i \geq \phi(i,j)$ gelten.
Ist $\mu(i) \leq j < \eta(i)$, so folgt mit $\phi(i,j) \leq (\sqrt{2}+1)h$ schon

$$t_j + w_j - b_i > (\sqrt{2}+1)h \geq \phi(i,j).$$

Da ferner mit $\phi(i,j) \leq (\sqrt{2}+1)h$ auch $\phi(i,j) \geq \sqrt{2}\phi(i,j) - h$ ist, gelten damit sowohl die Verdrahtbarkeitsbedingung als auch die abgeprüfte Bedingung.
Ist $j = \eta(i)$, so ist $\phi(i,j) > (\sqrt{2}+1)h$. Damit ist aber

$$\sqrt{2} \cdot \phi(i,j) - h > (\sqrt{2}+1)h,$$

d.h. wir sind sicher in dem Fall, daß $t_j + w_j - b_i \geq \phi(i,j)$ gelten muß. Gilt diese Bedingung für $\eta(i)$ so folgt sie wie bei der rechtwinkligen Verdrahtung mit (W') auch für alle $j > \eta(i)$, muß also nur für $\eta(i)$ überprüft werden.
Die Bedingung überdeckt ebenfalls auch schon (W2), da

$$\sqrt{2}\phi(i,j) - h > \phi(i,j) - h > 0,$$

29 Segmente durch
Folgen der Kontur

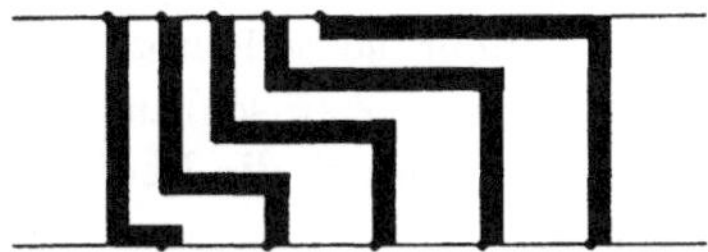

nur 13 Segmente sind nötig

Abbildung 7.20: *überflüssige Segmente durch Verdrahten entlang der Kontur*

für $j \geq \mu(i)$. Damit gilt (b). ∎

Eine weitere Aussage über die grundsätzliche Durchführbarkeit eines Zusammenbauschrittes leitet sich ebenfalls aus den Bedingungen ab:

Korollar 7.4.4 *Jeder Kanal der Höhe* $h \geq \phi(1,n)$ *ist legal verdrahtbar, wenn (W') gilt.*

Wir haben also einfache Verdrahtbarkeitsbedingungen, die sich bei den Plazierungsfragen noch als nützlich erweisen werden, und ein von der Laufzeit her optimales Konstruktionsverfahren, wenn man sich auf Betrachtungen des schlechtesten Falles beschränkt. Das Konstruktionsverfahren liefert aber nicht immer das beste Ergebnis. Zwar findet es immer eine Lösung, falls eine existiert, aber das "gefrässige" Verdrahten entlang der Kontur erzeugt in vielen Fällen unnötig viele Segmente. Abbildung 7.20 zeigt an einem Beispiel, daß das Folgen der Kontur in Fällen, in denen dies für die Verdrahtbarkeit des Restes nicht zwingend ist, sehr viele überflüssige Segmente erzeugt. Eine einfachere Verdrahtung würde hier nicht nur besser aussehen, sondern hätte auch, wenn die benötigte Rechenzeit nach wie vor proportional zur Anzahl der Segmente bliebe, Auswirkungen auf die Effizienz (auf den Speicherplatzbedarf ohnehin).

Im Falle der rechtwinkligen Verdrahtung läßt sich die Verdrahtbarkeit besonders leicht prüfen. Wir können für diesen Fall eine Heuristik zur Minimierung der Segmente entwickeln, die sich darauf abstützt. Die Schilderung beschränkt sich wieder auf fallende Leitungen, für steigende Leitungen ergibt sich eine analoge Berechnung. Die Grundidee der Heuristik ist sehr einfach: Man folgt der Kontur nur solange, bis die Leitung nach rechts und dann gerade nach unten zum Endpunkt verlegt werden kann, ohne die Verdrahtbarkeit des Restes zu gefährden. Folgt man also einem horizontalen Segment der Kontur (bei rechtwinkliger Verdrahtung besteht die Kontur nur aus horizontalen und vertikalen Elementen), so muß also nur am Ende des Segmentes festgestellt werden, ob man weiter der Kontur folgen muß oder geradlinig bis zur x Koordinate $b_i + w_i$ laufen und dann nach unten verdrahten kann. Wir benötigen demnach ein Kriterium, wann man sich den Rest der Kontur "schenken" kann. Folgt man der Kontur ab einem Segment der Höhe c nicht mehr, so bedeutet dies, daß man den Kanal bis zur x-Koordinate $b_i + w_i$ auf die Höhe $h - c$ einschränkt. Demnach ist der Rest des Kanals nur noch dann verdrahtbar, wenn er die Bedingung $t_{\mu_{h-c}(i)} + w_{\mu_{h-c}(i)} - b_i \geq \phi(i, \mu_{h-c}(i))$ erfüllt, wobei

$$\mu_{h-c}(i) := \min\{j \geq i \mid \phi(i,j) > h - c\}.$$

In diesem Falle können nämlich die Leitungen $i, \ldots, \mu_{h-c}(i)$ dicht um (b_i, c) herum entsprechend (e1) bis (e3) geführt werden. Die Frage ist nun, wie sich $t_{\mu_{h-c}(i)}$ effizient berechnet. Sinnvoll wäre es, zu einem Segment der Kontur der Höhe c schon $\mu_{h-c}(i)$ direkt verfügbar zu haben. Dann lautet die Frage, wie man zur neuen Kontur beim Verlegen von Leitung i den zu berechnenden Wert $\mu_{h-(c+w_i+d)}(i+1)$ aus $\mu_{h-c}(i)$ gewinnt. Es ist aber

$$\begin{aligned}
\mu_{h-(c+w_i+d)}(i+1) \;&=\; \min\{j \geq i+1 \mid \phi(i+1,j) > h - (c + w_i + d)\} \\
&=\; \min\{j \geq i+1 \mid \phi(i+1,j) + w_i + d > h - c\} \\
&=\; \min\{j \geq i+1 \mid \phi(i,j) > h - c\} \\
&=\; \min\{j \geq i \mid \phi(i,j) > h - c\} = \mu_{h-c}(i),
\end{aligned}$$

da $i \neq \mu_{h-c}(i)$ (denn wäre $i = \mu_{h-c}(i)$, so wäre ja schon $w_i > h - c$, d.h. keine Verdrahtung möglich).

Wir müssen nun nur noch wissen, wie ein Segment der neuen Kontur, das auf dem Kanalrand verläuft, zu belegen ist. Das muß offensichtlich mit $\mu(i)$ geschehen, da beim Verlegen der Leitung i auf dem Kanalrand $\mu_{h-(w_i+d)}(i+1)$ berechnet werden muß, was mit obiger Argumentation gleich $\mu_{h-0}(i) = \mu(i)$ ist.

Der Algorithmus aus Satz 7.4.1 soll nun, mit mehr Details versehen, speziell auf rechtwinklige Verdrahtung übertragen werden, um vorzuführen, wie man zu einer konkreten Umsetzung von Satz 7.4.1 kommen kann[15]. Zugleich sollen aber auch die Werte $\mu_{h-c}(i)$ auf den Segmenten der Kontur weitergegeben werden, so daß die Segmentminimierungsheuristik mit durchgeführt werden kann. Wir müssen dazu klären, wie man in diesem speziellen Fall die Leitungen und die Kontur konkret realisiert:

Wir schlagen vor, die Leitungen durch sich überlappende Rechtecke zu realisieren, für die eine Prozedur $rect(xy, xco, yco, l, b)$ einen Eintrag erzeugt. xy spezifiziere dabei den Eckpunkt des Rechteckes auf den sich die Koordinaten (xco, yco) beziehen, wobei lo für links-oben, ru für rechts unten usw. steht, und l, b geben die Länge, Höhe des Rechteckes an. Die Kontur werde durch eine lineare Liste von Tripeln (c, μ, e) verwaltet, die nacheinander die horizontalen Segmente durch Höhe c, x-Koordinate des rechten Endes e und $\mu = \mu_{h-c}(i)$ charakterisieren. Die vertikalen Segemente der Kontur ergeben sich damit implizit.

---

[15] Eine detaillierte Programmierung des Algorithmus ohne Segmentminimierung, die quasi mit dem Verdrahtungsmodell parametrisierbar ist, wäre ebenso denkbar, würde an dieser Stelle aber den Rahmen sprengen.

Rechtwinklige Verdrahtung mit Segmentminimierung

/* Wir schildern auch hier nur den Fall für fallende Leitungen*/
Sei i die erste einer Folge fallender Leitungen.
Kontur $:= (0, \mu(i), b_i)$;
while $(b_i > t_i) \wedge (i \leq n)$
do $(c, \mu, e) :=$ erstes Segment der Kontur;
     neue_Kontur $:=$ leere Liste;
     /* Es folgt zunächst die Bestimmung des ersten relevanten, horizontalen Segments. Das erste Segment der Kontur, das sich überhaupt mit dem "Einheitskreis" mit Radius w_i um $T_i + (w_i, 0)$ schneiden kann, berechnet man dabei aus folgender Überlegung: Der "Einheitskreis" ist hier ein Quadrat mit Seitenlänge $2w_i$ und Mittelpunkt $T_i + (w_i, 0)$. Da die Kontursegmente monoton fallend sind, ist die Bedingung, ob das Segment unter T_i eine Höhe größer, kleiner oder gleich $h - w_i$ hat, äquivalent zu Schnitt, kein Schnitt oder Berühren des "Einheitskreises" mit der Kontur. Wir suchen also zunächst das Segment der Kontur unterhalb von T_i.*/
     while $e < t_i$ **do** $(c, \mu, e) :=$ nächstes Element der Kontur **od**;
     /* Abfragen auf Abstand $> w_i$, und ggf. Verlegen der Leitung senkrecht auf die Kontur*/
     if $w_i > h - c$
     then exit /*Verdrahtung nicht möglich*/
     else $rect(lo, t_i, h, w_i, h - c)$; $xpos := t_i$;
          /* Wir folgen nun der Kontur, solange dies nötig ist */
          while $c > 0$ **and** $t_\mu + w_\mu - b_i < \phi(i, \mu)$
          do $rect(lu, xpos, c, e - xpos + w_i, w_i)$;
               /* Aufnehmen dieses horizontalen Segmentes in die neue Kontur*/
               neue_Kontur $:=$ neue_Kontur $\cdot (c + w_i + d, \mu, e + w_i + d)$;
               $(c', \mu', e') :=$ nächstes Element der Kontur;
               /* Verdrahte senkrecht auf das nächste Segment der Kontur*/
               $rect(lo, e, c + w_i, w_i, c - c' + w_i)$;
               $c := c'; xpos := e; e := e'; \mu := \mu'$;
          od;
          if $xpos < b_i$
          then /* Weiterverdrahten auf dem unteren Kanalrand oder nach rechts bis b_i*/
               $rect(lu, xpos, c, b_i - xpos + w_i, w_i)$;
               if $c > 0$
               then /* Es ist noch ein Segment senkrecht nach unten zu b_i nötig */
                    $rect(lu, b_i, 0, w_i, c + w_i)$;
                    Kontur $:=$ neue_Kontur
                          $\cdot (c + w_i + d, \mu, b_i + w_i + d) \cdot (0, \mu(i + 1), b_{i+1})$;
          else /* Wir sind dem unteren Kanalrand gefolgt */

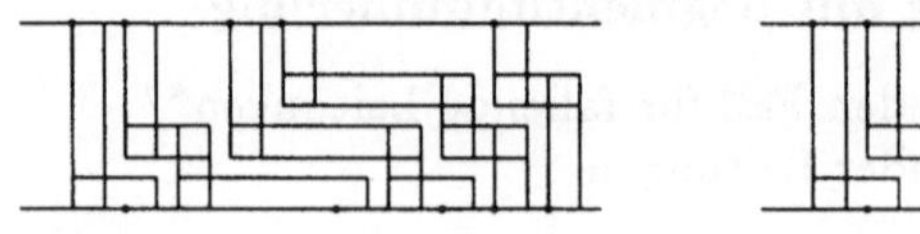

18 Segmente ohne Heuristik   16 Segmente mit Heuristik

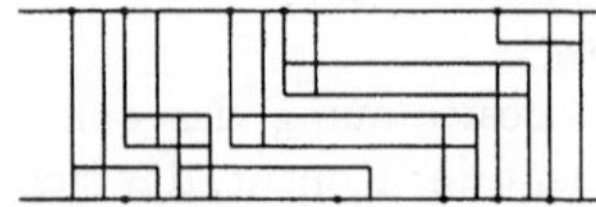

14 Segmente sind möglich

Abbildung 7.21: *Verschiedene Lösungen mit unterschiedlichem Aufwand an Segmenten*

$$\text{Kontur} := \text{neue\_Kontur}$$
$$\cdot (w_i + d, \mu(i), b_i + w_i + d) \cdot (0, \mu(i+1), b_{i+1});$$

fi;

else   /* Wir sind vollständig der Kontur, aber nicht mehr dem unteren Kanalrand gefolgt */

$$\text{Kontur} := \text{neue\_Kontur} \cdot (0, \mu(i+1), b_{i+1});$$

fi;

fi;

$i := i + 1;$

od;

Diese Heuristik produziert, wie in Abbildung 7.20 gezeigt, unter Umständen sehr viel weniger Segmente als ein "gefrässiges" Verdrahten entlang der Kontur, und ist damit auch effizienter, was Zeit- und Platzaufwand betrifft. Man ist leicht dazu verführt zu glauben, daß dieses Vorgehen sogar eine minimale Anzahl von Segmenten erzeugt (was an anderer Stelle sogar "bewiesen" wird [Pin82a]). Das Beispiel in Abbildung 7.21 widerlegt dies.

7.4.2   Verallgemeinerungen auf mehrere Lagen

Wir haben bis hierhin nur das Verdrahten in einer Schicht betrachtet. Will man nun eingebettete Teile aus unserem Netzkalkül zusammensetzen, so liegen die Anschlüsse am Rand in mehreren Schichten. Die Teile sind aber, da die Anschlüsse jeweils von rechts nach links paarweise zu verbinden sind, kreuzungsfrei verdrahtbar. Man hat dazu im wesentlichen zwei Möglichkeiten. Jede Schicht kann für sich kreuzungsfrei, d.h. nach den Regeln (e1) bis (e3) für diese Schicht, verdrahtet werden, ohne die andere Schicht dabei zu berücksichtigen. Die Kanalhöhe

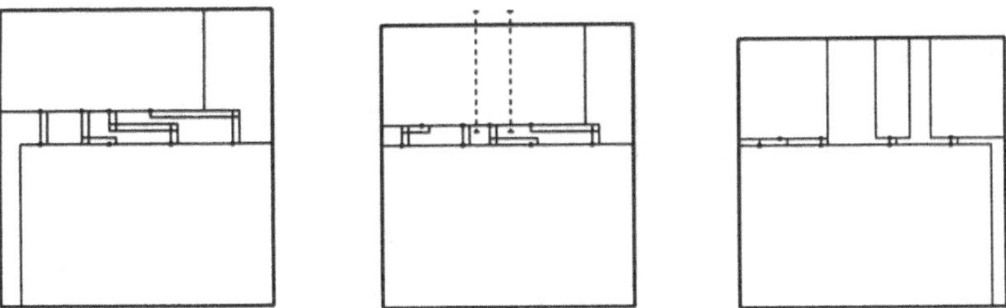

Abbildung 7.22: *Einfluß von Plazierungsmöglichkeiten auf Kanalhöhe und Gesamtfläche*

h ist dann als das Maximum der Kanalhöhen, in denen jede einzelne Schicht verdrahtbar ist, zu wählen. Dies wird aber zu Überlappungen von Leitungen verschiedener Schichten im Kanal führen. Will man dadurch verursachte Kopplungseffekte auf den Leitungen vermeiden, so kann man auch eine zusätzliche Abstandsregel zwischen bestimmten Leitungen (die auf dem Kanalrand schon gelten muß) angeben und bei der Verdrahtung so tun als gehören sie in eine Schicht. Wir haben nur der Einfachheit wegen einen Einheitsabstand d gewählt. Grundsätzlich ist für jedes Paar $i, i + 1$ auch ein individueller Mindestabstand $d_{i,i+1}$ möglich, ohne daß sich an den obigen Resultaten etwas ändert.

Wir können also das Verdrahtungsproblem in dieser einfachen, eingeschränkten Form sehr effizient und flexibel lösen. Damit ist aber noch nicht das Zusammensetzungsproblem für schon eingebettete Teilnetze gelöst. Man beobachtet zunächst (s. Abbildung 7.22), daß die benötigte Kanalhöhe ganz entscheidend von der relativen Lage der Teile zueinander abhängt. Betrachtet man ferner das umschliessende Rechteck der Gesamtanordnung, so sieht man, daß dessen Fläche sowohl von der Kanalhöhe als auch von der relativen Lage der Teile zueinander bestimmt wird. Hier ist ein guter Kompromiß zu finden, d.h. eine günstige Plazierung der Teile zueinander, so daß der Kanal legal verdrahtbar ist. Auch einen zweiten Punkt verdeutlicht Abbildung 7.22. Häufig sind die Teile unterschiedlich breit, so daß ein Teil für sich schon die Breite des umschließenden Rechteckes vorgibt. Hier wäre es günstig, den schmäleren Teil auseinanderziehen zu dürfen, wenn dadurch Kanalhöhe eingespart wird. Erlaubt man also, die schon eingebetteten Teile entlang gewisser Deformationslinien aufzutrennen und auseinanderzuziehen, so stellt sich ein noch etwas allgemeineres Plazierungsproblem als das für zwei Blöcke. Wir wollen dieses lokale Plazierungsproblem im nächsten Abschnitt analysieren.

7.4.3   Optimale Plazierung für Einschichtkanalverdrahtung

Die Benutzung von Verdrahtungsalgorithmen obiger Art zur Bewältigung eines
lokalen Zusammenbauschrittes erfordert also eine günstige Plazierung der schon
geometrisch eingebetteten Teile. Dieses Problem wird im nun folgenden Abschnitt untersucht. Wir gehen dabei davon aus, daß die Teile entlang gewisser Deformationslinien auftrennbar sind und dort auseinandergeschoben werden
dürfen. Man muß hierbei genauestens darauf achten, daß eine Deformation keine
Entwurfsregel in den schon korrekt eingebetteten Teilen verletzt und alle Verbindungen wiederherstellt. Betrachtet man etwa senkrechte Schnitte vom unteren
Rand zum oberen Rand des Teils, die nur horizontale Leiterstücke zerschneiden
(Kandidaten hierfür wären etwa die Ränder von vorher bearbeiteten senkrechten
"Zusammenbaukanälen"), so kann man entlang dieser das Teil zerschneiden und
auseinanderschieben, ohne Abstandsregeln in den Teilen zu verletzen. Da die ge-
schnittenen horizontalen Leitungen den Mindestabstandsbedingungen genügen,
kann man sie auf diesem Schnitt auch legal um den auseinandergeschobenen Betrag verlängern. Neben solch einfachen Deformationen sind auch kompliziertere
Deformationslinien (z.B. nicht nur vertikal bzw. horizontal) denkbar, man sollte
sich dann aber darüber im klaren sein, ob jede Deformation leicht durchführbar
und legal bleibt.

Wie im Abschnitt über lokale Verdrahtung wollen wir hier das Plazierungsproblem nur für einen horizontalen Kanal betrachten. Für vertikale Kanäle übertragen sich die nachfolgenden Analysen sinngemäß. Gegeben seien also Blöcke
oberhalb und unterhalb eines Kanals der Höhe h, auf denen Anschlüsse für n
Leitungen sitzen. Die Blöcke seien frei verschiebbar, dürfen jedoch in ihrer Reihenfolge nicht vertauscht werden und sich nicht überlappen. Die Anschlüsse auf
den Blöcken der gleichen Kanalseite erfüllen jeweils die Abstandregeln (W'), auch
wenn die Blöcke dicht zusammengeschoben sind. Abbildung 7.23 zeigt schematisch eine solche Problemstellung:

Die Blöcke seinen durchnummeriert von 1 bis k auf der oberen Kanalseite und von
$k+1$ bis $k+l$ auf der unteren Kanalseite. Auf der oberen Kanalseite sitzen wieder
die Anschlüsse T_i (auf der unteren Seite B_i) der Leitung i ($i = 1, \ldots, n$) und seien
auf die Blöcke verteilt (wobei jeder Block ohne Einschränkung mindestens einen
Anschluß trage). Die Breite des Blockes i sei gegeben durch D_i. Jede Leitung
werde mittels[16]

$$\beta : [1 : n] \longrightarrow [k + 1 : k + l] \text{ und } \tau : [1 : n] \longrightarrow [1 : k]$$

einem Block auf der unteren und oberen Kanalseite zugeordnet. w_i sei wieder
die Breite der Leitung i. Eine Plazierung ist gegeben durch eine Zuordnung
$x = (x_1, \ldots, x_{k+l})$ der x-Koordinaten x_i zu der linken Seite eines Blockes i. Diese

---

[16]Intervalle ganzer Zahlen $i, i + 1, \ldots, j - 1, j$ bezeichnen wir mit $[i : j]$

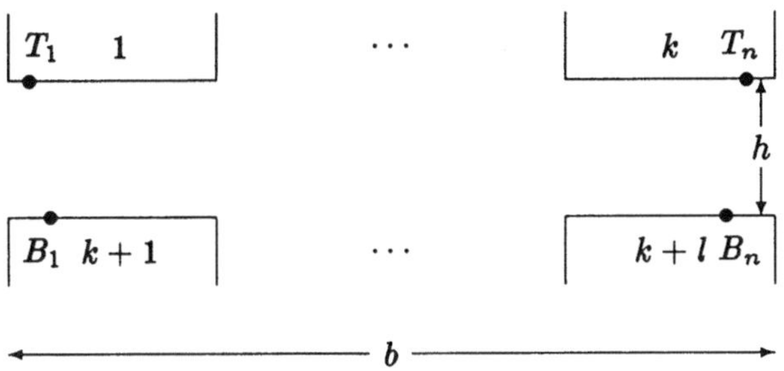

Abbildung 7.23: *Plazierungsproblem für ein-Schicht-Kanalverdrahtung*

bestimmt dann auch die Lage der Anschlüsse $T_i(x) = (t_i(x), h)$ bzw. $B_i(x) = (b_i(x), 0)$ durch

$$t_i(x) = x_{\tau(i)} + d_t(i) \text{ bzw. } b_i(x) := x_{\beta(i)} + d_b(i),$$

wobei $d_t(i)$ bzw. $d_b(i)$ jeweils der Abstand des Anschlusses einer Leitung i zum linken Rand ihres zugehörigen Blockes auf der oberen bzw. unteren Kanalseite ist. Wir verlangen, daß eine Plazierung, die die Blöcke weder vertauscht, noch überlappen läßt, auf jeder Kanalseite die Bedingung (W') für die Anschlußpunkte erfüllt, auch wenn die Blöcke dicht zusammengeschoben sind. Dies formuliert sich für die Blöcke $j \in [k+1 : k+l]$ auf der unteren Kanalseite (analog auf der oberen) durch

$$\forall i, i+1 \in \beta^{-1}(j) : d_b(i+1) - d_b(i) \geq w_i + d$$

und für

$$i = \max \beta^{-1}(j), i < n : d_b(i+1) + D_j - d_b(i) \geq w_i + d$$

Nennen wir eine Plazierung $x = (x_1, \ldots, x_{k+l})$ legal, wenn der Kanal legal verdrahtbar ist, so haben wir folgende Aufgaben zu bewältigen:

Gegeben sei ein Plazierungsproblem obiger Art. Dann entscheide, ob es eine legale Plazierung gibt, und wenn ja, konstruiere eine legale Plazierung minimaler Breite.

Man beobachtet zunächst, daß die Bedingungen an die Plazierung der Blöcke (nicht Vertauschen, nicht Überlappen) und die Verdrahtbarkeitsbedingungen ein lineares Ungleichungssystem liefern, dessen Lösungsmenge gerade die Menge aller legalen Plazierungen definiert:

I. Überlappungsfreiheit und Unvertauschbarkeit liefern Ungleichungen der Form

$$\forall 1 \leq i < k \text{ oder } k+1 \leq i < k+l : x_{i+1} - x_i \geq D_i =: cost(i, i+1).$$

II. Wir haben vorausgesetzt, daß die Anschlüsse auf der gleichen Kanalseite
(W') erfüllen, wenn die Plazierung den Ungleichungen aus I genügt. Es muß
nun noch erreicht werden, daß die Bedingungen (W1) und (W2) für die Anschlußpunkte auf verschiedenen Kanalseiten eingehalten werden. Diese sind
für Paare i, j von Leitungen definiert, wobei stets $j \geq \mu(i)$ gesetzt werden
kann, und setzen Punkte der oberen Kanalseite zu Punkten der unteren Kanalseite in Beziehung. Diese Beziehung kann man zurückrechnen auf lineare
Beziehungen zwischen den x-Koordinaten der Blöcke. Wir führen dies hier
für i auf der unteren und j auf der oberen Kanalseite vor, die anderen Bedingungen ergeben sich analog dazu:
Einzuhalten ist

$$(W1) \qquad \|T_j(x) + (w_j, 0) - B_i(x)\| \geq \phi(i, j) \qquad \text{sowie}$$
$$(W2) \qquad t_j(x) + w_j > b_i(x).$$

Diese Bedingungen schreiben sich in $x_{\beta(i)}$ und $x_{\tau(j)}$ als

$$\|(x_{\tau(j)} + d_t(j) + w_j - (x_{\beta(i)} + d_b(i)), h)\| \geq \phi(i, j) \qquad \text{sowie}$$
$$x_{\tau(j)} + d_t(j) + w_j - (x_{\beta(i)} + d_b(i)) > 0.$$

Man erhält daraus eine Bedingung $x_{\tau(j)} - x_{\beta(i)} \geq c_{bt}(i, j)$, wenn man
$c_{bt}(i, j)$ derart bestimmt, daß $c_{bt}(i, j) + d_t(j) + w_j - d_b(i) > 0$ und
$\|(c_{bt}(i, j) + d_t(j) + w_j - d_b(i), h)\| = \phi(i, j)$. Wegen (M) gibt es genau einen
kleinsten Wert $c_{bt}(i, j)$ mit diesen Eigenschaften und es gelten mit (M) nun
(W1) und (W2) für das Paar i, j genau dann, wenn

$$x_{\tau(j)} - x_{\beta(i)} \geq c_{bt}(i, j).$$

Da es im allgemeinen mehrere Paare (i_1, j_1) und (i_2, j_2) geben kann mit
$\tau(j_1) = v = \tau(j_2)$ und $\beta(i_1) = u = \beta(i_2)$, führt dies zu mehreren Ungleichungen $x_v - x_u \geq c_{bt}(i_1, j_1)$ und $x_v - x_u \geq c_{bt}(i_2, j_2)$, von denen nur diejenige
mit maximaler rechter Seite signifikant ist. Setzen wir

$$cost(u, v) = \max\{c_{bt}(i, j) \mid i \in \beta^{-1}(u), \mu(i) \leq j \in \tau^{-1}(v)\},$$

so gelten (W1) und (W2) für alle in Frage kommenden Paare $T_j(x), B_i(x)$
genau dann, wenn x den Ungleichungen

$$x_v - x_u \geq cost(u, v)$$

genügt, wo immer $cost(u, v)$, d.h. eine solche Ungleichung, definiert ist.

Für spezielle Verdrahtungsmodelle berechnet sich $cost(u, v)$ durch Auflösen von
(W1) nach $x_v - x_u$ und Maximieren über alle beteiligten Paare recht leicht. Wir

verdeutlichen dies am Beispiel der rechtwinkligen und der beliebigen Verdrahtung:

$$cost_{90^\circ}(u,v) \quad := \quad \begin{cases} \max\limits_{\substack{i\in\beta^{-1}(u)\\ \mu(i)\in\tau^{-1}(v)}} \left\{\phi(i,\mu(i)) + d_b(i) - (d_t(\mu(i)) + w_{\mu(i)})\right\} \\[2mm] \text{undefiniert, falls kein Paar } i, \mu(i) \text{ existiert} \end{cases}$$

$$cost_c(u,v) \quad := \quad \begin{cases} \max\limits_{\substack{i\in\beta^{-1}(u)\\ j\in\tau^{-1}(v)\\ j\geq\mu(i)}} \left\{\sqrt{\phi(i,j)^2 - h^2} + d_b(i) - (d_t(j) + w_j)\right\} \\[2mm] \text{undefiniert, falls kein Paar } i, j \text{ existiert.} \end{cases}$$

Das Ganze läuft demnach darauf hinaus, zu entscheiden, ob die Lösungsmenge eines linearen Ungleichungssystems dieser Form nicht leer ist, und falls ja, über der Lösungsmenge die resultierende Breite der Plazierung

$$\max\{x_k + D_k, x_{k+l} + D_{k+l}\} - \min\{x_1, x_{k+1}\}$$

zu minimieren. Führen wir für den linken und rechten Rand der Plazierung zwei weitere Variablen x_0 und x_{k+l+1} mit den Ungleichungen

$$x_1 - x_0 \geq 0; \qquad x_{k+1} - x_0 \geq 0 \qquad \text{sowie}$$
$$x_{k+l+1} - x_k \geq D_k; \qquad x_{k+l+1} - x_{k+l} \geq D_{k+l}$$

ein, so gilt für eine Lösung $x = (x_0, \ldots, x_{k+l+1})$ des erweiterten Ungleichungssystems stets

$$x_0 \leq \min\{x_1, x_{k+1}\} \quad \text{und} \quad x_{k+l+1} \geq \max\{x_k + D_k, x_{k+l} + D_{k+l}\},$$

und es gilt sogar Gleichheit, wenn man die Zielfunktion $f(x) = x_{k+l+1} - x_0$ minimiert, da für x_0 und x_{k+l+1} keine anderen Ungleichungen definiert sind.

Diese lineare Optimierungsaufgabe stellt einen Sonderfall dar, da in den Ungleichungen wie auch in der Zielfunktion stets die Differenz eines Paares von Variablen betrachtet wird. Faßt man die Komponenten $V = \{0, \ldots, k + l + 1\}$ als Knoten eines gerichteten Graphen, den wir im folgenden auch *Bedingungsgraphen* nennen wollen, auf, und interpretiert man die Konstanten $cost(i,j)$ als Länge einer direkten Verbindung von i nach j (Länge der Kante (i,j) mit Quelle i und Ziel j), so läßt sich die Aufgabe durch Berechnen der Länge $dist(i)$ eines längsten Weges von 0 zu jedem Knoten i, falls dieser existiert, lösen, denn, die Plazierung $(dist(0), \ldots, dist(k + l + 1))$ ist legal und minimal in der Breite:

Beweis: Da $dist(j)$ die Länge eines längsten Weges nach j ist, ist $dist(j)$ sicher größer gleich der Länge eines längsten Weges zu einem Vorgänger i von j

plus der Länge der Verbindung (i,j). Demnach gelten aber für *dist* alle obigen Ungleichungen $dist(j) - dist(i) \geq cost(i,j)$. Also ist *dist* legal.

Ist $(y_0, \ldots, y_{k+l+1})$ eine legale Plazierung (wobei wir diese um $y_0 = \min\{y_1, y_{k+1}\}$ und $y_{k+l+1} = \max\{y_k + D_k, y_{k+l} + D_{k+l}\}$ erweitert haben), so gilt sogar für alle i schon $dist(i) - dist(0) = dist(i) \leq y_i - y_0$:

Da y Lösung ist, erfüllt y alle Ungleichungen. Demnach ist für jede Kante (i,j) schon $y_j - y_i \geq cost(i,j)$ erfüllt. Damit folgt für jeden Weg P von 0 nach i, d.h. für jede Folge von Kanten $(0, i_1)(i_1, i_2) \cdots (i_r, i)$, da dazu jeweils eine Ungleichung gelten muß, schon

$$\forall P \in P(0 \mapsto i) : y_i \geq y_0 + \sum_{(\nu,\mu) \in P} cost(\nu, \mu).$$

Diese Beziehung gilt insbesondere für den längsten Weg, d.h.

$$y_i - y_0 \geq \max_{P(0 \mapsto i)} \sum_{(\nu,\mu) \in P} cost(\nu, \mu) = dist(i).$$

Also ist *dist* minimal in der Breite.   ■

Ein Lösungsvektor $(dist(0), \ldots, dist(k+l+1))$ dieses längste-Wege-Problemes, in der englischsprachigen Literatur auch *single source longest path problem* genannt, läßt sich mit einem Algorithmus von Bellman und Ford (s. z.B. [Meh84b]) in Zeit $O(v \cdot e)$ berechnen, wobei v die Zahl der Knoten und e die Zahl der Kanten im Graphen ist. Existiert keine Lösung, so entscheidet dieser Algorithmus dies in der gleichen Zeit. (In diesem Falle enthält der Graph Kreise mit positiver Länge.) Da sich die Zahl der Blöcke (Knoten) durch n (die Zahl der Leitungen) und die der Kanten schlimmstenfalls durch n^2 abschätzen lassen, ergibt dies eine Laufzeit von $O(n^3)$ für die betrachteten Verdrahtungsmodelle. Für einen Zusammenbauschritt mit mehreren zehntausend Leitungen, was beim Zusammensetzen größerer Teile durchaus möglich ist, bedeutet dies einen erheblichen Rechenaufwand, mit dem wir uns nicht abfinden wollen.

Speziell für rechtwinklige Verdrahtung haben Leiserson und Pinter (siehe [LP83]) eine effizientere Lösung erarbeitet, die Eigenschaften der in diesem Falle besonders einfachen Verdrahtbarkeitsbedingungen ausnutzt. Diese Eigenschaften schlagen sich in der Struktur des zu dem Ungleichungssystem korrespondierenden Graphen nieder, so daß sich die Berechnung längster Wege vereinfacht. Wir werden nun zeigen, daß eine vereinfachte Berechnung längster Wege nicht an dieses spezielle Verdrahtungsmodell gebunden ist, sondern sich für Plazierungsprobleme dieser Art sogar stets durchführen läßt:

Man beobachtet zunächst, daß die Ungleichungen der Form I nicht von den Verdrahtbarkeitsbedingungen und demnach auch nicht von der Kanalhöhe, abhängen, sondern lediglich die Breite der Blöcke wiedergeben. Sie bilden ein sehr einfaches Grundgerüst des Graphen, das bei allen Kanalhöhen erhalten bleibt. Es

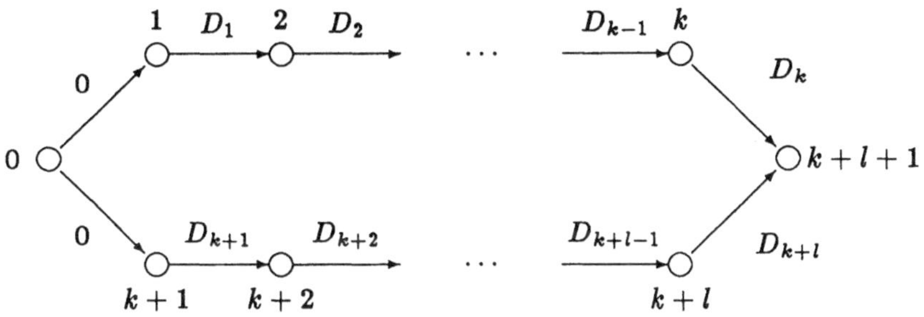

Abbildung 7.24: *Gerüst des Bedingungsgraphen*

besteht aus zwei Kanten vom Knoten 0 zum ersten Block der oberen und unteren
Kanalseite, dann aus zwei einfachen "Ketten" für die obere und untere Kanalseite, gefolgt von zwei Kanten zum Knoten $k+l+1$ (Abbildung 7.24 zeigt dieses
Gerüst mit den zugehörigen Kosten auf den Kanten). Wir wollen diese Kanten
auch *Gerüstkanten* nennen. Hinzu kommen nun Kanten von Blöcken der oberen Kanalseite zur unteren und umgekehrt, deren Kosten sich aus den jeweiligen
Verdrahtbarkeitsbedingungen ableiten. Wir nennen diese Kanten *Querkanten*.
Folgendes Lemma gibt nun wichtige Eigenschaften der Querkanten an, die bei
den restlichen Betrachtungen dieses Abschnittes eine Schlüsselrolle übernehmen.

Lemma 7.4.5 *Für den Bedingungsgraphen gelten folgende Eigenschaften:*

(Q1) *Sind (u,v) und (x,y) Querkanten, deren Quellen u und x auf der gleichen
Kanalseite liegen, und gilt $u < x$ und $y < v$, so gibt es auch die Querkanten
(u,y) und (x,v) und es gilt:*
Liegt (u,v) auf einem längsten Weg von 0 nach $k+l+1$, dann ist

$$\begin{aligned}
dist(u) + cost(u,y) &\geq dist(v) - cost(x,v) + cost(x,y) \\
&\geq dist(x) + cost(x,y).
\end{aligned}$$

(Q2) *Es gibt keine Querkanten (u,v) und (x,y), so daß u und x auf verschiedenen Kanalseiten liegen und sowohl $y < u$ als auch $v < x$ gilt.*

Beweis: Abbildung 7.25 illustriert die in (Q1) und (Q2) beschriebenen Situationen für die Querkanten. Wir beweisen zunächst (Q2):

Annahme: Die Situation tritt auf.
u liege ohne Einschränkung auf der oberen Kanalseite. Die Querkanten resultie-
ren aus Verdrahtbarkeitsbedingungen. Also gibt es zu $i \in \tau^{-1}(u)$ und $i' \in \beta^{-1}(x)$
jeweils einen Anschluß $j \geq \mu(i)$ auf v und $j' \geq \mu(i')$ auf y (aus dem letzten
Abschnitt wissen wir, daß stets nur Bedingungen für $j \geq \mu(i)$ herangezogen

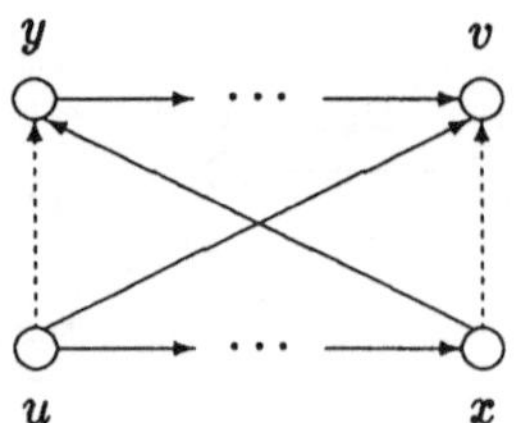
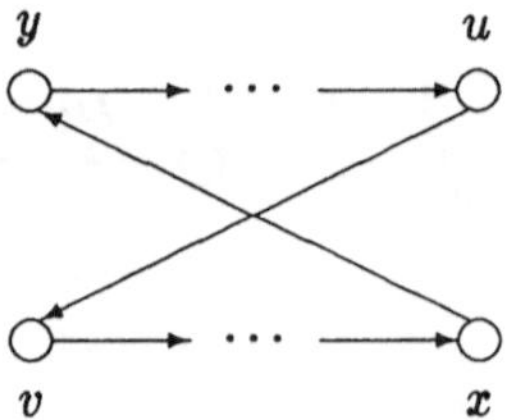

Situation in (Q1)　　　　　　　　ausgeschlossen durch (Q2)

Abbildung 7.25: *Situationen in (Q1), (Q2)*

werden). Da $y < u$, gilt aber $\mu(i') \leq j' < i$ und mit $v < x$ folgt daraus $i \leq \mu(i) \leq j < i' \leq \mu(i') < i$. Widerspruch!

Wir kommen nun zu dem aufwendigeren Beweis von (Q1):

Die Interpretation dieser Aussage (das macht sie auch so wichtig) ist, daß, wo auch immer eine Querbedingung eine strengste Querbedingung von der gleichen Kanalseite aus schneidet, diese schon überflüssig ist, d.h. die Querbedingungen zu den Blöcken auf dem längsten Weg dominieren überschneidende Bedingungen.[17] Wir werden dies im folgenden nachrechnen, indem wir aus der Einhaltung der Verdrahtbarkeitsbedingungen zwischen u, y und x, v sowie aus der Tatsache, daß u, v auf einem längsten Weg liegen, folgern, daß eine Bedingung zwischen x und y schon gelten muß.

Da (u, v) Querkante ist, gibt es ein Anschlußpaar $i_0 \in \beta^{-1}(u), j_0 \in \tau^{-1}(v)$ mit $j_0 \geq \mu(i_0)$, welches das Maximum für $cost(u, v)$ liefert. Ebenso gibt es ein solches Paar $i \in \beta^{-1}(x), j \in \tau^{-1}(y)$ mit $j \geq \mu(i)$ zur Querkante (x, y). Da darüberhinaus $u < x$ und $y < v$ ist, gilt

$$i_0 < i \leq \mu(i) \leq j < j_0.$$

Da mit $i_0 < i$ auch $\mu(i_0) \leq \mu(i) \leq j$ ist, liefert zumindest das Paar i_0, j eine Bedingung zwischen u und y, weswegen es eine Querkante (u, y) gibt. Da ferner $\mu(i) \leq j < j_0$ ist, liefert (i, j_0) eine Bedingung zwischen x und v. Demnach existieren diese Querkanten.[18]

---

[17] Bedingung (Q1) deckt eigentlich nur einen Fall ab. Ein anderer Fall wird in einem späteren Lemma gezeigt. Wir formulieren diese Aussage in Abschnitt 7.4.6, Aufgabe 6, genauer, und schlagen vor, sie als Übung zu beweisen.

[18] Bei rechtwinkliger und 45^0 Verdrahtung vereinfachen sich die Bedingungen dahingehend, daß nur Paare (i', j') betrachtet werden müssen, mit $\mu(i') \leq j' \leq \eta(i')$ (bei rechtwinkliger Verdrahtung war $\eta(i') = \mu(i')$), weil diese die Einhaltung der Bedingungen für alle $j' \geq \mu(i')$ implizieren. Man braucht solche Vereinfachungen eigentlich nicht zu berücksichtigen und kann sich auch auf den vollständigen Bedingungsgraphen zurückziehen. Gilt für diesen der zweite Teil

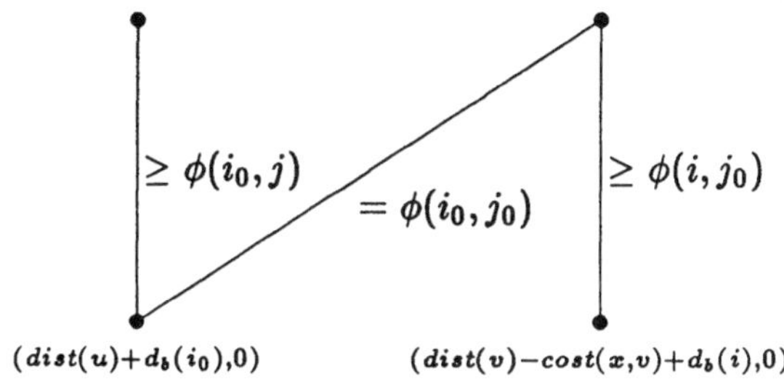

Abbildung 7.26: *Illustration zu den Abstandsverhältnissen bei (Q1)*

Zu zeigen bleibt nun der zweite Teil der Aussage. Die Kante (u, v) liege also auf einem längsten Weg von 0 nach $k + l + 1$. Dann ist dieser Weg auch ein längster Weg von 0 nach u bzw. v. Es gilt also

$$dist(u) + cost(u, v) = dist(v).$$

Man betrachte nun das Viereck (s. Abbildung 7.26) mit den Eckpunkten

$$T_y := (\max\{dist(u) + cost(u, y) + d_t(j) + w_j, dist(v) - cost(x, v) + d_b(i)\}, h),$$
$$T_v := (dist(v) + d_t(j_0) + w_{j_0}, h),$$
$$B_u := (dist(u) + d_b(i_0), 0),$$
$$B_x := (dist(v) - cost(x, v) + d_b(i), 0).$$

(Das Maximum bei der x-Koordinaten des oberen linken Eckpunktes T_y spielt dabei eine rein beweistechnische Rolle, da man sowohl eine Abschätzung des Abstandes zum unteren linken Punkt als auch die Eigenschaft benötigt, daß dieser Punkt rechts vom unteren rechten Eckpunkt liegt.)

Es ist nun für die Länge der Diagonalen $\overline{B_u T_v}$

$$
\begin{aligned}
\|T_v - B_u\| &= \|(dist(v) + d_t(j_0) + w_{j_0}, h) - (dist(u) + d_b(i_0), 0)\| \\
&= \|(dist(v) - dist(u) + d_t(j_0) + w_{j_0} - d_b(i_0), h)\| \\
&= \|(cost(u, v) + d_t(j_0) + w_{j_0} - d_b(i_0), h)\| \\
&= \phi(i_0, j_0),
\end{aligned}
$$

da $cost(u, v) = c_{bt}(i_0, j_0)$ nach Wahl von i_0, j_0. Ebenso läßt sich die Länge der Seite $\overline{B_x T_v}$ durch

$$\|T_v - B_x\| = \|(dist(v) + d_t(j_0) + w_{j_0}, h) - (dist(v) - cost(x, v) + d_b(i), 0)\|$$

---

der Aussage, so folgt sie auch für einen reduzierten Graphen, da er die gleiche Lösungsmenge repräsentiert.

$$
\begin{aligned}
&= && \|(cost(x,v) + d_t(j_0) + w_{j_0} - d_b(i), h)\| \\
&\geq && \|(c_{bt}(i,j_0) + d_t(j_0) + w_{j_0} - d_b(i), h)\|, \\
& && \text{(wegen (M) und } cost(x,v) \geq c_{bt}(i,j_0)) \\
&= && \phi(i,j_0)
\end{aligned}
$$

abschätzen und die Länge der Seite $\overline{B_u T_y}$ durch

$\|(\max\{dist(u)+cost(u,y)+d_t(j)+w_j, dist(v)-cost(x,v)+d_b(i)\}, h) - (dist(u) + d_b(i_0), 0)\|$
$= \|(\max\{cost(u,y)+d_t(j)+w_j - d_b(i_0), dist(v)-cost(x,v)-dist(u)+d_b(i)-d_b(i_0)\}, h)\|$
$\geq \|(cost(u,y) + d_t(j) + w_j - d_b(i_0), h)\|$ mit (M),
und da $cost(u,y) + d_t(j) + w_j - d_b(i_0) \geq c_{bt}(i_0,j) + d_t(j) + w_j - d_b(i_0) \geq 0$
$\geq \|(c_{bt}(i_0,j) + d_t(j) + w_j - d_b(i_0), h)\|$, wegen (M)
$= \phi(i_0,j)$.

Damit folgt aber

$\|(cost(x,y) + d_t(j) + w_j - d_b(i), h)\| + \phi(i_0,j_0)$
$= \phi(i,j) + \phi(i_0,j_0) \qquad$ nach Wahl von (i,j)
$= \phi(i,j) + \phi(i_0,i) - w_i + \phi(i,j_0)$
$= \phi(i_0,j) + \phi(i,j_0)$
$\leq \|T_y - B_u\| + \|T_v - B_x\|$

   (was nach der Vierecksungleichung kleiner als die Diagonalenlängen, also:)

$\leq \|T_v - B_u\| + \|T_y - B_x\|$
$= \phi(i_0,j_0) + \|T_y - B_x\|$

Damit gilt aber schon

$\|(cost(x,y) + d_t(j) + w_j - d_b(i), h)\|$
$\leq \|(\max\{dist(u) + cost(u,y) - dist(v) + cost(x,v) + d_t(j) + w_j - d_b(i), 0\}, h)\|$

und wegen Eigenschaft (M) auch schon

$|cost(x,y) + d_t(j) + w_j - d_b(i)|$
$\leq |\max\{dist(u) + cost(u,y) - dist(v) + cost(x,v) + d_t(j) + w_j - d_b(i), 0\}|.$

Da aber per Definition $cost(x,y) + d_t(j) + w_j - d_b(i) > 0$ sein muß, muß also

$$dist(u) + cost(u,y) - dist(v) + cost(x,v) + d_t(j) + w_j - d_b(i) > 0$$

sein und somit auch

$$
\begin{aligned}
&cost(x,y) + d_t(j) + w_j - d_b(i) \\
&\leq dist(u) + cost(u,y) - dist(v) + cost(x,v) + d_t(j) + w_j - d_b(i)
\end{aligned}
$$

sein, was äquivalent zu

$$dist(v) - cost(x,v) + cost(x,y) \leq dist(u) + cost(u,y)$$

ist. Da $dist(x) \leq dist(v) - cost(x, v)$ ist, gilt damit auch die andere Ungleichung in unserer Behauptung. ∎

Diese Eigenschaften können wir nun ausnutzen, um einen Linearzeitalgorithmus in der Größe des Graphen zur optimalen Plazierung anzugeben:

Satz 7.4.6 *Eine in der Breite optimale Plazierung von Blöcken über einem Kanal der Höhe h bei ein-Schicht-Verdrahtung läßt sich in Zeit $O(v+e)$ bestimmen, wo v die Zahl der Knoten und e die Zahl der Kanten des Bedingungsgraphen ist.*

Beweis: Wir wollen einen Algorithmus entwickeln, der jede Kante des Graphen höchstens zweimal betrachtet:
Der Grundgedanke bei der Berechnung längster Wege besteht darin, daß, initialisiert man für alle Knoten i ihren Abstand $\delta(i)$ zu 0 mit $\delta(i) = -\infty$ und die Quelle 0 mit $\delta(0) = 0$ und führt dann für alle Kanten (i, j) die Operation

$$(*) \qquad \delta(j) := \max\{\delta(j), \delta(i) + cost(i, j)\}$$

durch, so erhält man, wiederholt man diesen Vorgang lange genug[19], irgendwann für jeden Knoten $\delta(i) = dist(i)$. Will man den Graphen schnell bearbeiten, so heißt dies wiederum, daß man eine Kante (i, j) möglichst selten bearbeitet, d.h. daß man die Operation $(*)$ für eine Kante nur dann durchführt, wenn man sicher ist, daß die Information über ihre Länge effektiv eingesetzt wird. Gilt beim Durchführen von $(*)$ für eine Kante (i, j) etwa schon

$$(**) \qquad \delta(i) = dist(i) \text{ oder } \delta(j) = dist(j),$$

so braucht (i, j) offenbar nie mehr bearbeitet zu werden, da, wenn $\delta(i) = dist(i)$ ist und ein längster Weg nach j über i läuft, mit $(*)$ auch schon $dist(j)$ berechnet ist und im Falle $\delta(j) = dist(j)$ die Kante (i, j) nichts beiträgt. Wir wollen nun zeigen, daß wir, erfüllt der Bedingungsgraph (Q1) und (Q2), ein Verfahren zur Bearbeitung der Kanten angeben können, so daß vor Bearbeitung einer Kante stets $(**)$ gilt und eine Kante höchstens zweimal bearbeitet wird. Wir erhalten so ein Linearzeitverfahren, sofern die Bearbeitungsreihenfolge der Kanten sich leicht berechnen läßt.

Wir benötigen dazu in jedem Berechnungsschritt zu jedem Knoten i die Anzahl $indeg(i)$ der noch zu bearbeitenden Kanten, die in i münden. Zu initialisieren ist dieser Wert mit der Zahl der einmündenden Kanten. Das Gerüst des Graphen besteht aus zwei Ketten. Es macht offenbar wenig Sinn, bei der Bearbeitung der

---

[19]Die Idee von Bellman/Ford war gerade, den Vorgang $(*)$ v-mal durchzuführen, wo v die Zahl der Knoten ist. Denn man erreicht, führt man $(*)$ zum i-ten Male für alle Kanten aus, gerade für jeden Knoten u, dessen längster Weg von 0 aus höchstens i Kanten besteht, daß $\delta(u) = dist(u)$ gilt. Spätestens im $(v-1)$-ten Schritt hat man somit alle längsten Wege, die keine Kreise enthalten, abgedeckt. Ändert sich δ noch für ein u im v-ten Durchgang, so muß ein positiver Zyklus vorliegen, d.h. $dist(u)$ existiert nicht. Diese v Durchgänge führen gerade zu einer Laufzeit von $O(v \cdot e)$.

Gerüstkanten von der durch die Kette vorgegebenen Anordnung abzuweichen. Demnach sollte die Menge der noch zu bearbeitenden Kanten stets durch zwei Knoten $1 \leq top \leq k$ und $k + 1 \leq bottom \leq k + l$ charakterisiert werden können, und zwar so, daß alle Kanten, die von Vorgängern von top und $bottom$ ausgehen, schon bearbeitet sind, alle anderen nicht. Wir werden sehen, daß sich dies durchhalten läßt. Initialisiert wird wie folgt:

- Berechne zunächst für jeden Knoten i die Anzahl $indeg(i)$ aller einmündenden Kanten;

- Setze dann $top := 1$; $bottom := k + 1$; $\delta(0) = 0$; $\delta(1) := 0$; $\delta(k + 1) := 0$; sowie
  $indeg(1) := indeg(1) - 1$; $indeg(k + 1) := indeg(k + 1) - 1$;
  (da wir die Kanten $(0, 1)$ und $(0, k + 1)$ schon mit (**) bearbeitet haben.)

Die Kanten sollen nun nacheinander stets so abgearbeitet werden, daß vor ihrer Bearbeitung (**) gilt. Wir unterscheiden dazu einige Fälle für top und $bottom$.

(a) $indeg(top) = 0$.

Alle in top einmündenden Kanten wurden schon bearbeitet, insbesondere also eine Kante (x, top) auf dem längsten Weg von 0 nach top. Bei Bearbeitung von (x, top) galt $\delta(x) = dist(x)$ oder $\delta(top) = dist(top)$. Also gilt nach Bearbeitung dieser Kante sicher $\delta(top) = dist(top)$. Damit können aber alle von top ausgehenden Kanten bearbeitet werden, da für diese (**) gilt. Bearbeite diese Kanten und setze $top = top + 1$.

(b) $indeg(bottom) = 0$.

Wie im Falle (a) gilt schon $\delta(bottom) = dist(bottom)$. Bearbeite alle von $bottom$ ausgehenden Kanten und setze dann $bottom := bottom + 1$.

(c) $indeg(top) > 0$ und $indeg(bottom) > 0$.

Dies ist der einzig interessante Fall. Wir benötigen hier die beiden Eigenschaften (Q1) und (Q2). Zunächst folgt aus (Q2), daß stets eine der beiden Situationen

- $indeg(top) = 1$ und $(bottom, top)$ ist Kante im Bedingungsgraphen

- $indeg(bottom) = 1$ und $(top, bottom)$ ist Kante im Bedingungsgraphen

vorliegt. Wir zeigen, daß ersteres gilt, falls letzteres nicht eintritt. Analog sieht man auch den umgekehrten Fall. Sei also $indeg(bottom) \neq 1$ oder $(top, bottom)$ keine Kante.

Man bemerkt zunächst, daß es dann eine Kante $(y, bottom)$ gibt, mit $y > top$, denn, da $indeg(bottom) > 0$ ist, gibt es wenigstens eine noch zu bearbeitende Kante, die in $bottom$ mündet. Da aber alle Kanten, die von Vorgängern von top oder $bottom$ ausgehen, schon bearbeitet sind, kann dies nur noch eine Querkante $(y, bottom)$ sein, mit $y \geq top$. Ist nun $(top, bottom)$ keine Kante, so muß $y > top$ sein. Ist hingegen $indeg(bottom) \neq 1$, so muß schon $indeg(bottom) > 1$ sein. Damit hat $bottom$ mindestens zwei Vorgänger $\geq top$, also mindestens einen Vorgänger $y > top$.

Nun ist aber auch $indeg(top) > 0$, d.h. *top* hat mindestens einen Vorgänger $z \geq bottom$. Da es in jedem Fall eine Querkante $(y, bottom)$ mit $y > top$ gibt, muß aber wegen (Q2) stets $z \leq bottom$ gelten, also ist $(bottom, top)$ die einzige in *top* mündende, noch unbearbeitete Kante, womit erstere Situation vorliegt.

Wir zeigen nun, daß in dieser Situation für die Kante $(bottom, top)$ die Eigenschaft (**) gilt, diese also bearbeitet werden kann: (Der Beweis für die Kante $(top, bottom)$ im anderen Fall ist analog dazu.)

Betrachte einen längsten Weg von 0 nach $k + l + 1$.

Liegt eine Kante (v, top) auf einem solchen längsten Weg, mit $v = top - 1$ oder $k + 1 \leq v < bottom$, so wurde diese schon mit (**) bearbeitet und es gilt $\delta(top) = dist(top)$, also gilt (**) für $(bottom, top)$.

Liegt eine Kante $(v, bottom)$ auf einem solchen längsten Weg, mit $1 \leq v < top$ oder $v = bottom - 1$, so gilt ebenso schon (**) für $(bottom, top)$.

Interessant ist also nur der Fall, daß jeder längste Weg von 0 nach $k + l + 1$ eine Querkante (v, w) benutzt mit

- $k + 1 \leq v < bottom$ und $top < w \leq k$ oder

- $1 \leq v < top$ und $bottom < w \leq k + l$.

Im ersteren Fall gilt mit (Q1) für die Kanten (v, w) und $(bottom, top)$ schon, daß (v, top) Querkante ist und

$$dist(v) + cost(v, top) \geq dist(bottom) + cost(bottom, top).$$

Ferner ist $\delta(top) \geq dist(v) + cost(v, top)$, da alle von v ausgehenden Kanten schon bearbeitet wurden. Demnach kann die Kante $(bottom, top)$ nichts mehr zu $\delta(top)$ beitragen. Da aber alle anderen Kanten nach *top* schon mit (**) bearbeitet wurden, muß also schon vor Bearbeitung von $(bottom, top)$ $\delta(top) = dist(top)$ und damit (**) gelten.

Im letzteren Falle gilt für jede noch in *bottom* mündende Kante $(y, bottom)$, daß diese eine Querkante mit $v < top \leq y$ ist. Mit Eigenschaft (Q1), angewandt auf (v, w) und $(y, bottom)$, ist nun aber

$$\delta(bottom) \geq dist(v) + cost(v, bottom) \geq dist(y) + cost(y, bottom),$$

weswegen keine der noch in *bottom* mündenden Kanten einen Beitrag zu $\delta(bottom)$ leisten kann. Demnach gilt schon $\delta(bottom) = dist(bottom)$ und damit (**) für die Kante $(bottom, top)$.

Es läßt sich also stets eine Kante finden, die mit Eigenschaft (**) bearbeitet werden kann. Ferner kann diese auch sehr leicht nach folgendem Schema bestimmt werden:

Ist $indeg(top) = 0$ oder $indeg(bottom) = 0$, so bearbeite alle von diesem Knoten

ausgehenden Kanten. Münden in beide Kandidaten noch Kanten, so hat min-
destens einer Ingrad 1 und den anderen als Vorgänger. Bearbeite dann diese
Kante.

Wir brauchen nun noch ein Kriterium dafür, ob das längste-Wege-Problem nicht
lösbar ist, da ja obige Argumentation sich darauf stützt, daß es eine Lösung gibt.
Wenn es keine Lösung gibt, dann muß der Graph einen Zyklus positiver Länge
enthalten. Das heißt, auf mindestens einer Kante (u,v) des Bedingungsgraphen
gilt $\delta(u)+cost(u,v) > \delta(v)$, was sich durch ein anschließendes Durchmustern des
Graphen in Zeit $O(v+e)$ herausfinden läßt. Man überlegt sich jedoch auch ein
einfacheres Kriterium dafür, das wir, da es für den Beweis nicht gebraucht wird,
hier nur angeben wollen, nämlich, daß *der Graph genau dann einen positiven*
Zyklus enthält, wenn bei Bearbeitung einer Kante (u,v) *mit* $1 \leq v < top$ *bzw.*
$k+1 \leq v < bottom$ *die Beziehung* $\delta(u) + cost(u,v) > \delta(v)$ *gilt.*

Nach obiger Initialisierung berechnet die folgende Schleife in Zeit $O(v+e)$ zu
jedem Knoten i den Wert $\delta(i) = dist(i)$, falls eine Lösung existiert:

```
while (top < k + 1) or (bottom < k + l + 1)
do if indeg(top) = 0 and top < k + 1
   then forall (top, x) Kanten im Graph
        do if δ(x) < δ(top) + cost(top, x)
           then if (x ≥ k + 1) ⟶ (x ≥ bottom)
                then δ(x) := δ(top) + cost(top, x)
                else exit /*positiver Zyklus*/
                fi
           fi
           indeg(x) := indeg(x) − 1;
        od
        top := top + 1;
   else if indeg(bottom) = 0 and bottom < k + l + 1
        then  Verfahre analog zum ersten Fall (vertausche top und bottom)
        else /* Nun kommen die interessanten Fälle */
             if indeg(top) = 1 und (bottom, top) Kante
             then δ(top) := max{δ(top), δ(bottom) + cost(bottom, top)};
                  indeg(top) := 0;
             else /* indeg(bottom) = 1 und (top, bottom) ist Kante */
                  δ(bottom) := max{δ(bottom), δ(top) + cost(top, bottom)};
                  indeg(bottom) := 0;
             fi;
        fi;
   fi;
od;
```

Wie wir aus dem letzten Abschnitt wissen, sind im allgemeinen (z.B. für Verdrahtung mit 45^0 Winkeln oder beliebigen Kurven) insgesamt $O(n^2)$ Bedingungen an die Anschlüsse zu prüfen, wo n die Anzahl der Leitungen ist. Diese $O(n^2)$ Bedingungen können im schlechtesten Fall die Zahl der Kanten im Bedingungsgraphen auf $O(n^2)$ steigen lassen, wohingegen die Zahl der Blöcke stets durch $2n$ beschränkt ist. Dies bedeutet im schlechtesten Fall also eine Laufzeit von $O(n^2)$. Für rechtwinklige Verdrahtung ergibt sich als Besonderheit, daß bei Einhaltung der Abstandsbedingungen auf dem Kanalrand schon $O(n)$ "Querbedingungen" hinreichend sind (siehe letzter Abschnitt), was $v + e = O(n)$ liefert. Wir halten dieses spezielle Resultat, das aus [LP83] stammt, im folgenden Korollar fest:

Korollar 7.4.7 *Bei rechtwinkliger Verdrahtung läßt sich zu vorgegebener Kanalhöhe* h *eine Plazierung minimaler Breite in Zeit* $O(n)$ *bestimmen.*

Somit hat die rechtwinklige Verdrahtung die Besonderheit, daß das Testen auf Verdrahtbarkeit wie auch das Bestimmen einer Plazierung minimaler Breite schneller zu berechnen ist als die Verdrahtung selbst (die ja im schlechtesten Fall $\Omega(n^2)$ Segmente erzeugen kann).

Im Verbleib dieses Abschnittes wollen wir ein Problem ansprechen, das bei einer Anwendung dieser Techniken im lokalen Zusammenbauschritt besonders interessant wird.

7.4.4 Bestimmung ausgeglichener Plazierungen

Will man unser lokales Plazierungsverfahren für einen Zusammenbauschritt nutzen, so stellt man fest, daß es noch nicht das Gewünschte liefert, sondern eine extreme Lösung berechnet, d.h. die Lösung *dist* plaziert die Blöcke (in Bezug auf den linken Rand) soweit links wie möglich, so daß der Kanal gerade noch verdrahtbar ist. Dies kann zu nachteiligen Effekten führen, wenn ein Block auch weiter rechts liegen darf, ohne die Breite der Gesamtplazierung zu vergrößern. Die extreme Plazierung kann nämlich einen komplizierteren und auch längeren Verlauf der Leitungen im Kanal produzieren als eine "ausgeglichene" Plazierung. Figur 7.27 zeigt Unterschiede bei extremen und ausgeglichenen Lagen für rechtwinklige Verdrahtung (die vor allem dort auftreten, wo der Kanal lokal nur "dünn" belegt ist, d.h. wo man lokal auch mit geringerer Kanalhöhe auskäme). Sehr nachteilig wird das Ganze, wenn man extreme Plazierungen rekursiv zum Zusammenbau nutzt und gewisse Blöcke nur aus einfachen Leiterstücken bestehen. Die Wahl extremer Plazierungen bewirkt dann häßliche "Nasen". Abbildung 7.28 verdeutlicht dies.

Sei $S(h)$ die Menge aller legalen Plazierungen $x = (0, x_1, \ldots, x_{k+l}, x_{k+l+1})$ minimaler Breite bei Kanalhöhe h. Mit dem Verfahren aus dem letzten Abschnitt bestimmt man die Plazierung $dist = (0, dist(1), \ldots, dist(k+l+1)) \in S(h)$ mit $dist(i) \leq x_i$ für alle $x \in S(h)$. Um nun eine ausgeglichenere Plazierung in $S(h)$

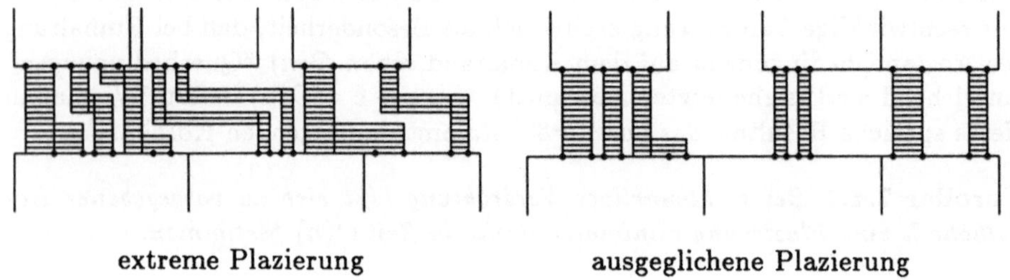

extreme Plazierung　　　　　ausgeglichene Plazierung

Abbildung 7.27: *Ausgeglichene und extreme Plazierung gleicher Breite*

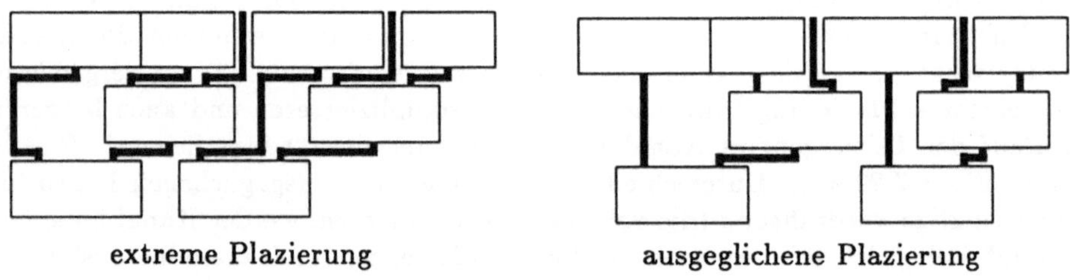

extreme Plazierung　　　　　ausgeglichene Plazierung

Abbildung 7.28: *Auswirkung extremer Plazierung auf die Leitungsführung*

zu bestimmen, müssen wir zunächst sagen, was unser Maß für Ausgeglichenheit sein soll. Betrachten wir dazu zunächst die Funktion

$$\Sigma(x) := \sum_{i=1}^{n} \|B_i(x) - T_i(x)\|_1,$$

wobei $\|(a,b)\|_1 := |a| + |b|$. Dann entspricht $\|B_i(x) - T_i(x)\|$ der Leiterlänge der Leitung i bei Plazierung x, wenn sie rechtwinklig auf einem kürzesten Weg verlegt wurde. Da bei rechtwinkliger Verdrahtung alle Leitungen im Kanal stets auf einem kürzesten Weg verlegt werden, entspricht dieses Ausgeglichenheitsmaß gerade der Summe der Leiterlängen, würde also auch niedrigere Leitungslaufzeiten produzieren. Bei anderen Verdrahtungsarten ist dies nicht der Fall. Dennoch gibt Σ in diesem Fall ein interessantes Ausgeglichenheitsmaß ab, denn man überlegt sich leicht, daß es bei noch beweglichen Blöcken stets versucht, möglichst genausoviele fallende wie steigende Leitungen zu produzieren. Es sind auch andere Maße denkbar. Wir behalten jedoch vorerst dieses Maß im Auge und wollen ein Verfahren ableiten, das Σ über $S(h)$ minimiert. Inwiefern sich dieses Verfahren auch für andere Maße einsetzen läßt, wird an entsprechender Stelle noch diskutiert.

Zunächst betrachte man also das Problem, Σ über $S(h)$ zu minimieren. An der Kostenfunktion Σ fällt auf, daß beide Endpunkte der Leitungen variabel sein können. Folgendes Lemma besagt, daß es, sofern man sich mit dem Maß auf Leiterlängen bezieht, genügt, stets Leitungsstücke zu betrachten, bei denen zumindest ein Endpunkt für alle Plazierungen gleich ist.

Lemma 7.4.8 *Zu jeder Leitung i gibt es einen Punkt E_i, durch den ihr linker Rand für jedes $x \in S(h)$ und jede zugehörige, legale Verdrahtung verläuft.*

Beweis: Sei i eine beliebige Leitung. Sei ferner $LW(h)$ die Menge alle Blöcke u, die auf einem längsten Weg von 0 nach $k+l+1$ liegen. Für jeden Block $u \in LW(h)$ gilt offensichtlich $dist(u) = y_u = x_u$ für alle $x, y \in S(h)$. Ist also $\tau(i)$ ein Element aus $LW(h)$, so ist $E_i = T_i(dist)$ $(= T_i(y)$ für alle $y \in S(h))$ der gesuchte Punkt. Ebenso ist $E_i = B_i(dist)$ der gesuchte Punkt, wenn $\beta(i) \in LW(h)$.

Sei nun weder $\beta(i)$ noch $\tau(i)$ ein Element von $LW(h)$. Dann verläuft jeder längste Weg von 0 nach $k+l+1$ im Bedingungsgraphen über eine Querkante von einem Vorgänger v von $\beta(i)$ zu einem Nachfolger w von $\tau(i)$ oder über einen Vorgänger v' von $\tau(i)$ zu einem Nachfolger w' von $\beta(i)$. Abbildung 7.29 verdeutlicht diese Situation. Mindestens eine dieser Querkanten auf einem längsten Weg existiert. Wir betrachten den Fall "(v, w) mit $k + 1 \leq v < \beta(i)$ und $\tau(i) < w \leq k$ liegt auf einem längsten Weg", den anderen Fall behandelt man analog:

Sei $x \in S(h)$ beliebig. Dann gibt es ein Paar (i_0, j_0) mit $i_0 \in \beta^{-1}(v)$, $j_0 \in \tau^{-1}(w)$, für das (W1) die zur Querkante (v, w) korrespondierende Bedingung liefert, d.h. ist $x_w - x_v = cost(v, w)$, dann ist $\|T_{j_0}(x) + (w_{j_0}, 0) - B_{i_0}(x)\| = \phi(i_0, j_0)$. Da

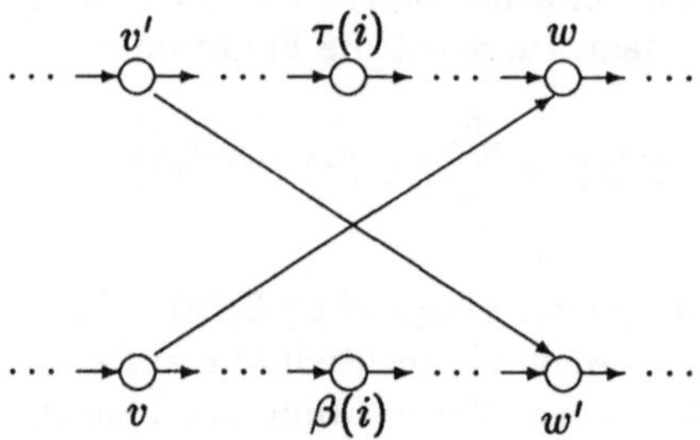

Abbildung 7.29: *Verlauf längster Wege, wenn* $\tau(i) \notin LW(h), \beta(i) \notin LW(h)$

nun (v, w) auf einem längsten Weg von 0 nach $k+l+1$ liegt, gilt schon $dist(w) = x_w, dist(v) = x_v$ und $dist(w) - dist(v) = cost(v, w)$. Also gilt

$$\|T_{j_0}(x) + (w_{j_0}, 0) - B_{i_0}(x)\| = \phi(i_0, j_0).$$

Ferner ist $i_0 < i < j_0$. Man betrachte nun die Gerade von $B_{i_0}(x) = B_{i_0}(dist)$ nach $T_{j_0}(x) = T_{j_0}(dist)$. Dann wird diese Gerade nacheinander vom linken Rand der Leitungen $i_0, \ldots, j_0$ in den Punkten

$$B_{i_0}(dist) = P_{i_0}, P_{i_0+1}, \ldots, P_{j_0-1}, P_{j_0} = T_{j_0}(dist)$$

geschnitten. Da die Gerade unabhängig von $x \in S(h)$ fest ist und für alle Schnittpunkte P_j mit Leitung j auf dieser Geraden schon

$$\|T_{j_0}(dist) + (w_{j_0}, 0) - P_j\| = \phi(j, j_0)$$

gelten muß, liegen die P_j unabhängig von x fest, insbesondere P_i. Wähle also $E_i = P_i$. ∎

Da jede Leitung unabhängig von der Plazierung x durch E_i verläuft, können wir demnach unsere Zielfunktion auch schreiben als

$$\Sigma(x) := \sum_{i=1}^{n}(\|T_i(x) - E_i\|_1 + \|E_i - B_i(x)\|_1).$$

Damit kann man leicht den Beitrag isolieren, den ein einzelner Block v zu Σ liefert:

$$\Sigma(x) = \sum_{i=1}^{n}(\|T_i(x) - E_i\|_1 + \|E_i - B_i(x)\|_1)$$

$$= \sum_{v=1}^{k} \sum_{i \in \tau^{-1}(v)} \|T_i(x) - E_i\|_1 + \sum_{v=k+1}^{k+l} \sum_{i \in \beta^{-1}(v)} \|B_i(x) - E_i\|_1.$$

Betrachtet man also einen Block v lokal, so ist sein Beitrag zu $\Sigma(x)$ gegeben durch

$$\sigma_v(x_v) := \sum_{i \in \tau^{-1}(v)} \|(x_v + d_t(i), h) - E_i\|_1$$

bzw.

$$\sigma_v(x_v) := \sum_{i \in \beta^{-1}(v)} \|(x_v + d_b(i), 0) - E_i\|_1$$

und ist damit unabhängig von der Lage anderer Blöcke. Man kann nun versuchen, jeden Block v in eine lokal optimale Lage $x_{v,opt}$ zu bringen, d.h. so zu plazieren, daß $\sigma_v(x_{v,opt}) = \min\{\sigma_v(y_v) \mid y \in S(h)\}$ gilt. Wird dabei keine Bedingung verletzt, so hat man bereits eine optimale Plazierung bzgl. Σ gefunden. Allerdings sind die Plazierungen der Blöcke voneinander abhängig, d.h. lokal optimale Plazierungen können sich gegebenenfalls gegenseitig ausschliessen. Es stellt sich damit die Frage, auf welche anderen Blöcke sich eine Plazierung von v auswirken kann. Folgendes Lemma besagt, daß man lediglich Vorgänger und Nachfolgerblock auf der gleichen Kanalseite betrachten muß, und liefert uns damit den Schlüssel zur Berechnung optimaler Plazierungen.

Lemma 7.4.9 *Sei s ein Block und $x, y \in S(h)$ beliebige legale Plazierungen. Ferner gelte*

$$y_{s-1} + D_{s-1} \leq x_s \leq y_{s+1} - D_s.$$

Dann ist auch

$$y' = (0, y_1, \ldots, y_{s-1}, x_s, y_{s+1}, \ldots, y_{k+l+1}) \in S(h).$$

Beweis: Wir zeigen, daß für jede Kante (r, s) bzw. (s, t) gilt:

$$(*) \quad x_s + cost(s, t) \leq y_t \quad \text{bzw.} \quad y_r + cost(r, s) \leq x_s.$$

Dann folgt die Behauptung, da damit y' Lösung unseres Ungleichungssystems ist. Ferner genügt es, nur Querkanten mit Quelle bzw. Ziel s zu betrachten, da ja für die Gerüstkanten diese Bedingung vorausgesetzt wurde.

Liegt t bzw. r auf einem längsten Weg von 0 nach $k+l+1$, so gilt die Bedingung $(*)$, da in diesem Fall $dist(r) = y_r = x_r$ bzw. $dist(t) = y_t = x_t$ ist und $x \in S(h)$ war. Ebenso gilt $(*)$, wenn $s \in LW(h)$ ist, da dann $dist(s) = x_s = y_s$ ist und $y \in S(h)$ war. Zu betrachten sind noch die Fälle, daß weder r noch s bzw. weder s noch t auf einem längsten Weg von 0 nach $k + l + 1$ liegen. Wir beschränken uns ferner darauf, daß $k + 1 \leq s \leq k + l$ ist. Liegt s auf der oberen Kanalseite, so läßt sich der Beweis analog führen.

Man betrachte zunächst (r, s). s liege auf der unteren Kanalseite und weder r noch s seien auf einem längsten Weg von 0 nach $k + l + 1$. Dann muß jeder längste Weg von 0 nach $k + l + 1$ von einem Vorgänger von r oder s zu einem Nachfolger von r oder s über eine Querkante verlaufen. Zu betrachten sind also die Fälle, daß (u, v) eine Kante auf einem längsten Weg von 0 nach $k + l + 1$ ist und (Abbildung 7.30 verdeutlicht diese Situationen)

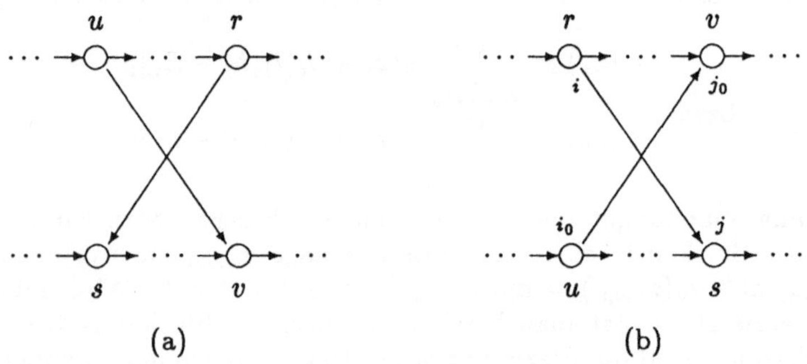

Abbildung 7.30: *Verlauf längster Wege über* (r, s), *wenn* $r, s \notin LW(h)$

- $1 \leq u < r \leq k, \quad k+1 \leq s < v \leq k+l$, oder

- $k+1 \leq u < s \leq k+l+1, \quad 1 \leq r < v \leq k$.

Im ersten Fall (Abbildung 7.30 (a)) liegen die Quellen u und r der beiden Querkanten auf der gleichen Kanalseite und die Voraussetzungen für Eigenschaft (Q1) aus Lemma 7.4.5 sind erfüllt. Demnach sind (r, v) und (u, s) Querkanten und es gilt

$$dist(v) - cost(r, v) + cost(r, s) \leq dist(u) + cost(u, s) \leq dist(s).$$

Da (u, v) auf einem längsten Weg liegt, gilt ferner $dist(u) = x_u = y_u$ und $dist(v) = x_v = y_v$. Damit ist

$$
\begin{aligned}
y_r + cost(r, s) \quad &\leq \quad y_v - cost(r, v) + cost(r, s) \\
&= \quad dist(v) - cost(r, v) + cost(r, s) \\
&\leq \quad dist(s) \\
&\leq \quad x_s.
\end{aligned}
$$

Im zweiten Fall (Abbildung 7.30 (b)) liegen $u < s$ und $r < v$ auf der gleichen Kanalseite. Sei i, j das Leitungspaar, das die zur Kante (r, s) gehörige Bedingung liefert, und sei (i_0, j_0) das Paar, das die Bedingung zu (u, v) liefert. Da (u, v) auf einem längsten Weg liegt, gilt für alle $z \in S(h)$

$$\|T_{j_0}(z) + (w_{j_0}, 0) - B_{i_0}(z)\| = \|T_{j_0}(dist) + (w_{j_0}, 0) - B_{i_0}(dist)\| = \phi(i_0, j_0).$$

Damit ist aber schon, da $\max\{a, b\} \leq \|(a, b)\|$,

$$\forall z \in S(h) : t_{j_0}(z) + w_{j_0} - b_{i_0}(z) \leq \phi(i_0, j_0).$$

Ferner gelten nach Voraussetzung alle Bedingungen für y' bezüglich der Gerüstkanten. Also erfüllt y' (W1). Damit ist

$$\phi(i_0, j) \le b_j(y') + w_j - b_{i_0}(y')$$
$$\phi(i, j_0) \le t_{j_0}(y') + w_{j_0} - t_i(y').$$

Also ist

$$
\begin{aligned}
\phi(i_0, j) + \phi(i, j_0) \quad &\le \quad b_j(y') + w_j - b_{i_0}(y') + t_{j_0}(y') + w_{j_0} - t_i(y') \\
&= \quad b_j(y') + w_j - t_i(y') + t_{j_0}(y') + w_{j_0} - b_{i_0}(y') \\
&\le \quad b_j(y') + w_j - t_i(y') + \phi(i_0, j_0).
\end{aligned}
$$

Damit ist aber

$$b_j(y') + w_j - t_i(y') \ge \phi(i_0, j) + \phi(i, j_0) - \phi(i_0, j_0) = \phi(i, j),$$

was $\|B_j(y') + (w_j, 0) - T_i(y')\| \ge \phi(i, j)$ und somit schon

$$cost(r, s) \le y'_s - y'_r = x_s - y_r$$

zur Folge hat.

Betrachten wir die Kante (s, t) und weder s noch t liegen auf einem längsten Weg von 0 nach $k + l + 1$. Dann muß es wieder eine Querkante (u, v) geben von einem Vorgänger u von s oder t zu einem Nachfolger v von s oder t. Der Beweis verläuft nun weiter wie bei der Kante (r, s). ∎

Wir dürfen also einen Block s lokal in jede Position x_s schieben, wenn x_s keine Abstandsbedingung zu $s - 1$ und $s + 1$ verletzt und es eine Plazierung $z \in S(h)$ gibt, mit $z_s = x_s$. Das heißt, wir müssen nur auf Vorgänger und Nachfolger achten und gewährleisten, daß s nie aus dem Bereich möglicher Plazierungen hinausgeschoben wird. Diesen Bereich kann man leicht charakterisieren. *dist* gab uns eine Plazierung vor, bei der alle Blöcke möglichst weit links lagen, d.h.

$$\forall x \in S(h) : x \ge dist,$$

wobei $\ge$ hier komponentenweise zu verstehen ist. Wir nennen den Vektor *dist* daher auch *left*. Löst man das längste-Wege-Problem "rückwärts", d.h. auf dem Graphen, den man durch Umdrehen aller Kanten erhält, von der Quelle $k + l + 1$ aus, so ist die Lösung $\widetilde{dist}$ gerade der kleinstmögliche Abstand eines jeden Blockes von $k + l + 1$ aus. Setzt man also $right(s) = dist(k + l + 1) - \widetilde{dist}(s)$, so erhält man die rechtsmöglichste legale Plazierung, d.h. es gilt

$$\forall x \in S(h) : x \le right.$$

Da $S(h)$ als Lösungsmenge eines linearen Ungleichungssystems eine konvexe Menge ist, gibt es zu jedem Block s und jedem $a \in [left(s), right(s)]$ ein $x \in S(h)$ mit $x_s = a$. Obiges Lemma besagt dann:

Ist $y \in S(h)$ beliebig und gilt für[20] $a \in [left(s), right(s)]$ die Beziehung

$$y_{s-1} + D_{s-1} \le a \le y_{s+1} - D_s,$$

so ist

$$y' = (0, y_1, \ldots, y_{s-1}, a, y_{s+1}, \ldots, y_{k+l+1})$$

eine legale Plazierung.

Wir können nun also versuchen, einen Block, wenn er verschiebbar ist und nicht lokal optimal liegt, d.h. der Beitrag σ_s eines Blockes s zu Σ nicht schon minimal ist, so zu verschieben, daß Σ kleiner wird. Man beobachtet zunächst, daß der lokale Beitrag σ_s eines Blockes s eine konvexe Funktion ist.

Lemma 7.4.10 *σ_s ist konvex für jeden Block s.*

Beweis: Sei s auf der oberen Kanalseite beliebig und seien $a, b \in [left(s), right(s)]$ (für die untere Kanalseite gilt ein analoger Beweis). Dann ergibt sich durch einfaches Nachrechnen für $0 \le \lambda \le 1$

$$\sigma_s(\lambda a + (1 - \lambda)b)$$
$$= \sum_{i \in \tau^{-1}(s)} \|(\lambda a + (1 - \lambda)b + d_t(i), h) - E_i\|_1$$
$$= \sum_{i \in \tau^{-1}(s)} \|\lambda((a + d_t(i), h) - E_i) + (1 - \lambda)((b + d_t(i), h) - E_i)\|_1$$
$$\le \sum_{i \in \tau^{-1}(s)} (\lambda\|(a + d_t(i), h) - E_i\|_1 + (1 - \lambda)\|(b + d_t(i), h) - E_i\|_1)$$
$$= \lambda\sigma_s(a) + (1 - \lambda)\sigma_s(b),$$

also ist σ_s konvex. ∎

Verschiebt man einen Block s also in Richtung einer lokal optimalen Lage, so fällt σ_s. Kann man darüberhinaus jeden Block lokal optimal plazieren, ohne daß eine Abstandsbedingung zu einem lokal optimal plazierten Vorgänger oder Nachfolger verletzt wird, so erhält man auch schon eine optimale Plazierung bzgl. Σ über $S(h)$. Problematisch ist demnach der Fall, daß sich lokal optimale Plazierungen benachbarter Blöcke überlappen. Hier hilft uns aber die Konvexität von σ_s weiter. In diesem Fall können nämlich beide Blöcke in einer ausgeglichenen Plazierung ohne Einschränkung stets zusammengeschoben plaziert werden, d.h. man kann sie wie einen einzelnen Block behandeln:

Lemma 7.4.11 *Sei $v, v-1$ ein Paar benachbarter Blöcke, und es gebe eine lokal optimale Lage y_v von v und y'_{v-1} von $v-1$ mit $y'_{v-1} + D_{v-1} > y_v$. Dann gibt es eine Plazierung x, die Σ minimiert mit $x_{v-1} + D_{v-1} = x_v$.*

---

[20]Abgeschlossene Intervalle reeler Zahlen bezeichnen wir mit $[x, y]$ (im Unterschied zu ganzzahligen Intervallen $[k : l]$).

Beweis: Sei $x \in S(h)$ eine Plazierung, die Σ über $S(h)$ minimiert. Dann ist $x_{v-1} + D_{v-1} \leq x_v$. Wir wollen nun zeigen, daß, wenn $x_{v-1} + D_{v-1} < x_v$, wir x in eine Plazierung x' überführen können mit $\Sigma(x') = \Sigma(x)$ und $x'_{v-1} + D_{v-1} = x'_v$. Wir unterscheiden dazu

Fall 1: $x_{v-1} \geq y'_{v-1}$.

$$\text{Dann setze} \quad x' = \left\{ \begin{array}{ll} x_i & \text{falls} \quad i \neq v \\ x_{v-1} + D_{v-1} & \text{für} \quad i = v. \end{array} \right.$$

Mit Lemma 7.4.9 ist $x' \in S(h)$, da x' die Abstandsbedingungen erfüllt und

$$\begin{aligned} x_{v-1} + D_{v-1} \in [x_{v-1} + D_{v-1}, x_v] \quad &\subseteq [y'_{v-1} + D_{v-1}, x_v] \\ &\subset [y_v, x_v] \\ &\subseteq [left(v), right(v)]. \end{aligned}$$

Weil aber $x_v > x_{v-1} + D_{v-1} \geq y'_{v-1} + D_{v-1} > y_v$, ist auch

$$\begin{aligned} \sigma_v(x'_v) &= \sigma_v(x_{v-1} + D_{v-1}) \\ &= \sigma_v(\lambda x_v + (1-\lambda)y_v), \text{ für } 0 < \lambda = \frac{x_{v-1} + D_{v-1} - y_v}{x_v - y_v} < 1 \\ &\leq \lambda\sigma_v(x_v) + (1-\lambda)\sigma_v(y_v), \text{ da } \sigma_v \text{ konvex} \\ &\leq \lambda\sigma_v(x_v) + (1-\lambda)\sigma_v(x_v), \text{ da } \sigma_v(y_v) \leq \sigma_v(x_v) \\ &= \sigma_v(x_v). \end{aligned}$$

Damit ist schon $\Sigma(x) = \Sigma(x') + \sigma(x_v) - \sigma(x'_v) \geq \Sigma(x')$, und da x nach Voraussetzung Σ minimiert, gilt $\Sigma(x) = \Sigma(x')$. Also erfüllt x' die geforderte Eigenschaft.

Fall 2: $x_{v-1} < y'_{v-1}$.

$$\text{Dann setze} \quad x' = \left\{ \begin{array}{ll} x_i & \text{falls} \quad i \neq v-1 \\ \min\{y'_{v-1}, x_v - D_{v-1}\} & \text{für} \quad i = v-1. \end{array} \right.$$

Die Plazierung ist nach Lemma 7.4.9 wieder legal, da x' die Abstandsbedingungen erfüllt und

$$x'_{v-1} \in [x_{v-1}, y'_{v-1}] \subseteq [left(v-1), right(v-1)].$$

Da ferner $x_{v-1} < x'_{v-1} = \min\{y'_{v-1}, x_v - D_{v-1}\} \leq y'_{v-1}$, rechnet man, mit σ_{v-1} konvex, wie im Fall 1 wieder leicht

$$\sigma_{v-1}(x'_{v-1}) \leq \sigma_{v-1}(x_{v-1})$$

nach und folgert damit $\Sigma(x) = \Sigma(x')$. Ist nun $x'_{v-1} = x_v - D_{v-1} \leq y'_{v-1}$ das Minimum, so erfüllt x' schon die gewünschte Eigenschaft. Ist $x'_{v-1} = y'_{v-1} < x_v - D_{v-1}$ das Minimum, so sind wir damit im Fall 1, können also eine optimale Plazierung x'' mit $x''_{v-1} + D_{v-1} = x''_v$ und $\Sigma(x) = \Sigma(x') = \Sigma(x'')$ konstruieren.

∎

Gibt es zu $v-1$ und v also zwei lokal optimale Plazierungen, die sich überlappen, so kann man sich beim Minimieren von Σ ohne Einschränkung auf Plazierungen beschränken, bei denen $v-1$ und v stets zusammengeschoben sind. Wir sagen dann auch, $v-1$ und v "kollidieren". Damit vereinfacht sich aber das Problem, da wir $v-1$ und v wie einen einzigen Block behandeln können, d.h. wir fassen $v-1$ und v zu einem Verbund $[v-1:v]$ einfacher Blöcke zusammen. Die Plazierung eines Verbundes $[u:v]$ sei dann gegeben durch die x-Koordinate x_u des linken Randes. Die Plazierung aller anderen Blöcke des Verbundes $s \in [u:v]$ ergibt sich dann, da alle Blöcke zusammengeschoben plaziert sind, aus x_u durch

$$x_s = x_u + \sum_{\nu=u}^{s-1} D_v.$$

Kennt man die Menge der noch möglichen Plazierungen

$$[left([u:v]), right([u:v])] \text{ und } [left([v+1:w]), right([v+1,w])],$$

und kollidieren $[u:v]$ und $[v+1:w]$, so ergibt sich die Menge aller Plazierungen von $[u:w]$ als Menge aller Plazierungen x_u mit

- $x_u \in [left([u:v]), right([u:v])]$,

- $x_{v+1} \in [left([v+1:w]), right([v+1,w])]$, und

- $x_u + D_{[u:v]} = x_{v+1}$ (nur noch diese gilt es zu betrachten),

wobei $D_{[u:v]} := \sum_{\nu=u}^{v} D_\nu$ die Breite des Verbundes ist. Damit berechnen sich also

$$\begin{aligned}
left([u:w]) &:= \max\{left([u:v]), left([v+1:w]) - D_{[u:v]}\} \\
right([u:w]) &:= \min\{right([u:v]), right([v+1:w]) - D_{[u:v]}\}
\end{aligned}$$

und sein lokaler Beitrag $\sigma_{[u:w]}(x_u) := \sigma_{[u:v]}(x_u) + \sigma_{[v+1:w]}(x_u + D_{[u:v]})$ ist wieder eine konvexe Funktion. Ausgehen tun wir dabei von den Blöcken, die wir auch als Verbunde $[v:v]$ ansehen können. Induktiv überträgt sich dann das obige Lemma auf Verbunde:

Korollar 7.4.12 *Sind $[u:v-1]$ und $[v:w]$ zwei benachbarte Verbunde und gibt es zwei lokal optimale Plazierungen y_u und y'_v dafür mit $y_u + D_{[u:v-1]} > y'_v$, dann gibt es eine Plazierung x, die Σ minimiert mit $x_u + D_{[u:v-1]} = x_v$.*

Damit kann man aber auch $[u:v-1]$ und $[v:w]$ miteinander zu einem Verbund $[u:w]$ verschmelzen. Tut man dies, ausgehend von den Blöcken, nun solange, bis keine Verbunde mehr kollidieren, so kann man jeden Verbund lokal optimal legen, ohne Abstandsbedingungen zu verletzen. Da jeder Verbund lokal optimal liegt, ist damit auch Σ minimiert, unser Ziel, eine unter Σ ausgeglichenste Plazierung zu finden, also erreicht. Wir können dieses Vorgehen in folgendem Algorithmus zusammenfassend festhalten:

Bestimmung ausgeglichener Plazierungen in $S(h)$

- Berechne die Plazierungen *left* und *right* zu vorgegebenem h.
- Berechne zu jeder Leitung i den Punkt E_i und daraus σ_v zu jedem Block v.
- Bilde Verbunde, bis keine Kollisionen mehr auftreten:

$[u : v] := [1 : 1]$;

while $[u : v]$ kollidiert mit einem Nachbarverbund

do   **if** $[u : v]$ kollidiert mit seinem Nachfolgerverbund $[v + 1 : w]$

       then Füge $[u : v]$ und $[v + 1 : w]$ zu $[u : w]$ zusammen.

             setze $[u : v] := [u : w]$;

       else if $[u : v]$ kollidiert mit seinem Vorgängerverbund $[t : u - 1]$

           then Füge $[u : v]$ und $[t : u - 1]$ zu $[t : v]$ zusammen.

               setze $[u : v] := [t : v]$;

           else setze $[u : v] := $ Nachfolgerverbund von $[u : v]$;

           fi;

     fi;

od;

$[u : v] := [k + 1 : k + 1]$;

Führe die gleiche Berechnung für die untere Kanalseite durch.

- Plaziere jeden Verbund lokal optimal.

Die Frage, welche Ausgeglichenheitsmaße σ man neben dem hier betrachteten benutzen kann, wollen wir, weil sie auch streng damit zusammenhängt, simultan zu einer Aufwandsanalyse dieses Algorithmus behandeln. Zunächst betrachte man jedoch die vorbereitenden Schritte:

Die Berechnung von $left = dist$ erfordert Zeit $O(v + e)$. $right$ berechnet sich durch $right(v) = dist(k+l+1) - \widetilde{dist}(v)$, wobei $\widetilde{dist}$ die Länge eines längsten Weges von $k+l+1$ aus auf dem Graphen ist, den man durch Umdrehen aller Kanten erhält. Dieser Graph erfüllt aus Symmetriegründen die gleichen Eigenschaften wie der Bedingungsgraph. $right$ läßt sich mit einem symmetrisch ausgelegten Algorithmus demnach ebenfalls in Zeit $O(v + e)$ berechnen.

Zur Berechnung der Punkte E_i muß man wissen, ob ein Block $v \in LW(h)$ ist. Dies gilt offenbar genau dann, wenn $left(v) = right(v)$ ist. Verfolgt man also die Blöcke auf einer Kanalseite solange, wie $left(v) = right(v)$ gilt (dies gilt sicher für Block 1 oder Block $k + 1$), so lassen sich die Punkte E_i durch $T_i(dist) = T_i(left) = T_i(right)$ bzw. $B_i(dist)$ setzen. Wenn für einen Block v zwar $left(v) = right(v)$ aber $left(v+1) < right(v+1)$ gilt, kann man nicht mehr den Nachfolger heranziehen, sondern muß die Kanalseite wechseln. Es gibt dann also wenigstens eine Querkante (v, w) mit $left(w) = right(w)$, d.h. $w \in LW(h)$. Sei v auf der oberen Kanalseite. Dann ist w auf der unteren Kanalseite, und für alle Leitungen $\max \tau^{-1}(v) < i < \min \beta^{-1}(w)$ gibt es einen Punkt E_i auf der

Geraden zwischen $T_{i_0}(dist)$ und $B_{j_0}(dist) + (w_{j_0}, 0)$, wo i_0 und $j_0 \geq \mu(i_0)$ ein Leitungspaar ist, das die Abstandsbedingung mit $cost(v, w)$ zwischen v und w liefert, und es gilt

$$\|B_{j_0}(dist) + (w_{j_0}, 0) - E_i\| = \phi(i, j_0).$$

Dieser Punkt ist auf der Geraden eindeutig bestimmt und läßt sich als Schnittpunkt des "Kreises" bzgl. $\|.\|$ mit Radius $\phi(i, j_0)$ um $B_{j_0} + (w_{j_0}, 0)$ und der Strecke zwischen $T_{i_0}(dist)$ und $B_{j_0}(dist) + (w_{j_0}, 0)$ in Zeit $O(1)$ berechnen. Demnach benötigt man zur Berechnung der E_i mit $v \leq n$ höchstens Zeit $O(n + e)$, wobei der Anteil e als *worst case* Schranke für die Bestimmung der Querkante (v, w) herrührt, die auf einem längsten Weg liegt, wenn $v + 1 \notin LW(h)$ ist. Im allgemeinen wird man erwarten können, daß dabei nicht alle Kanten durchmustert werden.

Kernstück ist nun das Berechnen einer ausgeglichensten Plazierung durch Vereinigen kollidierender Blöcke. Dabei spielt auch die Wahl des Ausgeglichenheitsmaßes eine entscheidenden Rolle: Bis hierhin haben wir schon eine wichtige Forderung für dieses Maß hergeleitet, die wir zunächst noch einmal hervorheben wollen:

Das Ausgeglichenheitsmaß $\Sigma(x)$ soll sich darstellen lassen als Summe konvexer Funktionen $\sigma_v(x_v)$, die nur von jeweils einer Komponente von x abhängen.

Hinzu kommen nun noch Forderungen, die das Berechnen der $\sigma_{[v:w]}$ von Blöcken, bzw. deren lokal optimaler Lagen in mehr oder weniger einfacher Form ermöglichen sollen:

Die Berechnung (ggf. eines Intervalls) lokal optimaler Lagen sowie die Bestimmung lokal optimaler Lagen eines neuen Verbundes bei Vereinigung benachbarter Verbunde soll wenig Zeitaufwand erfordern.

Da die Funktionen σ_v für die Blöcke konvex sind, bilden die lokalen Optima ein Intervall $[lopt(v) : ropt(v)]$ oder sind (wenn σ_v streng konvex ist) eindeutig bestimmt ($lopt(v) = ropt(v)$). Sind alle σ_v konvex, so rechnet man leicht nach, daß auch die lokalen Kosten $\sigma_{[v:w]}$ der Verbunde konvex sind.

Der Test zweier benachbarter Vebunde $[u : v - 1]$ und $[v : w]$ auf Kollision, läßt sich dann durch $ropt([u : v - 1]) + D_{[u:v-1]} > lopt([v : w])$ in $O(1)$ durchführen, wenn man $lopt$ und $ropt$ für die Verbunde kennt. Da höchstens $\max\{k, l\}$ Vereinigungen von Verbunden durchgeführt werden, erhalten wir damit als Aufwand

$$O(\max\{k, l\}) + \text{Aufwand für die Berechnung von } lopt \text{ und } ropt.$$

Wir wollen diesen Aufwand für einzelne Ausgeglichenheitsmaße betrachten: Zunächst wenden wir uns unserem Ausgangsmaß

$$\Sigma(x) = \sum_{i=1}^{n} (\|T_i(x) - E_i\|_1 + \|B_i(x) - E_i\|_1)$$

zu. Für $E_i = (e_{x,i}, e_{y,i})$ und mit $\|(a,b)\|_1 = |a| + |b|$ schreibt sich dies, zusammengefaßt für die Blöcke, als

$$
\begin{aligned}
\Sigma(x) \;=\; & \sum_{v=1}^{k} \sum_{i\in\tau^{-1}(v)} \left(|t_i(x) - e_{x,i}| + |h - e_{y,i}|\right) \\
& + \sum_{v=k+1}^{k+l+1} \sum_{i\in\beta^{-1}(v)} \left(|b_i(x) - e_{x,i}| + e_{y,i}\right) \\
=\; & \sum_{v=1}^{k} \sum_{i\in\tau^{-1}(v)} |x_v + d_t(i) - e_{x,i}| + \sum_{v=k+1}^{k+l+1} \sum_{i\in\beta^{-1}(v)} |x_v + d_b(i) - e_{x,i}| \\
& + \sum_{i=1}^{n} \left(|h - e_{y,i}| + e_{y,i}\right) \\
=\; & \sum_{v=1}^{k} \sum_{i\in\tau^{-1}(v)} |x_v + d_t(i) - e_{x,i}| + \sum_{v=k+1}^{k+l+1} \sum_{i\in\beta^{-1}(v)} |x_v + d_b(i) - e_{x,i}| \\
& + h \cdot n,
\end{aligned}
$$

was genau dann minimal wird, wenn

$$
\widetilde{\Sigma}(x) = \sum_{v=1}^{k} \underbrace{\sum_{i\in\tau^{-1}(v)} |x_v - (e_{x,i} - d_t(i))|}_{=:\widetilde{\sigma}_v(x_v)} + \sum_{v=k+1}^{k+l+1} \underbrace{\sum_{i\in\beta^{-1}(v)} |x_v - (e_{x,i} - d_b(i))|}_{=:\widetilde{\sigma}_v(x_v)}
$$

minimal wird. Man überlegt sich nun leicht, daß sich die Intervallgrenzen *lopt* und *ropt* für die Minima einer Funktion

$$
\sigma(x) = \sum_{i=0}^{m} |x - a_i|; \quad a_1 \le a_2 \le \cdots \le a_m
$$

ergeben durch

$$
lopt = a_{\lfloor \frac{m}{2} \rfloor} \quad \text{und} \quad ropt = a_{\lceil \frac{m}{2} \rceil}.
$$

$\widetilde{\sigma}_v$ ist nun eine Funktion dieser Art. Kennt man E_i, so lassen sich die Minima $\widetilde{lopt}(v)$ und $\widetilde{ropt}(v)$ jeweils leicht bestimmen, wenn man die Werte $e_{x,i} - d_t(i)$ bzw. $e_{x,i} - d_b(i)$ berechnet und sortiert. Das Intervall der lokalen Minima ergibt sich dann durch $[left(v), right(v)] \cap [\widetilde{lopt}(v), \widetilde{ropt}(v)]$, falls dieser Schnitt nicht leer ist. Ist der Schnitt leer, so ist, da $\widetilde{\sigma}$ konvex ist, $lopt(v) = ropt(v) = left(v)$ bzw. $= right(v)$, je nachdem ob $left(v)$ oder $right(v)$ näher zu $[\widetilde{lopt}(v), \widetilde{ropt}(v)]$ liegt. Wir müssen nun noch das Vereinigen von Blöcken bzw. Verbunden betrachten. Wir nehmen dazu induktiv an, daß

$$
a([u : v - 1])_0 \le \cdots \le a([u : v - 1])_m
$$

die Konstanten in $\sigma_{[u:v-1]}$ in aufsteigender Reihenfolge bezogen auf x_u seien, und ebenso

$$a([v:w])_0 \leq \cdots \leq a([v:w])_{m'}$$

die Konstanten für $[v,w]$ bezogen auf x_v. Dann erhält man die entsprechende Liste für $[u:w]$ bezogen auf x_u durch Mischen der Listen

$$a([u:v-1])_0 \leq \cdots \leq a([u:v-1])_m$$

und

$$a([v:w])_0 - D_{[u:v-1]} \leq \cdots \leq a([v:w])_{m'} - D_{[u:v-1]}$$

in eine neue, sortierte Liste (a_i') der Länge $m + m' + 2$. Während dieses Mischvorganges lassen sich auch leicht

$$\widetilde{lopt}([u:w]) = a'_{\lfloor \frac{m+m'+1}{2} \rfloor} \quad \text{und} \quad \widetilde{ropt}([u:w]) = a'_{\lceil \frac{m+m'+1}{2} \rceil}$$

berechnen und daraus auch die Optima. Der Zeitaufwand wird also im wesentlichen durch das Mischen der Listen bestimmt. Benutzt man als Datenstruktur für die sortierten Listen lineare Listen, so kostet das Mischen zweier Listen der Länge m, m' Zeit $O(m + m')$. Jeder Verbund, der letztlich lokal optimal plaziert wird, ist durch eine Folge von Vereinigungen der Teilverbunde entstanden. Ist m die Zahl der Anschlüsse auf einem solchen Verbund, so gilt für den Zeitaufwand, den alle zur Erzeugung dieses Verbundes notwendigen Vereinigungen erfordert haben,

$$T(m) \leq O(m) + \max_{m_1 + m_2 = m} T(m_1) + T(m_2).$$

Diese Rekursion kann man mit $T(m) = O(m^2)$ abschätzen, was als Gesamtlaufzeit für alle Vereinigungen

$$\sum_{m_1 + \cdots + m_s = n} O(m_i^2) \leq O(n^2)$$

ergibt, wobei die m_i die Anzahl der Anschlüsse auf den im letzten Schritt bestimmten, nicht kollidierenden Verbunden sind. Diese Schranke wird jedoch nur dann erreicht, wenn stets Vereinigungen von Verbunden mit sehr vielen Anschlüssen und Verbunden mit sehr wenigen Anschlüssen durchgeführt werden. Haben die vereinigten Verbunde jeweils fast gleich viele Anschlüsse, so überlegt man sich, daß der durch Mischen verursachte Aufwand bei $O(n \log n)$ liegt. Man kann diese Zeitschranke auch für den schlechtesten Fall erreichen, wenn man eine kompliziertere Datenstruktur für die zu mischenden Listen, nämlich Fingerbäume (siehe [Meh84a]), benutzt. Wir wollen jedoch an dieser Stelle nicht mehr näher darauf eingehen.

Es sind, wie schon gesagt, auch andere Ausgleichsmaße denkbar. Das bisher benutzte Maß minimierte die Leiterlänge bei rechtwinkliger Verdrahtung, und ist

daher auch zumindest für dieses Verdrahtungsmodell prädestiniert. Man kann
ihm auch eine andere Interpretation geben: Eine minimale Lage eines Blockes
oder Verbundes ist stets dadurch gegeben, daß sie möglichst genausoviele fallende
wie steigende Leitungen verursacht. Eine solche Plazierung kann also auch sinnvoll für andere Verdrahtungsarten sein. Interessant wären natürlich auch Maße,
die weniger Aufwand beim Vereinigen von Blöcken erfordern. Dies ist zum Beispiel der Fall, minimiert man

$$
\begin{aligned}
\overline{\Sigma}(x) \quad &:= \quad \sum_{v=1}^{k} \sum_{i\in\tau^{-1}(v)} |T_i(x) - E_i|^2 + \sum_{v=k+1}^{k+l+1} \sum_{i\in\beta^{-1}(v)} |B_i(x) - E_i|^2 \\
&:= \quad \sum_{v=1}^{k} \sum_{i\in\tau^{-1}(v)} (x_v + d_t(i) - e_{x,i})^2 + \sum_{v=k+1}^{k+l+1} \sum_{i\in\beta^{-1}(v)} (x_v + d_b(i) - e_{x,i})^2 \\
&\quad + \sum_{i=1}^{n} ((h - e_{y,i})^2 + e_{y,i}^2),
\end{aligned}
$$

was genau dann minimal wird, wenn

$$
\widetilde{\overline{\Sigma}}(x) := \sum_{v=1}^{k} \underbrace{\sum_{i\in\tau^{-1}(v)} (x_v - (e_{x,i} - d_t(i)))^2}_{=:\widetilde{\overline{\sigma}}_v(x_v)} + \sum_{v=k+1}^{k+l+1} \underbrace{\sum_{i\in\beta^{-1}(v)} (x_v - (e_{x,i} - d_b(i)))^2}_{=:\widetilde{\overline{\sigma}}_v(x_v)}
$$

minimal wird. Dieses Maß entspricht etwa dem Quadrat der Länge einer kürzesten Realisierung der Leitungsstücke über den Punkt E_i (die aber durch die
Abstandsregeln und das Verdrahtungsmodell nicht notwendig erreicht wird). Sie
liefert eine besonders einfache Berechnung von *lopt* und *ropt*, da das Minimum
einer Funktion

$$
\sum_{i=1}^{m} (x - a_i)^2
$$

gegeben ist durch die Bedingung

$$
\sum_{i=1}^{m} 2(x_{min} - a_i) = 0,
$$

was äquivalent ist zu

$$
x_{min} = \frac{1}{m} \sum_{i=1}^{m} a_i.
$$

Das Mittel über die a_i läßt sich für die Blöcke in Linearzeit in der Zahl der
Anschlüsse darauf berechnen. Vereinigt man zwei Verbunde $[u : v-1]$ und $[v : w]$,

und bezeichnet man die a_i des ersten Verbundes wieder mit $a([u : v-1])_i$, die des
zweiten mit $a([v : w])_i$ so ergeben sich die a_i des zusammengesetzten Verbundes
durch

$$a([u : v-1])_1, \ldots, a([u : v-1])_m, a([v : w])_1 - D_{[u:v-1]}, \ldots, a([v : w])_{m'} - D_{[u:v-1]}.$$

Kennt man nun die Mittelwerte (man braucht hier keine Intervalle mehr, da $\overline{\sigma_v}$
sogar streng konvex ist)

$$
\begin{aligned}
opt([u : v - 1]) &:= \tfrac{1}{m} \textstyle\sum_{i=1}^{m} a([u : v - 1])_i \\
opt([v : w]) &:= \tfrac{1}{m'} \textstyle\sum_{i=1}^{m'} a([v : w])_i,
\end{aligned}
$$

so berechnet sich

$$opt([u : w]) = \frac{1}{m + m'}\left(m \cdot opt([u : v - 1]) + m'(opt([v : w]) - D_{[u:v-1]})\right)$$

in $O(1)$. Man hat demnach für das Ausgleichsverfahren eine Laufzeit von $O(n)$
für das Initialisieren der Verbunde (Berechnung von *opt*) und anschliessend eine
Laufzeit von $O(v)$, wo v die Zahl der Knoten ist, da ein Schleifenrumpf (Test
auf Kollision des betrachteten Verbundes mit Vorgänger und Nachfolger und
Vereinigen) sich mit einfachen Datenstrukturen in $O(1)$ durchführen läßt und die
Schleife nach spätestens $2v$ Durchläufen endet. Damit erhält man hier Linearzeit
gegenüber $n \log n$ bei dem zuerst betrachteten Ausgleichsmaß. Wir fassen diese
Ergebnisse noch einmal zusammen in folgendem Satz:

Satz 7.4.13 *Eine ausgeglichenste Plazierung minimaler Breite für Blöcke an
einem Kanal der Höhe h bei Einschichtverdrahtung läßt sich in Zeit*

- *$O(n + e)$, falls wir das Ausgleichsmaß $\overline{\Sigma}$ benutzen,*

- *$O(n + e + n\log n)$, falls wir das Ausgleichsmaß Σ benutzen,*

bestimmen.

Dies liefert Linearzeitalgorithmen in der Größe des Bedingungsgraphen bei 45^0
Verdrahtung oder Verdrahtung mit beliebigen Kurven, da sich dort die Zahl e
der Kanten in der Ordnung n^2 bewegt. Bei rechtwinkliger Verdrahtung ist, im
Gegensatz dazu, die Bestimmung einer ausgeglichensten Plazierung vom Standpunkt der asymptotischen *worst case* Komplexität her mit $O(n \log n)$ teurer als
das Bestimmen einer Plazierung minimaler Breite (was hier nur $O(n)$ kostet, da
$e \leq O(n)$ ist). Bei praktischer Anwendung im System CADIC [BHK*87b,Kol86]
hat sich aber gezeigt, daß dies im Hinblick auf den Gesamtaufwand des Layout-
verfahrens dennoch von Vorteil ist, weil die Verdrahtung durch den Ausgleich
einfacher und damit der Aufwand zum Erzeugen der Verdrahtung reduziert
wird, d.h., daß sich die in den Ausgleich investierte Rechenzeit letztlich bei der
Layouterzeugung wieder auszahlt.

Wir haben, was lokale Plazierung und Verdrahtung betrifft, nun die nötigen Verfahren zur Hand, die sich auch leicht auf die simultane Behandlung mehrerer Schichten und andere Spielarten ausdehnen lassen. Damit ist jedoch die Durchführung eines lokalen Zusammenbauschrittes für logisch topologische Netze noch nicht vollständig geklärt.

7.4.5 Optimieren des Zusammenbauschrittes

Wir wissen bisher nur, wie ein Zusammenbauschritt durchgeführt werden kann, wenn die Kanalhöhe h vorgegeben ist. Ausgangspunkt für einen Zusammenbauschritt ist aber nur die Struktur der Ränder der beteiligten schon generierten Teillayouts. Demnach ist nicht eine optimale Breite zu festem h, sondern eine vernünftige Kombination von h und der daraus resultierenden Mindestbreite $b(h)$ zu finden. Vor allem die zweite der beiden folgenden Kombinationen hat sich als zufriedenstellende Heuristik erwiesen [Kol86]:

- Finde die kleinste Kanalhöhe h_{min}, in der eine legale Plazierung möglich ist.

- Bestimme h so, daß die resultierende Fläche nach dem Zusammenbau bei Kanalhöhe h minimal ist.

Diese Problemstellungen erscheinen, setzt man nichts über die Art der Ausgangswerte w_i und d für Leiterbreiten und Abstände voraus, für allgemeine Verdrahtungsmodelle schwierig. Hier kommt h als Parameter in unserem Ungleichungssystem bei den Werten $cost(u, v)$ in linearer (45^0-Winkel) oder gar nichtlinearer (beliebige Kurven) Form vor und die Struktur des hier konstruierten, einfachen Ungleichungssystems (d.h. welche Ungleichungen zu welchen Paaren x_i, x_j definiert werden) hängt zudem von h ab. Man müßte also eine allgemeinere Optimierungsaufgabe formulieren, die, wenn überhaupt, nicht mit den hier vorgestellten Methoden lösbar ist. Nimmt man aber an, daß alle Breiten, Abstände und Plazierungen durch ganzzahlige Vielfache einer Grundeinheit λ anzugeben sind, so lassen sich beide Probleme lösen.

Lemma 7.4.14 *Betrachte einen Zusammenbauschritt. Sei $f(n)$ die Zeitkomplexität zur Entscheidung der Existenz einer legalen Plazierung bzw. zur Bestimmung einer legalen Plazierung minimaler Breite und seien h_{min} die minimale Kanalhöhe, unter der es legale Plazierungen gibt, und h_{max} die kleinste Kanalhöhe, für die die minimale Breite $b(h_{max}) = b_{min} = \max\{\sum_{i=1}^{k} D_i, \sum_{i=k+1}^{k+l} D_i\}$ ist. Sind als Größen nur ganzzahlige Vielfache einer Grundeinheit λ zugelassen, dann gilt:*
(a) h_{min} und h_{max} lassen sich in Zeit $O(f(n) \cdot \log \phi(1, n))$ bestimmen.
(b) Eine Plazierung mit minimaler resultierender Fläche läßt sich in Zeit $O(f(n) \cdot \max\{\Delta h, \log \phi(1, n)\})$ bestimmen, wobei $\Delta h = h_{max} - h_{min}$.

Beweis: h_{min} und h_{max} lassen sich durch binäre Suche auf der Menge der möglichen Kanalweiten bestimmen. Da $0 \leq h_{min} \leq h_{max} \leq \phi(1,n)$ ist (ein Kanal dieser Höhe ist stets verdrahtbar), erfordert dies höchstens $\log \phi(1,n)$-faches Ausführen des Plazierungsverfahrens. Also gilt (a).

Setzt man zwei Teile der Höhe h_1 und h_2 über einem Verdrahtungskanal der Höhe h zusammen, so ergibt sich für das umschliessende Rechteck der Gesamtanordnung eine Fläche von $A(h) = (h + h_1 + h_2)b(h)$. (Wir setzen hier voraus, daß die Deformationen die Höhe eines Teiles nicht verändern). Diese steigt streng monoton, wenn $h \geq h_{max}$ wird, da sich die Breite dann nicht mehr ändert. Man kann das Minimum also offenbar in der angegebenen Zeit bestimmen, wenn man zunächst h_{min} und h_{max} und dann für alle $h_{min} \leq h \leq h_{max}$ jeweils $b(h)$ und daraus $A(h)$ bestimmt und das Minimum sucht.   ∎

Hier geht $\phi(1,n)$ in die Laufzeit ein. Diese Zahl kann theoretisch sehr groß werden, auch bei kleiner Problemgröße. Dies ist weniger dramatisch bei der Bestimmung von h_{min} und h_{max}, da hier nur der Logarithmus davon eingeht. Bei der Bestimmung der minimalen resultierenden Fläche aber könnte Δh durchaus in der Größenordnung von $\phi(1,n)$ liegen. Bei praktisch vorkommenden Problemen dürfte man jedoch davon ausgehen, daß die Summe der Leiterbreiten und Abstände im Kanal stets in der Größenordnung der Anzahl der Leitungen bleibt. Ist $\phi(1,n) = O(n)$ so ergäbe dies Laufzeiten $O((v + e) \log n) = O(n^2 \log n)$ bei allgemeinen Verdrahtungsmodellen und $O(n \log n)$ bei rechtwinkliger Verdrahtung zur Bestimmung von h_{min} und h_{max}. Die Berechnung minimaler resultierender Fläche ließe sich unter dieser Voraussetzung grob abschätzen durch $O((v + e)\max\{\Delta h, \log n\}) \leq O(n^3)$ bei beliebiger Verdrahtung und $O(n^2)$ bei rechtwinkliger Verdrahtung, wenngleich zu hoffen ist, daß h_{min} und h_{max} meist dicht zusammenliegen, d.h. wesentlich kleinere Laufzeiten zu erwarten sind. Man bemerke auch, daß die Ausgleichsfunktion aus dem letzten Abschnitt dabei nicht benötigt wird. Sie ist nur einmal auszuwerten, nämlich wenn man die günstigste Kanalhöhe h kennt.

Bei rechtwinkliger Verdrahtung kann man zudem auch noch dann die oben gestellten Aufgaben lösen, wenn man die Voraussetzung an die Ganzzahligkeit der Größen fallen läßt, da hier ja h nicht direkt als Parameter in unserem Ungleichungssystem auftritt. Die Wahl von h hat lediglich Einfluß auf μ_h und damit auf die Struktur der Ungleichungen. Allerdings liefern nur relativ wenige Werte von h verschiedene Abbildungen μ_h und damit verschiedene Ungleichungssysteme.

Lemma 7.4.15 *Zu jedem Wert* $h \leq \phi(1,n)$ *gibt es ein*

$$h' \in \Phi := \{0\} \cup \{\phi(i,j) \mid 1 \leq i \leq j \leq n\}$$

mit $\mu_h = \mu_{h'}$.

Beweis: Sei $h \le \phi(1, n)$ beliebig. Dann erfüllt

$$h' = \max\big(\{\phi(i, j) \mid \phi(i, j) \le h, 1 \le i \le j \le n\} \cup \{0\}\big)$$

schon $\mu_h = \mu_{h'}$, denn für alle $1 \le i \le n$ ist

$$
\begin{aligned}
\mu_{h'}(i) \\
&= \min\{j \ge i \mid \phi(i, j) > h'\} \\
&= \min\Big\{j \ge i \mid \phi(i, j) > \max\big(\{\phi(i, j) \mid \phi(i, j) \le h, 1 \le i \le j \le n\} \cup \{0\}\big)\Big\} \\
&= \min\{j \ge i \mid \phi(i, j) > h\} \\
&= \mu_h(i).
\end{aligned}
$$

∎

Daraus kann man für rechtwinklige Verdrahtung auch ein von der Ganzzahligkeitsbedingung unabhängiges Verfahren folgern:

Korollar 7.4.16 *Für rechtwinklige Verdrahtung lassen sich*

- h_{min} *und* h_{max} *in Zeit* $O(n^2 \cdot \log n)$
- *eine Plazierung mit minimaler resultierender Fläche in Zeit* $O(n^3)$

bestimmen.

Beweis: Die Zeitschranken ergeben sich aus der Tatsache, daß die Menge Φ höchstens $\frac{n(n+1)}{2} + 1$ Elemente hat. Berechnet man diese und sortiert sie in Zeit $O(n^2 \log n)$, so lassen sich anschliessend h_{min} und h_{max} in Zeit $O(n \log n)$ durch Binärsuche auf den sortierten Elementen bestimmen. Da zwischen h_{min} und h_{max} in dieser Liste höchstens $O(n^2)$ Elemente liegen, gilt auch die Zeitschranke $O(n^3)$ für die Berechnung der minimalen resultierenden Fläche, wenngleich man hoffen darf, daß bei weitem nicht so viele verschiedene Kanalhöhen zwischen h_{min} und h_{max} liegen werden. ∎

Diese Zeitschranken sind schlechter, als die zuvor geschätzten Schranken, für die allerdings ganzzahlige Werte und $\phi(1, n) = O(n)$ vorausgesetzt waren. Dafür sind sie aber unabhängig von der Ganzzahligkeitsannahme. Betrachtet man ferner reale Probleminstanzen, so dürften nicht sehr viele unterschiedliche Leiterbreiten vorkommen. Signalleitungen verdrahtet man ohnehin meist in Mindestbreite und lediglich die Spannungsversorgung wird breiter ausgelegt. D.h. es kann sehr oft vorkommen, daß fast alle Leitungen "Einheitsbreite" w_0 haben und nur wenige eine andere Breite. In diesem Fall ist die Kardinalität von Φ relativ klein und man sollte versuchen, möglichst effizient geordnete Obermengen von Φ zu berechnen und darauf h_{min} und h_{max} usw. zu bestimmen. Haben beispielsweise alle Leitungen Breite w_0, so ist sicher

$$\Phi \subseteq \{0\} \cup \{i(w_0 + d) + w_0 \mid 0 \le i \le n - 1\} =: \Phi_0.$$

Φ_0 läßt sich offensichtlich in Zeit $O(n)$ sortiert bestimmen, weswegen die obigen Schranken auf $n \log n$ bzw. n^2 fallen und mit den ersten Ergebnissen auch ohne Ganzzahligkeitsbedingung konkurrieren können. Ähnlich kann man auch vorgehen, wenn nur wenige Leitungen mit anderer Breite vorkommen oder wenn alle Leitungsbreiten nur kleine Vielfache der Breite w_0 sind (was aber der Ganzzahligkeitsbedingung nahe kommt).

7.4.6 Aufgaben

Aufgabe 1 Wieviele verschiedene abstrakte Syntaxbäume gibt es zu einem logisch topologischen Netz?

Aufgabe 2 Beweisen Sie, daß man jedes logisch topologische Netz durch einen abstrakten Syntaxbaum darstellen kann!

Aufgabe 3 Überlegen Sie sich, wie man das Simulated Annealing Verfahren zur Berechnung einer Schichtzuweisung in zwei Schichten auf den Fall verallgemeinert, in dem die Stromversorgung schon eingezogen ist! Welche Schwierigkeiten erhält man bei der Verallgemeinerung des Verfahrens auf *layer assignment with pin preassignment*?

Aufgabe 4
(a) Zeigen Sie, daß $\|.\|_{45^0}$ eine Norm definiert und die geforderte Symmetrieeigenschaft hat.
(b) Wie sehen $\|.\|_{30^0}, \|.\|_{15^0}$ aus? Verallgemeinern Sie dies auf Winkel $\frac{\pi}{2i}, i > 1$.
(c) Berechnen sie vereinfachte Verdrahtbarkeitsbedingungen zu den Normen aus (b).

Aufgabe 5 Versuchen Sie einen Algorithmus zur Verdrahtung mit 45^0 Winkeln aus dem hier vorgestellten Verfahren auszuarbeiten.

Aufgabe 6 Gegeben sei ein Bedingungsgraph G zu unserem Plazierungsproblem für eine Höhe h. $S(G)$ sei die Menge aller Plazierungen $x = (0, x_1, \ldots, x_{k+l+1})$ minimaler Breite (x_{k+l+1}), die alle Bedingungen in G erfüllen. Zeigen Sie folgende Aussage:
Liegt die Kante (u, v) auf einem längsten Weg von 0 nach $k + l + 1$, so gilt für jede Kante (s, t) von einem Vorgänger von u oder v zu einem Nachfolger von u oder v schon $S(G) = S(G \setminus \{(s, t)\})$, d.h. (s, t) ist überflüssig.

Kapitel 8

Ausnutzung der Hierarchie

Nachdem wir uns Algorithmen zur Synthese und Analyse von logisch topologischen Schaltkreisen überlegt haben, könnte man ein Entwurfssystem (System 1) implementieren, das als Eingabe die in Kapitel 3 eingeführten rekursiven Gleichungen erhält. Diese würden dann in einem ersten Schritt von einem *Parser* auf syntaktische Korrektheit überprüft. Ein *Expander* übernähme die Expansion eines vom Benutzer vorgegebenen Ausdrucks über Grundbausteinen und Unbestimmten, die wegen der Nichtentscheidbarkeit des Terminierungsproblems [Kol86] formal auf den Gleichungen für eine vorgegebene Zahl von Iterationsschritten liefe. Ergebnis der Expansion wäre der Syntaxbaum des vollexpandierten Netzes, auf den wir unsere Verfahren zur Synthese und Analyse anwenden könnten.

Die Effizienz eines solchen Entwurfssystems wäre jedoch kritisch, da die heutigen integrierten Schaltungen mehrere hunderttausend Transistoren enthalten, und so die Beschreibung auf der geometrischen Ebene einige Millionen Daten (Polygone) umfaßt. Denkt man bei dieser großen Datenmenge an die nichttrivialen Analyse- und Syntheseverfahren, die pro Datum etliche Maschinenoperationen ausführen müssen, so überlegt man sich leicht, daß die Laufzeiten sehr groß werden können. Wir wollen dies an einer kleinen (nicht ganz realistischen) Rechnung vorführen: Das im Kapitel 7 angedeutete Verfahren von Kuo, Chern und Wei-kuan Shih zur optimalen Schichtzuweisung hat eine asymptotische Laufzeit von $N^{1.5} \log N$, wobei N die Größe des Schaltkreises darstellt. Geht man von einer Größe von 10^7 Leiterstücken aus, muß man mit ungefähr $c \cdot 6 \cdot 10^{11}$ Maschinenoperationen rechnen, wobei c eine Zahl größer gleich 1 sein wird. Nimmt man den günstigen, obwohl nicht realistischen Fall $c = 1$ an, so muß man also auf einer 10 MIPS Rechenanlage mit einer Laufzeit von 17 CPU-Stunden rechnen. Realistischer wäre wohl, die Laufzeitkonstante c mit 50 oder 100 abzuschätzen, wodurch man dann eine Laufzeit von einigen Monaten erhalten würde. Selbst lineare Verfahren können sehr hohe Laufzeiten haben, falls die Anzahl der pro Datum auszuführenden Maschinenoperationen hoch ist.

Würde man hingegen ausnutzen (System 2), daß große Entwürfe in den meisten Fällen einen großen Regularitätsgrad (Verhältnis der Schaltkreisgröße zu der Länge der Beschreibung dieses Schaltkreises) besitzen, so könnte man den Zeitaufwand zur Synthese und Analyse wesentlich verringern. Wir wollen dies an dem Beispiel des in Kapitel 3 vorgestellten Multiplizierers näher erläutern.

Ein n-Bit Multiplizierer ist auf der logisch topologischen Ebene aus $2n$ gleichen Spalten aufgebaut. In einer kurzen Beschreibung (vergleiche das in Kapitel 3 angegebene rekursive Gleichungssystem des Multiplizierers) beschreibt man also eine Spalte und sagt dann, daß der Multiplizierer entsteht, indem man diese Spalte $2n$-mal nebeneinander plaziert. Der Regularitätsgrad dieses Multiplizierers ist also größer als $\frac{2n}{1+\log 2n}$, da die Schaltkreisgröße ungefähr $2n$-mal die Größe einer Spalte ist, die eben angegebene Schaltkreisbeschreibung sich jedoch nur in der Größe einer Spalte und der Größe der binären Codierung der Zahl $2n$ bewegt. Man überlegt sich nun leicht, daß man aus einer solchen Beschreibung des n-Bit Multiplizierers mithilfe der in Kapitel 7 vorgestellten Verfahren eine physikalische Realisierung erhält, indem man nur eine Spalte synthetisiert, diese dann vervielfältigt und diese Exemplare miteinander "verkittet". Der Laufzeitgewinn bei der Synthese beläuft sich (bei grober Abschätzung) etwa auf die Größe des Regularitätsgrades. Bei einem 32-Bit Multiplizierer, wie er eben besprochen wurde, macht das einen Laufzeitgewinn um den Faktor 10 aus, beim 64-Bit Multiplizierer schon um den Faktor 16. De facto ist der Laufzeitgewinn noch höher, da die Regularität in der Spalte ebenfalls ausgenutzt werden kann. Man bemerke jedoch, daß man sich diesen Laufzeitgewinn durch eine Verminderung der Güte des synthesierten Schaltkreises erkauft hat; zum Beispiel passen beim Zusammensetzen der Spalten die Schichten, in denen die Anschlußpunkte der Spalten verlaufen, nicht immer aufeinander, so daß man zusätzliche Kontakte an diesen "Schweißnähten" opfern muß.

Diese Idee, durch hierarchisches Vorgehen Zeit zu sparen, ist durchaus nicht neu. Auch beim manuellen full-custom Entwurf von mittelgroßen Schaltungen mußte und muß der Entwerfer hierarchisch vorgehen. Geht man nämlich davon aus, daß er zum korrekten Plazieren eines jeden Transistors zwischen einer Minute und fünf Minuten benötigt, so bräuchte er bei nichthierarchischem Vorgehen zwischen 100 und 500 Arbeitstagen, um eine Schaltung mit 50.000 Transistoren zu entwerfen. Neben dem Argument der Zeit kommt noch die Frage der Korrektheit hinzu. Bei einem nichthierarchischen Vorgehen wird der Mensch sehr schnell die Übersicht über seinen Entwurf verlieren und so einige Leitungen falsch ziehen und andere vergessen zu ziehen. Sein Vorgehen wird immer das sein, daß er zunächst relativ kleine Teilschaltungen entwirft, die er an mehreren Stellen im Schaltkreis verwenden kann. Diese *Subzellen* werden vollständig, so weit dies möglich ist, ausgetestet, so daß sich der Benutzer ihrer Korrektheit sicher ist. In einem nächsten Schritt werden die Subzellen dann zu größeren Schaltungen zusammengebaut, die wiederum als Subzellen an vielen Stellen benutzt werden.

Dieses bottom-up Verfahren ermöglicht dem Entwerfer, einigermaßen die Korrektheit seines Entwurfes nachzuweisen und in vernünftiger Zeit seinen Entwurf abzuschliessen.

8.1 Hierarchische Verfahren

Hierarchische Entwurfssysteme zeichnen sich dadurch aus, daß sie eine hierarchische Eingabe erlauben, d.h. eine kompakte Beschreibung der zu bearbeitenden Probleminstanz, die im wesentlichen aus einer Schaltkreiskonstruktion, beruhend auf der Substitution von Zellen durch größere Teilnetze, besteht. Nach dieser Definition sind natürlicherweise beide in der Einleitung zu diesem Kapitel skizzierten Entwurfssysteme, die auf dem im Kapitel 3 vorgestellten Kalkül aufbauen, hierarchisch zu nennen, da beide rekursive Netzgleichungen als Eingabe akzeptieren. Das erstere hat bei großen Schaltkreisen extrem hohe Laufzeiten, da in einem ersten Schritt der Synthese die hierarchische Eingabe in eine nichthierarchische Darstellung des Schaltkreises konvertiert wird; das letztere ist wesentlich schneller, da die einzelnen Verfahren einerseits jedes Teilnetz nur je einmal bearbeiten, unabhängig davon, wie oft es im Schaltkreis vorkommt, und andererseits nicht nur eine hierarchische Eingabe erlauben, sondern auch eine hierarchische Ausgabe produzieren, so daß die weiterverarbeitenden Verfahren ebenfalls mit einer hierarchischen Eingabe arbeiten können. Bezieht man sich auf die Güte der erzeugten Schaltkreise, so liefert das zweite Verfahren jedoch schlechtere Ergebnisse.

Wegen der Vielfalt der hierarchischen Verfahren wollen wir versuchen, eine verfeinerte Charakterisierung zu geben.

- Ein hierarchisches Verfahren heißt *zeiteffizient*, falls seine Laufzeit nachweislich klein ist, gemessen an der Größe der hierarchischen Eingabe. Ein solches Verfahren hat aus Zeitgründen nicht die Möglichkeit, die hierarchische Eingabe in eine nichthierarchische Darstellung umzuwandeln, da diese exponentiell größer als die Eingabe sein kann. Folglich berechnen solche Verfahren auch hierarchische Ausgaben. In diesem Sinne ist also das erste der oben vorgestellten Systeme nicht zeiteffizient, das zweite wäre es.

  Bemerkung: Diese Definition von zeiteffizienten hierarchischen Verfahren ist kritisch bei asymptotischen Betrachtungen. Entspricht die Größe der Ausgabe der Größe des Chips, was zum Beispiel der Fall ist, wenn man den Schaltkreis plotten lassen will, so gibt es nach dieser Definition kein effizientes Verfahren; alle Verfahren haben exponentielle Laufzeit, obwohl einige von ihnen relativ schnell sind, nämlich linear (mit kleiner Laufzeitkonstante) in der Größe der Ausgabe. Sinnvoller wäre es in diesem Fall, ein Verfahren zeiteffizient zu nennen, wenn seine Laufzeit nachweislich klein,

gemessen an dem Maximum von der Größe der Eingabe und der Größe der
Ausgabe, ist.

Zu bemerken ist auch, daß asymptotische Betrachtungen bei hierarchischen
Verfahren, wie sie hier betrachtet werden, generell zweifelhaft sind, da sie
voraussetzen, daß die Eingabelänge n groß werden kann. Hierarchische
Beschreibungen der Größe n beschreiben aber Objekte der Größe 2^n, so
daß in der Praxis n stets sehr klein sein wird.

Im folgenden wollen wir uns aber an die gebräuchliche, oben angegebene
Definition halten.

- Ein hierarchisches Verfahren heißt *effizient*, falls es zeiteffizient ist und
  die Güte des Ergebnisses nachweislich "nahe am Optimum" ist. Bei einigen Verfahren, wie zum Beispiel bei solchen, die Entscheidungsfragen
  lösen ("Sind alle Entwurfsregeln eingehalten?"), ist diese Definition zum
  Teil unsinnig, da das Ergebnis eindeutig ist ("Entweder sind die Regeln
  eingehalten oder sie sind es nicht!"). Für den Sprachgebrauch wollen wir
  solche Verfahren effizient nennen, wenn sie zeiteffizient sind.

Bevor wir weitere Unterscheidungen hierarchischer Verfahren besprechen, die insbesondere die Vorgehensweise der Verfahren berühren, wollen wir, ausgehend von
den rekursiven Netzgleichungen, eine mögliche hierarchische Darstellung logisch
topologischer Netze angeben. Hiermit erhalten wir eine Sicht, anhand derer man
die weiteren Begriffe aus dem Themenbereich der Hierarchie sehr gut illustrieren
kann.

8.2   Eine hierarchische Darstellung

Gegeben sei folgendes (abstraktes) rekursives Gleichungssystem Gl:

$$
\begin{aligned}
B_k &= C_{k-1} \ominus B_{k-1} \\
C_k &= B_{k-1} \ominus B_{k-1} \\
B_2 &= Q \oplus Q \\
C_2 &= P \oplus P \\
Q &= q \\
P &= p,
\end{aligned}
$$

wobei Q und P zwei logisch topologische Netze sind, die durch die Netzausdrücke
q und p beschrieben werden, mit der Eigenschaft, daß die Operationen $Q \oplus Q$,
$P \oplus P$, $Q \ominus Q$, $Q \ominus P$ und $P \ominus Q$ definiert sind. Wie in Kapitel 3 gesehen, beschreibt dieses Gleichungssystem eine Familie von logisch topologischen Netzen,
nämlich die Netze P, Q, B_2, C_2, B_3, C_3, B_4 und so weiter. Wegen der kompakten

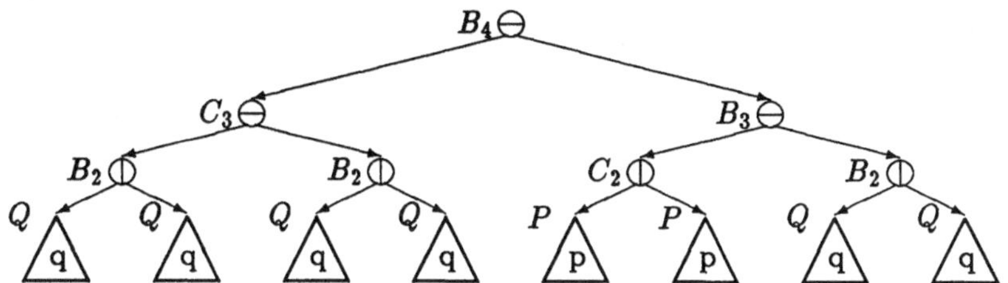

Abbildung 8.1: *Syntaxbaum zu dem logisch topologischen Netz B_4*

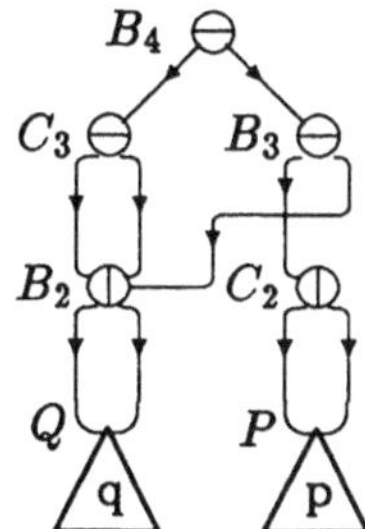

Abbildung 8.2: *Syntaxgraph zu dem logisch topologischen Netz B_4*

Beschreibung dieser Netze enthält ein Syntaxbaum zu C_k bzw. B_k ($k \geq 3$) viele Teilnetze mehrmals, die bei dieser Darstellung auch mehrfach im Rechner abgespeichert sind. (Siehe zum Beispiel den Syntaxbaum zu B_4 in Abbildung 8.1)

Eine naheliegende Art, hierarchisch beschriebene Netze kompakt im Rechner darzustellen, ist, Teilbäume, die mehrmals im Netz vorkommen, nur einmal abzuspeichern, d.h. sie aufeinanderzulegen. Wir beschränken uns hierbei auf solche Teilbäume, die ein durch das Gleichungssystem beschriebenes Netz darstellen, also solche Netze, die auf der linken Seite einer Gleichung vorkommen. Hierdurch wird der Syntaxbaum in einen gerichteten azyklischen Graphen umgewandelt, den wir *Syntaxgraph* nennen wollen. Abbildung 8.2 zeigt den zu B_4 gehörigen Syntaxgraphen. Durch diese kompakte Darstellung erreicht man eine Platzersparnis in der Größe des Regularitätsgrades.

Teilnetze, die auf der linken Seite einer Gleichung vorkommen und so mehrmals im Schaltkreis enthalten sein können, wollen wir *Subzellen* nennen, falls sie nur einmal im Rechner abgespeichert sind. Die Menge der Subzellen eines Syntaxgraphen G bezeichnen wir mit $B(G)$. Der in Abbildung 8.2 dargestellte Syntaxgraph G ist eine hierarchische Darstellung des logisch topologischen Netzes B_4 mit $B(G) = \{Q, P, B_2, B_3, C_2, C_3\}$ als Menge der Subzellen. Es handelt sich hierbei um die "feinste" Hierarchie des Netzes B_4, die durch das Gleichungssystem Gl gegeben ist. Da feine Hierarchien die Güte des Entwurfs beeinträchtigen können, sollte der Entwerfer die Möglichkeit haben, den Hierarchiegrad seiner Darstellung selbst einzustellen. Dies kann über die Manipulation der Menge der Subzellen geschehen, indem man Elemente daraus entfernt. Setzt man die Menge der Subzellen einer Darstellung auf die leere Menge, so bedeutet dies, daß der dazugehörige Syntaxgraph ein Syntaxbaum ist.

Wir wollen im folgenden mit $\Gamma(n)$ die Menge der zum logisch topologischen Netz n gehörigen Syntaxgraphen bezeichnen. Die in einem Syntaxgraphen enthaltenen Subzellen wollen wir zum besseren Sprachgebrauch nach ihrer Höhe im Syntaxgraphen ordnen.

Definition 8.2.1 *Sei n ein logisch topologisches Netz, G ein Syntaxgraph aus $\Gamma(n)$. Eine Subzelle $s \in B(G)$ hat dann*

- *Höhe 0, falls s in G keine andere Subzelle enthält;*
- *Höhe i+1, falls s in G nur Subzellen mit geringerer Höhe enthält, von denen wenigstens eine Höhe i besitzt.*

8.3   Kontextfreie bottom-up Verfahren

Nachdem wir uns klargemacht haben, was man unter einem hierarchischen Verfahren zu verstehen hat, und eine Möglichkeit aufgezeigt haben, logisch topologische Netze hierarchisch im Rechner darzustellen, wollen wir im folgenden verschiedene Vorgehensweisen hierarchischer Verfahren diskutieren. Bei der ersten Kategorie, der Menge der *kontextfreien bottom-up Verfahren* handelt es sich um ein "Paradigma", mit dem man nahezu jeden Synthesealgorithmus und viele Verfahren zum Lösen von Entscheidungsproblemen [Len84] "hierarchisieren" kann.

Verfahren dieser Klasse haben die Eigenschaft, jede Subzelle als eigenständiges Netz zu betrachten, d.h. sie zu bearbeiten, ohne auf den Kontext, d.h. auf die Umgebungen, in denen sie sich im Gesamtschaltkreis befindet, zu achten. Jede Subzelle wird nur einmal explizit bearbeitet, auch wenn sie mehrfach in der Schaltung vorkommt. Das Ergebnis dieser Bearbeitung wird abgespeichert. Zusätzlich wird jedes Exemplar dieser Subzelle im Gesamtschaltkreis durch eine (kleine) Ersatzdarstellung substituiert. Diese Ersatzdarstellung muß alle Informationen enthalten, die notwendig sind, damit man Subzellen größerer Höhe korrekt verarbeiten kann. Diese Verfahren beginnen also mit der Bearbeitung der Subzellen der Höhe 0, berechnen hierfür eine Ersatzdarstellung, die alle notwendigen Informationen enthält, gehen dann zu den Subzellen der Höhe 1 über und hangeln sich so bottom-up, bis der Gesamtschaltkreis abgearbeitet ist.

Ein sehr einfaches Beispiel einer Problemstellung, die man mit einem kontextfreien bottom-up Verfahren lösen kann, ist die Frage nach der Anzahl der Gatteräquivalente, die in einem hierarchisch beschriebenen Schaltkreis enthalten sind. Die Ersatzdarstellung einer Subzelle besteht in diesem Fall nur aus einer Zahl, die gerade die Anzahl der in der entsprechenden Subzelle enthaltenen Gatteräquivalente angibt.

Ein kontextfreies bottom-up Verfahren zur Schichtzuweisung würde beim n-Bit Multiplizierer zuerst eine der $2n$ Spalten (mit Namen Sp_n) in Schichten einbetten, ohne auf ihre Umgebung im Schaltkreis, den Kontext, zu achten. Diese Schichtzuweisung wird abgespeichert, da sie für jede der $2n$ Spalten benutzt wird. Als Ersatzdarstellung für die Spalte Sp_n nimmt man einen (neudefinierten) Grundbaustein, eine "black box", mit der gleichen Pinanordnung wie der bei Sp_n, wobei die Schichten dieser Anschlüsse durch die gerade berechnete Schichtzuweisung vordefiniert sind. Ersetzt man im Gesamtschaltkreis jedes Exemplar der Spalte Sp_n durch diese Ersatzdarstellung, so kann man mit dieser Information eine Schichtzuweisung der restlichen Leiterstücke berechnen, ohne das "Innenleben" der Spalten zu kennen.

Die meisten der nichthierarchischen Synthesewerkzeuge lassen sich mit diesem Paradigma "hierarchisieren". Unterschlägt man die Komplexität der Ersatzdarstellungen, so beläuft sich der Laufzeitgewinn, wie schon oben bemerkt, auf die Größe des Regularitätsgrades. Diesen Laufzeitgewinn erkauft man sich aber in den meisten Fällen durch einen Qualitätsverlust des synthetisierten Schaltkreises, der beträchtlich sein kann (s. Abschnitt 8.6).

Natürlich gibt es auch kontextfreie bottom-up Verfahren, bei denen kein Qualitätsverlust in Kauf genommen werden muß. Hierzu zählen im wesentlichen Entscheidungsprobleme, also Problemstellungen der Analyse. Ein sehr einfaches Beispiel hierfür ist die Frage, ob der dem Schaltkreis zugrundeliegende Graph zusammenhängend ist [Len84]. Die Ersatzdarstellung eines Teilnetzes spiegelt in diesem Fall wider, welche Anschlüsse zu welchen Zusammenhangskomponenten des Teilnetzes gehören. Andere Problemstellungen, die in dieser Weise gelöst werden können, sind weitere Zusammenhangsfragen, wie zum Beispiel, ob ein Graph zweifach oder streng zusammenhängend ist [Len84], Fragen nach der Größe eines Schaltkreises oder eines minimal aufspannenden Baumes eines Netzes, und Fragen nach kritischen Pfaden, wie zum Beispiel die Frage nach der Entfernung zweier Knoten im Schaltkreis.

8.4 Kontextsensitive bottom-up Verfahren

Bessere Lösungen sind zu erwarten, wenn die Verfahren bei der bottom-up Bearbeitung die Kontexte der Subzellen berücksichtigen. Solche Verfahren betrachten also die Subzellen nicht als eigenständige Netze, sondern berücksichtigen die Umgebungen, in denen sich die Exemplare der Subzelle im Schaltkreis befinden.

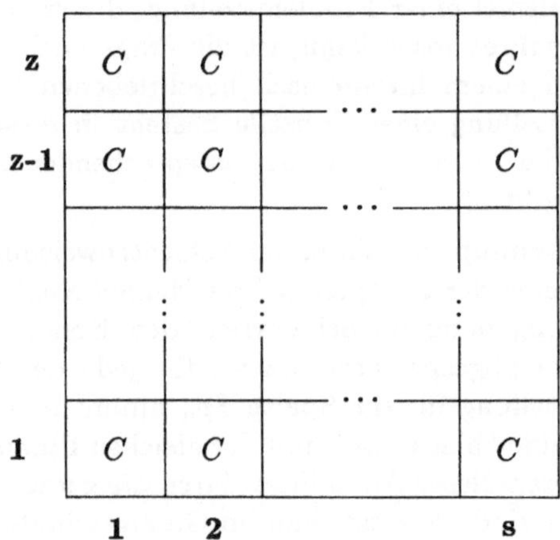

Abbildung 8.3: *Systolisches Feld aufgebaut aus der Zelle C*

Diese Verfahren wollen wir deshalb *kontextsensitive bottom-up Verfahren* nennen. Bottom-up bedeutet wie im letzten Abschnitt, daß mit der Bearbeitung der Subzellen der Höhe 0 begonnen wird, für diese dann Ersatzdarstellungen berechnet werden und dann Schritt für Schritt Subzellen größerer Höhe abgearbeitet werden.

Wir wollen die Idee kontextsensitiver bottom-up Verfahren wiederum für das Problem der Schichtzuweisung an zwei Beispielen erläutern [Mol88b].

8.4.1 Schichtzuweisung an systolische Felder

Gegeben sei ein logisch topologisches Netz $C_{z,s}$, das aus einem $z \times s$ Feld der gleichen Subzelle C besteht ($z, s \geq 2$). Abbildung 8.3 verdeutliche diese Feldstruktur. Hierbei sei C zum Beispiel die in Abbildung 8.4 gezeigte Subzelle.[1]

Ein kontexfreies bottom-up Verfahren zur hierarchischen Schichtzuweisung würde diese Subzelle C in zwei Schichten einbetten, ohne der speziellen Struktur des Gesamtschaltkreises Rechnung zu tragen. Benutzt man den in Kapitel 7 vorgestellten Algorithmus, so werden also zuerst die ungeraden Gebiete des logisch topologischen Netzes C berechnet; diese werden dann untereinander verheiratet. Eine solche Heirat impliziert eine gültige Schichtzuweisung für C (in zwei

---

[1] Mit der in Abbildung 8.4 abgebildeten Subzelle C kann man das im folgenden gezeigte Vorgehen gut illustrieren, obwohl sie, von ihrem logischen Verhalten her gesehen, nicht "sinnvoll" ist.

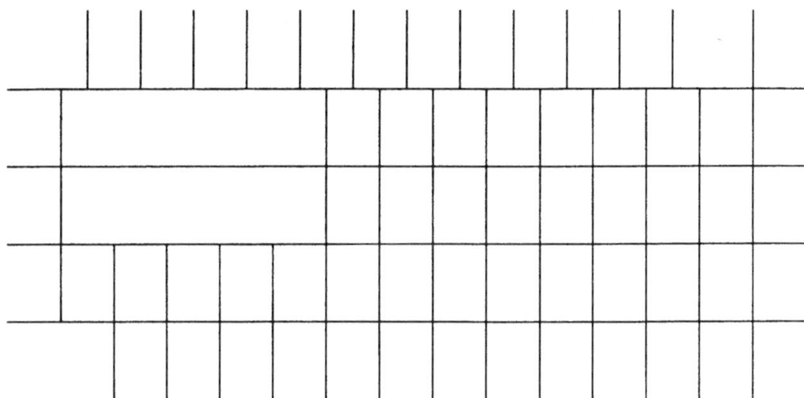

Abbildung 8.4: *Die Subzelle C*

Schichten). In Abbildung 8.5 wird eine solche Schichtzuweisung für C gezeigt.
Die markierten Gebiete bezeichnen hierbei die ungeraden Gebiete. Durch "Zusammenkitten" der so synthetisierten Subzellen zum Netz $C_{z,s}$ erhält man dann
eine Schichtzuweisung von $C_{z,s}$ in zwei Schichten, die

$$2 \cdot z \cdot s + z \cdot (s - 1) + 5 \cdot (z - 1) \cdot s = 8 \cdot s \cdot z - z - 5 \cdot s$$

Kontakte benötigt.

Betrachtet man diese Schichtzuweisung von $C_{z,s}$ genauer, so bemerkt man, daß
die meisten dieser Kontakte auf den Rändern der Exemplare der Subzelle C
zu finden sind, nämlich $6 \cdot s \cdot z - z - 5 \cdot s$ Stück. Abbildung 8.6 zeigt eine im
Hinblick auf den Gesamtschaltkreis $C_{z,s}$ bessere Lösung für die Subzelle C. Diese
Schichtzuweisung impliziert nur $5 \cdot z \cdot s$ Kontakte!

Wesentlich geschickter als kontextfrei zu verfahren, ist es, den Algorithmus zu
zwingen, die Übergänge von einer Feldkomponente zur nächsten zu berücksichtigen: Betrachtet man ein solches Feld, so sieht man, daß sich am Nordrand einer
Komponente im Grunde genommen ihr "eigener" Südrand anschließt und analog
der West- an den Ostrand. Man sollte also die sich gegenüberliegenden Ränder
verkleben, um die unmittelbare Umgebung jeweils nachzubilden. Um also in einfacher Weise den Kontext der Subzelle C im Gesamtschaltkreis $C_{z,s}$ zu erhalten,
identifizieren wir den östlichen Rand des Netzes C mit dem westlichen und den
nördlichen mit dem südlichen (vgl. Abbildung 8.7). Wir betten das Netz C auf
den Torus ein! Hierdurch entstehen am "alten Rand" von C neue innere Gebiete, von denen einige ungerade sind. In Abbildung 8.8 sind diese mit $\times_1$, $\times_2$,
$\times_3$, und $\times_4$ gekennzeichnet. Man bemerke, daß diese ungeraden Gebiete nicht

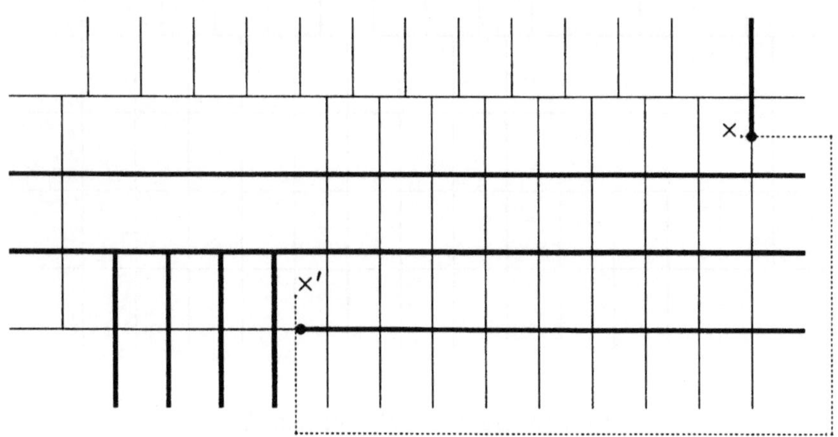

Abbildung 8.5: *Logisch topologisches Netz C mit optimaler Schichtzuweisung in zwei Schichten*

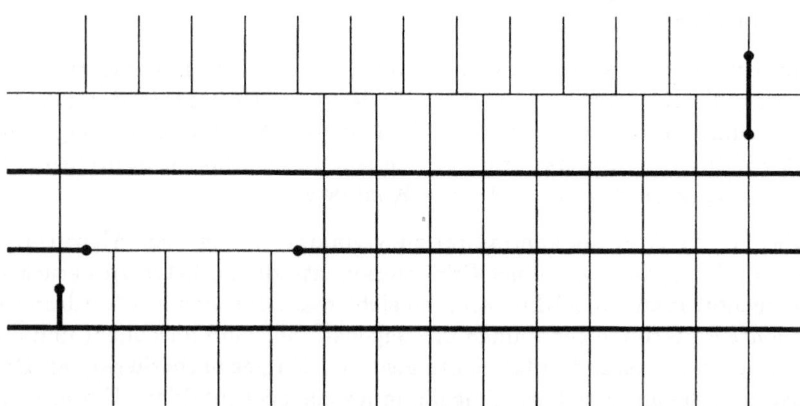

Abbildung 8.6: *Gute Schichtzuweisung der Subzelle C im Hinblick auf den Gesamtschaltkreis $C_{z,s}$*

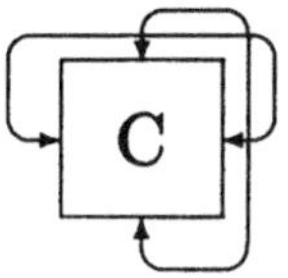

Abbildung 8.7: *Einbettung der Subzelle C auf den Torus*

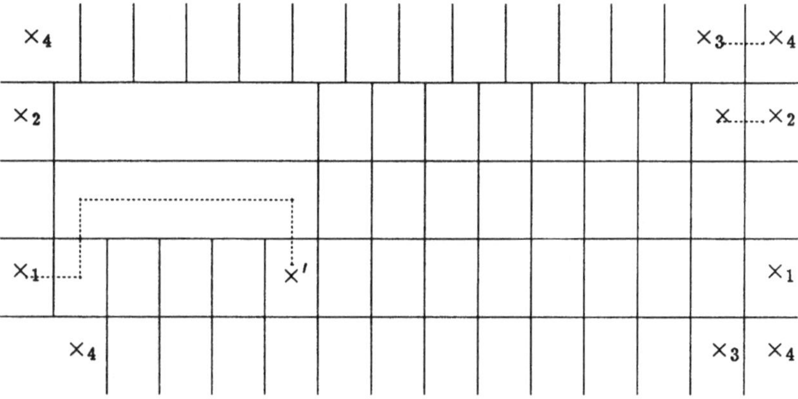

Abbildung 8.8: *Subzelle C eingebettet auf dem Torus mit den dazugehörigen ungeraden Gebieten und einer dazugehörigen Heirat der ungeraden Gebiete*

"künstlich" sind, sondern überall dort in $C_{z,s}$ vorkommen, wo zwei Subzellen aufeinanderstoßen.

Verheiratet man nun diese insgesamt sechs ungeraden Gebiete auf dem Torus miteinander, wie dies zum Beispiel in Abbildung 8.8 gezeigt wird, so impliziert dies auch eine Heirat der ungeraden Gebiete von C in der euklidischen Ebene, die aber, im Gegensatz zu dem kontextfreien bottom-up Verfahren, die schachbrettartige Anordnung der Subzelle im Gesamtschaltkreis berücksichtigt. Diese in Abbildung 8.8 gezeigte Heirat impliziert nun auch die schon in Abbildung 8.6 gezeigte, im Hinblick auf den Gesamtschaltkreis $C_{z,s}$ gute Schichtzuweisung. (In Abschnitt 8.5 werden wir sehen, daß sich in diesem gerade vorgestellten Vorgehen noch ein "Pferdefuß" versteckt.)

8.4.2 Schichtzuweisung an Bitslice Architekturen

Handelt es sich bei dem Gesamtschaltkreis nicht um ein systolisches Feld, sondern um eine Bitslice Architektur, d.h. der Schaltkreis ist aus einer gewissen

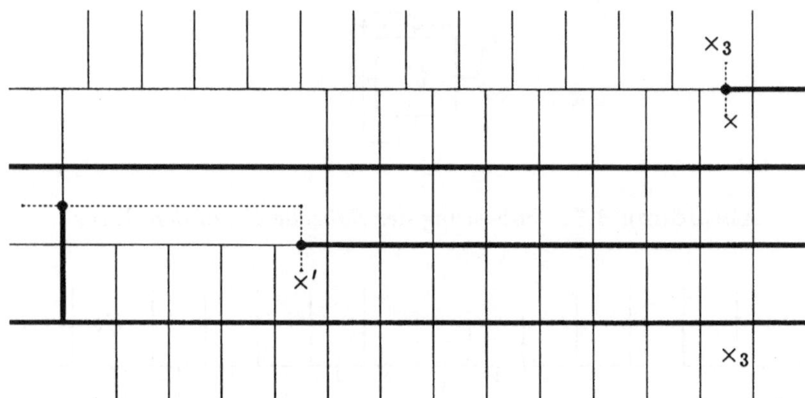

Abbildung 8.9: *Subzelle C eingebettet auf dem Zylinder durch Identifikation des Nordrandes mit dem Südrand.*

Anzahl gleicher Spalten oder Zeilen aufgebaut, wie dies zum Beispiel beim Multiplizierer der Fall ist, so kann man eine ähnliche Methode wie bei systolischen Feldern verwenden. Man bettet in diesem Fall eine Komponente nicht auf den Torus, sondern auf den Zylinder, d.h. man identifiziert bei gleichen Spalten den Westrand der Komponente mit ihrem Ostrand und bei gleichen Zeilen den Südrand mit dem Nordrand der Subzelle.

Betrachten wir zur Anschauung den Schaltkreis $C_{z,1}$ bestehend aus z Exemplaren der Subzelle C, die untereinander gesetzt sind ($z \geq 2$). Die in Abbildung 8.5 gezeigte, durch das kontextfreie bottom-up Verfahren gewonnene Schichtzuweisung impliziert eine Schichtzuweisung für $C_{z,1}$ in zwei Schichten mit $7z - 5$ Kontakten. Die durch den Torus gewonnene Lösung benötigt $5z$ Kontakte für $C_{z,1}$. Löst man das Problem dagegen auf dem Zylinder, indem man den Nordrand mit dem Südrand der Subzelle C identifiziert, so kommt man mit $3z$ Kontakten aus. Abbildung 8.9 zeigt diese Lösung. (Man bemerke bei diesem Beispiel, daß das "äußere Gebiet" auch ungerade ist. Dieses Gebiet wurde mit dem Gebiet $\times'$ verheiratet.)

Diese beiden zu kontextsensitiven bottom-up Verfahren vorgeführten Beispiele haben relativ einfache Situationen behandelt, nämlich Fälle, in denen nur eine Subzelle zur Verfügung steht. Der allgemeine Fall ist wesentlich schwieriger und zum größten Teil noch ungelöst.

8.5 Verfeinernde Verfahren

Betrachten wir nun die in Abbildung 8.10 gezeigte Subzelle C' als Komponente eines systolischen Feldes $C'_{z,s}$ ($z, s \geq 2$) und die dazugehörige, auf dem Torus berechnete, optimale Heirat der ungeraden Gebiete von C'. Diese Heirat impliziert zwei Schichtzuweisungen von C' in zwei Schichten. Diese beiden Schichtzuweisungen sind dual zueinander (s. in Abbildung 8.10 die beiden unteren Bilder).

Wählt man nun eine dieser beiden Schichtzuweisungen aus und setzt die so synthetisierte Subzelle zum systolischen Feld zusammen, so bemerkt man, daß, obwohl die Heirat der ungeraden Gebiete in dem auf den Torus eingebetteten Teilschaltkreis C' erfolgt ist, die Schichten auf dem nördlichen Rand nicht zu den Schichten auf dem Südrand passen. Sie sind dual zueinander. Man benötigt also bei diesem Ansatz zur Einbettung des Gesamtschaltkreises $C'_{z,s}$ in zwei Ebenen $5zs + 9s(z-1) = 14zs - 9s$ Kontakte.

Wir hatten also mit unserem Beispiel zu den kontextsensitiven bottom-up Verfahren einfach nur Glück, daß die dort verwendete Subzelle so geartet war, daß die Schichten der Ränder aufeinander paßten. Um uns dies klar zu machen, wollen wir das oben beschriebene Vorgehen nochmals rekonstruieren: Die Hauptidee der Generierung der Schichtzuweisung für systolische Felder bestand darin, daß wir eine Heirat der ungeraden Gebiete der Subzelle C berechnet haben, die der Feldstruktur des Gesamtschaltkreises Rechnung getragen hat. Eine solche Heirat impliziert in natürlicher Weise eine Heirat der ungeraden Gebiete des Gesamtschaltkreises. Nach den in Kapitel 7 bewiesenen Sätzen gibt es zu dieser Heirat eine Schichtzuweisung, die, bis auf die durch die Heirat induzierten Kontakte, keinen zusätzlichen Schichtwechsel benötigt. Hieraus folgt aber nur, daß bei dieser Schichtzuweisung in jedem Exemplar der Subzelle die Kontakte auf den gleichen Leiterstücken plaziert sind, d.h. die Kontaktverteilung die gleiche ist. Es folgt nicht, daß die Schichtzuweisungen der Exemplare der Subzelle überall gleich sein müssen, da es zu einer Kontaktverteilung keine eindeutige Schichtzuweisung gibt. Man überlegt sich leicht, daß es zu einer Heirat der ungeraden Gebiete eines Netzes 2^k verschiedene Schichtzuweisungen gibt, falls die Subzelle in k verschiedene Zusammenhangskomponenten zerfällt.

Bessere Ergebnisse erhält man, falls man den "Hierarchiebegriff" ein wenig "aufweicht", d.h. wir erlauben unseren Verfahren, eine gewisse Anzahl von Varianten einer Subzelle zu erzeugen. In obigem Beispiel reichen zwei Varianten der Subzelle C' aus, die gerade die beiden dualen Schichtzuweisungen aus Abbildung 8.10 darstellen. Eine gute Schichtzuweisung des Gesamtschaltkreises $C'_{z,s}$ erhält man dann, indem man für die Komponenten in Zeilen mit ungerader Zeilennummer die eine Variante einsetzt und für die Komponenten in Zeilen mit geraden Nummern die andere Variante. Diese Schichtzuweisung kommt mit insgesamt $5zs$ Kontakten aus.

Allgemein wollen wir ein hierarchisches Verfahren, das zu Subzellen Varianten er-

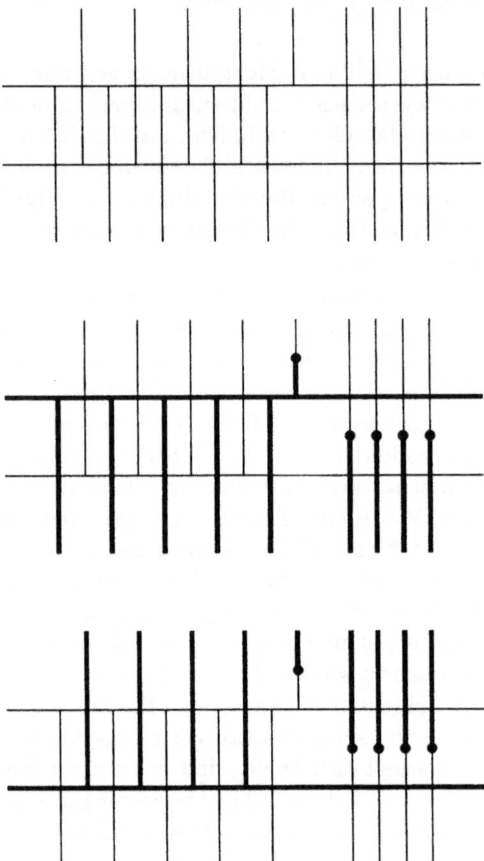

Abbildung 8.10: *Subzelle C' mit der auf dem Torus berechneten optimalen Heirat und den zwei dazugehörigen Schichtzuweisungen*

zeugen darf, *verfeinerndes hierarchisches Verfahren* nennen. Erzeugt ein solches Verfahren nachweislich, unabhängig von der Probleminstanz, zu jeder Subzelle nur konstant viele Varianten, so nennen wir es *c-verfeinerndes hierarchisches Verfahren*. Hierbei steht c für die entsprechende Konstante.

Als Beispiel eines c-verfeinernden hierarchischen Verfahrens ist die hierarchische Schichtzuweisung systolischer Felder zu nennen. Erlaubt man nämlich dem kontextsensitiven bottom-up Verfahren zur Schichtzuweisung systolischer Felder (in zwei Schichten), Varianten zu erzeugen, so kommt das Verfahren für jedes systolische Feld der Größe $z \times s$ mit 4 Varianten der entsprechenden Subzelle C aus, um eine Schichtzuweisung des Feldes mit $z \cdot s \cdot c_T(C)$ Kontakten zu berechnen, wobei $c_T(C)$ die Anzahl der Kontakte einer durch die auf dem Torus berechneten Heirat implizierten Schichtzuweisung für C ist. Ist C zusammenhängend, - und dies ist der übliche Fall - so werden sogar höchstens nur zwei Varianten der Subzelle erzeugt. Diese letzte Aussage ist sofort einsichtig, da eine Heirat der ungeraden Gebiete auf jeder Zusammenhangskomponente der Subzelle nur zwei verschiedene Schichtzuweisungen in zwei Schichten impliziert. Besteht die Subzelle aus k Zusammenhangskomponenten, so gibt es zu einer Heirat 2^k verschiedene Varianten, die Subzelle in zwei Schichten einzubetten. Auf den nichttrivialen Beweis, daß man im allgemeinen Fall unabhängig von der Anzahl der Zusammenhangskomponenten nur vier Varianten benötigt, wollen wir an dieser Stelle verzichten, da systolische Felder, in der die dazugehörige Subzelle in drei oder mehr Zusammenhangskomponenten zerfällt, wohl kaum in der Realität vorkommen. Der interessierte Leser kann den ausführlichen Beweis in [Kie89] nachlesen.

8.6   Über die Güte hierarchischer Verfahren

In den vorangegangen Abschnitten wurde öfters die Bemerkung gemacht, daß es einen trade-off zwischen dem Regularitätsgrad und der Güte der von hierarchischen Verfahren synthetisierten Schaltkreise gibt. Wir wollen diesen trade-off wiederum am Problem der Schichtzuweisung anhand eines kleinen Beispieles diskutieren, wobei wir den allgemeinen Fall betrachten, daß die Schaltkreise aus mehreren verschiedenen Subzellen aufgebaut sind. Die Funktionsweise der in diesem Beispiel gezeigten Schaltkreise wollen wir nicht bis in das kleinste Detail erklären, sondern vielmehr unser Hauptaugenmerk auf die hierarchische Synthese legen. Bei den Verfahren, die wir betrachten werden, beschränken wir uns auf die vorgestellten hierarchischen bottom-up Verfahren.

Gegeben sei die in Abbildung 8.11 graphisch dargestellte rekursive Beschreibung einer Schaltkreisfamilie. Die Topologie des hier beschriebenen Netzes M_k entspricht dabei der eines Baumes, dessen Layout die Form des um 90 Grad gedrehten Buchstabens H besitzt (H-Baum). Dieser H-Baum ist so ausgelegt, daß man ihn vom logischen Verhalten her als Nurlesespeicher (ROM) benutzen kann. M_k stellt also den 4^k-Bit Speicher dar, wobei C eine Subzelle ist, die in Abhängigkeit

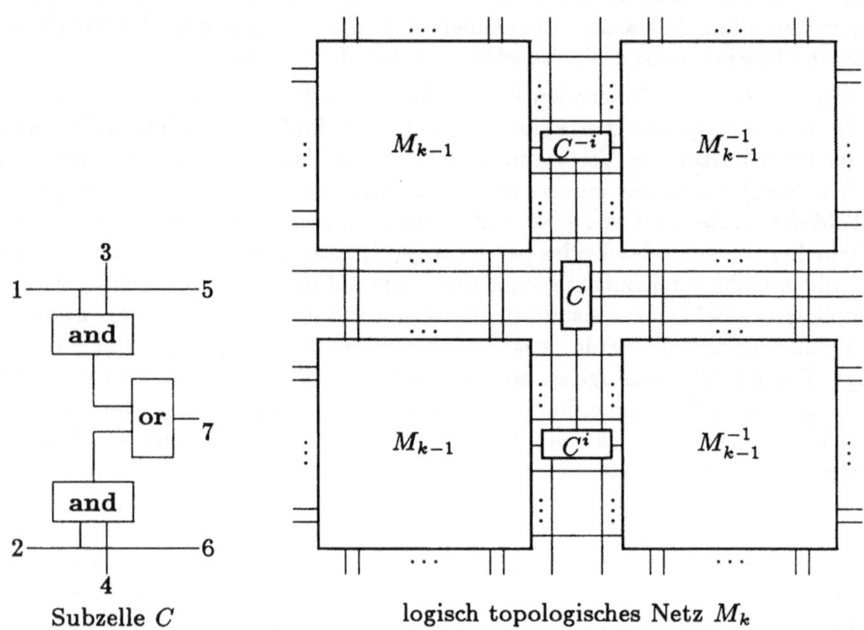

Abbildung 8.11: *Rekursive Beschreibung einer Speicherstruktur. M_0 sei hierbei ein 1-Bit Speicher mit nur einem Pin, der sich auf dem Ostrand dieser Grundzelle befinde.*

der angelegten Adresse auf einen der beiden ihr zugänglichen Teilbäume zugreift. Zur Vereinfachung der Beschreibung nehmen wir in unseren Kalkül Rotationsoperationen auf. Ist n ein beliebiges logisch topologisches Netz, so stellt n^i das um 90 Grad gegen den Uhrzeigersinn gedrehte Netz n dar, $n^{i^i} = n^{i \cdot i} = n^{-1}$ das um 180 Grad gedrehte Netz und n^{-i} das um 90 Grad im Uhrzeigersinn gedrehte Netz.

In einem ersten Schritt wollen wir uns überlegen, wieviele Kontakte ein nicht verfeinerndes bottom-up Verfahren benötigt, um den 4^k-Bit Speicher M_k ($k \geq 1$) in zwei Schichten einzubetten; wir betrachten den Fall, daß die Menge $B(G)$ der Subzellen der zu betrachtenden hierarchischen Darstellung $G \in \Gamma(M_k)$ gleich $\{C, M_0, M_1, \ldots, M_{k-1}\}$ ist.

Wieviele Kontakte benötigt man also, um unter diesen Voraussetzungen das in Abbildung 8.12 dargestellte Teilnetz in zwei Schichten einzubetten? Man überlegt sich leicht, daß eine Schichtzuweisung für die Subzelle C, die ohne Kontakt auskommt, dem Anschluß 1 (s. Beschriftung in Abbildung 8.11) die gleiche Schicht wie dem Anschluß 5 und eine andere Schicht als dem Anschluß 3 zuordnen muß. Gleiches gilt für die Anschlüsse 2, 6 und 4. Ohne Einschränkung der Allgemeinheit nehmen wir an, daß der Anschluß 1 die dick eingezeichnete Schicht zugeordnet bekommt. Ist der Anschluß 2 ebenfalls in diese Schicht eingebettet, so gibt es in dem in Abbildung 8.12 dargestellten Teilschaltkreis vier Leitungen die sich gegenseitig kreuzen und die in der gleichen Schicht eingebettet sind. Man benötigt in diesem Fall vier Kontakte, um den Teilschaltkreis korrekt in zwei Ebenen einzubetten. Ist dem Anschluß 2 die duale Schicht zugeordnet, so überlegt man sich ebenfalls, daß man vier Kontakte benötigt, um den in Abbildung 8.12 gezeigten Teilschaltkreis einzubetten. (Zum einen benötigt man drei Kontakte, um die sich in Abbildung 8.12 überkreuzenden Leitungen korrekt in zwei Ebenen zu legen. Den vierten Kontakt benötigt man, da der Anschluß 3 in einer anderen Schicht liegen muß als der Anschluß 4. Der Anschluß 3 der mittleren Zelle in der Abbildung 8.12 ist aber mit dem Anschluß 7 der oberen Zelle und der Anschluß 4 der mittleren Zelle mit dem Anschluß 7 der unteren Zelle verbunden, so daß man auch an dieser Stelle einen Kontakt benötigt.)

Opfert man hingegen einen Kontakt in der Subzelle C, so überlegt man sich, daß man wenigstens noch einen zusätzlichen Kontakt auf den in Abbildung 8.12 eingezeichneten Leitungen benötigt. Zusammen mit den drei Kontakten im Innern der drei Exemplare der Subzelle C macht das vier Kontakte, die man wenigstens braucht, um die in Abbildung 8.12 gezeigte Teilschaltung in zwei Ebenen einzubetten.

Aus den obigen Überlegungen folgt, daß man wenigstens vier Kontakte benötigt, um den in Abbildung 8.12 dargestellten Teilschaltkreis in zwei Schichten einzubetten. Hieraus kann man sofort schließen, daß ein hierarchisches nichtverfeinerndes bottom-up Verfahren unabhängig davon, ob es kontexfrei oder kontextsensitiv arbeitet, mindestens

$$\sum_{i=1}^{k} 4^i$$

Kontakte benötigt, um die Speicherstruktur M_k in zwei Schichten einzubetten, falls $C \in B(G)$.

Entfernt man hingegen C aus der Menge der Subzellen oder erlaubt man unserem Verfahren, Varianten zu erzeugen, so gibt es eine Schichtzuweisung von M_k in zwei Schichten, die ohne Kontakte auskommt. Ein verfeinerndes Verfahren müßte für diese Lösung nur zwei verschiedene Varianten der Subzelle C generieren. Abbildung 8.13 illustriert diese Lösung.

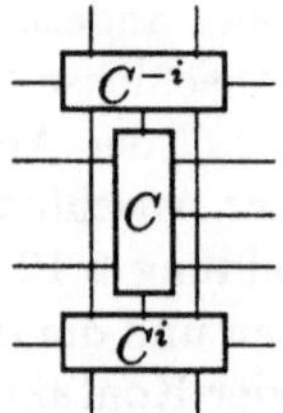

Abbildung 8.12: *Die Auswahlschaltung der Speicherstruktur*

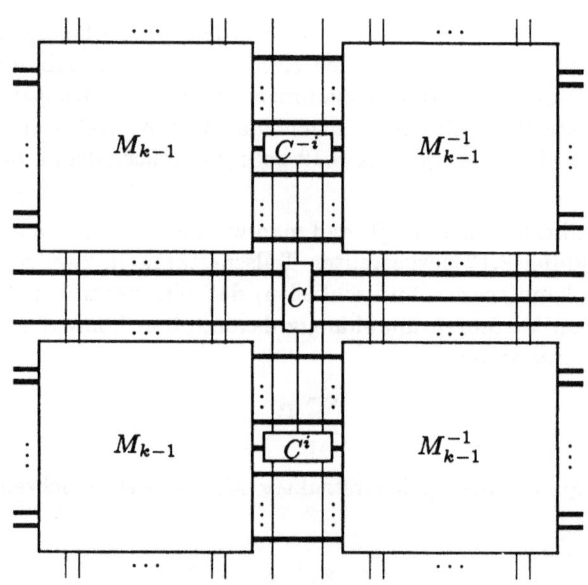

logisch topologisches Netz M_k

Abbildung 8.13: *Schichtzuweisung von M_k, die ohne Kontakt auskommt, falls C keine Subzelle ist.*

Wir sehen also, daß geringfügige Veränderungen der Menge der Subzellen einen
großen Einfluß auf die Güte der Optimierungen haben können. In unserem Beispiel hat sich gezeigt, daß durch Löschen von C aus der Menge der Subzellen
die Anzahl der benötigten Kontakte "extrem" sinkt und zwar von $\sum_{i=1}^{k} 4^i$ auf
0 Kontakte beim Netz M_k. Die Größe des dazugehörigen Syntaxgraphens hat
aber hierbei additiv um $3(k-1)$-mal die Größe der Subzelle C zugenommen.
Ein verfeinerndes bottom-up Verfahren würde ebenfalls eine Schichtzuweisung
für M_k berechnen, die ohne Kontakt auskommt. Die Größe des Syntaxgraphen
würde nur additiv um die Größe des Teilnetzes C zunehmen. Ein verfeinerndes
Verfahren wäre also in diesem Fall zu bevorzugen. Leider ist aber die Frage, wie
die Subzellen, zu denen man Varianten bilden muß, und wie die dazugehörigen
"besten" Schichtzuweisungen zeiteffizient zu berechnen sind, bis heute unbeant-
wortet. Die Erfahrung hat aber gezeigt, daß zu den meisten Schaltkreisen, die
von uns untersucht worden sind, bei vorgegebener rekursiver Beschreibung kleine
Syntaxgraphen existieren, zu denen es sehr gute Schichtzuweisungen gibt [KM89].
Diesen kleinen Syntaxgraphen zu finden, liegt heute im Aufgabenbereich des Entwerfers.

8.7 Weitere Beispiele hierarchischer Verfahren

Das *bottom-up* Paradigma zur "Hierarchisierung" von Synthesealgorithmen erweist sich in vielen Fällen als nützliche Methode, ein hierarchisches Verfahren
zu gewinnen. Dies gilt vor allem für *Teile und Beherrsche* Verfahren wie z.B.
die Generierung der Topologie der Stromversorgung oder die Layoutgenerierung
durch lokalen Zusammenbau. Hat man die Teilaufgabe für eine mehrfach vor-
kommende Subzelle erst einmal gelöst, so braucht man zu jedem Vorkommen nur
noch die zur Durchführung des *Beherrsche* Schrittes nötige Information. Diese
besteht in den angesprochenen Fällen jeweils aus der Beschreibung des Randes
der Subzelle. Wie sich dies in den hier aufgeführten Syntheseverfahren auswirkt,
wollen wir im einzelnen kurz schildern.

Betrachten wir zunächst die *Generierung der Topologie der Stromversorgung*.
Dazu wurde ein Teile und Beherrsche Verfahren vorgeschlagen, das als Aufteilung eine Zerlegung des Netzes bezüglich $\ominus$ und $\oplus$ benutzt. Die Stromversor-
gungsbäume werden rekursiv für die Teile erzeugt, und beim Zusammensetzen
werden die Versorgungsanschlüsse auf den beteiligten Rändern zuvor durch Ab-
schlußnetze $closexxx(.)$ nach außen geführt. Diese Operation erfordert lediglich
Information über die Ränder der Teilnetze und hat keine Rückwirkung auf die
schon behandelten Teile. Betrachten wir nun eine hierarchische Darstellung, so
kann man dieses Vorgehen offenbar sehr leicht zu einem *kontextfreien bottom up*
Verfahren abändern. Man generiert die Topologie der Stromversorgungsleitungen zu einer Subzelle genau einmal. Zu jedem Vorkommen der Subzelle benötigt
man dann zu ihrer Anpassung lediglich Information über ihren Rand. Ein Zusammenbauschritt mit den Abschlußnetzen $closexxx(.)$ hat keinerlei Einfluß auf

die Struktur der daran beteiligten Teile. Daher liefert das hierarchisierte Verfahren sogar das gleiche Ergebnis wie das nichthierarchische Verfahren.

Ähnlich verhält es sich bei der *Layoutgenerierung*, da wir diese auf lokalen Zusammenbauschritten über einer gegebenen Zerlegung vornehmen. Hat man die Fertigungsdaten zu einer Subzelle einmal erzeugt, so benötigt man für den Zusammenbau lediglich die geometrische Information über ihre Ränder. Allerdings muß man hier Abstriche machen. Wir hatten nämlich vorgesehen, daß die Teile zugunsten der resultierenden Fläche entlang gewisser Deformationslinien gestreckt werden können. Der Zusammenbauschritt hat also in diesem Falle Auswirkungen auf die Form der Teile. Will man jedoch eine hierarchische Darstellung erreichen, so darf man diese Deformationen auf Subzellen entweder nicht oder nur auf allen Vorkommen in gleicher Weise durchführen. Verbietet man Deformierbarkeit von Subzellen, so erhält man in einfacher Weise ein kontextfreies bottom-up Verfahren zur Layoutgenerierung, das allerdings nicht notwendig das gleiche Layout erzeugt wie das nichthierarchische Verfahren.

Bei der *Dimensionierung der Stromversorgung* ergibt die Ausnutzung der Hierarchie stets einen Laufzeitgewinn, selbst wenn man keine hierarchische Ausgabe erzeugt. Man betrachte dazu eine Subzelle. Diese führt mehrere Anschlüsse für "VDD" und "VSS" nach außen. Geht man davon aus, daß diese Subzelle an allen Stellen durch das gleiche Layout realisiert ist, ergeben sich damit auch die gleichen Anforderungen und Eigenschaften für die zu den Anschlüssen gehörigen Bäume, d.h. gleiche Längen und Stromschätzungen sowie gleiche Spannungsabfallbedingungen. Damit kann man zunächst hierarchische Darstellungen der Bäume extrahieren, wobei jeder Teilbaum einer Subzelle nur einmal dargestellt wird. Man erhält also auch in diesem Falle einen Graphen anstelle eines Baumes. Abbildung 8.14 verdeutlicht dies.

Berechnet man nun den maximalen Spielraum $gap_i(a)$, so ist dieser für zwei Vorkommen gleicher Teilbäume gleich, braucht also nur einmal berechnet zu werden. Ist m die Größe einer hierarchischen Darstellung des Baumes und n die Größe des Baumes selbst, so ergibt sich bei der Berechnung von $gap(a)$ der Wurzel eine Laufzeitreduktion von $O(\Delta A^2 n)$ auf $O(\Delta A^2 m)$. Man kann damit die Fläche einer optimalen Dimensionierung schneller berechnen. Will man aber eine zugehörige optimale Dimensionierung erzeugen, so kann die Hierarchie vollkommen verloren gehen, da in jedem Vorkommen einer Subzelle ein anderer maximaler Spielraum gefordert und damit andere Leiterbreiten eingestellt werden, so daß sich letztlich verschiedene Realisierungen der Subzellen ergeben. Legt man Wert auf eine hierarchische Ausgabe, so ist das Dimensionierungsproblem nicht gelöst. Dies lautet nämlich: Finde eine Zuordnung $w = (w_1, \ldots, w_m)$ von Breiten an die Zweige des gefalteten Baumes, so daß alle Bedingungen eingehalten werden und die Fläche des resultierenden expandierten Baumes minimal ist. Dies kann nicht mehr mit den hier vorgestellten Methoden gelöst werden. Man kann aber auf Optimalität verzichten und aus der Lösung, die man mit obigem, hierarchischen Verfahren für nichthierarchische, optimale Dimensionierungen gewonnen hat, eine zulässige

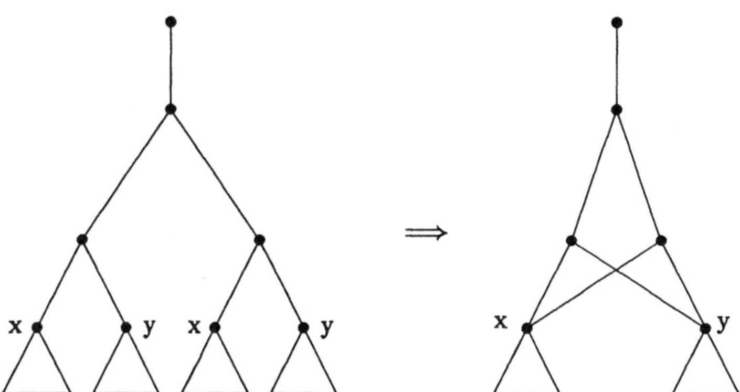

Abbildung 8.14: *Faltung eines Stromversorgungsbaumes bei mehrfach vorkommenden Subzellen*

hierarchische Lösung machen, indem man für jedes Vorkommen eines Teilbaumes die Dimensionierung hernimmt, die unter allen bei der optimalen, expandierten Dimensionierung geforderten Realisierungen maximalen Spielraum hat. (Man dimensioniert also jede Subzelle auf ihren schlechtesten Kontext hin.) Dadurch erhält man sicher eine zulässige Lösung, man wird aber unter Umständen für viele Vorkommen eines Unterbaumes zu Gunsten der Regularität mehr Fläche einsetzen, als im nichthierarchischen Fall erforderlich ist. Ein entscheidender Vorteil ist es aber, daß man hierarchisch (!) sowohl den optimalen Flächenbedarf einer nichthierarchischen Dimensionierung als auch den Flächenbedarf der für den schlechtesten Kontext bestimmten, hierarchischen Dimensionierung berechnen und miteinander vergleichen kann. Man kann so zumindest hierarchisch entscheiden, ob man den Preis für eine schlechtere Dimensionierung zu Gunsten geringerer Laufzeit und geringerer Platzanforderungen bei nachfolgenden Syntheseschritten zahlen will.

Wir wollen es bei dieser kurzen Behandlung der im letzten Kapitel vorgestellten Syntheseverfahren belassen. Welche Qualitätsabstriche man bei hierarchischer Synthese in Kauf nehmen muß, ist generell kaum analysierbar, da es nur wenige Ansätze gibt, optimale hierarchische Lösungen zu erzeugen. Erste Ergebnisse dazu liegen für Sonderfälle, wie z.B. für die Schichtzuweisung bei systolischen Feldern, vor. Meist beschränkt man sich auf Näherungen, die keine hierarchischen Optima garantieren, zahlt also in zweifacher Weise, nämlich durch die Einschränkung des Lösungsraumes auf hierarchische Lösungen und durch Verzicht auf Optimalität. Allerdings ist, wie eingangs motiviert, die Ausnutzung von Hierarchie aus Aufwandsgründen bei großen Schaltungen unverzichtbar und die ersten Ergebnisse sind ermutigend.

8.8   Aufgaben

Aufgabe 1 Nähern Sie den Regularitätsgrad des in Kapitel 3 eingeführten Multiplizierers genauer an, als dies in der Einleitung zu diesem Kapitel gemacht wurde. In welcher Ordnung bewegt sich der Regularitätsgrad der in Kapitel 3 eingeführten n-Bit Addierer sowie der dort eingeführten ALU?

Aufgabe 2 Überlegen Sie sich, wie man zu einem hierarchisch beschriebenen logisch topologischen Netz n mithilfe eines kontextfreien bottom-up Verfahrens die Anzahl der sich in n befindlichen Kreuzungsbausteine berechnet.

Aufgabe 3 Überlegen Sie sich, wie gut eine von einem nichtverfeinernden, kontextfreien bottom-up Verfahren berechnete Schichtzuweisung (in zwei Schichten) für den in Kapitel 3 vorgestellten n-Bit Multiplizierer in folgenden Fällen höchstens sein kann:

- Eingabe des Verfahrens sei ein Syntaxgraph G mit $B(G) = \emptyset$.

- Eingabe des Verfahrens sei ein Syntaxgraph G mit
  $B(G) = \{Sp_i \mid i = 1, \ldots, n\}$.

- Eingabe des Verfahrens sei ein Syntaxgraph G mit
  $B(G) = \{Sp_i \mid i = 1, \ldots, n\} \cup \{AND2, CSA4to2\}$.

Wie groß sind in den einzelnen Fällen die Syntaxgraphen?

Aufgabe 4 Verändern Sie bei der Dimensionierung der Stromversorgung

- den schnellen Algorithmus zur Bestimmung einer Ausgangsdimensionierung

- den Algorithmus zur Bestimmung maximaler Spielräume

zu hierarchischen Verfahren.

Literatur

[AA88]   A. Alon and U. Ascher. Model and solution strategy for placement of rectangular blocks in the euclidian plane. *IEEE Transactions on Computer-Aided Design*, CAD-7(3):378–386, March 1988.

[Aga80]   V.K. Agarwal. Multiple fault detection in programmable logic arrays. *IEEE Transactions on Computers*, C-29:518–522, June 1980.

[Aga86]   V.K. Agarwal. *VLSI Testing*, chapter 3, pages 65–93. Volume 5 of *Advances in CAD for VLSI*, North-Holland, 1986. edited by T.W. Williams.

[AGH77]   A. Aho, M.R. Garey, and F.K. Hwang. Rectilinear steiner trees: efficient special case algorithms. *Networks*, 7:37–58, 1977.

[AJJ83]   K.J. Antreich, F.M. Johannes, and K.M. Just. On the force placement of logic arrays. In *Proceedings of the 6th European Conference on Circuit Theory and Design*, pages 203–206, 1983.

[AK83]   K. Aoshima and E.S. Kuh. Multi-channel optimization in gate-array layout. In *Proceedings of IEEE ISCAS*, pages 1005–1008, 1983.

[AU77]   A.V. Aho and J.D. Ullman. *Principles of Compiler Design. Computer Science and Information Processing*, Addison Wesley, 1977.

[Avi83]   D. Avis. A survey of heuristics for the weighted matching problem. *NETWORKS*, 13:475–493, 1983.

[BBL83]   B. S. Baker, S. N. Bhatt, and F. T. Leighton. An approximation algorithm for manhattan routing. In *15-th Annual Symposium Theory of Computing (STOC83)*, 1983.

[Bec87]   B. Becker. An easily testable optimal time VLSI-multiplier. *ACTA INFORMATICA*, 24:363–380, 1987.

[Bec88]   B. Becker. Efficient testing of optimal-time adders. *IEEE Transactions on Computers*, C-37, 1988.

[Bec89]   B. Becker. *Prüfen und Testen. Leitfäden und Monographien der Informatik*, B.G. Teubner Verlag, 1989.

[BEG85]   Brückmann, English, and Gerits. *ATARI ST intern*. Data Becker Buch, 1985.

[BH87]   B. Becker and G. Hotz. On the optimal layout of planar graphs with fixed boundary. *SIAM Journal on Computing*, 16(5), October 1987.

[BHK*86]   B. Becker, G. Hotz, R. Kolla, P. Molitor, and H.G. Osthof. *CADIC - A system for hierarchical design of integrated circuits*. Technical Report TR-07/1986, Sonderforschungsbereich 124, Universität des Saarlandes, 1986.

[BHK*87a]   B. Becker, G. Hotz, R. Kolla, P. Molitor, and H.G. Osthof. CADIC - Ein System zum hierarchischen Entwurf integrierter Schaltungen. In *Tagungsband des 3-ten E.I.S.-Workshops*, pages 235–245, 1987.

[BHK*87b]   B. Becker, G. Hotz, R. Kolla, P. Molitor, and H.G. Osthof. Hierarchical design based on a calculus of nets. In *Proceedings of the 24th Design Automation Conference (DAC87)*, pages 649–653, June 1987.

[BHKM86]   B. Becker, G. Hotz, R. Kolla, and P. Molitor. Ein logisch topologischer Kalkül zur Konstruktion von integrierten Schaltkreisen. *INFORMATIK, FORSCHUNG & ENTWICKLUNG*, 1(1,2):38–47,72–82, 1986.

[BK82]   R.P. Brent and H.T. Kung. A regular layout for parallel adders. *IEEE Transactions on Comp.*, C-31, 1982.

[BK88]   B. Becker and R. Kolla. On the construction of optimal time adders. In *Proceedings of the 5th Annual Symposium on Theoretical Aspects of Computer Science (STACS88)*, February 1988.

[Bla84]   J.P. Blanks. Initial placement of gate arrays using least-squares methods. In *Proceedings of the 21th Design Automation Conference (DAC84)*, pages 670–671, 1984.

[Bla85]   J.P. Blanks. Near-optimal placement using a quadratic objective function. In *Proceedings of the 22th Design Automation Conference (DAC85)*, pages 609–615, 1985.

[BO87]   B. Becker and H.G. Osthof. Layouts with wires of balanced length. *INFORMATION & COMPUTATION*, 73(1):45–58, April 1987.

[BP83a]   M. Burstein and R. Pelavin. Hierarchical channel router. *INTEGRATION, the VLSI Journal*, 1:21–38, 1983.

[BP83b]   M. Burstein and R. Pelavin. Hierarchical wire routing. *IEEE Transactions on Computer Aided Design*, CAD-2:223–234, 1983.

[BR81]   D. J. Brown and R. L. Rivest. New lower bounds for channel width. In *Proceedings 1981 CMU Conference VLSI Systems and Computations*, pages 178–185, 1981.

[Bre79]   M. Breuer. Min-cut placement. *Journal of Design Automation and Fault Tolerant Computation*, 1(4):346–362, 1979.

[Bry84]   R.E. Bryant. A switch level model and simulator for MOS digital systems. *IEEE Transactions on Computers*, C-33(2):178–183, 1984.

[BS88]   B. Becker and U. Sparmann. A uniform test approach for RCC-Adders. In *Proceedings of the 3rd Aegean Workshop of Computing*, 1988.

[Buc80]   I. Buchanan. *Modelling and Verification in Structured Integrated Circuit Design*. PhD thesis, University of Edinburgh, Department of Computer Science, 1980.

[Bur88]   Th. Burch. *Ein grafisches Eingabesystem für CADIC*. Master's thesis, Universität des Saarlandes, Saarbrücken, 1988.

[CB85]   S. Chowdhury and M.A. Breuer. The Construction of Minimal Area Power and Ground Nets for VLSI Circuits. In *Proceedings of the 22th Design Automation Conference (DAC85)*, pages 794–797, 1985.

[CB86]   S. Chowdhury and M.A. Breuer. Minimal Area Sizing of Power and Ground Nets for VLSI Circuits. In *Proceedings of the 4th MIT Conference on Advanced Research in VLSI*, 1986.

[CC80]   G.W. Cox and B.D. Carroll. The standard transistor array (STAR): automatic cell placement techniques. In *Proceedings of the 18th Design Automation Conference (DAC80)*, pages 451–457, 1980.

[Che83]   N.P. Chen. New algorithms for steiner tree on graphs. In *Proceedings of IEEE ISCAS*, pages 1217–1219, 1983.

[Cho87]   S. Chowdhury. An Automated Design of Minimum-Area IC Power/Ground Nets. In *Proceedings of the 24th Design Automation Conference (DAC87)*, pages 223–229, 1987.

[CK88]   H.G. Cho and C.M. Kyung. A heuristic standard cell placement algorithm using constrained multistage graph model. *IEEE Transactions on Computer-Aided Design*, CAD-7(11):1205–1214, November 1988.

[Cla70]   V. Claus. *Ebene Realisierung von Schaltkreisen*. PhD thesis, Universität des Saarlandes, Saarbrücken, 1970.

[CNR87]   H.A. Choi, K. Nakajima, and C.S. Rim. Complexity results for vertex-deletion graph bipartization and via minimization problems. In *Proceedings of the 25th Annual Allerton Conference on Computing, Communication and Control*, September 1987.

[Deu76]   D.N. Deutsch. A dogleg channel router. In *Proceedings of the 13th Design Automation Conference (DAC76)*, pages 425–433, 1976.

[DG85]   D.W. Dobberpuhl and L.A. Glasser. *The Design and Analysis of VLSI Circuits. VLSI Systems Series*, Addison Wesley, 1985.

[DK85]   A.E. Dunlop and B.W. Kernighan. A procedure for placement of standard-cell VLSI-circuits. *IEEE Transactions on Computer Aided Design*, CAD-4(1):92–98, 1985.

[Ehr65]   C. Ehresmann. *Categories et structures*. DUNOD, Paris, 1965.

[EW78]   E.B. Eichelberger and T.W. Williams. A logic design structure for LSI testability. *Journal of Design Automation and Fault-Tolerant Computation*, 2:165–178, 1978.

[FC83]   J. Ferguson and J.P. Chen. The design of two easily-testable VLSI array multipliers. In *Proceedings of the 6th Symposium on Computer Arithmetic*, pages 2–9, June 1983.

[FK81]   H. Fujiwara and K. Kinoshita. A design of programmable logic arrays with universal tests. *IEEE Transactions on Computers*, C-30(11), November 1981.

[FM82]   C.M. Fiduccia and R.M. Mattheyses. A linear time heuristic for improving network partitions. In *Proceedings of the 19th Design Automation Conference (DAC82)*, pages 175–181, 1982.

[Fri73]   A.D. Friedman. Easily testable iterative systems. *IEEE Transactions on Computers*, C-22:1061–1064, December 1973.

[Gab73]   H. Gabow. *Implementation of algorithms for maximum matching on non-bipartite graphs*. PhD thesis, Stanford University, 1973.

[GCT77]   S. Goto, I. Cederbaum, and B.S. Ting. Suboptimal solution of the backboard ordering with channel capacity constraint. *IEEE Transactions on Circuits and Systems*, CAS-24:645–652, November 1977.

[GJ79]   M. Garey and D. Johnson. *Computers and Intractability: A Guide to the Theory of NP-completeness*. W.H. Freeman & co., San Francisco, 1979.

[Got86]   S. Goto, editor. *Design Methodologies.* Volume 6 of *Advances in CAD for VLSI*, North Holland, 1986.

[GRB85]   J.G. Gay, R. Richter, and B.J. Berne. Component placement in VLSI circuits using a constant pressure monte carlo method. *INTEGRATION, the VLSI journal*, 3(4):271–282, 1985.

[Gro83]   U. Groh-Becker. *Optimale Einbettung von Graphen mit festem Rand.* Master's thesis, Universität des Saarlandes, Saarbrücken, 1983.

[Had77]   F.O. Hadlock. A shortest path algorithm for grid graphs. *Networks*, 7:323–334, 1977.

[Han65]   M. Hanan. *Net Wiring for Large Scale Integrated Circuits.* Technical Report RC 1375, IBM Technical Report, 1965.

[Har74]   F. Harary. *Graphentheorie.* R. Oldenbourg Verlag, München Wien, 1974.

[Har86]   M.R. Hartoog. Analysis of placement procedures for VLSI standard cell layout. In *Proceedings of the 23th Design Automation Conference (DAC83)*, pages 314–319, 1986.

[Har88a]   J. Hartmann. *Ein C-Test für einen schnellen Multiplizierer.* Technical Report 02/1988, SFB124-B1, Saarbrücken, 1988.

[Har88b]   W. Hartung. Softe Hardware. *c't Magazin für Computer Technik*, 7-88:62–67, 1988.

[Hig69]   D.W. Hightower. A solution to line-routing problem on the continous plane. In *Proceedings of the 6th Design Automation Workshop*, pages 1–24, 1969.

[HKM86]   G. Hotz, R. Kolla, and P. Molitor. On network algebras and recursive functions. In *Proceedings of the 3rd International Workshop on Graph Grammars and Their Applications to Computer Science*, pages 250–261, 1986.

[HN85]   E.E.E. Hoefer and H. Nielinger. *SPICE - Analyseprogramm für elektronische Schaltungen. Informationstechnik und Datenverarbeitung*, Springer Verlag, 1985.

[HNS86]   E. Hörbst, M. Nett, and H. Schwärtzel. *VENUS: Entwurf von VLSI-Schaltungen.* Springer Verlag, 1986.

[HO84]   G. Hamachi and A. Ousterhout. A switch box router with obstacle avoidance. In *Proceedings of the 21st Design Automation Conference (DAC84)*, pages 173–179, 1984.

[Hor87]   K. Horninger. *Integrierte MOS-Schaltungen. Halbleiter-Elektronik*, Springer Verlag, 1987. (zweite Auflage).

[Hot65]   G. Hotz. Eine Algebraisierung des Syntheseproblems für Schaltkreise. *EIK*, 1:185–205,209–231, 1965.

[Hot74]   G. Hotz. *Schaltkreistheorie. de Gruyter Lehrbuch*, Walter de Gruyter, 1974.

[Hot89]   G. Hotz. *Rechenanlagen*. Teubner Verlag, 1989. (zweite Auflage).

[Hsu82]   C.P. Hsu. A new two-dimensional routing algorithm. In *Proceedings of the 19th Design Automation Conference (DAC82)*, pages 46–50, 1982.

[Hwa78]   F.K. Hwang. An o(n log(n)) algorithm for suboptimal rectilinear steiner trees. *IEEE Transactions on Circuits and Systems*, CAS-26:75–77, 1978.

[JJK86]   F.M. Johannes, K.M. Just, and J.M. Kleinhans. On the relative placement and the transportation problem for standard-cell layout. In *Proceedings of the 23th Design Automation Conference (DAC86)*, pages 308–313, 1986.

[Kan83]   S. Kang. Linear ordering and application to placement. In *Proceedings of the 20th Design Automation Conference (DAC83)*, pages 457–464, 1983.

[KCS88]   Y.S. Kuo, T.C. Chern, and W. Shih. Fast algorithm for optimal layer assignment. In *Proceedings of the 25th Design Automation Conference (DAC88)*, pages 554–559, June 1988.

[KGV83]   S. Kirkpatrick, C.D. Gelatt, and M.P. Vecchi. Optimization by simulated annealing. *SCIENCE*, 220:671–680, 1983.

[Kie89]   B. Kiefer. *Schichtzuweisung an Schaltkreisfeldern*. Master's thesis, Universität des Saarlandes, Saarbrücken, 1989.

[KL70]   B.K. Kernighan and S. Lin. An efficient heuristic procedure for partitioning graphs. *Bell Sys. Tech. Journal*, 49(2):291–307, 1970.

[KM89]   R. Kolla and P. Molitor. A note on hierarchical layer assignment. *INTEGRATION, the VLSI journal*, 1989. will appear.

[Koh77]   T. Kohonen. *Associative memory: a system-theoretical approach. Communications and cybernetics*, Springer Verlag, 1977.

[Koh84]   T. Kohonen. *Self-organization and associative memory*. Volume 8 of *Springer series in information sciences*, Springer Verlag, 1984.

[Kol86]   R. Kolla. *Spezifikation und Expansion logisch topologischer Netze.* PhD thesis, Universität des Saarlandes, Saarbrücken, 1986.

[Kol88]   R. Kolla. *Minimal Area Sizing of Power Supply Nets in VLSI Circuits.* Technical Report TR-16/1988, Sonderforschungsbereich 124, Universität des Saarlandes, 1988.

[LaP80]   A. S. LaPaugh. Algorithms for integrated circuit layout: an analytic approach. In *Ph. D. Thesis, Laboratory for Computer Science, MIT*, November 1980.

[Lau79]   U. Lauther. A min-cut placement algorithm for general cell assemblies based on a graph representation. In *Proceedings of the 16th Design Automation Conference (DAC79)*, pages 1–10, 1979.

[Lau85]   U. Lauther. Channel routing in a general cell environment. In *Proceedings of the IFIP TC 10/WG 10.5 International Conference on Very Large Scale Integration*, Tokyo, August 1985.

[Lau87]   U. Lauther. Top down hierarchical global routing for channelless gate arrays based on linear assignment. In C. Sequin, editor, *Proceedings of IFIP VLSI'87*, pages 141–151, North Holland, Vancouver, 1987.

[Lee61]   C.Y. Lee. An algorithm for path connections and its application. *IRE Transactions on Electronic Circuits*, EC-10:346–365, 1961.

[Len84]   T. Lengauer. *Hierarchical Graph Algorithms.* Technical Report TR-15/1984, Sonderforschungsbereich 124, Universität des Saarlandes, 1984.

[Len87]   T. Lengauer. *Exploiting Hierarchy in VLSI-Design.* Technical Report 35, Fachbereich Mathematik-Informatik, Universität Gesamthochschule Paderborn, January 1987.

[LM84]   T. Lengauer and K. Mehlhorn. The HILL-system: a design environment for the hierarchical specification, compaction and simulation of integrated circuit layouts. In *Proceedings of the MIT VLSI Conference*, pages 139–149, 1984.

[LP83]   C. E. Leiserson and R. Y. Pinter. Optimal placement for river routing. *SIAM Journal of Computing*, 12(3):447–462, August 1983.

[LST*87]   W.K. Luk, P. Sipala, M. Tamminen, D.Tang, L.S. Woo, and C.K. Wong. A hierarchical global wiring algorithm for custom chip design. *IEEE Transactions on Computer-Aided Design*, CAD-6(4):518–533, July 1987.

[LV83]   W.K. Luk and J. Vuillemin. Recursive implementation of optimal time VLSI integer multipliers. In *Proceedings IFIP Congress 83*, pages 155–168, Amsterdam, 1983.

[Mar84]   M. Marek-Sadowska. Global router for gate-array. In *Proceedings of IEEE International Conference on Computer Design*, pages 332–337, 1984.

[MC80]   C. Mead and L. Conway. *Introduction to VLSI Systems*. Addison Wesley, 1980.

[Meh84a]   K. Mehlhorn. *Data Structures and Algorithms 1: Sorting and Searching. EATCS Monographs on Theoretical Computer Science*, Springer-Verlag, Berlin Heidelberg New York Tokio, 1984.

[Meh84b]   K. Mehlhorn. *Data Structures and Algorithms 2: Graph Algorithms and NP-Completeness. EATCS Monographs on Theoretical Computer Science*, Springer-Verlag, Berlin Heidelberg New York Tokio, 1984.

[Meh84c]   K. Mehlhorn. *Data Structures and Algorithms 3: Multi-dimensional Searching and Computational Geometry. EATCS Monographs on Theoretical Computer Science*, Springer-Verlag, Berlin Heidelberg New York Tokio, 1984.

[Meh86]   K. Mehlhorn. über verdrahtungsalgorithmen. In *Informatik Spektrum (Band 9, Heft 4)*, pages 227–234, August 1986.

[Mes84]   J. Messerschmidt. *Linguistische Datenverarbeitung mit Comskee. Leitfäden und Monographien der Informatik*, B.G. Teubner Verlag, 1984.

[MNN82]   K. Mehlhorn, St. Näher, and M. Nowak. *HILLSIM: Ein Simulator für MOS Schaltungen*. Technical Report A82/08, Fachbereich 10, Universität des Saarlandes, 1982.

[Mol85]   P. Molitor. Layer assignment by simulated annealing. *The Euro-Micro Journal, Microprocessing and Microprogramming*, 16:345–350, 1985.

[Mol86]   P. Molitor. *Über die Bikategorie der logisch topologischen Netze und ihre Semantik*. PhD thesis, Universität des Saarlandes, Saarbrücken, 1986.

[Mol87]   P. Molitor. On the contact minimization problem. In *Proceedings of the 4th Annual Symposium on Theoretical Aspects of Computer Science (STACS87)*, pages 420–431, February 1987.

[Mol88a]   P. Molitor. Free net algebras in VLSI-theory. *Fundamenta Informaticae, Annales Societatis Mathematicae Polonae*, XI:117–142, June 1988.

[Mol88b]   P. Molitor. *Layer Assignment for Systolic Arrays*. Technical Report 10/1988, SFB124-B1, Saarbrücken, 1988.

[MRR*53]   N. Metropolis, W. Rosenbluth, N. Rosenbluth, A. Teller, and E. Teller. Equation of state calculations by fast computing machines. *Journal of Chemical Physics*, 21(6):1087–1092, 1953.

[MS85]   G. Milne and P.A. Subrahmanyam. Formal aspects of VLSI design. In *Proceedings of the 1985 Edinburh Workshop on VLSI*, North-Holland, 1985.

[MT68]   K. Mikami and K. Tabuchi. A computer program for optimal routing of printed circuit connectors. *IFIPS Proc.*, H47:1475–1478, 1968.

[Mul79]   R. Müller. *Halbleiterelektronik*. Springer Verlag, Berlin, Heidelberg, New York, 1979.

[Mul87]   N. Müller. *Ein Algorithmus zur Bestimmung einer globalen Verdrahtung*. Master's thesis, Universität des Saarlandes, Saarbrücken, 1987.

[Neb85]   W. Nebel. *CAD-Entwurfskontrolle in der Mikroelektronik. Leitfäden der angewandten Informatik*, Teubner Verlag, 1985.

[NMN87]   N.J. Naclerio, S. Masuda, and K. Nakajima. Via minimization for gridless layouts. In *Proceedings of the 24th Design Automation Conference (DAC87)*, pages 159–165, June 1987.

[Oht86]   T. Ohtsuji, editor. *Layout Design and Verification*. Volume 4 of *Advances in CAD for VLSI*, North Holland, 1986.

[Ous83]   J.K. Ousterhout. Crystal: a timing analyser for nMOS VLSI circuits. In R. Bryant, editor, *Proceedings of the Third Caltech Conference on VLSI*, pages 57–70, Computer Science Press, 1983.

[Ous84]   J.K. Ousterhout. Switch level models for digital MOS VLSI. In *Proceedings of the 21st Design Automation Conference (DAC84)*, pages 542–548, 1984.

[Pin82a]   R. Pinter. *The Impact of Layer Assignment Methods on Layout Algorithms for Integrated Circuits*. PhD thesis, Massachusetts Institute of Technology, August 1982.

[Pin82b]   R. Pinter. Optimal layer assignment for interconnect. In *Proceedings of the IEEE International Conference on Circuits and Computers*, pages 398–401, September 1982.

[Pin83]   R. Pinter. River routing: methodology and analysis. In *Proceedings of the 3rd Caltech Conference on VLSI*, pages 141–163, March 1983.

[PK86]   B.T. Preas and P.G. Karger. Automatic placement: a review of current techniques. In *Proceedings of the 23th Design Automation Conference (DAC83)*, pages 622–629, 1986.

[PS82]   C.H. Papadimitriou and K. Steiglitz. *Combinatorial Optimization: Algorithms and Complexity*. Prentice Hall, Inc., Englewood Cliffs, New Jersey, 1982.

[QB79]   N.R. Quinn and M.A. Breuer. Forced directed component placement procedure for printed circuit boards. *IEEE Transactions on Circuits and Systems*, CAS-26(6):377–388, 1979.

[Qui79]   N.R. Quinn. The placement problem as viewed from the physics of classical mechanics. *IEEE Circuits and Systems*, 26(6):173–178, 1979.

[RF82]   R.L. Rivest and C.M. Fiduccia. A greedy channel router. In *Proceedings of the 19th Design Automation Conference (DAC82)*, pages 418–424, 1982.

[Ros84]   W. Rosenstiel. *Synthese des Datenflusses digitaler Schaltungen aus formalen Funktionsbeschreibungen*. Volume 10 of *Fortschrittberichte der VDI-Zeitschriften*, VDI-Verlag Düsseldorf, 1984.

[RS85]   F. Romeo and A. Sangiovanni-Vincentelli. Probabilistics hill climbing algorithms: properties and applications. In *Chapel Hill Conference on VLSI*, pages 393–417, 1985.

[SBP84]   G. Saucier, A. Bellon, and J.F. Paillotin. Classification and comparison of different placement strategies. In *Proceedings of the ICCD'84*, 1984.

[Sch87]   F.J. Schmitt. *Eine Heuristik zum Berechnen rechtwinkliger Steiner-Bäume*. Technical Report 09/1987, SFB124-B1, Saarbrücken, 1987.

[SK72]   D.G. Schweikert and B.W. Kernighan. A proper model for the partitioning of electrical circuits. In *Proceedings of the ACM IEEE Design Automation Workshop*, pages 57–62, 1972.

[Skl60]   J. Sklansky. Conditional-sum addition logic. *IRE-EC*, 9:226–231, 1960.

[SLS88a]   E. Shragowitz, J. Lee, and S. Sahni. Algorithms for physical design of sea-of-gates chips. *Computer-Aided Design*, 20(7):382–397, September 1988.

[SLS88b]   E. Shragowitz, L. Lin, and S. Sahni. Models and algorithms for structured layout. *Computer-Aided Design*, 20(5):262–271, June 1988.

[Sou78]   J. Soukup. Fast maze router. In *Proceedings of the 15th Design Automation Conference (DAC78)*, pages 100–102, 1978.

[Spa76]   O. Spaniol. *Arithmetik in Rechenanlagen*. Teubner Verlag, 1976.

[Spa88]   U. Sparmann. Design and test of a pattern matching circuit. *EIK*, 1988.

[SS85]   C. Sechen and A. Sangiovanni-Vincentelli. The TIMBER WOLF placement and routing package. *IEEE Journal of Solid-State Circuits*, SC-20(2):510–522, April 1985.

[Szy85]   T. G. Szymanski. Dogleg channel routing is NP-complete. In *IEEE Transactions on CAD (CAD-4)*, pages 31–40, January 1985.

[Tre87]   L. Trevillyan. An overview on logic synthesis systems. In *Proceedings of the 24th Design Automation Conference (DAC87)*, pages 166–172, 1987.

[Tri87]   H. Trickey. Flamel: a high-level hardware compiler. *IEEE Transactions on Computer-Aided Design*, CAD-6(2):259–269, March 1987.

[Ull83]   J.D. Ullman. *Computational aspects of VLSI. Principles of Computer Science Series*, Computer Science Press, 1983.

[Wal80]   K. Waldschmidt. *Schaltungen der Datenverarbeitung*. B.G. Teubner Verlag, 1980.

[WE85]   N. Weste and K. Eshraghian. *Principles of CMOS VLSI Design. VLSI Systems Series*, Addison Wesley, 1985.

[Wei67]   A. Weinberger. Large scale integration of MOS complex logic: a layout method. *IEEE Journal of Solid State Circuits*, SC-2(4):182–190, 1967.

[Wir83]   N. Wirth. *Systematisches Programmieren. Leitfäden der angewandten Mathematik und Mechanik*, B.G. Teubner Stuttgart, 1983.

[WK88]   S. Wimer and I. Koren. Analysis of strategies for constructive general block placement. *IEEE Transactions on Computer-Aided Design*, CAD-7(3):371–377, March 1988.

346   Literatur

[WM87]   K. Winter and D.A. Mlynski. Hierarchical loose routing for gate arrays. *IEEE Transactions on Computer-Aided Design*, CAD-6(5):810–819, September 1987.

[WWM82] G.J. Wipfler, M. Wiesel, and D.A. Mlynski. A combined force and cut algorithm for hierarchical VLSI layout. In *Proceedings of the 19th Design Automation Conference (DAC82)*, pages 671–677, 1982.

[YK82]   T. Yoshimura and E.S. Kuh. Efficient algorithms for channel routing. *IEEE Transactions on CAD of Integrated Circuits and Systems*, CAD-1(1):25–35, 1982.

[Yos84]   T. Yoshimura. An efficient channel router. In *Proceedings of the 21st Design Automation Conference (DAC84)*, pages 38–44, 1984.

[Yos86]   K. Yoshida. Layout verification. In edited by T. Ohtsuki, editor, *Layout Design and Verification*, chapter 7, pages 237–265, North Holland, 1986.

[Zak84]   R. Zaks. *Chip und System: Einführung in die Mikroprozessoren-Technik*. SYBEX-Verlag GmbH, 1984.

Index